U0295957

大飞机出版工程

航空市场及运营管理研究系列

总主编 顾诵芬

民用飞机设计及
飞行计划理论

The Theory of Civil Aircraft Design and Flight Plan

赵克良 傅职忠 编著

上海交通大学出版社
SHANGHAI JIAO TONG UNIVERSITY PRESS

内容提要

本书详细介绍了民用飞机设计的基础理论、飞机性能分析方法、飞行计划制作方法及其在实际工作中的应用,同时介绍了航行新技术在我国的发展与具体应用。全书分7章:主要内容包括:民用飞机设计基础理论,飞机性能分析的基础知识,规章条例中关于计算燃油量的规定、飞行剖面与标准术语、航路数据计算方法等基础知识,常规飞行计划与特殊飞行计划的制作方法及具体应用,飞机延程飞行问题,航行新技术等。

图书在版编目(CIP)数据

民用飞机设计及飞行计划理论/赵克良,傅职忠编著. —上海:
上海交通大学出版社,2014
(大飞机出版工程)
ISBN 978 - 7 - 313 - 11406 - 8

Ⅰ.①民… Ⅱ.①赵…②傅… Ⅲ.①民用飞机—设计②飞行计划
Ⅳ.①V271②V323.1

中国版本图书馆 CIP 数据核字(2014)第 108682 号

民用飞机设计及飞行计划理论

编　　著:赵克良　傅职忠
出版发行:上海交通大学出版社　　　　　地　　址:上海市番禺路 951 号
邮政编码:200030　　　　　　　　　　　电　　话:021 - 64071208
出 版 人:韩建民
印　　制:苏州市越洋印刷有限公司　　　经　　销:全国新华书店
开　　本:787mm×1092mm　1/16　　　印　　张:23.5
字　　数:464 千字
版　　次:2014 年 10 月第 1 版　　　　　印　　次:2014 年 10 月第 1 次印刷
书　　号:ISBN 978 - 7 - 313 - 11406 - 8/V
定　　价:98.00 元

大飞机出版工程

丛书编委会

总主编

顾诵芬（中国航空工业集团公司科技委副主任、中国科学院和中国工程院院士）

副总主编

金壮龙（中国商用飞机有限责任公司董事长）

马德秀（上海交通大学党委书记、教授）

编　　委(按姓氏笔画排序)

王礼恒（中国航天科技集团公司科技委主任、中国工程院院士）

王宗光（上海交通大学原党委书记、教授）

刘　洪（上海交通大学航空航天学院教授）

许金泉（上海交通大学船舶海洋与建筑工程学院工程力学系主任、教授）

杨育中（中国航空工业集团公司原副总经理、研究员）

吴光辉（中国商用飞机有限责任公司副总经理、总设计师、研究员）

汪　海（上海交通大学航空航天学院副院长、研究员）

沈元康（中国民用航空局原副局长、研究员）

陈　刚（上海交通大学副校长、教授）

陈迎春（中国商用飞机有限责任公司常务副总设计师、研究员）

林忠钦（上海交通大学常务副校长、中国工程院院士）

金兴明（上海市经济与信息化委副主任、研究员）

金德琨（中国航空工业集团公司科技委委员、研究员）

崔德刚（中国航空工业集团公司科技委委员、研究员）

敬忠良（上海交通大学航空航天学院常务副院长、教授）

傅　山（上海交通大学航空航天学院研究员）

总　序

　　国务院在 2007 年 2 月底批准了大型飞机研制重大科技专项正式立项,得到全国上下各方面的关注。"大型飞机"工程项目作为创新型国家的标志工程重新燃起我们国家和人民共同承载着"航空报国梦"的巨大热情。对于所有从事航空事业的工作者,这是历史赋予的使命和挑战。

　　1903 年 12 月 17 日,美国莱特兄弟制作的世界第一架有动力、可操纵、比重大于空气的载人飞行器试飞成功,标志着人类飞行的梦想变成了现实。飞机作为 20 世纪最重大的科技成果之一,是人类科技创新能力与工业化生产形式相结合的产物,也是现代科学技术的集大成者。军事和民生对飞机的需求促进了飞机迅速而不间断的发展和应用,体现了当代科学技术的最新成果;而航空领域的持续探索和不断创新,为诸多学科的发展和相关技术的突破提供了强劲动力。航空工业已经成为知识密集、技术密集、高附加值、低消耗的产业。

　　从大型飞机工程项目开始论证到确定为《国家中长期科学和技术发展规划纲要》的十六个重大专项之一,直至立项通过,不仅使全国上下重视起我国自主航空事业,而且使我们的人民、政府理解了我国航空事业半个世纪发展的艰辛和成绩。大型飞机重大专项正式立项和启动使我们的民用航空进入新纪元。经过 50 多年的风雨历程,当今中国的航空工业已经步入了科学、理性的发展轨道。大型客机项目其产业链长、辐射.面宽、对国家综合实力带动性强,在国民经济发展和科学技术进步中发挥着重要作用,我国的航空工业迎来了新的发展机遇。

　　大型飞机的研制承载着中国几代航空人的梦想,在 2016 年造出与波音 B737 和空客 A320 改进型一样先进的"国产大飞机"已经成为每个航空人心中奋斗的目标。然而,大型飞机覆盖了机械、电子、材料、冶金、仪器仪表、化工等几乎所有工业门类,集成了数学、空气动力学、材料学、人机工程学、自动控制学等多种学科,是一个复杂的科技创新系统。为了迎接新形势下理论、技术和工程等方面的严峻挑战,迫切需要引入、借鉴国外的优秀出版物和数据资料,总结、巩固我们的经验和成果,编著一套以"大飞机"为主题的丛书,借以推动服务"大型飞机"作为推动服务整个航空科学的切入点,同时对于促进我国航空事业的发展和加快航空紧缺人才的培养,具有十分重要的现实意义和深远的历史意义。

2008 年 5 月,中国商用飞机有限公司成立之初,上海交通大学出版社就开始酝酿"大飞机出版工程",这是一项非常适合"大飞机"研制工作时宜的事业。新中国第一位飞机设计宗师——徐舜寿同志在领导我们研制中国第一架喷气式歼击教练机——歼教 1 时,亲自撰写了《飞机性能捷算法》,及时编译了第一部《英汉航空工程名词字典》,翻译出版了《飞机构造学》、《飞机强度学》,从理论上保证了我们飞机研制工作。我本人作为航空事业发展 50 年的见证人,欣然接受了上海交通大学出版社的邀请担任该丛书的主编,希望为我国的"大型飞机"研制发展出一份力。出版社同时也邀请了王礼恒院士、金德琨研究员、吴光辉总设计师、陈迎春副总设计师等航空领域专家撰写专著、精选书目,承担翻译、审校等工作,以确保这套"大飞机"丛书具有高品质和重大的社会价值,为我国的大飞机研制以及学科发展提供参考和智力支持。

编著这套丛书,一是总结整理 50 多年来航空科学技术的重要成果及宝贵经验;二是优化航空专业技术教材体系,为飞机设计技术人员培养提供一套系统、全面的教科书,满足人才培养对教材的迫切需求;三是为大飞机研制提供有力的技术保障;四是将许多专家、教授、学者广博的学识见解和丰富的实践经验总结继承下来,旨在从系统性、完整性和实用性角度出发,把丰富的实践经验进一步理论化、科学化,形成具有我国特色的"大飞机"理论与实践相结合的知识体系。

"大飞机"丛书主要涵盖了总体气动、航空发动机、结构强度、航电、制造等专业方向,知识领域覆盖我国国产大飞机的关键技术。图书类别分为译著、专著、教材、工具书等几个模块;其内容既包括领域内专家们最先进的理论方法和技术成果,也包括来自飞机设计第一线的理论和实践成果。如：2009 年出版的荷兰原福克飞机公司总师撰写的 *Aerodynamic Design of Transport Aircraft*（《运输类飞机的空气动力设计》），由美国堪萨斯大学 2008 年出版的 *Aircraft Propulsion*（《飞机推进》）等国外最新科技的结晶；国内《民用飞机总体设计》等总体阐述之作和《涡量动力学》、《民用飞机气动设计》等专业细分的著作；也有《民机设计 1000 问》、《英汉航空双向词典》等工具类图书。

　　该套图书得到国家出版基金资助，体现了国家对"大型飞机项目"以及"大飞机出版工程"这套丛书的高度重视。这套丛书承担着记载与弘扬科技成就、积累和传播科技知识的使命，凝结了国内外航空领域专业人士的智慧和成果，具有较强的系统性、完整性、实用性和技术前瞻性，既可作为实际工作指导用书，亦可作为相关专业人员的学习参考用书。期望这套丛书能够有益于航空领域里人才的培养，有益于航空工业的发展，有益于大飞机的成功研制。同时，希望能为大飞机工程吸引更多的读者来关心航空、支持航空和热爱航空，并投身于中国航空事业做出一点贡献。

2009 年 12 月 15 日

前　　言

　　民用飞机制造业和运输业是相互支持、相互依存、不可分割的整体。一方面,随着航空管制放松、燃油价格上升、低碳经济兴起以及低成本航空风靡全球,现代民用飞机设计理念已经由追求技术性能的先进性转变为着力提升民机经济性、环保性和舒适性等市场适用性指标,并更加关注民机循环运营对设计的要求。因此,掌握民机运行的规律,尤其是飞行使用特征,是民机设计师的必修课之一。另一方面,现代民航飞机是高技术产物,是先进的运输工具,价格昂贵,燃油消耗很大,燃油费用在使用成本中占有相当大的比重。为安全有效地使用飞机,得到高的经济效益,应该对每个航班事先制订飞行计划,算出最大允许的业载、应加的油量、消耗的油量、飞行时间、起飞重量等数据。制订比较详细的飞行计划还可以给出预计到达各航路点的时间、剩余油量、真空速、航向等参数供飞行员参考。在先进的航空公司所使用的系统运行控制中心(SOC)或飞行运行控制中心(FOC)中一个重要的功能就是制订计算机飞行计划,因此,航空公司开发自己的 SOC 或 FOC 系统、制订计算机飞行计划势在必行。

　　本书的飞机设计部分简要介绍了民用飞机设计的一般流程,给出了民机方案设计所需的一般准则及部分经验公式,还介绍了民机设计发展趋势。接着以飞机性能为纽带,提出民机使用飞行的要点,为制订飞行计划提供坚实的基础。飞行计划部分介绍了 CCAR 条例第 121 部中关于制订飞行计划时计算油量的规定、飞机使用手册中制订飞行计划用的图表、制订飞行计划的方法、计算步骤及制订飞行计划时遇到的各种计算问题;详细讨论了正常飞行计划、最小成本飞行计划、利用燃油差价的飞行计划、利用二次放行的飞行计划的做法和双发飞机延程飞行问题。最后,还对 BPN、ADS - B 以及 BEF 等新航行技术进行了简要介绍。

　　本书两位作者根据多年的飞机设计经验以及民机飞行理论教学经验,在上海飞机设计研究市场研究中心的协助下,撰写了《民用飞机设计及飞行技术理论》一书,期望对民机设计师了解飞机运行提供一些帮助,供航空公司从事飞机性能工作、飞行签派工作、制订飞行计划的航务工程人员掌握制订飞行计划的原理和方法使用,并为飞行员(飞行计划的使用者)了解制订飞行计划的原理和方法提供参考。此外,本书的出版也可以为制造商和运营商的互相交流提供一些有用的信息。

　　全书分7章,中国商飞上海飞机设计研究院赵克良负责第1,2,7章,并负责全书统稿,中国民航大学傅职忠负责3,4,5,6章,同时,在本书飞行计划相关章节的编写过程中也得到中国民航大学谢春生的大力支持;在本书的出版过程中,李晓勇、舒姚涵做了大量的工作。

　　由于时间和作者水平所限,本书存在的不足之处,恳请同行专家批评指正!

目　　录

1 民用飞机设计基础

民用航空是社会经济发展繁荣的重要支柱产业之一，也已经成为人们日常工作和生活的重要组成部分。民用航空产业涉及广泛的产业链，包括飞机设计和制造、运营和维护，相关的机场等基础设施建设以及包括旅游业在内的相关外围产业。航空运输业的高效运行既需要高可靠性和高效率的飞机，也需要高效率的飞行组织管理，其中相关人员了解与飞机设计和飞机运营相关的基础知识是大有裨益的。

本章介绍民用飞机设计的基础知识，包括飞机设计过程概述、市场需求分析、设计目标制订、估算方法和飞机技术的发展趋势。本书面向飞行计划的制订者和管理者，有助于了解飞机主要设计特点与飞机性能之间的关系，以及对飞行计划制订产生影响的因素。

1.1 民用飞机设计过程

对于民用飞机的设计来说，通过市场需求和技术发展水平的分析，明确市场定位、适航审定基础和具体的设计指标是飞机设计者开展飞机项目研究的首要任务。飞机设计目标和方案的确立不是一蹴而就的事，一般需要设计方案的多次迭代优化，并在此过程中需要保持与潜在航空公司客户的持续沟通。

一般来说，飞机设计的过程分为概念设计、初步设计和详细设计三个阶段（见图1.1)，具体飞机型号项目的设计流程及其管理则更加具体和详细，通过安排分阶段的项目里程碑控制和相应的评审，在确保整体项目满足项目目标的基础上，能够按照进度要求推动项目开展，并满足经费控制的要求。三个设计阶段可以概括在图中，随着设计的深入，采用的分析模型的复杂度和可信度不断增加，需要使用的资源和时间以及得到的相关信息也随之增加，对飞机各项指标的了解也不断深入。

图1.1中给出的飞机设计过程中不同阶段的主要特征，飞机设计方案的确定需要涉及多个专业的多次迭代过程才能不断完善，这一过程如图1.2所示。通过多轮的循环迭代和权衡优化，分析模型和飞机数据的精确度不断提高，从而最终得到最优的综合飞机设计方案，在此基础上，开展进一步的详细设计。更为详细的飞机设计流程如图1.3所示。

第一阶段 概念设计	第二阶段 初步设计	第三阶段 详细设计
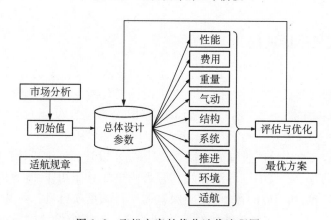		
已知量 ● 基本任务要求 ● 航程 ● 飞行高度 ● 飞行速度 ● 基本材料属性	● 气动弹性要求 ● 疲劳要求 ● 颤振要求 ● 总体强度要求	● 局部强度要求 ● 制造工艺 ● 功能要求
结果 几何 ● 翼型 ● 厚度 ● 展弦比 ● 根梢比 ● 后掠角　设计目标 　● 阻力 　● 重量目标 　● 目标成本	● 基本内部布置 ● 整体外形(机翼弯度,扭转分布) ● 主要载荷,应力,挠度	● 详细设计(机械装置,转接头,附件等) ● 改进设计(通过实验和飞行试验)

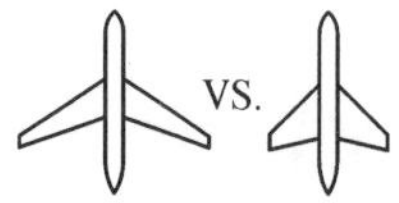

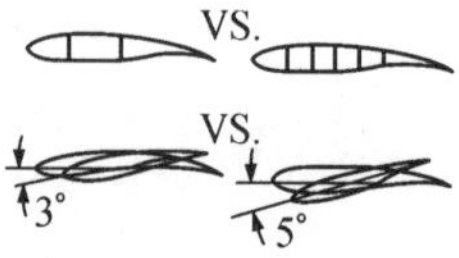

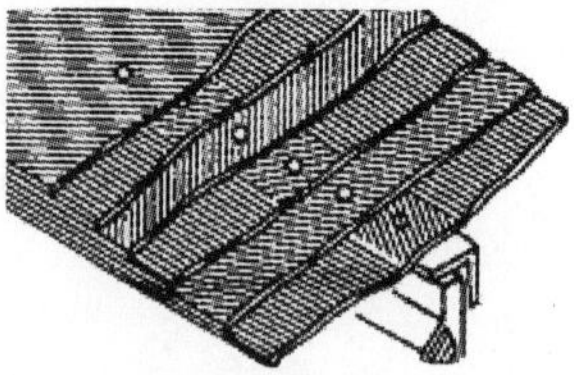

图 1.1　飞机设计的三个阶段

图 1.2　飞机方案的优化迭代流程图

1.2　市场要求与设计目标

民用飞机的市场竞争力是决定民机项目商业成功的关键因素之一,一般来说,新飞机的研制需要能够取得相比同类机型 10%～15% 的经济性的改善,才有可能取得航空公司的认可,获得首发用户的启动订单。在这之前需要开展大量的方案分析和技术研究,以确保一旦项目启动能够实现飞机的设计目标,满足不断发展的市场需求。

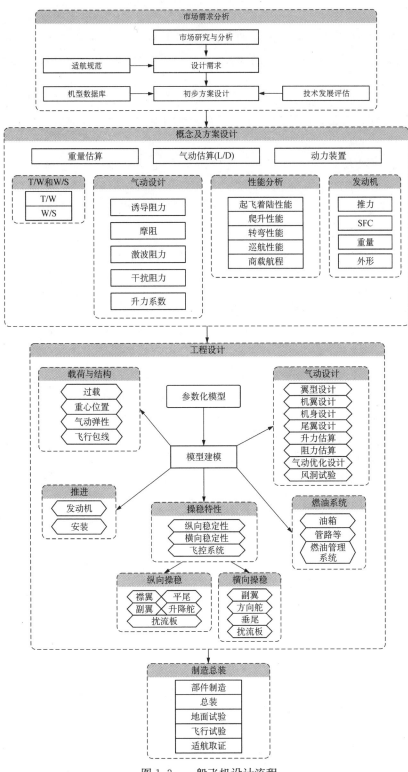

图 1.3 一般飞机设计流程

世界主要民用飞机制造商每年都会定期发布民用飞机的市场预测报告,给出后续 20 年内的民用飞机的全球市场的需求分析,起到市场培育和预测的作用。一般来说,飞机制造商的市场分析部门是与飞机的方案设计部门密切关联的,其职能一般包括不同飞机方案的经济性分析、市场预测、航空公司财务分析和技术经济性分析等内容。通过广泛的市场调研,与航空公司的持续对话,以及对相关技术发展和设计方法趋势的分析,针对未来发展,开展大量的不同机型的方案研究,为实际型号的发展进行预先研究和市场支持。

一般按照座位数将民用飞机市场分为支线机(100 座以下),单通道窄体飞机(120～200 座),双通道宽体飞机(200～300 座),大型飞机(300～400 座)和超大型飞机(400 座以上)。主要飞机型号及其参数可以参考相关飞机手册取得,也可从相应的飞机制造商网站取得。

1.3　主要设计内容

民用飞机设计过程涵盖大量系统性的分析与任务,是确保飞机性能满足设计目标的关键。在不同设计阶段对模型分析和设计工具的要求是不同的,在概念设计阶段,需要使用快速易用的分析方法和工具,以便针对大量可能的设计方案开展对比分析与评估,随着设计的深入,更准确的模型分析得到更多的应用,开展更多的试验分析,对设计方案是否满足设计目标方面的理解也更加准确。

本节从飞机设计过程中涵盖的主要专业出发,介绍不同专业领域在飞机设计过程中需要完成的主要内容,包括飞机的重量估算,气动力估算,布局设计,性能分析,操稳特性,系统分析,经济性分析,以及适航性分析等。这些模块相互关联和耦合,是系统开展飞机参数分析和优化设计的基础(见图 1.3)。

1.3.1　飞机重量估算

在确定了飞机的商载、航程及巡航速度等基本设计目标以后,可以快速进行飞机重量的初步估算,分析流程如图 1.4 所示。

飞机设计起飞总重是指飞机在设计确定任务开始时的总重量,飞机起飞总重可以表示为

$$W_{TO} = W_{OE} + W_F + W_{PL} \tag{1.1}$$

式中:W_{OE} 是使用空重;W_F 是飞行任务油重;W_{PL} 是飞机有效装载重量。而 W_{OE} 通常记为

$$W_{OE} = W_E + W_{tfo} + W_{crew} \tag{1.2}$$

式中:W_E 为空重,W_{tfo} 为死油重量,W_{crew} 为乘员重量。空重 W_E 可表示为

$$W_E = W_S + W_{FEQ} + W_{EN} \tag{1.3}$$

式中:W_S 为飞机结构重量,W_{FEQ} 为固定设备重量,W_{EN} 为动力装置重量。

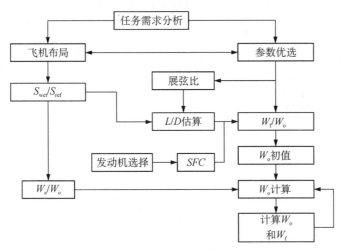

图 1.4 飞机重量估算流程

因此,对飞机重量的估算可以通过分别估算飞机结构空重、燃油重量和飞机的有效载荷来实现。首先讨论飞机的燃油重量的估算流程。

民用运输机的典型飞行剖面如图 1.5 所示。通过计算各飞行段典型燃油重量比例系数,可以得到飞机的任务燃油,再考虑适航规章对备用燃油的规定,得到飞机带油的重量。各飞行段典型燃油重量比例系数如表 1.1 所示。考虑飞机采用水平、定速巡航,巡航飞行的燃油消耗可以采用 Breguet 航程方程进行估算。

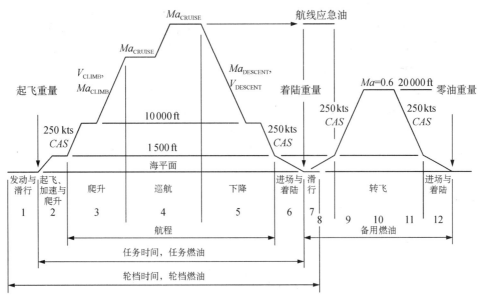

图 1.5 民用飞机典型飞行剖面图

表 1.1　各飞行段典型燃油重量比例系数

任务段	描述	W_i/W_{i-1}
1	发动机启动与滑行	0.98
2	起飞	0.995
3	爬升	0.98
4	巡航	Breguet 航程方程
5	下降	0.99
6	进场与着陆	0.992
7	滑行	0.99
8	过失进场	0.99
9	爬升	0.98
10	转飞	Breguet 航程方程
11	下降	0.99
12	进场与着陆	0.992

目前结构重量的估算方法主要有三种:基于统计的估算方法,根据统计数据,按照基本空重百分比分配重量指标,或建立参数化的结构部件重量估算方程;基于近似分析的模型,根据工程梁理论,进行简单的应力分析,按照最大应力原则获得飞机的结构尺寸进行估算;基于数值仿真/虚拟样机的方法,即结构有限元模型或者三维CAD模型的方法,这种方法具有较高的精确度,但是需要详细的结构数据,这在飞机项目的初步设计阶段是难以实现的。

因此,目前的飞机概念设计阶段重量估算还是基于统计数据的参数化结构部件重量估算的阶段,常用的重量估算方法主要有四种:①GD 方法;②Torenbeek 方法;③Cranfield University 方法;④Raymer 方法。各种方法都有着不同的计算依据和相对应的计算公式,不可否认,每一种方法都有可以借鉴的地方,但考虑精确性,需要比较并从中选出一个较好的方法应用到计算中去。对比以上四种方法对不同机型的重量估算和实际值的误差,其结果如表 1.2 所示。

表 1.2　不同飞机空重估算方法对比

机型	飞机运营空重的估算误差/%			
	GD 方法	Torenbeek 方法	Cranfield 方法	Raymer 方法
A - 6 GREENLINER	−19.1	13.2	−8.3	−33.1
B777 - 300ER	−18.3	−3.9	−19.3	−46.4
A340 - 600	−23.2	−4.7	−26.4	−45.6
A330 - 200	−29.8	−1.3	−22.2	−46.7
A321 - 200	−15.6	10.2	−26.1	−33.0
A380 - 800	−21.1	−9.2	−18.9	−50.7

根据比较可以得出,在计算空机重量时,Torenbeek 法具有较高的精确度,可以作为重量的初步估算方法。在进行飞机重量估算时,一般是将各部分分开进行估算,最后将各部分相加得到空机重量。

飞机结构空重一般由以下几个部分组成:机翼,平尾,垂直尾翼,机身,起落架,表面控制,推进系统,辅助动力装置,仪器和导航,液压和气动,电气系统,电子设备,家具,空调和防冰设备,机组及客舱乘务员,有效载荷,燃料等。各个部件的计算式如下所示:

(1) 机翼重量:

$$W_{\mathrm{w}} = 0.0017 W_{\mathrm{MZF}} (b/\cos\Lambda_{\frac{1}{2}})^{0.75} \{1 + [6.3\cos(\Lambda_{\frac{1}{2}})/b]^{\frac{1}{2}}\}$$
$$\times (\eta_{\mathrm{ult}})^{0.55} (bS/t_r W_{\mathrm{MZF}}\cos\Lambda_{\frac{1}{2}})^{0.3} \tag{1.4}$$

式中:W_{MZF} 为飞机零油重量,b 为飞机机翼展长,$\Lambda_{\frac{1}{2}}$ 为机翼 1/2 弦长后掠角,η_{ult} 为飞机最大载荷,S 为机翼参考面积,t_r 为机翼翼根处厚度。

(2) 平尾重量:

$$W_{\mathrm{h}} = K_{\mathrm{h}} S_{\mathrm{h}} \{3.81[(S_{\mathrm{h}})^{0.2} V_{\mathrm{D}}]/[1000(\cos\Lambda_{\frac{1}{2}h})^{1/2}] - 0.287\} \tag{1.5}$$

式中:S_{h} 为平尾参考面积,$K_{\mathrm{h}} = 1$,对应固定的平衡器发生率,$K_{\mathrm{h}} = 1.1$ 对应可变的平衡器发生率。$\Lambda_{\frac{1}{2}h}$ 为平尾 1/2 弦长后掠角,V_{D} 为俯冲速度(KEAS)。

(3) 垂尾重量:

$$W_{\mathrm{V}} = K_{\mathrm{V}} S_{\mathrm{V}} \{3.81[(S_{\mathrm{V}})^{0.2} V_{\mathrm{D}}]/[1000(\cos\Lambda_{\frac{1}{2}\mathrm{V}})^{1/2}] - 0.287\} \tag{1.6}$$

式中:S_{V} 为垂尾参考面积,$K_{\mathrm{V}} = 1$,对应固定的平衡器发生率,$K_{\mathrm{V}} = 1.1$ 对应可变的平衡器发生率,$\Lambda_{\frac{1}{2}\mathrm{V}}$ 为垂尾 1/2 弦长后掠角,V_{D} 为俯冲速度(KEAS)。

(4) 机身重量:

$$W_{\mathrm{f}} = 0.021 K_{\mathrm{f}} \{[V_{\mathrm{D}} l_{\mathrm{f}}/(w_{\mathrm{f}} + h_{\mathrm{f}})]^{1/2}\} (S_{\mathrm{fgs}})^{1.2} \tag{1.7}$$

式中:l_{f} 为机身长度,w_{f} 为机身最大宽度,h_{f} 为机身最大高度,S_{fgs} 为机身浸润面积,$K_{\mathrm{f}} = 1.08$ 指保压机舱,$K_{\mathrm{f}} = 1.1$ 指带机门的货机。

(5) 发动机短舱重量:

$$W_{\mathrm{n}} = 0.065 T_{\mathrm{TO}} \tag{1.8}$$

式中:T_{TO} 为飞机起飞时推力。

(6) 主起落架和前起落架重量:

$$W_{\mathrm{g}} = K_{\mathrm{gr}} [A_{\mathrm{g}} + B_{\mathrm{g}} (W_{\mathrm{TO}})^{3/4} + C_{\mathrm{g}} W_{\mathrm{TO}} + D_{\mathrm{g}} (W_{\mathrm{TO}})^{3/2}] \tag{1.9}$$

式中:W_{TO} 为飞机最大起飞重量,$K_{\mathrm{gr}} = 1$ 指机翼位于机身下部,$K_{\mathrm{gr}} = 1.08$ 指机翼位于机身上部,A_{g},B_{g},C_{g},D_{g} 为起落架重量估算的参数,取值如表 1.3 所示。

表 1.3   起落架重量估算参数

	主起落架	前起落架
A_g	15.0	5.4
B_g	0.033	0.049
C_g	0.0288	0.003
D_g	0	0

（7）燃油系统重量：

$$W_{fs} = 80(N_e + n_{ft} - 1) + 15n_{ft}^{05}v_{ft}^{0.333} \tag{1.10}$$

式中：N_e 为发动机个数，n_{ft} 为油箱个数，v_{ft} 为油箱的容积。

（8）水引导系统重量：

$$W_{wi} = 8.586V_{wtr}^{0.687} \tag{1.11}$$

式中：V_{wtr} 为水箱的容积。

（9）飞行控制系统重量：

$$W_{fc} = 0.768K_{fc}K_{cflap}K_{cld}W_{TO}^{2/3} \tag{1.12}$$

式中：$K_{fc} = 0.44$ 为无动力控制，$K_{fc} = 0.64$ 为有动力控制，$K_{cflap} = 1.2$ 为有后缘襟翼控制，$K_{cld} = 1.15$ 为安装减升板。

（10）电力系统重量：

$$W_e = 59.332V_{pax}^{0.7} \times [1 - 0.033(3.64V_{pax}^{0.7})^{0.5}] \tag{1.13}$$

式中：V_{pax} 为客舱容积。

（11）航电、仪表设备重量：

$$W_{iae} = 0.347 \times (W_E)^{0.556}R^{0.25} \tag{1.14}$$

式中：W_E 为空机重量，R 为飞机最大航程。

（12）空调、调压设备和防冰设备的重量：

$$W_{api} = 14 \times (l_{pax})^{1.28} \tag{1.15}$$

式中：l_{pax} 为客舱长度。

（13）制氧系统重量：

$$W_{OX} = 0.45359 \times (40 + 2.4 \times N_{pax}) \tag{1.16}$$

式中：N_{pax} 为乘客人数。

（14）辅助动力装置重量：

$$W_{apu} = 0.0008W_{TO} \tag{1.17}$$

（15）家具重量：

$$W_{fur} = 0.196 \times (W_{TO} - W_{fuel})^{0.91} \qquad (1.18)$$

式中：W_{fuel} 为最大燃油重量。

将上述计算结果相加得到空机重量 W_E，必要时需要根据不同的条件对空机重量做一定的系数修正，这主要是考虑由于技术进步和采用新材料对重量的影响。

飞机的燃油重量在初始设计阶段是根据飞机的初始设计要求，飞机必须在带有装载物的情况下达到航程、航时、速度和巡航速度的目标。估算为了完成任务阶段的飞机最小任务燃油重量是很重要的，目前主要根据巡航性能来求得，其估算方法如下：根据式（1.19）其中 M_{PL} 为飞机有效载荷，按每位乘客重量为 80 kg，平均携带行李重量为 15 kg。因此有

$$M_{PL} = N_{pax} \times (80 + 15) kg = 95 N_{pax} \qquad (1.19)$$

飞机的任务燃油量是和航程、巡航时升阻比以及发动机燃油特性有关的参数，它决定了飞机的最大航程，是在飞机设计过程中首先要满足的设计条件之一。据一些统计资料，飞机的燃油约占的飞机起飞重量的 25%～50%，燃油偏少，满足不了航程的要求；过大则会增加飞机的起飞重量，降低飞机的性能，造成飞机运能的浪费。因此，需要相对准确地估算它的值，对于它的估算过程，需要首先进行等效航程（ESAR）的估算：

$$ESAR = 568 + 1.063R \qquad (1.20)$$

则有

$$\frac{M_F}{M_{TO}} = SFC \cdot g \cdot \left(\frac{1}{k}\right) \cdot \left(\frac{ESAR}{M_{Cruise} a}\right) \qquad (1.21)$$

式中：k 为巡航时升阻比，SFC 为发动机燃油消耗率，$Ma_{cruisse}$ 为巡航马赫数，a 为巡航高度上的声速。综合以上得到：

$$M_{TO} = M_{PL} / [1 - (M_{OE}/M_{TO}) - (M_F/M_{TO})] \qquad (1.22)$$

另外，对于燃油全部装在机翼内部的飞机来说，可携带的燃油重量由机翼的容积所决定，在初始设计阶段应加以考虑。对于它的计算，首先根据机翼的几何尺寸估算出机翼的可用容积，再乘以相应的燃油密度可得机翼可存放的最大燃油重量。

$$V_{wf} = 0.54(S^2/b)(t/c)_r[(1 + \lambda\tau_w^{1/2} + \lambda^2\tau_w)/(1 + \lambda)^2] \qquad (1.23)$$

式中：$(t/c)_r$ 为翼根处相对厚度，λ 为机翼尖梢比，$\tau_w = (t/c)_t/(t/c)_r$ 为相对厚度比值系数，$(t/c)_t$ 为机翼翼梢处的相对厚度，资料可知，航空用燃油的密度为 0.775～0.83 之间，为了计算方便，一般取平均值 0.8。因此，由机翼容积所决定的最大燃油

重量为

$$W_{wf} = 432(S^2/b)(t/c)_r\left[(1 + \lambda\tau_w^{1/2} + \lambda^2\tau_w)/(1+\lambda)^2\right] \qquad (1.24)$$

式中：W_{wf}为由机翼容积所决定的最大燃油重量（kg）。

1.3.2 飞机气动设计

飞机气动设计是影响飞机性能的重要环节，是概念设计和初步设计阶段的主要工作内容之一，在飞机方案的概念设计和初步设计阶段，气动设计主要需要完成三个方面的任务，一是与总体部门协同，开展飞机布局研究，确定飞机的总体布局；二是开展飞机主要部件的气动设计以及气动力的估算，其中外形设计通常从飞机主要部件进行展开，包括机翼设计、机身设计、尾翼设计等；三是提供气动力数据，为飞机结构设计、飞控系统设计提供输入信息。

飞机的气动设计使用的工具主要包括工程估算、数值计算和风洞试验。飞机方案阶段的气动设计任务决定了对本阶段使用的主要分析工具的要求：快速、易用并能够反映设计变化的影响趋势。目前广泛使用的气动估算程序包括 DATCOM 方法和 ESDU 方法。

同时，得益于 CFD 技术的不断发展，目前的气动设计已经从早期大量依靠风洞试验转变为目前广泛依靠计算流体力学（Computational Fluid Dynamics，CFD）的设计方法和流程，特别是在定常条件下的流场分析和气动特性的确定。相对来说，对常规风洞试验的次数和种类有所减少，但对试验的要求有所提高，例如高雷诺数风洞越来越多的使用就是一例。这一方面有利于提高飞机的研制效率，降低飞机的研制成本；另一方面，也推动了数值模拟技术以及在此基础上的全局优化方法的发展。

1. 气动参数的工程估算

作为飞机最重要的部件之一，机翼的气动以及结构设计一直是一项重要的研究内容，并且集成化的程度不断提高，成为现代客机实现高巡航效率的重要技术基础。尽管目前 CFD 技术已经日益成为气动设计师的主要工具，在飞机气动设计的各个环节得到广泛应用，能够完成从翼型、机翼到复杂的机翼机身短舱的一体化流场分析，但是基于快速的分析方法的经验公式仍然在概念和初步设计阶段对不同方案的对比优化中发挥重要的作用，这种作用仍然不容忽视。飞机气动估算采用的方法较多，一些典型的估算方法包括：

（1）EDET。

（2）DATCOM。

（3）Squire and Young，The Calculation of the Profile Drag of Aerofoils。

（4）Hoerner，Fluid Dynamic Drag。

（5）Nicolai，L.，Fundamentals of Aircraft Design。

（6）Roskam，J. and Lam，C. T. E.，Airplane Aerodynamics and Performance。

（7）Torenbeek，Synthesis of Subsonic Airplane Design。

（8）Raymer，Aircraft Design：A Conceptual Approach。

（9）Williams，Purdue University Aircraft Design Class Notes。

（10）Kroo，Stanford University Aircraft Design Class Notes。

（11）Mason，Virginia Tech Aircraft Design Class Notes。

（12）Thwaites，Incompressible Aerodynamics。

（13）Schlichting，Boundary Layer Theory。

机翼平面参数的确定受到飞机布局、重量、性能需求、系统和动力装置等因素的约束，在飞机的总体参数优化过程中确定，其中巡航马赫数、商载航程、起飞着陆场长等参数是确定翼载和推重比两个比较重要的参数的主要依据。

机翼的厚度参数影响飞机的油箱容积，飞机的航程决定了飞机的燃油需求，可以使用 Korn 方程快速估算机翼的容积。对于二维翼型来说，Korn 方程将阻力发散马赫数 Ma_{DD}（阻力发散马赫数存在不同定义，例如可以采用阻力曲线斜率 $dC_D/dMa = 0.035，0.05，0.1$ 等值），设计升力系数 $C_{Ldesign}$ 和相对厚度 t/c 联系起来，其关系式为

$$M_{DD} = k - 0.1 \cdot C_{Ldesign} - (t/c) \tag{1.25}$$

式中：k 反映出技术设计水平，与翼型的压力分布有关，对传统的 NACA6 系列翼型，$k = 0.87$，对于先进的超临界翼型，$k = 0.95$。考虑经典的后掠机翼理论，机翼平均厚度、阻力发散马赫数和机翼升力系数与后掠角之间的关系式可以表示为

$$\left(\frac{t}{c}\right)_{wing} = k \cdot \cos\Lambda - M_{DDwing}\cos^2\Lambda - 0.1 \cdot \frac{C_{L, designwing}}{\cos\Lambda} \tag{1.26}$$

式中：$C_{L, designwing}$ 不应超过 0.7，而机翼的平均厚度 $(t/c)_{wing}$ 对于小展弦比机翼来说，不应该小于 3%，对大展弦比机翼则不应小于 8%。利用 CFD 的计算结果，可以得到更为准确的关系式，并且可以引入更多的翼型和机翼的几何参数，建立翼型和机翼设计数据库，服务于更加高效、准确的设计方法，在飞机方案设计中应用。

1）飞机升力系数

全机的升力系数需要满足飞机巡航需求，而且需要考虑飞机不同的重量和重心状态，对于长航程飞机，从巡航起始和巡航结束，飞机重量和重心会发生显著的变化。飞机的升力系数可由式（1.27）计算得出：

$$C_L = (L/q)S_{ref} = (W/q)S_{ref} \tag{1.27}$$

飞机翼载 W/S 和推重比 T/W 的确定需要考虑对飞机性能的不同需求，通过对飞机主要性能参数的分析得到其设计范围。

2）阻力估算

飞机的升阻比 L/D 表达式可以和飞机的基本特征参数联系起来，包括翼展、机

翼面积、机翼相对厚度、机身长度和长细比以及飞机的浸润面积。飞机阻力的估算可以采用经验方法，也可以采用更精确的 CFD 方法，或者直接采用对飞机极曲线的经验公式。

按照飞机阻力分解的一般方法，可以得到如图 1.6 所示的阻力分解，在更准确的 CFD 方法得到广泛应用之前，一般采用在基本理论和试验数据基础上建立起来的经验方法，进行全机阻力的估算，并应用于飞机的总体参数估算中。

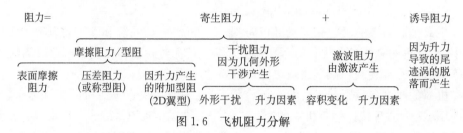

图 1.6　飞机阻力分解

基于图 1.6 给出的阻力分解，可以分步完成飞机阻力的估算，在概念设计和初步设计阶段使用。

（1）诱导阻力。

飞机的诱导阻力和气动力的展向分布以及翼尖装置具有密切的关系，诱导阻力由升力产生。

$$C_{Di} = \frac{C_L^2}{\pi e AR} \tag{1.28}$$

式中：AR 为飞机展弦比；e 为奥斯瓦尔德因子，对于直机翼：

$$e = 1.78(1 - 0.045AR^{0.69}) - 0.64 \tag{1.29}$$

对于后掠机翼：

$$e = 4.61(1 - 0.045AR^{0.69})(\cos \Lambda_{LE})^{0.15} - 3.1 \tag{1.30}$$

式中，Λ_{LE} 为机翼前缘后掠角。

（2）型阻估算。

型阻，包括摩阻和压差阻力可以分解为三个部分，摩擦阻力、压差阻力和与升力有关的型阻，其中第三项数量级较小，可以忽略不计。型阻的估算按照飞机的部件累计得到：

$$C_{D,F} = C_F FF \frac{S_{wet}}{S_{ref}} \tag{1.31}$$

式中：C_F 和 FF 分别为平板的摩擦阻力系数和部件的形状因子（form factor），S_{wet} 和 S_{ref} 分别为部件的浸润面积和飞机机翼的参考面积。平板摩擦系数和部件的形状因子存在不同的确定方法，也是不同阻力估算方法之间存在差异的主要原因。图

1.7使用 Schlichting 方法，给出转捩弦长雷诺数与前缘后掠角的曲线。其中 $TF=0$ 代表标准机翼的自然转捩位置，$TF=1$ 代表使用自然层流翼型的机翼。根据转捩位置可以得到平板摩擦系数的具体数值。

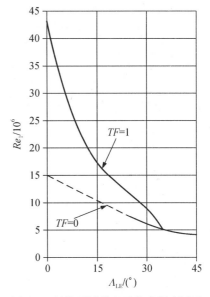

图 1.7　转捩雷诺数以及技术影响因子

不同部件的形状因子是部件型阻估算的主要影响因素，存在多种不同的估算方法，可以将飞机部件分为两大类：机翼类和机身类（回转体）。Hoerner 方法中机翼的形状因子由式(1.32)给出，其中的四次方项表示负压力梯度带来的压差阻力，线性项反映机翼厚度带来的阻力影响。

$$FF_{\text{wing, H}} = 1 + 2\frac{t}{c} + 60\left(\frac{t}{c}\right)^4 \quad (1.32)$$

Torenbeek 方法中给出类似的形状因子估算公式：

$$FF_{\text{wing, T}} = 1 + 2.7\frac{t}{c} + 100\left(\frac{t}{c}\right)^4 \tag{1.33}$$

其他估算方法中引入的更多的机翼参数，例如 Shevell 方法为

$$FF_{\text{wing, S}} = 1 + \frac{(2-Ma^2)\cos\Lambda_{1/4}}{\sqrt{1-Ma^2\cos^2\Lambda_{1/4}}}\frac{t}{c} + 100\left(\frac{t}{c}\right)^4 \tag{1.34}$$

Nicolai 和 Raymer 提出的估算方法为

$$FF_{\text{wing, NR}} = \left[1 + \frac{0.6}{(x/c)_{\max}}\frac{t}{c} + 100\left(\frac{t}{c}\right)^4\right] \cdot \left[1.34Ma^{0.18}(\cos\Lambda_{\max})^{0.28}\right] \tag{1.35}$$

式(1.34)和式(1.35)中：Ma 为来流马赫数，$(t/c)_{\max}$ 为最大厚度相对弦长，一般在0.3左右，$\Lambda_{1/4}$ 为 1/4 弦长后掠角，$\Lambda_{\max}$ 为最大厚度线后掠角，可以近似取 $\Lambda_{1/4}$ 值。

对机身可以得到一组类似的估算公式，Hoerner 方法、Torenbeek 方法分别由式(1.36)和式(1.37)给出：

$$FF_{\text{body, H}} = 1 + \frac{1.5}{(l/d)^{1.5}} + \frac{7}{(l/d)^3} \tag{1.36}$$

$$FF_{\text{body, H}} = 1 + \frac{2.2}{(l/d)^{1.5}} + \frac{3.8}{(l/d)^3} \tag{1.37}$$

Jobe，Nicolai 和 Raymer 采用的方法如式(1.38)给出：

$$FF_{\text{body, H}} = 1 + 0.0025(l/d) + \frac{60}{(l/d)^3} \tag{1.38}$$

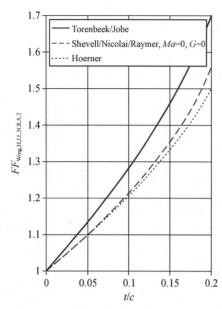 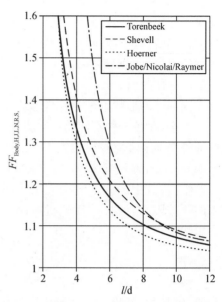

图 1.8 不同的形状因子估算方法的对比 图 1.9 不同方法机身形状因子的估算结果对比

Shevell 方法由式(1.39)给出：

$$FF_{body,\,H} = 1 + \frac{2.8}{(l/d)^{1.5}} + \frac{3.8}{(l/d)^3} \tag{1.39}$$

这些不同方法给出的结果对比如图 1.9 所示，可以发现不同方法对机身形状因子的估算结果差异有限（$1.05 < FF_{body} < 1.09$），但是当 l/d 较小时，不同方法之间的差异增大（$1.3 < FF_{body} < 1.95$）。机翼和机身是否应该采用相同来源的方法还未见具有说服力的分析，值得开展进一步的对比分析，并与 CFD 结果进行比较，以便针对不同的 l/d 引入更加准确的修正系数。

（3）干扰阻力。

干扰阻力的估算包括翼身干扰，发动机安装干扰以及机翼和平尾的干扰阻力，采用的处理方法包括基于 CFD 的分析方法以及经验公式法，对于翼身干扰阻力，Hoerner 提出的经验公式方法是基于 $t/c = 0.43$ 的厚机翼得到的，适用范围有限。基于 RANS 的 CFD 方法，可以得出（$t/c < 0.075$）机翼的翼身干扰阻力表达式为

$$C_{D,\,int}\,\frac{S_{ref}}{c^2} = 0.1112 - 0.2572\sin\phi + 3.440t/c - 0.02097\log_{10}Re_c + 0.09009\sin^2\phi$$
$$- 2.549t/c\sin\phi + 0.03010\log_{10}Re_c\sin\phi - 0.1462t/c\log_{10}Re_c \tag{1.40}$$

式中：Re_c 为翼身相交截面的弦长雷诺数，ϕ 为机翼平面和相交截面之间的夹角。对于不同厚度的机翼，可以采用两种不同的估算公式进行插值的方法得到。

（4）波阻估算。

对于跨声速飞行器而言，当超过临界马赫数时，机翼或机身出现局部的超声速流动，压缩性带来的激波阻力使得飞机的总阻力快速增加，限制了飞机飞行速度的进一步提高。对于长细比大于 8 的机身，临界马赫数一般在 0.9 以上，所以对巡航马赫数低于 0.85 的运输类飞机而言，机身的波阻可以忽略，对于更高马赫数（$Ma = 0.9$）巡航的飞机，机身的波阻也需要计入。

图 1.10 给出了 DC-9-30 的典型的阻力发散曲线，其中标示出了两种不同的阻力发散马赫数的定义方法。第一种定义采用波阻增加 20 个阻力单位的马赫数阻力发散马赫数的定义，第二种定义采用波阻曲线的斜率达到 0.1 时对应的马赫数，如式（1.41）所示。同样的定义适用于翼型的阻力发散马赫数，如式（1.42）所示。

$$\left.\frac{\mathrm{d}C_{Dw}}{\mathrm{d}Ma}\right|_{Ma=Ma_{\mathrm{DD}}} = 0.1 \tag{1.41}$$

$$\left.\frac{\mathrm{d}C_{dw}}{\mathrm{d}Ma}\right|_{Ma=Ma_{\mathrm{DD}}} = 0.1 \tag{1.42}$$

对于翼型的阻力发散马赫数，可以采用 Lock 的四阶指数关系式来表示，如式（1.43）所示。

$$C_{dw} = \left\{\begin{array}{l} 0,\ Ma \leqslant Ma_{\mathrm{cr}} \\ 20(Ma - Ma_{\mathrm{cr}}),\ Ma > Ma_{\mathrm{cr}} \end{array}\right\} \tag{1.43}$$

利用式（1.42）和式（1.43）可以得到阻力发散马赫数与临界马赫数之间的关系，如式（1.44）所示。

$$Ma_{\mathrm{cr}} = Ma_{\mathrm{DD}} - \sqrt[3]{0.1/80} = Ma_{\mathrm{DD}} - 0.107\,722 \tag{1.44}$$

针对翼型的阻力发散马赫数和翼型参数可以通过后掠机翼理论的 Korn 公式确立，参考式（1.26）。基于这些公式，机翼的波阻估算的一般流程可以由图 1.10 确定。

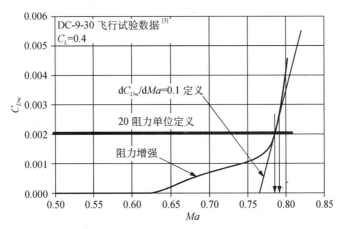

图 1.10　跨声速波阻的估算以及阻力发散马赫数的两种定义

在完成了飞机阻力估算的基础上,可以继而开展针对不同飞行马赫数条件下飞机极曲线的估算,包括飞机高速和低速等不同的构型状态。得到的飞机极曲线数据用于飞机的性能分析,在实际的飞机设计流程中,往往需要多次迭代才能确定最终的飞机总体参数。

3) 增升装置设计

飞机增升装置的设计对飞机的气动性能、经济性和安全性具有重要的影响。增升装置设计的目标是提高飞机低速时的最大升力系数和升阻比,改善失速特性,确保飞机在达到失速迎角之前具有较高的升力系数和升阻比,满足飞机低速起降性能的要求。飞机的低速性能对飞机安全性具有重要影响,决定了特定飞机重量条件下的失速速度。

目前常用的增升装置类型包括前缘缝翼和后缘襟翼,针对襟翼和缝翼,又可以进行更细致的划分,一些主要的前缘和后缘增升装置类型如表 1.4 和表 1.5 所示。

表 1.4   前缘增升装置类型

类型	特点及应用
前缘下垂	美国超声速运输机方案,A380,A350
变弯度前缘	NASA 研究飞行器(AFTI)
固定缝翼	较低巡航速度的 STOL
简单克鲁格襟翼	B707 内翼
折叠式克鲁格襟翼	B727
可变弯度克鲁格襟翼	B747,复杂,昂贵
两位置前缘缝翼	F-84,民机一般不采用
三位置前缘缝翼	最常用

表 1.5   后缘增升装置类型

类型	特点及应用
开裂襟翼	早期军机广泛使用
简单襟翼	偏转角≤20°以避免分离
单缝襟翼	偏转角 30°～35°
单缝富勒襟翼	偏转角可达 40°,B747SP
固定子翼的双缝襟翼	MD80/DC-9
活动子翼的双缝襟翼	DC-10/MD12
主从双缝襟翼	A400M
三缝襟翼	B757,B737

机翼前后缘襟、缝翼对最大升力系数的影响如图 1.11 所示,举例来说,表 1.6 给出了 A300 飞机给定重量条件下增升装置对失速速度的影响,失速速度直接决定了飞机起降的最小安全速度,从而决定了飞机的可用起飞重量。

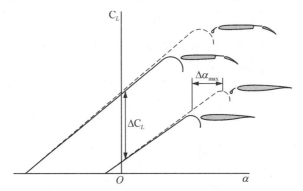

图 1.11 前后缘增升装置对升力系数的影响规律

表 1.6 A300 飞机失速速度对比(*MTOW* = 136 t)

飞机构型	$V_{stall}/(m/s)$
干净构型	79.8
偏转缝翼	62.8
偏转襟、缝翼	54.6

传统上,飞机增升装置的设计大量依赖于试验数据和设计经验,流动机理以及设计因素的复杂性使得增升装置的设计一直是一项难度较大的设计工作,随着计算流体力学技术以及计算机计算能力的改善,数值方法的应用越来越普遍,对于揭示复杂的流动机理和开展参数优化提供了很好的工具,但是,高质量的试验数据仍然是设计增升装置不可或缺的手段,早期增升装置的设计往往聚焦于如何提高飞机的最大升力系数,越来越多的重点转向在满足升力系数要求的条件下进一步降低设计方案的复杂度和成本,提高其可维护性。

增升装置的设计是一个复杂迭代的过程,需要综合经验数据、数值分析以及风洞试验,并与机翼设计综合考虑气动、结构、机构以及制造等专业的约束条件,大体上增升装置的设计可分为四个步骤:

第一步,根据飞机的起飞、着陆性能要求,确定设计目标,选定采取增升装置的形式。

第二步,确定增升装置的平面参数,包括弦长、展长及位置。

第三步,进行剖面设计,包括确定偏角和缝道参数,进行多段翼型设计。

第四步,进行襟翼或缝翼的缝道参数优化设计,并进行起飞、着陆与巡航的协调。

在很长一段时间内,增升装置的设计主要依赖于试验和设计经验完成,其中包括襟缝翼外形、位置的确定,例如在 A300 飞机的研制中,通过采用半模后掠模型(SCCH)对襟缝翼的位置进行了优化,得到固定偏角条件下,襟缝翼位置对最大升力系数 C_{Lmax} 的影响,如图 1.12 所示,图中同时也给出了从翼梢到拐折处不同展向位置能够取得的最大截面升力系数。

三维增升装置的设计同时需要考虑气动、结构以及机构要求,对于翼吊布局的运

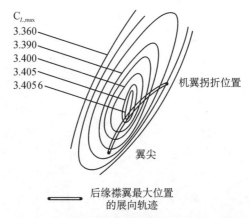

图 1.12　后缘襟翼位置对最大升力系数的影响

输类飞机来说，还需要考虑发动机安装以及喷流对缝翼和襟翼的影响，涉及复杂的流动问题以及多学科的耦合，需要通过多轮设计、试验验证以及飞行试验才能确认。

2. 基于 CFD 的气动设计方法

目前，高精度的基于雷诺平均 NS 方程方法（RANS）的 CFD 技术在飞行器气动设计中的作用越来越大，特别是对飞机巡航点的定常流场的分析及气动力计算越来越普遍，并且和其他学科融合形成多学科的设计体系。但是，针对复杂外形实现可靠、自动和精确的气动力的预示，特别是阻力的预示，仍然是设计工程师面临的一个挑战。同时，需要将不同的气动估算方法，包括多种试验数据有机地融合起来，形成完善的气动力估算体系，对复杂外形开展精确的阻力预示，并应用于设计优化中。基于 CFD 的飞机气动设计在飞机型号设计中的基本流程如图 1.13 所示。

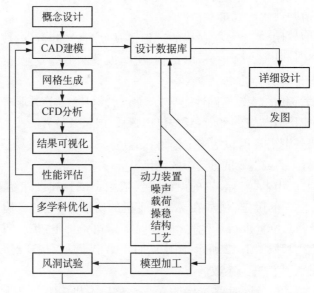

图 1.13　基于 CFD 的飞机气动设计流程

在飞机气动设计中使用的 CFD 程序一般不是单一的,CFD 本身的概念也存在狭义和广义的描述,狭义的 CFD 方法是指针对特定的几何外形定义,使用有限体积法或有限差分方法进行流场的空间离散化,用数值方法对定义流场物理参数关系的方程组进行求解,得到感兴趣的物理量。广义的 CFD 方法可以涵盖所有使用数值方法求解流动现象的方法,包括在简化的理论基础上得到的各种近似解。对复杂的流动现象是使用基于物理原则的一组偏微分方程描述的,这些基本物理原则及其对应的基本方程分别为

(1) 质量守恒定律:连续性方程。

(2) 牛顿第二定律:动量守恒方程,即 Navier-Stokes 方程。

(3) 能量守恒定律:能量守恒方程。

这些方程可以用于描述无化学反应、连续介质的亚声速和超声速流动现象。这些流动方程可以分别为给出如下:

连续性方程
$$\frac{\partial \rho}{\partial t} + \nabla \cdot (\rho \boldsymbol{V}) = 0 \tag{1.45}$$

动量方程
$$\frac{\partial}{\partial t}(\rho \boldsymbol{V}) + \nabla \cdot (\rho \boldsymbol{V} \boldsymbol{V}) = -\nabla p + \nabla \cdot \boldsymbol{\tau} \tag{1.46}$$

能量守恒方程
$$\frac{\partial}{\partial t}(\rho E) + \nabla \cdot (\rho E \boldsymbol{V}) = -\nabla \cdot \boldsymbol{q} - \nabla \cdot (p \boldsymbol{V}) + \nabla \cdot \boldsymbol{\tau} \boldsymbol{V} \tag{1.47}$$

式中:ρ 为流体密度,$\boldsymbol{V}$ 为速度矢量,E 为能量,p 为压力,$\boldsymbol{q}$ 为热通量矢量,$\boldsymbol{\tau}$ 为雷诺应力矢量。以上方程组统称为 Navier-Stokes 方程(N-S 方程),这些方程可以在不同的坐标系中展开,通过数值方法求解得到飞行器有关的气动力和流场特征参数。结合特定的物理流动现象,可以对式(1.45)～式(1.47)中给出的一般性流动方程进行简化,例如忽略黏性项和热传导项的影响,可以得到欧拉方程。针对实际外形和飞行状态,目前的计算能力仍然无法实现对上述 N-S 方程的直接求解。

在很长一段时间内,伴随着硬件计算能力以及数值方法的发展,CFD 技术的发展遵循着从简到繁,对物理现象的刻画能力越来越强,能够求解的流动现象的复杂性不断提高,能够应对越来越复杂的几何构型。这一发展趋势可以从图 1.14 看出。目前 CFD 技术在飞机设计中的应用已经发展到相对成熟的阶段,特别是在部件设计以及针对巡航点的定常流场分析中,能够在优化设计中发挥比较大的作用。

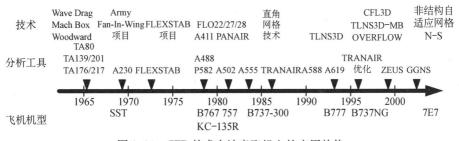

图 1.14 CFD 技术在波音飞机上的应用趋势

参照 CFD 方法的发展以及其飞机设计中所起的作用,下文按照分析方法的复杂程度、可信度及应用范围,对一些主要的气动 CFD 分析方法进行介绍。

(1) 经验法。

基于简化的基本理论和大量风洞试验数据得到工程经验公式,严格说来不属于 CFD 的范畴,但是对飞机方案设计阶段具有重要的作用,能够快速用于不同设计方案的对比分析,作为后续设计的输入信息,本章第 1.3.2 节 1)对常用的经验公式进行了介绍。

(2) 面元法。

二维和三维的面元法,基于不可压缩方程,采用拉普拉斯变换,使用面网格可以用来求解二维翼型和三维机翼低速流动的压力分布,可以在设计初期帮助确定增升装置的类型。辅以边界层方法,可以用于流动分离的初步预测。三维面元法还可以考虑部件间的干扰。对于跨声速流动,面元法的结果需要更高可信度的 RANS 方法加以验证,但是在设计初期依然能够给出部件间气动干扰的基本信息。

(3) 全速势方法。

全速势方法假设流场无黏、无旋、等熵流动,基于全速势方程的方法可以用于分析包含激波的流动现象,通常与边界层方法组合使用,对跨声速流动进行分析。对于跨声速大后掠角机翼的设计,弱激波的存在使得使用全速势+边界层方法能够比较准确地刻画这一流动现象。全速势方法中,需要给定尾迹参数,以便模拟更高马赫数的跨声速流动。

(4) 欧拉方程。

欧拉方程可以处理具有强激波的流动,因此对于更高马赫数跨声速流动的模拟具有价值,人工黏性的应用可以使得该方法用于翼型尾迹的模拟,对于多段翼型的仿真具有优势。

(5) RANS 方法。

对于定常流动,RANS 方法可以模拟大部分的流动现象,因此对于复杂外形的高亚声速和跨声速流动模拟具有优势,用于运输类飞机设计点附近的流动模拟以及气动力的计算,可以比较准确地模拟不同部件之间的相互干扰,低速增升装置流场及分离现象,但是所需的计算量以及不同湍流模型对分析结果的影响意味着需要更多的资源、设置时间以及使用经验。

使用 CFD 方法和工具开展气动外形的优化设计可以采用两种方法:①反设计法;②优化设计方法。在反设计方法中,通过给定固壁表面(例如翼型和机翼)的压力分布,通过不断逼近得到能够满足压力分布要求的几何外形,典型的、得到广泛使用的反设计方法包括 Jameson 提出的伴随方程方法;第二类方法的气动优化设计的一般流程如图 1.15 所示,在实际工程应用中,由于 CFD 计算部分对计算量的需求与有限的计算资源和时间约束,往往需要寻求提高优化效率的方法,其中采用基于数学近似的响应面技术就是其中得到较广泛应用的方法。

图 1.15　使用 CFD 方法气动优化设计的一般流程

目前,基于雷诺平均的 RANS 方法已经得到广泛的应用,为了解决针对复杂外形参数数目多,所需计算量大的问题,发展了多种改善优化效率的方法,其中比较有效的方法包括各种不同的响应面法(response surface modeling, RSM),该系列方法的本质是通过在一定的 CFD 数据的基础上使用数学近似的方法构建近似模型,利用近似模型开展优化设计,从而避免进行大量的 CFD 计算,以提高优化效率。该方法的气动优化设计流程如图 1.16 所示。

1.3.3　飞机结构设计

满足安全性和使用性要求条件下的重量最轻是飞机结构设计的重要原则,飞机结构设计的基本要求来源于适航规范(例如针对商用飞机的 CCAR25 部以及飞机制造商自身的标准),这些基本要求主要包括:

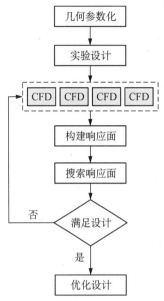

图 1.16　使用 CFD 和响应面方法的气动优化设计流程

(1) 强度高:飞机选材和结构设计需要满足飞机极限载荷下的应力要求。

(2) 重量轻:满足安全性、功能性要求的前提下重量最轻。

(3) 刚度要求:结构刚度满足变形要求。

(4) 疲劳寿命长:飞机结构在疲劳载荷条件下满足飞机的寿命要求。

(5) 颤振要求。

飞机结构设计中除了上述要求以外,还需要考虑满足重量指标,工艺易于实现,结构的制造和维护成本低等因素。

1. 飞机载荷

飞机结构设计的首要条件是确定飞机结构所承受的载荷的类型和量级,不同机型的设计中需要考虑的载荷有所差异,涉及的载荷类型包括气动载荷和惯性载荷,也可分为集中载荷和分布载荷,根据工况区别可分为地面载荷和飞行载荷等。

典型的商用飞机在巡航飞行状态的载荷分布如图 1.17 所示,其中给出了气动载荷、机翼结构惯性载荷以及发动机集中载荷的典型分布示意图。飞机结构分析和设计中,涉及的一些基本概念包括:

(1) 过载系数(load factor):飞行器所受外力之和与重力的比值。

(2) 使用载荷或限制载荷(limit loads):飞机结构在设计载荷条件下不应发生永久变形,一般发生的概率为每十万飞行小时分之一。

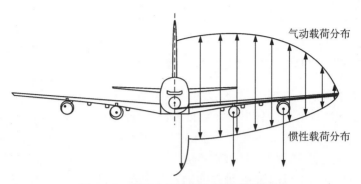

图 1.17 商用飞机巡航飞行的载荷分布

（3）设计载荷或极限载荷（ultimate loads）：发生概率在每 10^8 或 10^9 飞行小时，具有潜在的破坏性效果。

（4）剩余强度（residual strength）：结构材料的许用应力和工作应力之比，一般用其承载能力的百分比表示。

对于商用飞机来说，其典型的 $V\text{-}n$ 曲线如图 1.18 所示。

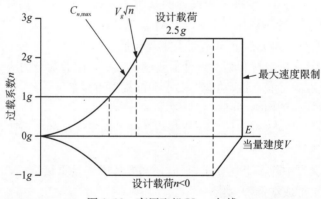

图 1.18 商用飞机 $V\text{-}n$ 包线

分析不同载荷下，不同结构形式的承载能力，需要了解常用材料的类型及特点，飞机结构上常用的材料包括：

（1）铝合金：飞机机体结构的主要材料，使用比例一直是最大，但越来越多的机体结构开始采用复合材料替代。

（2）合金钢材料：使用合金钢的构件通常包括发动机连接件、起落架部件以及大的接头等。

（3）钛合金：特定部件通常选用的材料，例如起落架结构，但成本较高。

（4）复合材料：由于其重量轻的特点，在飞机结构上的使用比例不断增加，从最初的非承力件结构发展到在主承力件结构上使用。

2. 飞机结构布局

典型的商用飞机的结构布局如图 1.19 所示。飞机的主要机体结构包括机翼、机身、垂平尾以及一些整流结构等。典型机翼和机身结构如图 1.20 所示,机翼和机身的结构形式是由其承受的载荷形式决定的,机身的载荷包括纵向载荷和各种集中载荷,机翼载荷包括弯矩、集中力以及剪切力等。

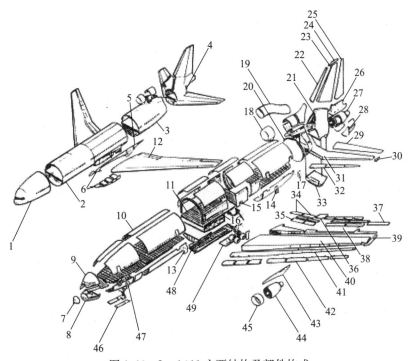

图 1.19　L-1011 主要结构及部件构成

1—前机身;2—中机身;3—后机身;4—尾段;5,6—整流罩;7—雷达天线罩;8,9—乘员舱组件;10—机身壁板;11—断面;12—机翼;13,14—客舱门;15—中华舱舱门;16—机翼中央翼盒;17—紧急舱门;18—发动机进气口;19—S 型进气道;20—气密框;21—机身尾段;22—垂直安定面前缘;23—垂直安定面翼盒;24—垂直安定面翼尖;25—方向舵;26—中发动机(2 号)支持结构;27—2 号发动机;28—2 号发动机整流罩;29—升降舵;30—水平安定面翼尖;31—水平安定面翼盒;32—水平安定面前缘;33—辅助动力装置(APU)舱门;34—扰流板;35—双缝板;36—内副翼;37—外副翼;38—双缝襟翼;39—机翼翼尖;40—机翼中央翼盒;41—机翼前缘;42—前缘缝翼;43—1 号发动机挂架;44—1 号发动机;45—1 号发动机短舱;46—前起落架舱门;47—客舱舱门;48—机身龙骨梁组件;49—主起落架舱门

机身一般分为若干舱段,包括机头,前机身,中机身,后机身以及尾段;机身的主要结构形式包括舱段,长桁条,蒙皮等;机翼结构件主要包括翼梁,翼肋和桁条,如图 1.20 所示。

1.3.4　动力装置

在飞机总体方案设计阶段,需要确定发动机的类型、主要参数和安装方式,并分析其对飞机设计指标的影响,发动机类型的确定和飞机的飞行速度密切相关,一般

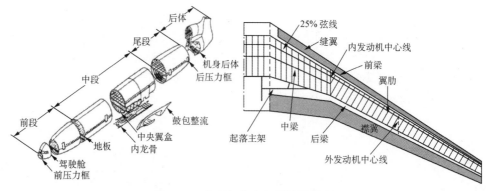

图 1.20　典型机身和机翼结构形式

规律如图 1.21 所示。螺旋桨飞机的飞行速度较低,目前的商用旅客机一般选择高亚声速或跨声速飞行,通常采用的发动机类型为大涵道比涡轮风扇发动机,其主要参数包括几何尺寸,重量,推力,油耗等。燃油效率的发展历史如图 1.22 所示。

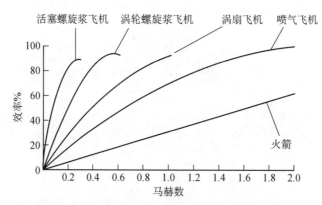

图 1.21　不同发动机燃油效率和飞行马赫数的关系

确定了飞机的基本布局和发动机类型,根据飞机方案中对总体参数的估算,可以得到发动机的基本参数,据此可以选择或研制合适的发动机。发动机主要参数的确定可以参照式(1.48)进行,SF 为所需推力和参考发动机推力的比值,L,D,W 分别为发动机的长度、直径和重量参数。

$$\begin{cases} L = L_{\text{actual}}(SF)^{0.4} \\ D = D_{\text{actual}}(SF)^{0.4} \\ W = W_{\text{actual}}(SF)^{0.4} \end{cases} \tag{1.48}$$

发动机的安装形式是飞机的总体布局中的重要内容。对比不同的发动机安装形式需要考虑发动机的类型,其对气动力的影响和结构设计的要求等方面的因素,典型的布局形式包括翼吊和尾吊两种,尽管两种布局形式都存在特定的因素需要考虑,但有一些因素是具有共性的。对于大涵道比涡轮风扇发动机,通常需要考虑的

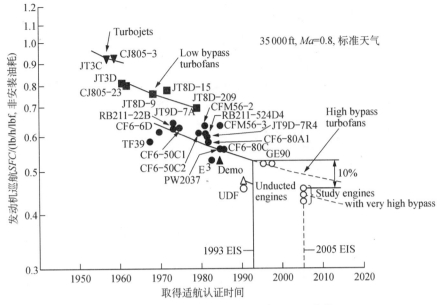

图 1.22   涡轮喷气发动机的油耗(SFC)变化

问题包括：

（1）发动机进气道风扇入口流场满足飞行包线各种状态发动机对进气道流场的要求。

（2）发动机短舱的气动阻力和干扰阻力小。

（3）反推力装置设计的考虑。

（4）有效的降噪措施，满足对发动机噪声水平的要求。

（5）防火保障等安全系统的考虑。

（6）发动机维护的要求。

1.3.5   飞机性能和操稳特性

飞机性能是项目需求的重要内容，飞机设计人员在设计过程中通过开展飞机性能分析，对飞机总体布局和参数、气动设计、结构和动力装置等进行权衡分析，确保飞机方案能够满足飞机性能需求。飞机的操稳特性涉及飞机的稳定性和操纵性设计，是实现飞机具有优异的飞行品质的重要保障，是飞机重心位置、操纵面设计以及飞控系统设计的重要依据。

1. 基本方程

首先需要建立合适的坐标系，在飞机性能分析中，通常会涉及地面坐标系和机体坐标系。地面坐标系为惯性坐标系，Z 轴指向地心，XY 平面为水平面，其中 X 轴指向北，Y 轴指向东。飞机的机体坐标系以重心为原点，X 轴一般沿机身纵向参考线指向机头方向，Z 轴向下，Y 轴指向右翼。飞机性能分析中，飞机的运动考虑为大地坐标系内的质点运动，考虑飞机的空间运动轨迹如图 1.23 所示。飞机的速度可

以由式(1.49)得到:

$$\frac{\mathrm{d}r}{\mathrm{d}t} = V \tag{1.49}$$

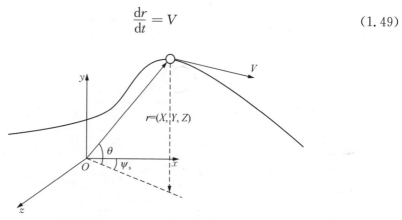

图 1.23 飞机的飞行轨迹

以各速度分量表示,可以得到

$$\frac{\mathrm{d}X_\mathrm{d}}{\mathrm{d}t} = V\cos\theta\cos\psi_\mathrm{s}$$

$$\frac{\mathrm{d}Y_\mathrm{d}}{\mathrm{d}t} = V\sin\theta \tag{1.50}$$

$$\frac{\mathrm{d}Z_\mathrm{d}}{\mathrm{d}t} = -V\cos\theta\sin\psi_\mathrm{s}$$

按照牛顿第二定律,可以建立飞机的动力学方程,并以此为基础针对飞机任务包线的不同状况进行具体的性能分析。飞机飞行过程作用力如图 1.24 所示。

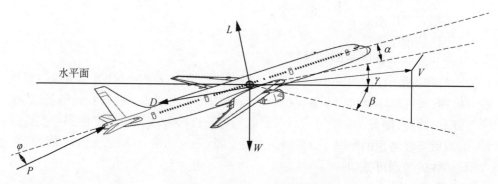

图 1.24 飞机飞行过程作用力

2. 性能分析方法

飞机性能分析可以采用两种方法:一是能量法;二是积分方法。能量方法相对比较简单,积分方法需要采用计算机数值积分来实现。在飞机性能分析中,通常采用质点假设,考虑作用在飞机上的外力改变飞机运动轨迹的作用。飞机性能分析一般涵盖飞机起飞、爬升、巡航、下降、着陆及机动飞行等状态,性能分析中一般假设飞机处于配平状态,性能分析需要其他专业的数据输入,主要涉及的数据包括气动专业的全机极曲线、发动机特性数据以及飞机的重量和重心数据。飞机性能的估算通常采用国际标准大气条件,同时,非标准天气条件下的性能通过对影响因素的分析得到。

能量法为飞机概念设计阶段提供了快速的性能分析方法,飞机运动的总能量由动能和势能构成,如式(1.51)所示:

$$E = W\left(h + \frac{V^2}{2g}\right) = We \tag{1.51}$$

式中:E 是总能量,W 是飞机重量,V 为飞行速度,h 是高度,$e = \dfrac{E}{W} = h + \dfrac{v^2}{2g} = h_e$ 是比能量(specific energy)或能量高度(energy height)。飞机在飞行过程中消耗燃料,克服飞机的阻力,实现特定的飞行轨迹。能量平衡关系式为

$$\frac{dE}{dt} = P_a - DV + \frac{edW}{dt} \tag{1.52}$$

式中:P_a 为发动机可用功率,D 为飞机的总阻力。结合式(1.51)和式(1.52),可以得到

$$\frac{P_a - DV}{W} = \frac{dh}{dt} + \frac{V}{g}\frac{dV}{dt} = \frac{de}{dt} \equiv P_s \tag{1.53}$$

式中:P_s 为单位剩余功率。利用式(1.53)可以分析飞机在爬升、加速平飞等不同状态下的性能。对飞机性能分析的详细讨论将在第 2 章给出。

3. 飞机操稳特性

飞机的操稳特性涉及飞机的稳定性和操纵性。在性能计算中,把飞机当作一个质点进行分析,即讨论了力的平衡问题,而力矩的平衡可以通过操纵舵面得到解决。此时需要把它当作刚体来研究,而不能再用质点运动方程分析飞机的姿态变化。飞机的稳定性是指飞机受到外界瞬时扰动后,能够自动恢复其原来平衡状态的能力;而操纵性是指飞机对驾驶员操纵和舵面指令输入的响应。飞机的操稳特性是飞机飞行力学研究的主要内容,也是飞机设计中的重要环节。

研究飞机从某一飞行状态改变到另一飞行状态所需要的力矩,涉及确定飞机重心、平尾、升降舵、副翼、垂尾和方向舵的几何外形以及其布置等问题,是从飞机概念设计阶段就需要考虑的问题。一般情况下,飞行器存在一个纵向对称平面,对飞机的操稳特性的考虑可分别从纵向和横向两个方面来讨论。

(1)飞机刚体动力学。

飞机在空间的刚体运动包含六个自由度,可分别使用三个描述质心运动的动力学方程和三个描述飞行器绕质心转动的动力学方程。这些方程描述了飞机在空间的位置和姿态变化。

(2)纵向静稳定性和操纵性。

飞机的纵向力矩使得飞机做抬头或低头运动,也称为俯仰力矩。俯仰力矩是飞

机的状态变量以及操纵变量的函数,可以定义为

$$M_z = f(Ma, \alpha, \dot{\alpha}, q, \delta_e, \delta_{T_y})$$

式中:M_z 为飞机的纵向力矩,M_a 为飞机的飞行马赫数,α 和 $\dot{\alpha}$ 分别为飞机攻角及其变化率,q 为飞机的速压,δ_e 为飞机的全动平尾或升降舵偏角,δ_{T_y} 为推力矢量偏角。在偏角较小时,上述关系式可以采用线性的关系式进行简化。

保证飞机纵向静稳定性通常是传统飞机设计中的重要目标之一,飞机纵向静稳定性取决于飞机重心距离飞机气动焦点的距离与机翼平均气动力弦长 b_A 之比,计算公式如下:

$$C_m^{C_L} = \overline{X}_T - \overline{X}_F$$

式中:$C_m^{C_L}$ 为静稳定裕度;$\overline{X}_T$ 为飞机重心位置;$\overline{X}_F$ 为飞机气动焦点位置。

对于常规静稳定飞机,$C_m^{C_L}$ 必须为负值,对于不同类型的飞机,其静稳定裕度的要求是不一样的,对于大型商用运输类飞机 $C_m^{C_L}$ 一般取 -0.13 左右。在总体设计开始阶段,由于重心位置和气动焦点位置都是估算的,有一定误差,因此对 $C_m^{C_L}$ 要考虑留有一定的余量。

对于放宽静稳定性或采用静不稳定准则设计的飞机,需要在飞机的飞行控制系统设计中采用人工增稳系统,以实现飞机的控制,静不稳定设计通常应用于战斗机,以增强其机动性能,运输类飞机适当放宽静稳定性可以改善飞机的经济性。

(3) 横向稳定性和操纵性。

飞机的横向稳定性是指飞机在受到侧风干扰后恢复其滚转飞行状态的能力,和飞机在平衡点的力矩系数曲线斜率有关,具有航向静稳定性的飞机,受到扰动出现侧滑角时,飞机能具有减小侧滑角的趋势。

1.3.6 飞机主要系统

飞机总体设计中还需要对相关的系统作出选择,其中包括航电系统,操纵与控制,液压系统,燃油系统,供电系统,环控与救生以及客舱娱乐等。系统技术对飞机总体性能指标的实现起着重要的作用,需要和布局、气动、结构等专业密切协调,实现总体方案的最优。

本节概述包括以下几个主要的飞机系统,包括航电系统,操纵与控制,液压系统,燃油系统,供电系统,环控与救生系统。

1. 航电系统

飞机的航电系统包括雷达、导航与通信、控制、显示、传感器以及人机界面等主要元素。在总体方案阶段需要考虑的航电系统设计主要从功能需求、易用性和技术可靠性的角度来考虑,目标在于提高系统的使用效率和降低发生差错的概率。导航系统包含的主要部件有:

(1) 气象雷达。用于提供航路上或前方空域的降水情况,预测其可能的发展,

以采取措施躲避极端的气象条件。

（2）无线电高度表。用于测量飞机距地表面的真实高度，输出所测高度值、高度变化率以及高度的安全告警信号。

（3）飞行管理系统。是现代航电系统的核心，用于存储飞行计划。从各种传感器得到的信息计算飞机当前的位置和状态，并引导飞机按照飞行计划完成飞行。在飞行过程中允许飞行员对飞行计划作出修改。FMS 的核心是导航数据库，该数据库定期更新，包含构造准确的飞行计划的所有信息，其中涉及航路、机场、跑道、等待航线、标准仪表离场程序等信息。

（4）信标接收机。与地面信标发射台配合，当飞机飞临信标台上空时，就会发出信号。

（5）塔康设备。与地面台共同组成塔康极坐标定位系统，为飞行员提供全局坐标系。

（6）仪表着陆系统（ILS）。ILS 是一种基于地面的仪表进近系统，用于实现精确的飞机接近和着陆，特别是在恶劣的天气条件下提高进场与着陆环节的安全性。

（7）全球定位系统（GPS）。提供飞机位置的卫星定位服务。

（8）空中防撞系统（TCAS）。用以防止飞机空中相撞事故的发生，大中型客机都安装有这一系统。

（9）地面迫近警告系统（GPWS）。是防止飞机因为离地过近而发生事故的系统，与 TCAS 搭配成为保护飞行安全的两大防线。

通信系统的主要功能是提供航行过程中的通信保障，包括自主与无线电导航、着陆、自我标识等功能。故障与警告系统在出现潜在的危险情况下为飞行员提供预警信息，以便飞行员或机载计算机能够采取恰当的措施，避免事故的发生。

飞行管理系统计算机得到的有关飞机速度、高度、各系统状态的信息是由安装在飞机上的各种传感器提供的。显示系统的主要功能是将各种状态、警告等信息反馈给飞行员，主要的子系统包括：

（1）电子飞行仪表系统。目前多由液晶显示器组成。

（2）状态控制面板。飞行员通过该面板来选择由自动驾驶仪控制的飞行参数。

（3）显示控制单元。用于选择显示的信息。

（4）发动机信息预警系统。

航电系统越来越向模块化、综合化以及定制化的方向发展，特别强调冗余设计和可靠性设计，以及与空中交通管理系统的信息接口。航电系统的发展朝着进一步提高飞行安全，降低飞行员工作载荷，提高效率的方向发展。一些显著的技术进步体现在合成视景系统、增强视景系统以及地面引导系统。合成视景提供一个人工生成的飞行环境系统，将各种状态信息和航路以三维图示的方式提供给飞行员。而增强视景系统则是将各种传感器提供的数据综合成为周围环境的显示。地面引导系统则是利用三维视景技术将机场的实时状态，包括其他飞机的位置和自身的位置、速度等显示给飞行员。这些显示技术大大提高了飞行员了解周围环境，作出正确判断的概率,进而提高了飞行安全。此外,为了满足不同航空公司个性化的要求,配置了越来越好的声视频娱乐设施和商业服务系统,可以预期,座椅后终端将能够提供包括互联网在内的通信与软件服务项目。

2. 操纵系统

飞机的操纵系统的主要功能是实现飞机姿态的控制与改变,包括起飞着陆时的升阻控制,巡航状态的配平,航向控制等。飞机操纵系统应该满足重量轻,结构简单,可靠性高,维修简单等要求。

电传操纵系统把驾驶员的操纵指令变换为电信号以操纵飞机的系统,通过以计算机为核心的自动控制系统实现飞机的主动控制。使用电传飞控系统可以实现飞行边界限制,自动驾驶,机动载荷控制等功能。驾驶员通过不同形式的控制手柄来操纵飞机,波音倾向于使用飞机操纵杆以获得更明显的视觉效果,包括 A380 在内的空客飞机则选用侧杆形式。电传系统在对机动性要求高的歼击机等军机上体现出更多的优势,原因在于其能够提供更快速有效的响应和更精确的控制。1984 年空客在 A320 客机上使用电传飞控系统,这是电传飞控系统在民航客机上的首次使用。电传操纵系统是从早期的模拟式系统演变为目前的数字式系统的。适航部门对包括电传系统在内的航空软件制定了管理规范,任何对飞行安全有关键影响的模块和软件需要符合 FAA 中 RTCA/DO - 178B 的规定。为了避免电传系统的失效带来严重的后果,一般采纳多余度设计,原因在于单套电传系统的失效率仅为 10^{-3} 次/小时。在多余度设计中,一个控制面通常多套电缆连接,一个控制通路采纳多台控制计算机,需要对余度结构和多余度的管理进行详细的设计。

飞机的操作面主要包括副翼、升降舵、方向舵、水平安定面、扰流板以及前后缘增升装置。这些操作面及其主要功能分别为:

(1) 副翼操纵,控制飞机的横滚姿态。

(2) 升降舵操纵,控制飞机俯仰姿态。

(3) 方向舵操纵,控制飞机的航向。

(4) 水平安定面配平,飞机的纵向配平。

(5) 扰流板操纵,空中减速、飞机横滚辅助控制等。

(6) 前缘缝翼操纵,增加飞机起飞和着陆时的升力。

(7) 后缘襟翼操纵,增加飞机起飞时的升力和着陆时的升阻比。

3. 燃油系统

燃油系统的功用是贮存飞机所用的燃油,并保证在飞机战术技术要求规定的所有飞机状态和工作条件下,向发动机连续可靠地供油。此外,还有利用燃油冷资源冷却其他设备辅助功能。一般燃油系统总重量(无燃油)占飞机总重量的 2% 左右,由以下分系统组成:

(1) 燃油箱分系统。

(2) 供油和输油分系统。

（3）通气增压分系统。

（4）地面加油（重力加油和压力加油）和放油分系统。

（5）空中加油和应急放油分系统。

（6）惰性气体及抑爆分系统。

（7）油量测量分系统。

（8）散热器燃油的输送及回油分系统。

4. 液压系统

飞机液压系统用于为飞机上液压驱动的活动部位提供液压动力，具有比功率（功率重量比）大，响应速度快，易于控制等优点。液压系统用于飞机起落架系统、增升装置，舱门等的操纵。飞机上一般布置相互独立的，能够连续工作的左右两套系统，其管路布置也需要相互隔离，以提高总体系统的可靠性和飞机的安全性。左右两套系统能够同时向各主要操纵面，前起落架转向，主起落架刹车等供压。液压系统主要包括两大组成部分：供压部分，包括主油泵、应急油泵和蓄能器等，主油泵装在飞机发动机的传动机匣上，由发动机带动。蓄能器用于保持整个系统工作平稳，安装在各分系统上的控制和执行部分，包括压力阀、流量阀、方向阀和伺服阀等控制部分和作动筒、液压马达和助力器等执行部分。液压系统的设计准则要求其能够在飞机结构允许的所有条件下正常工作，同时具有重量轻、可靠性高、易于维护等优点。首先需要依据飞机的总体要求来确定液压系统的总体架构、功率需求等，再进一步完成系统各部件的设计以及试验验证等工作。液压系统的设计需要满足有关飞机液压和气动系统的相关规范和标准。液压系统的发展趋势主要包括发展防火抗燃的液压油，以及适配的密封材料和方式，以发展全电驱动装置和进一步提高系统的可靠性、可维护性等方面。

5. 供电系统

飞机供电系统的功能是为飞机用电设备提供交直流电能，满足包括飞行控制系统，电子设备，照明等系统的需求。主要子系统包括交流电源，直流电源，外电源，配电系统。飞机的供电系统和用电设备组成飞机电气系统，其重量大约占到飞机运营空重的2%～3%。飞机电源系统包括主电源、二次电源和辅助电源。主电源来源于发动机驱动的发电机。二次电源是为满足特定用电设备的用电需求需要而将主电源电能转化为不同的规格，如直流电等。辅助能源系统首先用于主发动机的起动，以及满足发动机不工作时飞机的能源需求。

6. 环控与救生系统

飞机的环境控制与救生系统是生命保障系统的重要组成部分，主要功能是提供确保机组与乘客安全性和舒适性所需的温度、湿度、防火、通风等环境。应该说客舱是环控系统的首要组成部分，此外，主要组成还包括制冷系统，温度控制系统，座舱压力控制系统和分配系统等。

在大多数喷气式客机上，压缩空气是从发动机的压缩机段抽取的，其温度和压力的典型值为 200~250℃ 和 275 kPa，一般需要冷却处理后使用。这一空气来源满足包括客舱增压、除冰等多个子系统的需求。目前一些新的飞机（如波音 787）更多使用电动压缩机产生的气源，消除了引气系统对发动机效率的影响。

1.3.7 经济性分析与设计

对于民用飞机来说，市场成功是评价项目竞争性最重要的指标之一。经济性评估贯穿飞机研发、设计、制造与运营的全过程，涵盖市场预测，研发经济性分析，制造经济性分析和航空公司运营经济性分析等内容。对于飞机项目，特别是新研制飞机而言，由于技术复杂，成本和周期的有效管理一直是一个巨大的挑战，不同阶段的研制费用随研制周期的变化规律如图 1.25 所示。

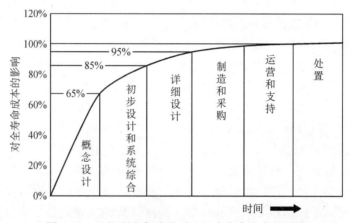

图 1.25　飞机研发各阶段对飞机全寿命成本的影响

通常关心的民用飞机经济性指标是飞机的总运营成本（total operating cost，TOC），其中包括直接运营成本（direct operating cost，DOC）和间接运营成本（indirect operating cost，IOC），飞机总运营成本的详细构成在图 1.26 中给出。本节介绍典型的 DOC 计算方法，以及实现经济性设计的主要流程和方法。

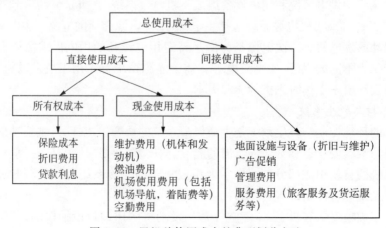

图 1.26　民机总使用成本的典型划分方法

1. 经济性分析方法

世界主要航空公司、飞机制造商和相关国际组织都发展了各自的经济性分析方法,表 1.7 列举出了一些经济性分析方法,其中 AEA 方法和 ATA 方法是可以公开获取的、常用的分析方法。这些方法之间既存在共性,即能够反映主要设计因素对飞机使用费用,特别是直接使用成本的影响,同时又包含了方法所有者针对各自的商业模式和技术水平,航空公司的机队特点和运营特点,以及市场定位所做出的修正。而飞机制造商更关注如何通过技术创新以提高飞机的使用经济性。

表 1.7 主要的经济性分析方法

来源	方法名称	方法所有者
飞机制造商 (不公开)	AI(C) AI(P) OPCOST RR CAAC 方法	Airbus(Commercial) Airbus(Project) Boeing Rolls Royce plc. COMAC
航空公司(不公开)	Lufthansa British Airways	
国际组织(公开)	ATA AEA CEE FEAT	Air Transport Association(1967) Association of European Airlines Committee Etude Economique Future Economic Advanced Transport WG

2. 面向经济性设计体系

使用直接使用成本(DOC)作为指标分析民机的经济性可以给出特定设计方案,在特定的使用条件下的成本分析,可以作为飞机设计方案经济性对比分析的评估指标。但是直接使用成本既不能给出飞机制造商在该飞机项目上的经济收益,也难以对航空公司使用该飞机运营的盈利能力给出更全面的评估。因此,难以针对该飞机项目对制造商和市场的长远影响给出适当的评估。

影响 DOC 分析的环境因素包括宏观政治和经济环境及其影响下的战略决策,汇率变化,燃油价格波动,飞机使用环境的定义,市场变化,竞争对手决策,以及国家民航产业政策等。对进行航空市场预测方法给出了全面的分析。

民机经济性体系(见图 1.27)主要包含两个方面的内容,面向制造商的经济性分析和面向航空公司的经济性分析,后者需要在 DOC 的基础上,考虑运营环境和商业模式的变化,进行不断修改和补充,针对特定的航空公司进行分析。前者需要借鉴在军机项目中常用的全寿命成本分析的一些方法,构建满足制造商用于经济竞争力的分析体系。

全寿命成本分析方法传统上主要针对军机项目,但是其概念和方法对民用飞机项目的经济性分析也具有重要的参考价值。全寿命成本分析中对制造成本的分析可以用于制造上对民机的经济性分析,对在结构设计中应用复合材料带来的制造成本增加和结构重量减轻进行分析。制造成本是影响飞机价格中重要因素,进而影响

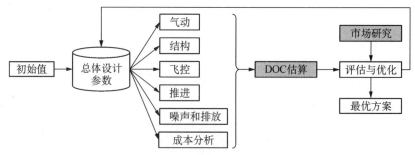

图 1.27　面向经济性的设计体系

飞机的所有权成本,从而对航空公司使用成本产生影响。也是飞机制造商制定销售价格和进行盈亏平衡分析的重要因素。

　　构建面向经济性的设计体系是提高飞机制造上竞争能力的关键环节和手段之一,需要贯穿飞机项目的全过程,特别是飞机设计初期,任何设计决策都有可能对整个飞机项目产生关键的影响,而且,在项目后期进行大的更改会导致成本和时间的双重损失,这可以从飞机的成本曲线随研发过程的进展中看出。

　　面向经济性的设计是从整个民机项目的角度,采用全局分析方法对该项目的整体经济性收益进行分析。该方法综合了全寿命成本方法,收益模型以及环境的不确定性等因素,可以用于民机项目的综合评估,用于项目的总体决策过程。

1.3.8　适航取证

　　适航是民用航空产业的重要特征之一,无论是飞机制造商和运营商(航空公司),还是航空产品,都需要得到适航当局的认证,才能够进入市场,最终满足公众出行的需求。对飞机制造商来说,适航证书是各国或国际合作组织的航空飞行器适航管理机构(统称局方)颁发给飞机制造商的,针对某一特定型号飞机的,批准该设计符合现有的相关安全性规定的证书。

　　根据航空器种类的不同,分别适用不同的适航标准,例如针对大型运输机制定的标准是 FAR - 25。

　　适航工作主要包含三个方面的内容:型号合格证的认定与颁发;组织机构适航性的审查以及制造过程的适航审查。这三个方面是相互关联的环节。本节以CCAR25 部介绍适航的基本概念、流程和方法。航空产品的适航不仅涉及航空器本身,实际上涵盖相关产品、制造商、设计人员以及运营商。表 1.8 中给出了相关航空器产品的适航分类及适用规范的基本信息。

表 1.8　不同类型飞行器适用的适航标准

飞行器类型	子类型	适航标准
固定翼飞机	大型运输机	25 部
	小型、通用飞机及特技飞机(5 700 kg),轻型飞机(705 kg)	23 部
	水上飞机	22 部

（续表）

飞行器类型	子类型	适航标准
旋翼飞行器	大型	29 部
	小型（3 175 kg）和微型（600 kg）	27 部
轻于空气的飞行器	气球	31 部
	柔性飞艇	30 部
其他	发动机、螺旋桨	其他

对于运输类飞机来说，基于飞机发动机类型和飞机的座位数，分别适用 25 部和 23 部的适航标准，在飞机项目初期需要明确适航取证的基准，一般来说，适航规范涉及如下内容。

（1）飞机性能。适航规范中涉及飞机性能的内容主要包括对特定飞行状态下飞机性能的规定，例如起飞和着陆场长，发动机失效后飞机的爬升特性以及各种状态下的复飞性能要求，最小发动机数等。

（2）飞行特征。包括静稳定性和动稳定性，例如最小操纵速度，巡航中的机动载荷余量，控制品质等。这些要求对控制面大小的选取有重要的影响。

（3）结构设计。包括结构设计在刚度和强度两个方面的要求，例如机动和突风载荷包线，疲劳评估，系统失效后的最大客舱压力高度，客舱应急设施，考虑起落架载荷的最大下降速度。

（4）飞机系统。包括对飞机主要系统在设计、使用等方面的要求。涉及发动机，燃油系统，起落架系统，液压系统等。

（5）发动机。涉及发动机各子系统，包括燃油系统，冷却，进气与排气，控制，防火方面。

飞机适航取证的基本流程如图 1.28 所示，从中可以反映出申请方和局方各自的责任以及基本过程。需要说明的是，适航条款是不断变化的，也根据飞机型号的不同存在差异，是一项需要制造商和局方密切配合的复杂工作。

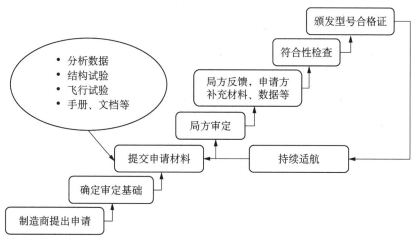

图 1.28　适航取证的基本流程

1.4　技术发展趋势

商业竞争的压力推动商用飞机技术的不断进步,资本和技术密集的特点使得飞机型号的研制需要较长时间,每一代机型一般会体现出比较明显的代差特点。未来机型的发展在技术上主要体现在推进系统,材料与结构,飞机总体与气动布局,飞行控制以及主要系统技术等方面,并推动在飞机运营技术方面的创新。一些典型的技术创新体现在如下几个方面。

1) 结构重量

(1) 结构布局设计。

(2) 新材料的使用。

(3) 结构优化设计。

(4) 更先进的系统设计与布置。

2) 发动机技术

(1) 燃油效率。

(2) 推进效率,例如通过使用桨扇构型。

3) 空气动力设计技术

(1) 减阻措施,包括层流控制以及减少诱导阻力的技术。

(2) 变弯度设计。

(3) 流动控制技术。

(4) 新型气动布局设计。

4) 先进增升装置概念

(1) 轻质结构与简化机构设计。

(2) 新型增升装置。

5) 航电与飞控系统

(1) 降低静稳定度下的飞行控制率设计。

(2) 主被动载荷控制。

6) 维修技术

(1) 结构/系统状态监测。

(2) 基于状态的智能维修技术。

2 民用飞机性能分析

飞机性能分析是飞机设计中的重要内容,既体现在飞机设计要求的制订,又体现在飞机设计方案的分析中,飞机的性能分析大致可以分为两个相互关联的部分,一是通过飞机的设计实现特定的飞行性能,一是在飞机的性能约束条件下,如何更有效地发挥飞机的性能,实现特定的飞行任务。飞机的性能反映飞机完成特定飞行任务的能力,也是和飞行安全、适航取证密切相关的重要约束条件。取得局方的适航证是商用飞机投入市场、航空公司开展商业运营的必要条件。

影响飞机性能的因素很多,飞机设计过程首先是基于对目前市场需求的分析,确定飞机的商载和航程需求,起飞着陆,爬升下降以及巡航等不同阶段的性能。在设计过程中,通过对飞机布局,气动、动力装置,系统等不同专业的分析综合以及不断迭代优化,得到满足要求的设计方案,并经过飞行试验验证。

飞机的使用性能是飞机在执行特定航空任务时的性能,不仅与飞机本身的设计性能密切相关,而且受到航班的具体情况,包括航线、气候、机场条件、商载等因素的影响。在航班开始前,需要根据这些具体条件分析飞机的性能,以制订合理的飞行计划和燃油计划,满足安全和飞行任务的要求。

本章分为飞机设计性能和使用性能两个部分,第一部分介绍飞机设计参数与飞机性能的关系,第二部分介绍飞机性能在飞机使用中的影响。

2.1 民用飞机性能设计

在飞机设计过程中,通过对飞机的布局、总体参数、动力系统等主要环节的不断修改,实现飞机预定的性能参数,这是飞机性能设计的主要任务。完成飞机性能的设计,需要了解飞机主要设计决策与飞机性能指标之间的关系。对飞机性能的考虑可以从两个角度来看,一方面是飞机的设计性能指标,一些主要的飞机性能参数包括:

(1)飞机最大速度。

(2)失速速度。

(3)最大爬升率。

（4）最大滑翔速度。

（5）爬升率。

（6）升限。

（7）最大航程。

（8）最大续航时间。

（9）起飞距离。

（10）着陆距离。

这些性能参数一般是飞机设计师在飞机设计阶段确定的，并通过各种地面和飞行试验加以确认，成为飞机使用手册的组成部分。

第二类性能主要涉及飞机的运营，主要是运营方在为特定飞行任务而制定飞行计划时需要考虑的问题，一些典型的性能分析示例包括：

（1）如何实现以最小时间从一巡航高度到达另外的巡航高度。

（2）如何实现最小燃油飞行计划。

（3）如何实现飘飞最大地面距离。

2.1.1　飞机性能分析基础

飞机设计性能是在飞机设计阶段确定的，并经过试飞验证，通过适航当局批准的，在标准大气条件下的飞机性能。飞机性能分析的基本方程可以参考 1.3.5 节。本节主要介绍飞机性能分析的条件以及适航规章中对飞机性能的基本要求，并给出各性能指标的计算分析方法。

飞机的性能与大气参数密切相关，为确保在同样的条件下开展飞机性能的分析和对比，采用国际统一的标准大气模型（International Standard Atmosphere, ISA），该模型最初来源于美国的国家标准，该模型采用理想气体假设，主要包括两个方面：①海平面标准大气参数；②大气参数随高度的变化规律的定义。

1. 国际标准大气

国际标准大气，又称"参考大气"，假定大气是静止且干净的理想气体，在给定海平面各气体参数的条件下，由流体静力学方程和气体状态方程计算得到不同高度的气温、气压以及密度数据。

根据国际标准大气（ISA）的规定，海平面温度为 15℃，气压为 101.325 kPa，密度为 1.225 0 kg/m³。标准大气数据的计算公式为

当 $H \leqslant 11\,000\,\text{m}$ 时，

$$\begin{aligned}
T &= 288.15 - 0.65H\,(\text{K}) \\
P &= 101\,325.2 \times (1 - 2.255\,77 \times 10^{-5}H)^{5.255\,88}\,(\text{Pa}) \\
\rho &= 1.225 \times (1 - 2.255\,77 \times 10^{-5}H)^{4.255\,88}\,(\text{kg/m}^3)
\end{aligned} \tag{2.1}$$

当 $11\,000\,\text{m} < H \leqslant 20\,000\,\text{m}$ 时，

$$T = 216.65(\text{K})$$

$$P = 22631.8 \times e^{-\frac{H-11000}{6341.62}} (\text{kg/m}^3) \tag{2.2}$$

$$\rho = 0.36392 \times e^{-\frac{H-11000}{6341.62}} (\text{Pa})$$

当 $20000\,\text{m} < H \leqslant 32000\,\text{m}$ 时，

$$T = 216.65 + 0.001(H - 20000)(\text{K})$$

$$P = 5474.32 \times [1 + 4.61574 \times 10^{-6}(H - 20000)]^{-34.1632}(\text{Pa}) \tag{2.3}$$

$$\rho = 0.08803 \times [1 + 4.61574 \times (H - 20000)]^{-35.1632}(\text{kg/m}^3)$$

式中：H 为海拔高度；T，P，ρ 分别表示大气的温度、压力以及密度。

2. 各种不同的飞机速度及其相互关系

飞机设计中，为了使用方便及设计的需要，经常使用不同的速度定义。本节给出其中几种常用飞机速度的定义及其相互关系。

（1）仪表空速 V_i：未经仪表误差修正的空速表示数。它是由压力传感器直接感受总压和静压反映到空速表的指示数值。

（2）仪表误差 ΔV_i：空速系统本身的系统误差。反映该系统测得的空速与真实空速之差。

（3）指示空速 V_1：经仪表误差修正后的空速表示数。可写为 $V_I = V_i + \Delta V_i$。

（4）位置误差修正量 ΔV_P 和 ΔH_P：由静压测量误差引起的速度、高度的指示误差。ΔV_P 由飞行实验测试得到。

$$\Delta H_p = 0.08865 \times \left[1 + 0.2\left(\frac{V_C}{661.5}\right)^2\right]^{2.5} \frac{V_C}{\delta/\varepsilon} \Delta V_P \tag{2.4}$$

式中：V_C 为校正空速，$\delta = P/P_0$ 表示为当地大气压力与海平面大气压力的比值，$\varepsilon = T/T_0$ 表示为当地大气温度与海平面大气温度的比值。

（5）校正空速 V_C：经过位置误差修正后的指示空速。许多飞行手册中使用的空速多为校正空速。

$$V_C \doteq V_1 + \Delta V_P \tag{2.5}$$

式中：V_I 为指示空速，ΔV_P 为速度指示误差。

（6）当量空速 V_E：速压值相同，在海平面标准大气温度下，飞行的真空速 V_T 即为当量空速。

$$V_E = V_T \sqrt{\frac{\rho}{\rho_0}} = V_T \sqrt{\sigma} \tag{2.6}$$

式中：$\sigma = \dfrac{\rho}{\rho_0}$ 为当地大气密度与海平面标准大气密度的比值，V_T 为真实空速。由此

可见当量空速相同,高度越高,真实空速越大。

(7) 压缩性修正 ΔV_C:当量空速与校正空速由气流绝热压缩性引起的偏差。

$$\Delta V_C = V_C - V_E \tag{2.7}$$

$$\Delta V_C = V_C - \sqrt{\frac{2K}{K-1}\left\{\frac{P}{\rho_0}\left[\frac{\left(1+\frac{K-1}{2}\frac{V_C^2}{a_0^2}\right)^{\frac{K}{K-1}}}{P/P_0}+1\right]^{\frac{K-1}{K}}-1\right\}} \tag{2.8}$$

式中:K 为大气绝热系数,P 为当地大气压力,P_0 和 ρ_0 分别为海平面标准大气压力和密度,V_C 为校正空速,V_E 为当量空速,a_0 为声速。式(2.8)反映了 ΔV_C 与 V_C 及高度压力 P 的关系,ΔV_C 与具体型号无关,它只反映气流压缩性的影响,只与 V_C 和 H 有关,且随 V_C 和 H 增大而增大。

(8) 真实空速 V_T:飞机飞行相对于空气的真实速度。在具体使用过程中,计算气动力时常用到 V_T,而各种手册及适航规范中用到的速度经常为 V_I,V_C,V_E,所以需要将这些速度转换为真实空速。

a. 方法一:由大气数据计算机按式(2.2)计算得到 V_C,根据式(2.5)求出压缩修正量 ΔV_C,再根据式(2.4)求得 $V_E = V_C - \Delta V_C$,最后由式(2.3)求出真实空速 $V_T = V_E / \sqrt{\sigma}$。

b. 方法二:由 V_C-Ma 公式(2.6)求得 Ma,再由 $V_T = Ma \cdot a$ 得到真实空速 V_T。

$$Ma = \sqrt{5\left[\left(\frac{1}{\delta}\left\{\left[1+0.2\left(\frac{V_C}{661.4786}\right)^2\right]^{3.5}-1\right\}+1\right)^{\frac{1}{3.5}}-1\right]} \tag{2.9}$$

式中:$\delta = P/P_0$ 表示为当地大气压力与海平面大气压力的比值,V_C 的单位为 kn(n mile/h)。

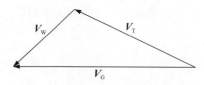

图 2.1　地速、风速和真实空速间的关系

(9) 地速 V_G:飞机相对于地面坐标系的飞行速度。它由飞机相对于空气的真空速与风对地面的矢量和表示(见图 2.1)。

$$\boldsymbol{V}_G = \boldsymbol{V}_T + \boldsymbol{V}_W \tag{2.10}$$

为方便起见将风速分解为两个速度。一是与真空速同一方向分量,称为风分量;另一是垂直真空速的垂直分量,引起偏航角。通过修正航线,消除偏流对航向的影响,实际使用时只需用真空速与风分量进行标量加减计算。风速分量的正、负号规定如下:起飞、着陆时,逆风为正,顺风为负,这时 $V_G = V_T - V_W$;巡航、爬升、下降飞行时,顺风为正,逆风为负,这时 $V_G = V_T + V_W$。

3. 飞机性能分析的坐标系统

1) 地面坐标系 $Ox_gy_gz_g$

地面坐标系,简称地轴系。原点 O 固定于地面上某点;Ox_g 轴指向地平面某任意选定方向;Oz_g 轴铅垂向下;Oy_g 轴垂直于 Ox_gz_g 平面,构成右手直角坐标系。重力通常在地面坐标系内给出。

2) 机体坐标系 $Ox_by_bz_b$

机体坐标系,简称体轴系。原点 O 在飞机的质心上;Ox_b 轴沿机体纵轴线指向前方;Oz_g 轴在飞机对称面内,垂直于 Ox_b 轴,向下为正;Oy_g 轴垂直于飞机对称面,向右为正。发动机推力一般在机体坐标系中给出。

3) 气流坐标系 $Ox_ay_az_a$

气流坐标系,又称速度坐标系。原点 O 在飞机的质心上;Ox_a 轴指向飞机的空速方向,向前为正;Oz_a 轴在飞机对称面内,垂直于 Ox_a 轴,向下为正;Oy_a 轴垂直于 Ox_az_a 平面,向右为正。

4) 航迹坐标系 $Ox_ky_kz_k$

航迹坐标系,又称弹道固联坐标系。原点 O 在飞机的质心上;Ox_k 轴沿飞机飞行速度方向,向前为正;Oz_k 轴在包含 Ox_k 轴的铅垂平面内,垂直于 Ox_k 轴,向下为正;Oy_a 轴垂直于 Ox_kz_k 平面,向右为正。

上述坐标系之间的相互关系如图 2.2、图 2.3、图 2.4 所示,与上述坐标系相关的欧拉角的定义如下。

(1) 俯仰角 θ:机体轴 Ox_b 与水平面 Ox_gy_g 之间的夹角。飞机头部上仰时,θ 为正。

(2) 偏航角 ψ:机体轴 Ox_b 在水平面 Ox_gy_g 上的投影与 Ox_g 轴之间的夹角。飞机向右偏航时,ψ 为正。

(3) 滚转角 φ:飞机对称平面与包含 Ox_b 轴的铅垂面之间的夹角。飞机向右滚转时,φ 为正。

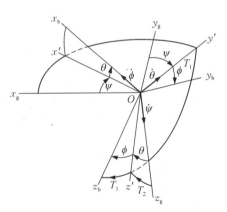

图 2.2　地面坐标系和机体坐标系的关系

(4) 航迹偏角(航向角)ψ_a:航迹轴 Ox_k 轴在水平面 Ox_gy_g 上的投影与 Ox_g 轴之间的夹角。航迹向右偏航时,ψ_a 为正。

(5) 航迹倾角(爬升角)θ_a:航迹轴 Ox_k 轴与水平面 Ox_gy_g 之间的夹角。航迹向上倾斜时,θ_a 为正。

(6) 迎角 α:飞机速度矢量 $\boldsymbol{V}$ 在飞机对称平面上的投影与机体轴 Ox_b 之间的夹角。正常飞行情况下,投影线在 Ox_b 上方时,α 为正。

(7) 侧滑角 β:飞机速度矢量 $\boldsymbol{V}$ 与飞机对称平面之间的夹角。速度矢量 $\boldsymbol{V}$ 在对称平面右侧时,β 为正。

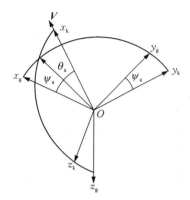　　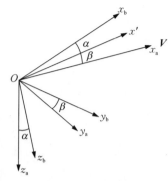

图 2.3　地面坐标系和航迹坐标系的关系　　图 2.4　气流坐标系和机体坐标系的关系

4. 基本运动方程

1）飞机作用力分析

总的来说，当飞机飞行时，有三组力分别作用在飞机上：

（1）重力。

重力是飞机由于地球的吸引而受到的力，方向总是铅垂向下。

（2）推力。

飞机推力由推进系统产生，方向总是沿着机体对称轴指向前方。如果发动机的安装角为 α_T，那么推力方向与机体对称轴之间也存在夹角 α_T。

（3）气动力。

气动力是飞机在空气中运动所受到的力，与飞机气动布局和飞机运动有关。气动力一般分为升力和阻力。机翼是产生升力的主要部件，且伴随产生阻力约占全机阻力的 30%。

2）牛顿第二定律

应用牛顿第二定律对飞机飞行的不同阶段进行分析，主要分为直线飞行、爬升和起飞。

（1）直线平飞：

直线飞行是最简单的飞机飞行方式。对于一定的飞行高度，直线飞行又被称为巡航飞行。在此阶段，飞机所有的作用力均为常值，且所有力矩都为零。

如图 2.5 所示，该飞机在一定高度上作直线飞行。假设飞机的攻角为零且速度保持不变，则所有的俯仰力矩、滚转力矩、偏航力矩之和均为零。分析飞机的作用力，可得如下平衡方程：

$$\sum F_X = 0 \rightarrow T = D \tag{2.11}$$

$$\sum F_Z = 0 \rightarrow W = L \tag{2.12}$$

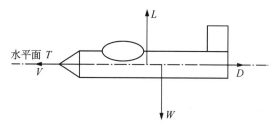

图 2.5 水平直线飞行受力图(零攻角)

现假设飞机飞行的攻角为 α(见图 2.6),则平衡方程变为

$$\sum F_X = 0 \rightarrow T\cos\alpha = D \tag{2.13}$$

$$\sum F_Z = 0 \rightarrow W = L + T\sin\alpha \tag{2.14}$$

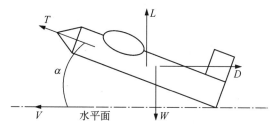

图 2.6 水平直线飞行受力图(非零攻角)

另外还有一种可能性,即飞机处于加速状态(飞行高度一定),则平衡方程为

$$\sum F_X = 0 \rightarrow T\cos\alpha - D = ma \tag{2.15}$$

$$\sum F_Z = 0 \rightarrow W = L + T\sin\alpha \tag{2.16}$$

(2) 爬升:

飞机在爬升阶段时,爬升角为 γ,飞机上的各作用力如图 2.7 所示。忽略发动机安装角,假设飞行速度不变,那么对于零攻角情况,平衡方程为

$$\sum F_X = 0 \rightarrow T = D + W\sin\gamma \tag{2.17}$$

$$\sum F_Z = 0 \rightarrow L = W\cos\gamma \tag{2.18}$$

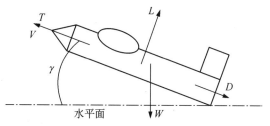

图 2.7 爬升飞行受力图(零攻角)

现考虑飞机爬升时攻角为 α（见图 2.8），则爬升平衡方程为

$$T\cos\alpha = D + W\sin\gamma \tag{2.19}$$

$$L + T\sin\alpha = W\cos\gamma \tag{2.20}$$

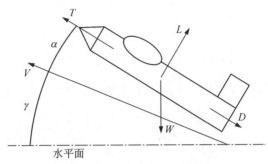

图 2.8　爬升飞行受力图（非零攻角）

值得注意的是，飞机在爬升时，升力总小于飞机的重力。发动机推力的分量与飞机重力抵消。

（3）起飞：

飞机起飞是一种加速飞行过程，分为滑跑段、中间段和空中段。此处仅考虑滑跑阶段。如图 2.9 所示，飞机沿直线加速滑跑，分别受到发动机推力、升力、阻力、重力以及摩擦力的作用。

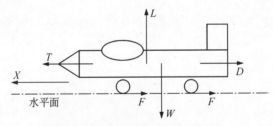

图 2.9　飞机起飞滑跑阶段受力图

所以，在该阶段，飞机在 X 方向上的平衡方程为

$$\sum F_X = ma \rightarrow T - F - D = ma \tag{2.21}$$

式中：$F = \mu(W - L)$，μ 为飞机轮胎与跑道间的摩擦系数。

在介绍了飞机性能分析的基本知识后，后续两节将针对飞机性能分析中的巡航、起飞以及着陆阶段的性能分析方法进行介绍。

2.1.2　飞机巡航性能

1. 基本方程

1）直线匀速平飞

在机体坐标系下（见图 2.10），将飞机所受合力沿 X，Y，Z 轴分解为 $\sum F_X$，

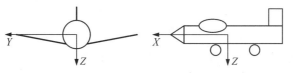

图 2.10 飞机机体坐标系

$\sum F_Y$，$\sum F_Z$，同样的，合加速度 a 也可分解为 a_X，a_Y，a_Z。由于在巡航状态下，飞机高度和航向一定，所以 Y 与 Z 方向的加速度为零（即 $a_Y = 0$，$a_Z = 0$）。那么根据牛顿第二定律，分别可以得到式（2.22a ～ c）：

$$\sum F_X = ma_X \tag{2.22a}$$

$$\sum F_Y = 0 \tag{2.22b}$$

$$\sum F_Z = 0 \tag{2.22c}$$

在巡航状态下，不考虑飞机的转向运动和侧向力，所以可忽略 Y 方向的运动方程，则式（2.22）可简化为

$$\sum F_X = ma_X \tag{2.23a}$$

$$\sum F_Z = 0 \tag{2.23b}$$

进一步，对于等速直线飞行，有 $a_X = 0$，则

$$\sum F_X = 0 \tag{2.24a}$$

$$\sum F_Z = 0 \tag{2.24b}$$

根据运动方程式（2.23）以及飞机所受的四个基本力（即重力、推力、升力和阻力），可以得到匀速平飞状态的基本方程为

$$T = D \tag{2.25a}$$

$$L = W \tag{2.25b}$$

根据式（2.25）可知，飞机在巡航状态下，发动机必须提供足够的推力来抵消阻力，同时飞机需产生足够的升力以对付重力，即飞机处于平衡状态。

2）阻力、推力与速度的关系

假设发动机推力与速度无关，阻力与速度呈非线性关系，那么阻力、推力与速度的关系如图 2.11 所示。

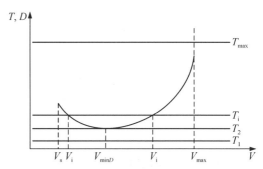

图 2.11 阻力，推力与速度的关系示意图

从图 2.11 可知:

(1) 当发动机推力 T_1 小于最小推力 T_2 时,推力线与阻力曲线没有交点,所以推力 T_1 无法满足巡航飞行的要求,换言之,飞机无法作巡航飞行。

(2) 当发动机推力等于最小推力 T_2 时,推力线与阻力曲线只有一个交点,飞机可以作巡航飞行。此时对应的飞机巡航速度称为最小阻力速度,即 V_{minD}。

(3) 当飞行员采用发动机最大推力时,飞机在这一高度上以最大速度作巡航飞行。

(4) 对于一般情况下的发动机推力,即 $T_2 < T < T_{max}$,推力线与阻力曲线会有两个交点,这意味着飞机在这一推力下,有两个不同的巡航速度。值得注意的是,巡航速度不能小于飞机失速速度。

3) 速度与攻角的关系

在空气动力学中,对于正常的飞行速度(即 $V_{stall} < V < V_{max}$),飞机升力系数 C_L 与攻角 α 成正比。在巡航飞行中,假设飞机重量不变,那么飞机必须提供足够的升力来平衡重力。根据升力公式(2.26),若飞机速度 V 增大,则升力系数 C_L 减小;反之飞机速度 V 减小,则升力系数 C_L 增大。所以,在正常速度范围内,飞机攻角与速度成反比。

$$L = \frac{1}{2}\rho V^2 S C_L \tag{2.26}$$

式中:ρ 为空气密度,V 为速度,S 为机翼面积,C_L 为升力系数。

4) 最大升阻比

升阻比是评价飞机巡航性能的重要指标之一。根据升力和阻力的定义式:

$$L = \frac{1}{2}\rho V^2 S C_L \tag{2.27}$$

$$D = \frac{1}{2}\rho V^2 S C_D \tag{2.28}$$

那么,最大升阻比可以表示为

$$\left(\frac{L}{D}\right)_{max} = \left(\frac{C_L}{C_D}\right)_{max} \tag{2.29}$$

另外,已知阻力由零升阻力和诱导阻力组成:

$$C_D = C_{D0} + C_{Di} = C_{D0} + K C_L^2 \tag{2.30}$$

式中:C_{D0} 为零升阻力系数,C_{Di} 为诱导阻力系数,K 为诱导阻力修正系数。所以,升阻比可以写为

$$\frac{C_L}{C_D} = \frac{C_L}{C_{D0} + K C_L^2} \tag{2.31}$$

因为飞机巡航过程中,升力总是等于飞机重力,而升阻比随升力的变化很小,所以有

$$\frac{\mathrm{d}}{\mathrm{d}C_L}\left(\frac{C_L}{C_D}\right)=\frac{C_{D0}+KC_L^2-2KC_L^2}{(C_{D0}+KC_L^2)^2}=0 \tag{2.32}$$

求解式(2.32),可得

$$C_{D0}=C_{Di}=KC_L^2 \tag{2.33}$$

最后,将式(2.31)和式(2.33)代入式(2.29),可得

$$\left(\frac{C_L}{C_D}\right)_{\max}=\frac{1}{2KC_L}=\frac{1}{2\sqrt{KC_{D0}}} \tag{2.34}$$

从式(2.34)可知,最大升阻比仅与零升阻力系数 C_{D0} 和诱导阻力修正系数 K 有关。

2. 航程

1) 定义

航程是指飞机在不加油的情况下所能飞行的最远距离。它是飞机性能的重要指标之一。飞机的航程越大,对民机而言经济性就越好,对军机而言作战性能就更优越。航程一般包括起飞、爬升、巡航、下降以及着陆。通常,巡航部分的航程最大。

飞机处于不同的飞行状态时(如飞行高度、速度等),会导致不同的航程。因此,此处我们讨论的航程即为飞机以最佳飞行状态(特定的高度和速度)所能达到的最大航程。

影响飞机航程的主要因素有:发动机油耗、飞机载油量以及飞机的重量。提升飞机航程的途径主要有两种:空中加油和携带外部油箱。一般而言,飞机的航程分为:

(1) 静风航程(still air range,SAR):假设飞机油箱满油且忽略风的影响,则无风航程就是指飞机从起飞、爬升至巡航段所能达到的最远距离。

(2) 总静风航程(gross still air range,GSAR):假设飞机油箱满油且忽略风的影响,则总无风航程就是指飞机巡航段所能达到的最远距离。总无风航程也被称为巡航航程。图2.12 能够形象地表示 SAR 与 GSAR 的定义。

(3) 比航程(specific range,SR):比航程是飞机飞行距离与燃油消耗量的比值,即

$$SR=\frac{\mathrm{d}X}{\mathrm{d}W} \tag{2.35}$$

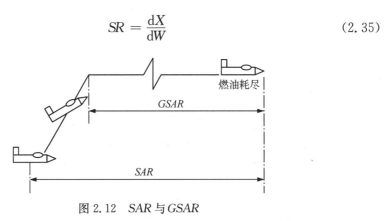

图 2.12 SAR 与 GSAR

2）航程的计算

根据飞行速度 V，燃油流量 Q 以及耗油率 sfc 的定义式：

$$V = \frac{\mathrm{d}X}{\mathrm{d}t} \tag{2.36}$$

$$Q = -\frac{\mathrm{d}W}{\mathrm{d}t} \tag{2.37}$$

$$sfc = -\frac{Q}{T} \tag{2.38}$$

式中：X 表示飞行距离，W 表示飞机重量，T 表示推力。

现将式（2.37）和式（2.38）代入比航程的定义式（2.35），得到

$$SR = \frac{\mathrm{d}X}{\mathrm{d}W} = -\frac{V\mathrm{d}t}{-Q\mathrm{d}t} = -\frac{V}{Q} = -\frac{V}{sfc \cdot T} \tag{2.39}$$

再由巡航状态的基本方程可知，升力 L 等于飞机重量 W，阻力 D 等于推力 T，那么

$$SR = -\frac{V \cdot L}{sfc \cdot D \cdot W} = -\frac{V \cdot L/D}{sfc \cdot W} \tag{2.40}$$

从式（2.40）可以清晰地看出，比航程与四个参数有关，即速度、升阻比、耗油率以及飞机重量。对于喷气式飞机来说，我们可以假设耗油率为一定值，那么比航程就是一个关于速度与升阻比乘积的函数，换言之，要提升比航程，速度与升阻比必须同时提高。然而，升阻比是一个关于速度的函数，即对于特定的速度值，升阻比有最大值。一般为方便起见，我们可以取巡航速度来获得最大比航程。

最后，为了评价飞机的航程性能，我们可以得到总航程的表达式：

$$R = -\frac{1}{sfc}\int_{W_1}^{W_2} V \frac{L}{D} \frac{\mathrm{d}W}{W} \tag{2.41}$$

式中：W_1 为飞机的初始重量，通常取为最大起飞重量（W_{TO}），W_2 为飞行任务结束时飞机的重量。

因为速度与攻角（或者升力系数）有关（$C_L = \frac{2W}{\rho S V^2}$）。那么从式（2.41）可以看出，影响航程的参数有飞机重量 W，飞行速度 V，大气密度 ρ（或者飞行高度），攻角（或者相对应的升力系数 C_L）。下面分三种不同的情况研究航程公式（2.41）：（假设 sfc 保持不变）

（1）飞行速度不断下降，高度与升力系数不变：

$$R = -\frac{1}{sfc} \frac{L}{D} \int_{W_1}^{W_2} V \frac{\mathrm{d}W}{W} = \frac{2}{sfc} \frac{L}{D} V_1(1 - \sqrt{1-G}) \tag{2.42}$$

式中：V_1 表示飞机初始速度，$G = W_f/W_1$。

（2）高度不断上升，飞行速度与升力系数不变：

$$R = -\frac{1}{sfc}\frac{L}{D}\int_{w_1}^{w_2}\frac{\mathrm{d}W}{W} = \frac{V}{sfc}\frac{L}{D}\ln\left(\frac{1}{1-G}\right) \tag{2.43}$$

（3）攻角不断下降，高度与飞行速度不变：

$$R = -\frac{1}{sfc}\int\frac{\mathrm{d}W}{D} = \frac{2V(L/D)_{\max}}{sfc}\arctan\left[\frac{G(L/D)_1}{2(L/D)_{\max}(1-KC_{L1}(L/D)_1 G)}\right] \tag{2.44}$$

3. 升限

1) 定义

升限是指飞机所能达到的最大平飞高度。它是评价飞机性能的重要指标之一，升限越高，飞机性能越好。飞机减重、减阻、提高发动机推力都有利于提升升限。产生升限最主要的原因是大气密度。随着飞机飞行高度的增加，空气越来越稀薄，飞机可用的推力下降，阻力也在下降，那么当可用的最大推力无法使飞机继续维持平飞状态时，所对应的高度即为升限。升限一般分为四类：

（1）绝对升限 h_{ac}：绝对升限是指飞机所能维持平飞状态的最大飞行高度，此时飞机爬升率为零。飞机的爬升高度无法超过该绝对升限。

（2）实用升限 h_{sc}：实用升限是指飞机爬升率为 $0.5\,\mathrm{m/s}$ 时所对应的最大平飞高度。实用升限低于绝对升限。

（3）巡航升限 h_{cc}：巡航升限是指飞机爬升率为 $1.5\,\mathrm{m/s}$ 时所对应的最大平飞高度。巡航升限低于实用升限。

（4）作战升限 h_{cc}：作战升限是指战斗机爬升率为 $5\,\mathrm{m/s}$ 时所对应的最大平飞高度。作战升限低于巡航升限，且只针对战斗机而言。

2) 升限的计算

根据升限的定义，当飞机处于最大平飞高度时，飞机最大可用推力应等于最小阻力，即

$$T_{\max} = D_{\min} \tag{2.45}$$

下面分别给出 $T_{\max}$ 和 $D_{\min}$ 的表达式。发动机的最大可用推力与空气密度有关：

$$T_{\max} = T_{\max,\,SL}\left(\frac{\rho}{\rho_0}\right)^{0.9} \text{（对流层）} \tag{2.46a}$$

$$T_{\max} = T_{\max,\,SL}\left(\frac{\rho}{\rho_{11000}}\right)\left(\frac{\rho_{11000}}{\rho_0}\right)^{0.9} \text{（平流层）} \tag{2.46b}$$

式中：ρ_0 为海平面空气密度，ρ_{11000} 为海拔 $11000\,\mathrm{m}$ 处的空气密度，$T_{\max,\,SL}$ 为海平面处飞机的最大可用推力。同样地，阻力也是一个关于空气密度的函数：

$$D_{\min} = \frac{1}{2}\rho V_{T,\,\min D}^2 S C_{D_{\min D}} = \frac{1}{2}\rho_0 V_{E,\,\min D}^2 S C_{D_{\min D}} \tag{2.47}$$

式中：$V_{T,\,minD}$表示最小阻力对应的真实空速，$V_{E,\,minD}$表示最小阻力对应的当量空速，$C_{D,\,minD}$表示最小阻力对应的阻力系数。其中，$C_{D,\,minD} = 2C_{D0}$。（C_{D0}为零阻力系数）此处用ρ_{ac}（升限处的空气密度）代替表示绝对升限。将式(2.46)与式(2.47)代入式(2.45)，可得

$$\rho_{ac1} = \left[\frac{C_{D0}\,(\rho_0)^{1.9}\,V_{E,\,minD}^2\,S}{T_{max,\,SL}} \right]^{\frac{1}{0.9}} \quad \text{（对流层）} \tag{2.48a}$$

$$\rho_{ac2} = \frac{C_{D0}\,(\rho_0)^{1.9}\,(\rho_{11000})^{0.1}\,V_{E,\,minD}^2\,S}{T_{max,\,SL}} \quad \text{（平流层）} \tag{2.48b}$$

根据计算结果ρ_{ac1}和ρ_{ac2}，对应查找标准大气表即可得到绝对升限。

4. 续航时间

1) 定义

续航时间是指在空中不加油的情况下，飞机耗尽其本身携带的燃油所能持续飞行的时间。续航时间是评价飞机性能的重要指标之一。

为了使飞机的续航时间最长，我们需要尽可能降低飞机的燃油消耗率sfc，但是，对于一般的喷气式飞机，其燃油消耗率通常是一定值，所以飞机需要以最小阻力飞行，从而达到节省燃油的目的。

2) 续航时间的计算

对于装有涡扇或者涡喷发动机的飞行器，续航时间的计算可以依据下式计算：

$$SE = -\frac{dt}{dW} \tag{2.49}$$

式中：dt为时间变化量，dW为飞机重量的变化量，负号是为了使SE取正值。再由燃油消耗率sfc和燃油流量Q的定义以及巡航飞行基本方程(6.3.4a)，可以得到

$$\frac{dt}{dW} = \frac{dt}{Qdt} = \frac{1}{Q} = \frac{1}{sfc \cdot T} = \frac{1}{sfc \cdot D} \tag{2.50}$$

式中：T为发动机推力，D为阻力。同样地，根据式(2.50)，有

$$\frac{1}{sfc \cdot D} = \frac{L}{sfc \cdot D \cdot L} = \frac{L}{sfc \cdot D \cdot W} \tag{2.51}$$

因此，结合式(2.50)和式(2.51)，可以得到

$$dt = \frac{dW}{sfc \cdot D} = -\frac{L}{sfc \cdot D} \frac{dW}{W} \tag{2.52}$$

最后对式(2.52)进行积分运算，即可得到续航时间

$$E = \int_{W_1}^{W_2} -\frac{L}{sfc \cdot D} \frac{dW}{W} = \frac{(L/D)}{sfc} \ln \left[\frac{1}{1-G} \right] \tag{2.53}$$

式中:W_1 为飞机初始重量,W_2 为消耗部分燃油后飞机的重量,$G = \dfrac{W_f}{W_1}$ 为燃油所占比重,$W_f = W_1 - W_2$ 为消耗的燃油质量。

5. **不同的巡航速度**

本节介绍五种不同的巡航速度。

1) **最大速度 V_{max}**

最大速度是评价飞机性能的重要指标之一。在平飞状态下,利用最大推力所获得的速度即为最大速度。虽然考虑到发动机的使用寿命,一般不使用最大推力,飞机也就很少以最大速度飞行,但是最大速度仍然具有重要的意义。

影响飞机最大速度的主要因素有飞机重量和飞行高度。一般来说,飞机重量越小,最大速度就越大。另外,飞机在不同的飞行高度,它的最大速度不同。当飞机处于某一特定的飞行高度时,飞机有绝对最大速度,即最大速度的最大值($V_{max_{max}}$)。下面就简单介绍最大速度的计算方法。

对于等速巡航飞行状态,阻力与推力相等,所以有

$$T_{max} = D = \frac{1}{2} \rho V_{max}^2 S C_D \tag{2.54}$$

另外,已知阻力由零升阻力和诱导阻力组成,所以

$$C_D = C_{D0} + C_i = C_{D0} + K C_L^2 \tag{2.55}$$

$$C_L = \frac{2W}{\rho V_{max}^2 S} \tag{2.56}$$

将式(2.55)和式(2.56)代入式(2.54),得到

$$\frac{1}{2} \rho V_{max}^2 S C_{D0} + \left(\frac{2KW^2}{\rho S} \right) \frac{1}{V_{max}^2} - T_{max} = 0 \tag{2.57}$$

此外,发动机的最大可用推力与空气密度有关:

$$T_{max} = T_{max,\,SL} \left(\frac{\rho}{\rho_0} \right)^{0.9} \quad (\text{对流层}) \tag{2.58a}$$

$$T_{max} = T_{max,\,SL} \left(\frac{\rho}{\rho_{11000}} \right) \left(\frac{\rho_{11000}}{\rho_0} \right)^{0.9} \quad (\text{平流层}) \tag{2.58b}$$

现将式(2.58)代入式(2.57),可以得到

$$A V_{max}^2 + \frac{B}{V_{max}^2} - C T_{max,\,SL} = 0 \tag{2.59}$$

式中:

$$A = \frac{1}{2} \rho S C_{D0} \tag{2.60}$$

$$B = \frac{2KW^2}{\rho S} \tag{2.61}$$

$$C = \left(\frac{\rho}{\rho_0}\right)^{0.9} \quad （对流层） \tag{2.62a}$$

$$C = \left(\frac{\rho}{\rho_{11000}}\right)\left(\frac{\rho_{11000}}{\rho_0}\right)^{0.9} （平流层） \tag{2.62b}$$

在以上各式中：S 为机翼面积，W 为飞机重量，C_{D0} 为飞机零升阻力系数，K 为诱导阻力修正系数，ρ 为任意高度的空气密度，ρ_0 为海平面空气密度，ρ_{11000} 为海拔 11 000 m 处的空气密度，T_{max} 为飞机最大可用推力，$T_{max, SL}$ 为海平面处飞机的最大可用推力。通过求解式（2.59）可以得到四个解，其中数值最大者即为飞机的最大速度。

2）巡航速度 V_C

考虑到飞机的经济性和维护性，现实中飞机通常以巡航速度飞行。巡航速度一般小于最大速度，约为最大速度的 $65\%\sim90\%$。与最大速度类似，飞机在不同的飞行高度，它的巡航速度不同。下面简单介绍巡航速度的计算方法。

基于上一小节中最大速度的推导过程，对于巡航速度，有

$$AV_C^2 + \frac{B}{V_C^2} - nCT_{max, SL} = 0 \tag{2.63}$$

式中，系数 A，B，C 与式（2.60）～式（2.62）相同，参数 n 为发动机推力的使用百分比，一般取 $0.65\sim0.9$。n 通常取决于燃油成本、发动机维修费用、飞行航时、市场需求、飞行任务、飞机重量和飞行高度等。

3）最小阻力速度 V_{minD}

最小阻力速度是指飞机最小阻力所对应的飞行速度。对于平飞状态，当飞机以最小阻力速度飞行时，意味着发动机所使用的推力最小，因此飞机的燃油消耗量最小，飞行成本最低。下面简单介绍最小阻力速度的计算方法。

已知

$$D = \frac{1}{2}\rho V^2 S C_D \tag{2.64}$$

$$C_D = C_{D0} + KC_L^2 \tag{2.65}$$

$$C_L = \frac{2W}{\rho V^2 S} \tag{2.66}$$

将式（2.65）和式（2.66）代入式（2.64），得

$$D = \frac{1}{2}\rho V^2 S C_{D0} + \frac{2KW^2}{\rho V^2 S} \tag{2.67}$$

对式（2.67）中的阻力 D 关于速度 V 求导，并使其等于零，可得

$$\frac{\delta D}{\delta V} = \rho V S C_{D0} - \frac{4KW^2}{\rho V^3 S} = 0 \tag{2.68}$$

求解式(2.68)可得最小阻力速度

$$V_{\mathrm{minD}} = \left(\frac{2W}{\rho S}\right)^{\frac{1}{2}} \left(\frac{K}{C_{D0}}\right)^{\frac{1}{4}} \tag{2.69}$$

式中: S 为飞机机翼面积, W 为飞机重量, C_{D0} 为飞机零升阻力系数, K 为诱导阻力修正系数, ρ 为空气密度。另外,最小阻力速度还可写为

$$V_{\mathrm{minD}} = \sqrt{\frac{2W}{\rho S C_{L_{\mathrm{minD}}}}} \tag{2.70}$$

式中最小阻力所对应的升力系数表示为

$$C_{L_{\mathrm{minD}}} = \sqrt{\frac{C_{D0}}{K}} \tag{2.71}$$

4) 最大航程速度 V_{maxR}

最大航程速度就是指飞机以该速度巡航飞行时能够获得最大航程。下面简单介绍最大航程速度的计算方法。

首先,针对比航程(specific range, SR)关于速度 V 求导,并使其等于零,则

$$\frac{\mathrm{d}(SR)}{\mathrm{d}V} = \frac{\mathrm{d}}{\mathrm{d}V}\left(\frac{V}{sfc \cdot D}\right) = \frac{1}{sfc \cdot D} - \frac{V}{sfc \cdot D^2}\left(\frac{\mathrm{d}D}{\mathrm{d}V}\right) - \frac{V}{sfc^2 \cdot D}\frac{\mathrm{d}(sfc)}{\mathrm{d}V} = 0 \tag{2.72}$$

由于燃油消耗率 sfc 随空速 V 的变化很小,所以我们可以假设

$$\frac{\mathrm{d}(sfc)}{\mathrm{d}V} = 0 \tag{2.73}$$

将式(2.73)代入式(2.72),可以得到

$$\frac{\mathrm{d}D}{\mathrm{d}V} = \frac{D}{V} \tag{2.74}$$

结合式(2.67)和式(2.68),有

$$D = \frac{1}{2}\rho V^2 S C_{D0} + \frac{2KW^2}{\rho V^2 S} \tag{2.75}$$

$$\frac{\delta D}{\delta V} = \rho V S C_{D0} - \frac{4KW^2}{\rho V^2 S} = 0 \tag{2.76}$$

即可得到最大航程速度

$$V_{\mathrm{maxR}} = \left(\frac{2W}{\rho S}\right)^{\frac{1}{2}} \left(\frac{3K}{C_{D0}}\right)^{\frac{1}{4}} \tag{2.77}$$

5) 最大航时速度 V_{maxE}

最大航时速度就是指飞机以该速度巡航飞行时能够获得最大航时。欲使飞机有最大的航时,飞机燃油消耗率和阻力必须达到最小值,所以根据之前最小阻力速度的分析,可知最大航时速度即为最小阻力速度。

$$V_{\max E} = V_{\min D} = \left(\frac{2W}{\rho S}\right)^{\frac{1}{2}} \left(\frac{K}{C_{D0}}\right)^{\frac{1}{4}} \tag{2.78}$$

2.1.3　起飞着陆性能

1. 起飞和着陆过程

飞机的起飞过程主要分为三个阶段,如图 2.13 所示。

(1) 滑跑阶段。

(2) 抬头阶段。

(3) 爬升阶段。

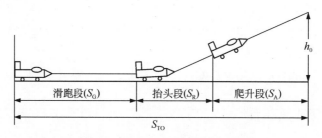

图 2.13　起飞过程中的三个阶段

在飞机起飞过程中,有以下六个重要的速度,如图 2.14 所示,其定义如下。

(1) V_S:飞机在起飞构型下的失速速度。

(2) V_1:决断速度。

(3) V_R:抬头速度。

(4) V_{mu}:最小离地速度。

(5) V_{LOF}:离地速度。

(6) V_2:最小安全速度(飞机离地 35 ft 处)。

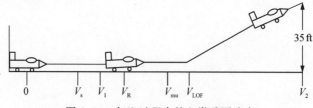

图 2.14　起飞过程中的六类重要速度

类似的,飞机着陆阶段可以视为飞机起飞的逆过程,也可以分为三个阶段,如图 2.15 所示。

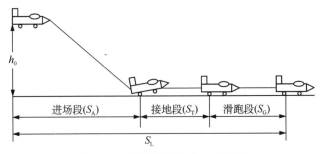

图 2.15 着陆过程中的三个阶段

（1）进场阶段。

（2）接地阶段。

（3）滑跑阶段。

2. 起飞距离

如图 2.13 所示，起飞距离由滑跑段、抬头段以及爬升段的水平距离组成（$S_{TO} = S_G + S_R + S_A$），下面对此三个阶段的距离分别进行分析。

1）滑跑段 S_G

如图 2.16 所示，分析飞机在滑跑阶段的受力情况，可得

$$\sum F_X = T - D - \mu N = ma \tag{2.79}$$

$$N = W - L \tag{2.80}$$

式中：T 为发动机推力，D 为阻力，N 为支持力，μ 为地面摩擦系数，m 为飞机质量，a 为飞机加速度，W 为飞机重量，L 为升力。根据速度与加速度的定义，有

$$a = \frac{\mathrm{d}V}{\mathrm{d}t} \tag{2.81}$$

$$V = \frac{\mathrm{d}S}{\mathrm{d}t} \tag{2.82}$$

消去 $\mathrm{d}t$，可得

$$\mathrm{d}S = \frac{V}{a}\mathrm{d}V \tag{2.83}$$

对式（2.83）积分，再结合式（2.79）与式（2.80），可得起飞滑跑距离

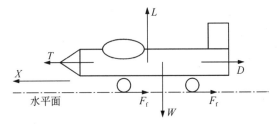

图 2.16 飞机起飞滑跑段受力分析

$$S_G = \int \frac{mV}{T - D - \mu(W - L)} dV \tag{2.84}$$

再根据升力与阻力的定义式

$$L = L_{TO} = \frac{1}{2} \rho V^2 S C_{L_{TO}} \tag{2.85}$$

$$D = D_{TO} = \frac{1}{2} \rho V^2 S C_{D_{TO}} \tag{2.86}$$

将式(2.85)和式(2.86)代入式(2.84),得

$$S_G = \int_0^{V_R} \frac{mV}{T - \mu mg - \frac{1}{2} \rho V^2 S(C_{D_{TO}} - \mu C_{L_{TO}})} dV \tag{2.87}$$

对式(2.87)进行简化,可得

$$S_G = \int_0^{V_R} \frac{mV}{A + BV^2} dV \tag{2.88}$$

式中:

$$A = \frac{T}{m} - \mu g \tag{2.89}$$

$$B = \frac{-\rho S}{2m} (C_{D_{TO}} - \mu C_{L_{TO}}) \tag{2.90}$$

这样,容易求解式(2.88),最终可得起飞滑跑距离的表达式:

$$S_G = \frac{1}{2B} \ln \left[\frac{A + BV_R^2}{A} \right] \tag{2.91}$$

2) 抬头段 S_R

因为飞机在抬头过程中,时间短且速度基本是一个定值,所以此处我们可以用较为简单的方式来分析,即

$$S_R = V_R T_R \tag{2.92}$$

式中:V_R 为飞机抬头速度,一般 $V_R = 1.1 V_S$;T_R 为飞机抬头段的持续时间,如表 2.1所示。

表 2.1 不同类型飞机的抬头段的持续时间

	飞机类型	T_R/s
1	战斗机	0.5~1
2	轻型运动飞机	1~3
3	通用飞机	2~4
4	运输机	3~6

3) 爬升段 S_A

飞机在起飞爬升过程中,可以用能量法进行分析。

根据图 2.17 所示的飞机受力分析,可得

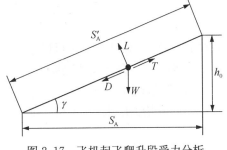

$$T_{ab} - D_{ab} - mg\sin\gamma = ma \quad (2.93)$$

式中:T_{ab} 与 D_{ab} 分别表示飞机爬升段的平均推力和平均阻力,γ 为爬升角。再有飞机的动能和势能分别为

图 2.17　飞机起飞爬升段受力分析

$$\Delta E_K = \frac{1}{2}m(V_2^2 - V_{LOF}^2) \quad (2.94)$$

$$\Delta E_P = \frac{1}{2}mgh_0 \quad (2.95)$$

式中:V_2 为最小安全速度,V_{LOF} 为离地速度,h_0 为安全高度。根据功能定理,有

$$\int_0^{S_A'} (T_{ab} - D_{ab} - mg\sin\gamma)\mathrm{d}S_A' = \frac{1}{2}m(V_2^2 - V_{LOF}^2) + mgh_0 \quad (2.96)$$

由于爬升角 γ 非常小,可以假设 $S_A \approx S_A'$,$\mathrm{d}S_A \approx \mathrm{d}S_A'$。然后求解式(2.96),可得飞机爬升段的水平距离

$$S_A = \frac{mg}{T_{ab} - D_{ab}}\left[\frac{V_2^2 - V_{LOF}^2}{2g} + h_0\right] \quad (2.97)$$

对于喷气式飞机,有

$$V_{LOF} \approx 1.2V_S \quad (2.98)$$

$$V_2 \approx 1.3V_S \quad (2.99)$$

$$D_{ab} = \frac{1}{2}\rho V S C_{D_{TO}}(1.25V_2)^2 \quad (2.100)$$

$$T_{ab} = 0.9T_{max} \quad (2.101)$$

式中:V_S 为失速速度,T_{max} 为最大推力。

3. 着陆距离

与起飞距离类似,飞机着陆距离由进场段、接地段以及滑跑段的水平距离组成($S_L = S_A + S_T + S_G$),下面对此三个阶段的距离分别进行分析。

1) 进场段(S_A)

飞机进场段的分析方法与起飞爬升段类似,采用能量法,那么我们可以得到进场段的水平距离为

$$S_{\mathrm{A}} = \frac{mg}{T_{\mathrm{ab}} - D_{\mathrm{ab}}} \left[\frac{V_2^2 - V_{\mathrm{F}}^2}{2g} + h_0 \right] \tag{2.102}$$

式中：T_{ab} 与 D_{ab} 分别表示飞机进场段的平均推力和平均阻力，V_2 为飞机起飞时的最小安全速度，V_{F} 为接地地速度，h_0 为安全高度。

2) 接地段（S_{T}）

与起飞抬头段类似，飞机接地段可看成是一个等速直线运动，那么

$$S_{\mathrm{T}} = V_{\mathrm{R}} T_{\mathrm{R}} \tag{2.103}$$

式中：V_{R} 为飞机抬头速度，T_{R} 为飞机抬头持续时间。

3) 滑跑段（S_{G}）

如图 2.18 所示，分析飞机在着陆时滑跑阶段的受力情况，可得

$$\sum F_X = -D - \mu N - F_{\mathrm{B}} = ma \tag{2.104}$$

$$N = W - L \tag{2.105}$$

式中：F_{B} 为制动力，N 为支持力。那么，类似于起飞滑跑段的分析过程，此处我们有

$$S_{\mathrm{G}} = \int \frac{-mV}{D + F_{\mathrm{B}} + \mu(W - L)} \mathrm{d}V \tag{2.106}$$

再根据升力与阻力的定义式，则飞机着陆时滑跑段的距离为

$$S_{\mathrm{G}} = \int_0^{V_{\mathrm{R}}} \frac{-mV}{F_{\mathrm{B}} + \mu mg + \frac{1}{2}\rho V^2 S(C_{D_{\mathrm{L}}} - \mu C_{L_{\mathrm{L}}})} \mathrm{d}V \tag{2.107}$$

式中：$C_{L_{\mathrm{L}}}$ 与 $C_{D_{\mathrm{L}}}$ 分别为着陆时飞机的升力系数和阻力系数，V_{R} 为抬头速度。

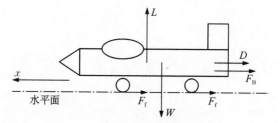

图 2.18　飞机着陆滑跑段受力分析

4. 风和跑道的影响

1) 逆风对飞机起飞的影响

如图 2.19 所示，飞机在逆风情况下起飞，此时滑跑段、抬头段以及爬升段的水平距离变为

$$S_{\mathrm{G_W}} = \int_{V_{\mathrm{W}}}^{V_{\mathrm{R}} + V_{\mathrm{W}}} \frac{mV}{T - \mu mg - \frac{1}{2}\rho V^2 S(C_{D_{\mathrm{TO}}} - \mu C_{L_{\mathrm{TO}}})} \mathrm{d}V \tag{2.108}$$

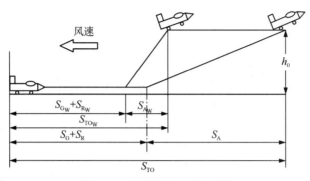

图 2.19   飞机的逆风起飞过程

$$S_{R_W} = (V_R - V_W)T_R \tag{2.109}$$

$$S_{A_W} = S_A \left(\frac{V_{LOF} - V_W}{V_{LOF}} \right) \tag{2.110}$$

式中：V_W 为风速，S_A 为无风情况下飞机爬升段的水平距离。所以，在逆风情况下，飞机的总起飞距离为

$$S_{TO_W} = S_{G_W} + S_{R_W} + S_{A_W} \tag{2.111}$$

从图 2.19 以及式(2.108)～式(2.111)可以看出，在逆风的影响下，飞机的总起飞距离减小，飞机起飞性能得到提升。

2) 正坡度对飞机起飞的影响

如图 2.20 所示，当机场跑道坡度为正时(即坡度角 γ 大于零)，由牛顿第二定律可得

$$T - D - W\sin\gamma - \mu(W\cos\gamma - L) = ma \tag{2.112}$$

式中 μ 为摩擦系数。飞机滑跑段距离可写为

$$S_{G_W} = \int_0^{V_R} \frac{mV}{T - mg\sin\gamma - \mu mg\cos\gamma - \frac{1}{2}\rho V^2 S(C_{D_{TO}} - \mu C_{L_{TO}})} \, \mathrm{d}V \tag{2.113}$$

从式(2.113)可以看出，当机场跑道坡度为正时，飞机滑跑距离减小，继而总起飞距离减小，有利于提升飞机起飞性能。

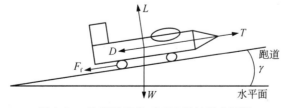

图 2.20   跑道坡度为正时飞机的受力情况

2.2 民用飞机使用性能概述

2.2.1 飞机的使用限制

各机型的飞行手册（AFM）中的"限制数据（LIMITATION）"部分给出了该型飞机在使用时的各种限制，下面以 B757 - 200/RB211 - 535E4 为例对于和性能有关的限制进行说明（示例材料未即时更新，仅供参考）：

1. 重量限制（见表 2.2）

表 2.2　重量限制

参数	W/lb	W/kg	参数	W/lb	W/kg
最大滑行重量	256 000	116 119	最大无油重量	184 000	83 460
最大起飞重量	255 500	115 892	最小飞行重量	115 600	52 435
最大着陆重量	210 000	95 254			

注：上述限制重量可能受重心限制而减少，对于特定飞机的其他装载限制请参考适用的装载与配平手册，1 lb＝0.453 592 kg。

最小飞行重量不包括可用燃油。

1）性能限制重量

为了满足 FAR25 部的关于性能的要求，性能限制的最大允许起飞重量与最大允许着陆重量有可能小于结构限制重量。

2）起飞重量（松刹车重量或开始起飞滑跑时的重量）是以下限制重量中最小者

（1）根据可用加速停止距离、可用起飞距离与可用起飞滑跑长度，由场地长度限制图表、跑道长度修正图表与跑道长度和 V_1 速度修正图表确定的场地限制重量。

（2）由机场气压高度和外界温度通过起飞爬升限制图表确定的爬升限制重量。

（3）由机场气压高度、外界温度和沿跑道方向的风分量，通过轮胎速度限制图表确定的轮胎速度限制重量。

（4）由可用起飞距离和外界环境，通过刹车能量限制速度图表按 V_1 不超过 V_{MBE} 的要求确定的刹车能量限制重量。

（5）由起飞爬升梯度、越障和其他图表确定的净起飞航迹能够满足所需的超障余度越过所有障碍物的越障限制重量。

（6）考虑燃油的消耗确定的满足航路（越障）与着陆重量限制的重量。

（7）道面承载强度（PCN）限制的起飞重量。

3）着陆重量有可能会受到以下的限制

（1）由可用着陆距离，通过着陆场长图表确定的着陆场长限制重量。

（2）由着陆机场气压高度和预计的温度，通过爬升梯度限制的着陆重量图表确定的最大重量。

（3）道面承载强度（PCN）限制的着陆重量。

2. 性能构形

在"性能构形"部分所描述的飞机构形必须遵守。

在气压高度在 5 500 ft 以上的机场起飞至少应打开一个空调引气组件。*

* 当按照波音服务通告 757－31－0040，"INDICATING/RECORDING－CENTRAL COMPUTERS－PROGRAM PIN WIRE CHANGE FOR EICAS COMPUTERS"对飞机进行了维护或加装了相当的产品时，这段话不再适用（即不再受此限制）。

3. 运行限制

1）机场航线

（1）跑道坡度限制：±2%。

（2）最大起飞着陆顺风：15 kn。

（3）最大运行高度：42 000 ft（气压高度）。

（4）最大起飞、着陆高度：8 400 ft（气压高度）。

（5）起飞、着陆与航路温度限制：遵守 4.1 部分的环境包线图。

2）审定状况

该飞机按运输类 FAR25 部与 FAR36 部审定。

3）飞机运行种类

当依照 FAR 的相关规定装载所需的设备或所装设备已经核准，允许飞机在昼间与夜间进行如下种类的飞行：

（1）目视飞行（VFR）。

（2）仪表飞行（IFR）。

（3）在结冰条件下飞行。

（4）延伸跨水飞行。

注：延伸到水上的飞行是指在离最近的海岸线的距离超过 50 n mile 之外的水上飞行（为此，飞机必须配备救生衣、救生艇等设备，否则，只能在离最近的海岸线 50 n mile 之内的水上飞行）。

4）飞行机动载荷限制

（1）襟翼收上：　　　　+2.5g～-1g；

（2）襟翼放下：　　　　+2g～0g。

注：对于襟翼 25 与襟翼 30，重量从最大着陆重量增加到最大起飞重量时，允许的最大正过载由+2g 线性减少到+1.5g，即对给定的重量 W，允许的正过载 $= 2-(W-MLW)\times(2-1.5)/(MTOW-MLW)$。

5）飞行机组

所需飞行机组（最小机组）：正驾驶与副驾驶

6) 最大运行限制速度(V_{MO}/Ma_{MO}——最大使用表速/最大使用 Ma 数)

在飞行的任一阶段都不应有意超过最大运行限制速度(见表 2.3)。

注:飞机上所有的空速标记与铭牌速度均以 IAS 的形式给出,并且未经仪表误差修正。

在空速表上 V_{MO} 以极限速度指针指示。

表 2.3　运行限制速度

襟翼铭牌速度 V_{FE}		起落架铭牌速度	
襟翼位置	1＝240	收起落架	$V_{LO}=270$
	5＝220	放起落架*	$V_{LO}=270$
	15＝210		$Ma_{LO}=0.82$
	20＝195	起落架放下(并锁定)	$V_{LE}=270$
	25＝180		$Ma_{LE}=0.82$
	30＝162		

注:V_{FE}——襟翼展态速度,即襟翼在指定位置时所允许的最大表速。

V_{LO}、Ma_{LO}——允许收放起落架的最大表速、最大马赫数,收、放的最大速度可能不同。

V_{LE}、Ma_{LE}——起落架放下(并锁定)时的允许的最大表速、最大马赫数。

＊ 以备用系统放起落架时的 $V_{LO}=250$、$Ma_{LO}=0.75$,

以上速度是指示空速,马赫数是指示马赫数。

4. 燃油系统

1) 最大加油量(按燃油比重＝7.1 lb/USGAL＝0.850 7 kg/L 计算)

左右主油箱最大允许装载燃油重量为 15 450 lb(7 008 kg),

中央油箱最大允许装载燃油重量为 48 997 lb(22 224 kg),

左右主油箱加注的油量要相同,如果主油箱已满而还需要更多燃油,再对中央油箱加油(向油箱加注燃油时可以以任意次序进行)。

2) 燃油侧向不平衡度

对于所有运行状态,燃油侧向不平衡重量不得超过 1 950 lb(884 kg)。

(1) 燃油使用方法 Ⅰ(中央油箱无燃油时)。

在主油箱所有可工作的燃油泵(增压泵)运转并且交输阀关闭时,对起飞到着陆由每侧机翼的主油箱对该侧的发动机供油。

(2) 燃油使用方法 Ⅱ(中央油箱有燃油时)。

在所有可工作的燃油泵(增压泵)运转并且交输阀关闭时对所有的运行都使用中央油箱的燃油,直到中央油箱的燃油用尽,然后按燃油使用方法 Ⅰ 供油。

交输阀对最小油量运行是打开的,并且也可以为纠正和防止两侧机翼燃油不平衡而打开。

在机翼油箱未加满时,如果实际无油重量加上中央油箱的油量不超过最大无油重量并且遵守配平限制,中央油箱可以加 2 000 lb(907 kg)燃油。此时要按燃油使用方法 Ⅱ 使用燃油。

对于中央油箱有搜油系统的飞机,中央油箱的最大可用油量是 49 160 lb(22 298 kg)。

5. **发动机** Rolls-Royce RB211 – 535E4

1) 发动机推力

起飞推力与最大连续推力的 EPR 值在相应的推力调定值图表中给出。

2) 发动机转数

发动机转数的使用限制如表 2.4 所示。

表 2.4 发动机转数的使用限制

转数		最大使用限制	
N_1	低压压气机转子转数	108.8%	(5 分钟)
		108.4%	(连续工作)
N_2	中压压气机转子转数	100.3%	(5 分钟)
		98.0%	(连续工作)
N_3	高压压气机转子转数	99.0%	(5 分钟)
		95.8%	(连续工作)

最大超速运行(时间不超过 20 秒):N_1 为 110.0%;N_2 为 101.3%;N_3 为 100.2%

3) 发动机排气温度(EGT)

发动机各工作状态的温度限制如表 2.5 所示。

表 2.5 发动机各工作状态的温度限制

发动机工作状态	温度限制	时间限制
起飞	850℃	5 分钟
最大连续	795℃	连续工作
地面与空中开车	570℃	瞬间,2 秒
超温	870℃	20 秒

4) 发动机限制数据在 EICAS 上的显示标志

最大与最小限制:红色;

预警范围:琥珀色。

在 EICAS 上的发动机限制显示标志用于确定是否与上述的最大与最小限制和预警范围相符。如果 EICAS 上的标志显示的限制得比上述限制更保守,则应遵守 EICAS 限制指示。

5) 发动机燃油系统

在附件 2 Rolls-Royce O. I. F – 211(535E4)– B 中规定了可用的燃油牌号。

油箱中最高燃油温度,除 JP – 4 或 JETB 是 29℃(85℉)外,其他牌号的燃油是 49℃(120℉)。

油箱燃油温度应该维持在所使用燃油的冰点之上至少 3℃,或－45℃(－49℉),两者中的高者。

6) 发动机点火装置

在起飞与着陆过程中应打开。

7) 发动机滑油系统

在附件 2　Rolls-Royce O. I. F－211(535E4)－B 中规定了可用的滑油牌号。

起飞工作状态发动机最小滑油压力:

在 50% N_3 r/min 时:25 psi[①];

在 70% N_3 r/min 时:35 psi;

在 93% N_3 r/min 时:40 psi。

对其他飞行阶段发动机最小滑油压力:

低于(含)50% N_3 r/min　　18 psi;

在 70% N_3 r/min　　　　25 psi;

高于(含)93% N_3 r/min　　35 psi。

(N_3 转数在上述转数之间时最小滑油压力按线性变化计算)

对任何情况,最高滑油温度:170℃;

开车时最小滑油温度:－40℃;

加油门时最小滑油温度:0℃。

8) 反推

仅在地面运行时使用。

6. 在结冰条件下运行——发动机防冰系统

当存在或预计存在结冰条件时对所有地面运行和空中飞行都必须接通发动机防冰,除非在爬升和巡航阶段静温低于－40℃。在结冰条件下(包括静温低于－40℃的情况)在下降前和下降期间都必须接通发动机防冰。

注:不要在飞机上看到可见积冰时再打开发动机防冰,应使用本部分所规定的温度与可见湿气准则来判断是否打开发动机防冰。如果从驾驶舱内看到积冰以后再打开发动机防冰,有可能会导致发动机的严重损坏或熄火。

结冰条件——在地面与起飞时外界温度≤10℃或飞行中的总温≤10℃并且存在任何形式的可见湿气(如云、能见度等于或低于 1 mi(1 mi＝1.609 34 km)的雾、雨、雪、雨夹雪和冰晶)时,存在结冰条件。

当在地面和起飞时外界温度≤10℃,在机坪、滑行道或跑道上有雪、冰、雪浆或积水时也存在结冰条件,因为在这些地方运行(滑行)时地面上的雪、冰、雪浆有可能会被吸入发动机或在发动机、整流罩或发动机传感器探头上冻结。

7. 座舱增压

正常运行最大座舱内外压差为 8.6±0.05 psi;

---

① 1 psi＝6.894 76×10³ Pa

爬升期间最大座舱内外压差为 $8.6\pm0.10\,\mathrm{psi}$；

起飞与着陆时座舱气压高度最多允许比机场气压高度低 236 ft（即最多允许座舱内气压比外部气压高 $0.125\,\mathrm{psi}$）。

8. 自动飞行——飞行指引仪

在起飞时，当低于地面以上 200 ft 时，不要接通驾驶杆操纵模式 CWS（若装有的话）或指令模式 CMD。

当预计在最低着陆气象标准下着陆时，自动着陆的最大允许风速为

顶风　25 kn；

顺风　15 kn；

侧风　25 kn。

当接通自动驾驶时禁止使用副翼配平。

当机场气压高度在 8 400 ft 以上时，在无线电高度 100 ft 以下禁止使用自动驾驶。

9. 空中交通警戒与防撞系统（TCAS）（如安装的话）

允许飞行员违背当前的 ATC 指挥，以遵循 TCAS II 决断咨询信息（解决冲突的咨询信息）。

10. VHF 无线电话音通信

ACARS 工作时不要使用中央 VHF 用于 ATC 通话。

11. 飞机寻址报告系统（ACARS）（如安装的话）

在执行由 ACARS 显示或打印的 ATC 指令之前，ATC 指令必须与地面发送站进行独立校验。

12. 飞行管理计算机系统（FMCS）

在 V_{OR} 进近的过程中，在最后进近定位点之前，一名飞行员必须获得来自在 HSI VOR 模式中显示的与进近相关的 V_{OR} 的原始数据。

13. ILS/DME 调频

如果预计要使用和 ILS 或航向台相关的 DME 数据进近，在实施进近之前必须经耳听站识别或通过左右 DME 的数据比较来证实 DME 调频正确无误。

14. 襟翼的使用

在 20 000 ft 以上不得展开襟翼。

15. 旅客的撤离

舱门——装有逃生滑梯。

只要载有乘客，在滑行、起飞与着陆前，主舱门紧急撤离滑梯系统必须处于预位并且必须证实每一个束缚杆与舱门基座（门槛）处的装配件已经啮合。

16. 地面运行设备冷却

当在地面对飞机供电时间超过 20 分钟时必须依照如下方式提供设备冷却（见表 2.6）。

表 2.6　运行设备冷却

温度(OAT)	所需冷却
94~105℉ (34~40℃)	一个前面进口和一个后面进口或相对的两侧勤务舱门要打开,或至少一个空调包或等价的地面冷却设施要运行
106~120℉ (41~49℃)	至少一个空调包或等价的地面冷却设施要运行
高于120℉ (49℃)	两个空调包或等价的地面冷却设施要运行

17. 构形偏差单(CDL)

当在飞机或发动机某些次要部件缺失的情况下运行时,飞机必须依照基本飞机飞行手册(AFM)所规定的限制运行,并应该按附件 CDL 对性能进行修正。

18. 隔离阀

除发动机开车或空调或防冰系统非正常使用时气动隔离阀打开外,气动隔离阀应关闭。

2.2.2　飞机的起飞性能

计算起飞性能的目的是为了保证飞机的起飞安全和提高经济性。起飞性能计算的内容主要是针对具体的机型、气象、机场条件和飞机起飞构型确定最佳襟翼、最大允许的起飞重量和起飞速度(V_1, V_R, V_2等)及最小收襟翼高度(改平高度)等数据。在实际起飞重量小于最大允许起飞重量时确定减推力起飞的有关数据,如减推力的额定值或假想温度、起飞推力调定值(转速 N_1 或发动机压比 EPR)、起飞速度及最小收襟翼高度等。

1. 最大允许起飞重量限制因素

飞机实际起飞重量(松刹车重量)及其对应的起飞速度应满足下列各项限制要求,即下列所有限制要求中的最小重量就是飞机的最大允许起飞重量,实际起飞重量应小于或等于该重量。

1) 结构强度限制/审定重量

飞机结构强度限制的重量是按照空中结构抗荷标准和垂直速度为-1.83 m/s(-360 ft/min)着陆冲击时起落架及飞机结构的强度要求确定的最大允许起飞重量。或者是飞机制造厂家提供的审定最大允许起飞重量。

2) 场地限制

场地长度限制的重量是在具体机场条件、大气、飞机构形情况下,考虑全部发动机正常工作和一台关键发动机故障时,可用场地长度满足起飞要求($TOD \leqslant TODA$, $TOR \leqslant TORA$, $ASD \leqslant ASDA$)所确定的最大允许起飞重量。

3) 爬升梯度限制

考虑一台关键发动机故障情况下,起飞飞行阶段中各段爬升总梯度,特别是第二爬升段的总梯度要求能够达到一个最小爬升梯度,该梯度要求就对应一个飞机重量,即爬升梯度限制的最大起飞重量。注意:爬升梯度是按静止大气计算的。FAR25 部规定各段应达到的爬升梯度如表 2.7 所示。

表 2.7 爬升梯度

类型	第一段	第二段	第四段
双发飞机	正梯度	2.4%	1.2%
三发飞机	0.3%	2.7%	1.5%
四发飞机	0.5%	3.0%	1.7%

4)超越障碍物限制

考虑一台关键发动机故障情况下,飞机能安全越过起飞净空区的所有障碍物,即飞机净航迹必须至少以 35 ft 的高度差越过障碍物,该条件对应的机重即越障限制的最大起飞重量。

5)轮胎速度限制

飞机在起飞滑跑中机轮高速转动,为防止转动过快时,离心力过大,轮胎因张力过大而破坏,对轮胎规定了最大允许使用地速(该速度是轮轴的地速,即飞机的地速,该速度除以机轮半径即机轮转数),根据飞机起飞离地速度不超过该轮胎限制速度,可得到轮胎速度限制的最大起飞重量。

6)刹车能量限制

飞机在中断起飞时要使用刹车减速,为防止刹车装置吸收的能量过多,损坏刹车,所以对刹车装置有最大刹车能量限制,根据其限制,对于不同的飞机重量,都有一个相应的限制速度 V_{MBE}。起飞中使用刹车的最大可能速度是中断起飞时达到的 V_1,V_1 应不大于 V_{MBE},在此条件下确定的起飞重量称为刹车能量限制的最大起飞重量。

7)地面最小操纵速度 V_{MCG} 限制

地面最小操纵速度 V_{MCG},是关键发动机突然故障时,仅使用气动主操纵面(不用前轮驾驶和差动刹车)在蹬舵力 $\not>$ 150 lb、飞机偏离跑道中心线不超过 9 m(30 ft)、用正常的驾驶技巧能恢复对飞机的操纵、维持直线滑跑并安全地完成继续起飞的最小速度。$V_{1(MCG)}$ 是关键发动机在 V_{MCG} 时故障,1 秒后所达到的速度。为保证一发失效后继续起飞时地面滑跑的操纵可靠性,V_1 应不小于 $V_{1(MCG)}$。在此条件下确定的起飞重量为地面最小操纵速度限制的起飞重量。

8)跑道强度限制

跑道强度限制的起飞重量是由机场跑道道面的承载能力确定的允许起飞的飞机最大重量。采用 ACN 与 PCN 评价道面等级、确定道面限制的飞机起降重量时,为了能长期、反复在跑道上起降而不损坏该跑道,要求飞机对该跑道的 ACN ≤ PCN。如果只是偶尔使用该跑道,允许 ACN 可稍大于 PCN,对刚性道面,若偶尔使用该跑道,允许 ACN 超过 PCN 5%,对柔性道面,若偶尔使用该跑道,允许 ACN 超过 PCN 10%。

2. **计算起飞重量所需数据**

1) 机型数据

结构强度限制的起飞最大重量或审定重量:

ACN;

空调状况;

防冰状况;

襟翼偏度;

刹车、防滞等系统的工作情况;

飞机进跑道的对正距离;

起飞推力选择(对应可以使用减额定推力的情况)。

2) 机场数据

PCN;

标高或气压高度;

跑道长度、坡度、净空道、停止道;

跑道道面情况;

障碍物数量、高度、位置。

3) 气象数据

风速风向;

QNH 或 QFE;

温度。

3. **改进爬升**

波音公司的改进爬升和空客公司 V_2 速度的优化选择具有相同的原理和意义。

1) 波音公司的改进爬升

波音公司的 V_2 速度即起飞安全速度是选择条例规定的最小值 $(V_2/V_S) = 1.2V_S$ (或 $1.13V_{S1g}$)。

第二段爬升梯度限制的起飞重量是按以 V_2 爬升,在起落架收上点的梯度达到规定值确定的重量。V_2 速度并非最大爬升梯度对应的速度,如图 2.21 所示。若增大 V_2,就可以增大爬升梯度,如保持规定的爬升梯度,则可增大起飞重量。这种用增大 V_2 速度来增加爬升限重或越障限重的方法称为改进爬升法。它的意义在于对受爬升梯度限制的情况可得到较大的最大起飞机重、受障碍物限制时可以改善越障能力。

应用改进爬升的条件:起飞机重受爬升梯度限制和/或越障限制,而不受场地长度限制、结构强度限制和轮胎速度限制时,这时 V_2 有增大的空间。V_2 增大,相应的 V_1,V_R 和 V_{LOF} 都要增大,所需的 TOR,TOD,ASD 都要增加,所以 V_2 增大的幅度要保证满足场地限制和轮胎速度、刹车能量限制,此外,增大后的起飞重量不应超过

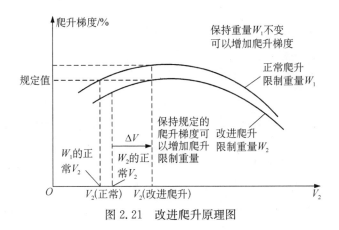

图 2.21 改进爬升原理图

结构限制的起飞重量。

2）空客公司的 V_2 优化选择

空客公司的 V_2 速度不是固定值，存在一个可选范围 $(V_2/V_S)_{min} \leqslant V_2/V_S \leqslant (V_2/V_S)_{max}$。

最小值 $(V_2/V_S)_{min}$ 由 FAR 法规确定，不能小于 $1.2V_S$（或 $1.13V_{S1g}$），以保证起飞安全。当 (V_2/V_S) 增大时，一方面会增大爬升梯度，有利于爬升和越障，一方面会增大起飞距离，使起飞的场长限重减小，V_2 增大到一定值时，爬升梯度达到最大，再增大 V_2 不带来任何好处，所以限制到一个最大值，最大梯度对应的 V_2 即为可选的 V_{2max}。不同机型 $(V_2/V_S)_{max}$ 不同。

根据起飞情况的不同，V_2 在 $(V_2/V_S)_{min}$ 和 $(V_2/V_S)_{max}$ 中选择一个最有利的数值，达到同波音公司的改进爬升一样的目的。

4. 减推力起飞

1）目的和基本原理

大多数情况下，飞机实际的起飞重量小于允许的最大起飞重量，这时在保证满足对起飞的所有限制前提下可以用小于最大起飞推力的推力进行起飞，在保证起飞安全的前提下得到好处，主要是推力减小使发动机涡轮前温度降低，改善了发动机的工作状态，降低了起飞过程中发生故障的概率，增加了发动机的可靠性和寿命，同时降低了维护费用和运营成本。

减推力起飞有两种方法：

（1）灵活温度法（flexible temperature method）或称假设温度法（assumed temperature method）。

（2）减额定推力法（derate method）。

2）方法 1：灵活温度法（假设温度法见图 2.22）

在满足起飞的各种限制前提下，按照实际起飞重量选定的温度来确定起飞推力，该温度叫灵活温度（flexible temperature）或假设温度（assumed temperature）。

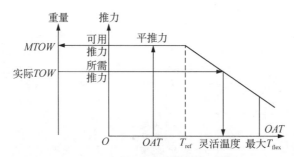

图 2.22   灵活温度法减推力起飞原理

灵活温度 T_{flex} 的选择必须符合以下要求和限制：

（1）$T_{flex} > T_{ref}$（灵活温度应大于平台温度 T_{ref}，因为在温度低于平台温度时推力基本不变）。

（2）$T_{flex} > OAT$（灵活温度应大于实际温度 OAT，只有这样才能减小起飞推力）。

（3）$T_{flex} \leqslant T_{max, flex}$（灵活温度应小于最高假设（灵活）温度）。

波音公司和空客公司确定最高假想温度 $T_{max, flex}$ 的方法不同：

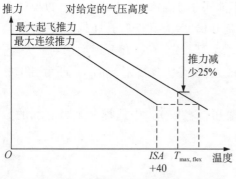

图 2.23   灵活温度法减推力起飞限制

a. 空客机型的最高假想温度是下述三个限制温度中最低的一个，不同机型受限制的情况不同：

（ⅰ）推力减少量不得超过全额定值最大起飞推力（平台推力）的 1/4（见图 2.23）。

（ⅱ）灵活推力的 $EPR(N_1)$ 不得小于相同飞行条件下的最大爬升推力 $EPR(N_1)$。

（ⅲ）灵活推力不得小于计算起飞最后爬升段轨迹用的 $ISA+40℃$ 的最大连续推力。

b. 波音机型规定推力减少量不得超过 OAT 对应的最大起飞推力的 1/4（见图 2.24）。

建议假想温度对应的 $EPR(N_1)$ 不小于最大爬升推力的 $EPR(N_1)$，波音的大部分机型的最高假想温度都是 $ISA+101℉（ISA+56.1℃）$。

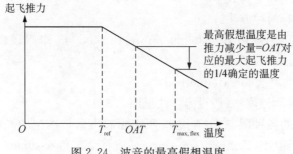

图 2.24   波音的最高假想温度

（4）在污染、滑跑道上不允许使用灵活温度法减推力起飞。

（5）防滞系统不工作时不允许使用灵活温度法减推力起飞。

（6）必须建立发动机状态监控系统或进行定期检查，以证实发动机在实际温度下能产生规定的最大起飞推力，定期检查的周期由航空公司自定，目前采用的检查安排有：每天第一次起飞使用最大起飞推力，每隔一天的第一次起飞使用最大起飞推力，每10次航班使用一次最大起飞推力等。

（7）灵活推力对应的V_1不能小于按实际机场温度确定的$V_{1(MCG)}$值。

3）方法2：降低额定值（DERATE）法（见图2.25）

降低额定值法就是把发动机推力整体降低一个档次来使用，也就是把各个气压高度、温度下的推力都减少一定值来使用。降低额定值法又分两种情况，一种是固定降低额定值的方法，即降低的量由发动机厂家确定，可以由机务部门在维护时改变，但机组不能调整。有的发动机的推力可以降低两个档次。例

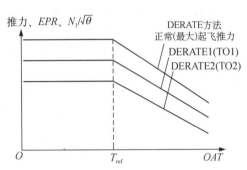

图2.25　降低额定值法减推力起飞原理

如，对于起飞状态，最大起飞推力——称为 NORMAL，降低一个档次的起飞推力（比如减少10%）称为 DERATE1（或 TO1），再降低一个档次的起飞推力（比如与最大推力 NORMAL 相比减少20%）称为 DERATE2（或 TO2）；另一种是可变降低额定值的方法，即推力额定值降低的量可由机组通过 CDU（控制显示装置）来自行确定。使用降低额定值法减推力就是人为地把一个大发动机当做一个小的或更小的发动机来用。

用降低额定值法时，$V_{1(MCG)}$ 是按该等级实际温度下的推力确定的，所以使用 DERATE 方法减推力起飞时不能把推力增大到高一档的或最大起飞推力，否则会丧失方向控制。有时对于短跑道，用低额定值推力起飞得到的最大起飞重量反而大，这是因为跑道长度较短，对起飞重量起限制作用的是中断起飞距离，推力减小，一发停车的偏转力矩减小，对应的最小地面操纵速度 $V_{1(MCG)}$ 减小，使 V_1 减小、中断起飞距离减小所致。

在污染跑道上可以使用降低额定值法减推力起飞。

波音公司允许同时使用降低额定值法和假想温度法减推力，即在使用低额定推力时再使用假想温度来进一步减推力。

空客公司不允许同时使用降低额定值法和假想温度法，但它有6个或更多的 DERATE 等级，每个等级减少4%的推力，间隔比较小，也没有太大必要再同时使用假想温度法进一步减推力。DERATE 等级太多的缺点是机场分析数值表太多（每个等级一套），使用起来不太方便。空客的飞机 A319，A321，A330，A340 有

DERATE 功能,当然也可以用灵活温度减推力起飞。A300,A310,A320 只能用灵活温度减推力起飞。

5. 非干跑道

跑道按道面情况可分为干跑道、湿跑道、污染跑道和滑跑道。污染跑道又包括道面覆盖有积水、融雪(雪浆,slush)、湿雪、干雪四种情况,滑跑道包括道面有压实的雪和冰两种情况。空客公司把道面覆盖有积水、融雪、湿雪、干雪、压实的雪和冰的跑道都算做污染跑道。实际上,还是把道面覆盖有压实的雪和冰的跑道算作滑跑道比较适宜,因为对这种跑道,覆盖物的厚度对起飞性能没有影响,覆盖物不产生附加阻力、对加速性能即对 TOD,TOR 没有影响,只影响刹车系数,即只使 ASD 增加,而污染跑道上的积水、融雪等在加速段会产生附加阻力,使加速性能变差、加速段距离、TOR 和 TOD 增加,在中断起飞减速时,使刹车系数减小、制动距离、ASD 增加,另外积水等覆盖物的厚度也影响起飞性能。在计算湿跑道、污染跑道和滑跑道的场地限重时,帘高(screen height)由 35 ft 改为了 15 ft,计算中断起飞距离时可以计入反推的作用。按 JAR 的要求,湿跑道的起飞性能现在也列为审定内容,也包括在 AFM(飞机飞行手册)中。

对非干跑道的起飞性能,可以利用软件(波音的 STAS,BPS;空客的 WINPEP 等)直接计算,也可以利用手册(波音的 FPPM,QRH;空客的 FCOM 等)由干跑道的起飞性能经修正得出。在波音的 FPPM,QRH 中都分别给出了确定污染跑道和滑跑道起飞性能的图表,确定污染跑道起飞性能的图表与积水/雪浆的厚度有关,确定滑跑道起飞性能的图表与刹车效果有关,刹车效果分为好、中、差三类(分别相当于刹车系数=0.2,0.1,0.05 三种情况),对 B737-300,B757-200 等老机型没有专门的湿跑道的图表,湿跑道按刹车效果好的滑跑道处理。对这种老机型,可用软件直接计算污染跑道和滑跑道的起飞性能,湿跑道按刹车系数=0.2 来计算。对 B737-600/700/800/900,B777 等较新机型,手册中还有专门的计算湿跑道(以及 wet skid-resistant runway)性能的图表,其软件也包括了计算湿跑道的选项。波音的手册中对污染跑道只考虑了积水和融雪跑道,而且认为两者的厚度的影响是一样的,空客的手册对污染跑道划分得更细而且考虑了不同污染剂的厚度的区别(见表 2.8)。

表 2.8　不同污染剂的厚度的区别

污染物	湿跑道或相当情况	污染跑道
积水(液体)	<3 mm(0.12 in)	3~12.7 mm(0.5 in)
融雪(液体)	<2 mm(0.08 in)	2~12.7 mm(0.5 in)
湿雪(液体)	<4 mm(0.16 in)	4~25.4 mm(1 in)
干雪(液体)	<15 mm(0.59 in)	15~50.8 mm(2 in)
压实的雪(固体)	/	无厚度限制
冰(固体)	/	无厚度限制

注:1 in=2.54 cm。

6. 障碍物选择

1）选取障碍物的范围

障碍计算中所考虑的障碍物，是指 A 型障碍物图中，位于起飞航迹区内穿过 1.2%坡度面的那些障碍物。位于锥形面外的障碍物认为被水平避开，不予考虑。

起飞航迹区如图 2.26 所示。

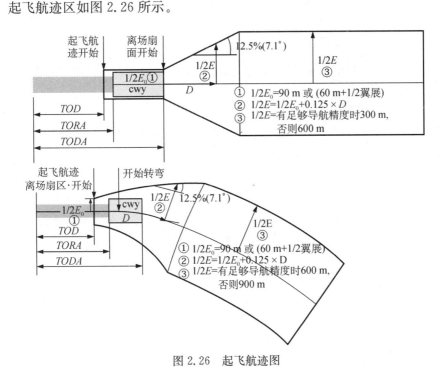

图 2.26　起飞航迹图

从起飞距离终点到可用起飞距离终点间的航迹区宽度为 90 m 或 60 m＋半翼展，扇形区的一侧半宽度距离为 90 m(300 ft)＋0.125D，D 为飞机距可用起飞距离末端的值，最宽半宽度规定如表 2.9 所示。

表 2.9　目视飞行规则

航迹变化	目视规则/m	仪表飞行/m
小于 15°	300	600
大于 15°	600	900

当在 *TODA* 末端之前开始转弯时，起飞航迹区由 *TOD* 点开始，当在 *TODA* 末端之后开始转弯时，起飞航迹区由 *TODA* 点开始。

2）转弯中的梯度损失及障碍物高度修正

飞机转弯爬升时的爬升梯度小于直线爬升的梯度，这个梯度的减少量称为梯度损失。在飞机手册中用图表给出了这个梯度损失。对于老机型，其飞行手册或软件只能计算直线越障的情况,转弯起飞航迹必须转化为当量无风直线航迹,然后按直线越障计算。飞行手册或软件按直线计算时不考虑转弯中的梯度损失,转弯时爬升梯度减小,净航迹的梯度也随之降低,在假定梯度不减小时,相当于障碍物的高度增加了一个 ΔH, ΔH=转弯中飞过的距离×梯度损失。按直线越障计算时,障碍物的距离是沿转弯曲线轨迹度量的距离,高度是实际高度加上 ΔH。

3) 障碍物过滤

由于起飞分析软件障碍物个数的限制(例如:BPS 最多只能考虑 20 个障碍物),需要人工滤除一些可以滤除的障碍物。进行障碍物过滤时,障碍物的高度是考虑了转弯影响后的高度。

(1) 排除"隐藏"障碍物。

要排除在起飞方向上比前面的障碍物低的那些远距离的障碍物,在图 2.27 中,3 号和 4 号障碍物比 2 号障碍物低,6 号障碍物比 5 号障碍物低。所以,3 号,4 号,6 号障碍物将被排除。

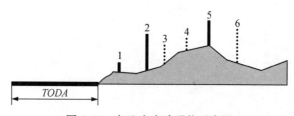

图 2.27 起飞方向障碍物示意图

(2) 排除"半隐藏"障碍物。

第 2 步是仅仅针对位于 $TODA+3000\,\mathrm{m}$ 那点之后的障碍物。如图 2.28 所示,因为 3 号和 4 号障碍物之间的坡度 $a\%$ 小于 4 号和 5 号障碍物之间的坡度 $b\%$,所以 4 号障碍物将被排除。

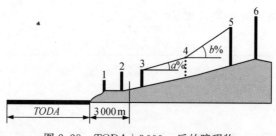

图 2.28 $TODA+3000\,\mathrm{m}$ 后的障碍物

(3) 排除坡度小于 1.2% 的障碍物。

与第 2 步一样,第 3 步过滤也是仅仅针对位于 $TODA+3000\,\mathrm{m}$ 那点之后的障碍物,如图 2.29 所示,由于坡度 $a\%$ 小于 1.2%,4 号障碍物将被排除。但在任何条件下,所列出的最后一个障碍物都不能被排除。

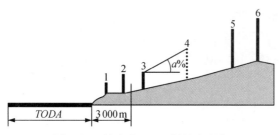

图 2.29　坡度小于 1.2% 的障碍物

2.2.3　飞机的着陆性能

着陆性能计算的目的是为了保证飞机的着陆安全。计算的内容主要是针对具体的机型、气象和机场情况确定最佳进近襟翼/着陆襟翼角度、最大允许着陆重量、跑道入口速度、进近爬升速度、着陆爬升速度、所需着陆距离、实际着陆距离、快速过站限制重量等参数。

1. 限制最大允许着陆重量的因素

飞机最大允许着陆重量应满足下列各项限制，即由下列各项限制确定的着陆重量中最小的一个就是最大允许着陆重量，实际着陆重量应小于或等于该重量。

1) 结构强度限制

为了保证在着陆时飞机的结构，特别是起落架系统及其与机身联接的相关结构不受损伤，所规定的最大着陆机重，该重量是按照飞机在该机重时以垂直速度为 $-3.05\,\mathrm{m/s}(-10\,\mathrm{ft/s})$ 着陆接地时起落架及相关结构的强度要求确定的。

2) 场地长度限制

图 2.30 中干跑道实际着陆距离 D 是人工驾驶着陆、人工最大刹车、以 V_{REF} 速度、50 ft 高进跑道、按标准大气温度计算的从跑道入口到全停时用的距离，干跑道的所需着陆距离 $D_{\mathrm{RD}} = D/0.6 \approx D \times 1.67$，67% 的裕量用于考虑进跑道入口时的高度、速度的误差、驾驶技术的差异以及机场的气温高于 ISA、跑道坡度等因素的影响。湿跑道所需着陆距离 $D_{\mathrm{RW}} = D_{\mathrm{RD}} \times 1.15 \neq$ 湿跑道实际着陆距离 $/0.6$。自动着陆时从跑道入口到接地点的距离比人工驾驶着陆时大约长 $1000 \sim 1500\,\mathrm{ft}$，自动着陆的所需着陆距离比人工驾驶着陆的所需着陆距离长。场地长度限制的着陆重量是按已知机场/跑道情况及大气状况、飞机构形等条件按可用着陆距离等于所需着陆距离确定的最大允许着陆重量。

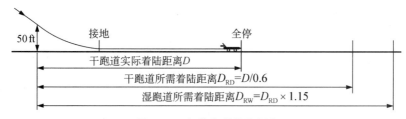

图 2.30　各类跑道着陆距离

3) 进近爬升梯度限制

在一台关键发动机停车、进近襟翼位置、起落架收上的情况下，以 TO/GA 推力、速度 $V \not> 1.4 V_{S1g}$ 复飞爬升梯度满足下列要求的着陆重量为进近爬升限制着陆重量：

双发飞机不得小于 2.1%；

三发飞机不得小于 2.4%；

四发飞机不得小于 2.7%。

4) 着陆爬升梯度限制

在着陆襟翼位置、起落架放下的情况下，按油门推到复飞位置 8 秒后的推力、以不大于 $1.23 V_{S1g}$ 的速度复飞、全发爬升梯度达到 3.2%（无论几发飞机）的要求确定的重量为着陆爬升限制重量。

5) 跑道强度（承载能力）限制

为长期起降而不损伤跑道所限制的重量，一般可由飞机 $ACN =$ 跑道 PCN 确定。

2. 放行准则

1) 对于按照 CCAR/FAR 运行的营运人

目的地机场允许着陆重量的确定：

(1) 场地限制重量。

a. 按飞机在最理想的跑道上在静止大气中以最理想的方向着陆确定场地限制重量。

b. 考虑可能的风速、风向和该飞机的地面操纵特性，以及考虑到诸如着陆助航设备和地形等。

其他条件，按飞机在最适宜的跑道上着陆确定场地限制重量，场地限制的着陆重量是 a、b 所确定的着陆重量中小的一个。

如果按 a 无风计算的着陆重量满足要求，但按 b 考虑风时确定的着陆重量不满足要求，即：如果按 b 确定的着陆重量小于按 a 确定的着陆重量，但在备降场按 a，b 确定的着陆重量≥目的地机场按 a 确定的着陆重量，则可以取按 a 确定的重量作为在目的机场的着陆重量。

(2) 爬升限制重量。

按 CCAR/FAR 25.119，121(d)的规定由相关的爬升限制重量图表确定爬升限制重量，如目标机场要求的复飞爬升梯度大于条例规定的梯度，则按要求的梯度由爬升梯度图表确定爬升限制重量。

目的地机场最大允许着陆重量是结构限制着陆重量、场地限制重量、爬升限制重量中最小者。

关于确定场地限制重量的说明：

对于涡轮喷气飞机，在有关的气象报告和预报表明目的地机场跑道在预计着陆时刻可能是湿跑道或滑跑道时,应该按湿跑道(所需距离=干跑道实际着陆距离/0.5×1.15)确定最大允许着陆重量。如果飞机飞行手册中有经批准的湿跑道实际着陆距离数据,也可以按在湿跑道上的实际着陆距离等于可用着陆距离确定着陆重量,但湿跑道的实际着陆距离不能小于在干跑道上的所需着陆距离,即按湿跑道的实际着陆距离=可用着陆距离确定的着陆重量不能超过按干跑道确定的着陆重量(与按干跑道确定的场地限制重量相比取小者)。

快速参考手册(QRH)中提供了滑跑道的实际着陆距离数据,对积水、雪浆等污染跑道情况没有提供实际着陆距离数据,利用 QRH 只能对滑跑道按实际着陆距离=可用着陆距离(或留一定裕量)确定场地限制重量。BPS/LAND 软件对滑跑道、污染跑道是按实际着陆距离=可用着陆距离确定场地限制重量的,AFMDPI 只能计算干跑道、湿跑道的着陆重量。对在预计着陆时刻目标机场跑道可能是滑跑道、污染跑道的情况,CCAR/FAR 没有明确规定如何计算放行用的最大允许着陆重量。航空公司性能部门一般不提供着陆分析数值表,公司一般规定在污染跑道(滑跑道)用大襟翼角度着陆,由机组自己检查着陆距离是否满足要求。建议按照 JAR(空客)的做法留 15% 的裕量,即把污染跑道(滑跑道)的实际着陆距离的 1.15 倍与湿跑道的所需着陆距离相比取大者作为污染跑道(滑跑道)的所需距离,即按可用着陆距离/1.15 作为污染跑道(滑跑道)的可用着陆距离,由污染跑道(滑跑道)的实际着陆距离数值表或 BPS/LAND 确定允许的着陆重量,再按实际可用着陆距离、湿跑道由相应的图表或 BPS/LAND 确定允许着陆重量,取小的一个作为污染跑道(滑跑道)的最大允许(放行)着陆重量。

2) 对于按照 JAR 运行的营运人

目的地机场允许着陆重量的确定:

(1) 场地限制重量。

a. 按飞机在最理想的跑道上在静止大气中以最理想的方向着陆确定场地限制重量。

b. 考虑可能的风速、风向和该飞机的地面操纵特性,以及考虑到诸如着陆助航设备和地形等。

其他条件,按飞机在最有可能被指定的跑道上着陆确定场地限制重量。

场地限制的着陆重量是 a、b 所确定的着陆重量中小的一个。

如果按 a 无风计算的着陆重量满足要求,但按 b 考虑风时确定的着陆重量不满足要求,即:如果按 b 确定的着陆重量小于按 a 确定的着陆重量,如果指定了 1 个能满足 JAR-OPS 1.515(a),(b),(c)要求的备降场,则可以放行(在备降场按 a、b 确定的着陆重量≥目的地机场按 a 确定的着陆重量,则可以取按 a 确定的重量作为在目的机场的着陆重量)。

如果目标机场只有一条跑道,按无风计算的着陆重量不能满足要求,只有借助于风才能得到所需要的着陆重量,如果指定了 2 个能满足 JAR-OPS 1.515(a),(b),(c)

要求的备降场,则可以放行(即可以取按 b 确定的重量作为在目的机场的着陆重量)。

(2) 爬升限制重量。

按照 JAR 25.119、121(d)的规定由相关的爬升限制重量图表确定爬升限制重量。

a. 对于要求进近复飞爬升梯度至少为 2.5%的仪表进近,营运人必须证实:对于预计的着陆重量,当一台关键发动机故障且处于进近复飞速度和形态时,进近复飞爬升梯度至少为 2.5%。

b. 对于决断高低于 200 ft 的仪表进近,营运人必须证实:对于预计的着陆重量,当一台关键发动机故障且处于进近复飞速度和形态时,复飞爬升梯度至少为 2.5%或公布的梯度,取较大者。

爬升限制重量图表是按进近复飞爬升梯度 2.1%制订的,当要求的复飞爬升梯度大于条例规定值时,则应该按要求的梯度确定爬升限制重量。

目的地机场最大允许着陆重量是结构限制着陆重量、场地限制重量、爬升限制重量中最小者。

关于确定场地限制重量的说明:

(1) 如果在预计到达时跑道是污染跑道,可用着陆距离必须至少是 JAR - OPS 1.520(a)所确定的距离(湿跑道的所需着陆距离)或者是 1.15 倍的审定的污染跑道实际着陆距离或者是当局所认可的相当距离中最大的一个。即如果在预计到达时目标机场跑道是污染跑道,则最大允许着陆重量是按湿跑道确定的最大着陆重量、按可用着陆距离=污染跑道实际着陆距离×1.15 确定的着陆重量或按当局认可的其他方法确定的着陆重量中最小的一个。(这与空客的处理方法一致:空客定义污染跑道所需着陆距离是湿跑道所需着陆距离和 1.15 倍污染跑道实际着陆距离中大的一个,然后按可用着陆距离=污染跑道所需着陆距离确定最大允许着陆重量。)

(2) 如果在预计到达时跑道是湿跑道,而湿跑道的实际着陆距离小于 JAR - OPS 1.520 (a)要求的距离(湿跑道所需着陆距离),但不小于 JAR - OPS 1.515 (a)所要求的距离(干跑道所需着陆距离),如果 AFM 中包括专门附加的湿跑道着陆距离信息,则可以使用湿跑道的实际着陆距离。即如果 AFM 手册中有经审定的湿跑道实际着陆距离数据,则可以按可用着陆距离=湿跑道实际着陆距离来确定允许的着陆重量,但不得超过按干跑道确定的着陆重量(与按干跑道确定的场地限制重量相比取小者)。

(3) 自动着陆时(干跑道)的场地限制着陆重量按可用着陆距离=自动着陆的所需着陆距离确定,按 JAR. AWO 142 的规定,自动着陆的所需着陆距离是 1.15 倍的自动着陆的实际着陆距离和人工着陆所需着陆距离中大的一个。空客的 *FCOM* 中或直接给出自动着陆的所需距离或可由人工着陆所需着陆距离确定自动着陆的所需距离。

(4) 在放行前已经知道飞机系统有影响着陆距离的故障,必须按可用着陆距离=有故障的所需着陆距离来确定允许着陆重量,有故障的所需着陆距离=无故障的所需着陆距离×*AFM* 或 *MMEL* 或 *FCOM* 中给出的该故障的影响系数。(空客机型)在放行前必须按上述方法(即"可用着陆距离＝所需着陆距离"的原则)来确定允许的着陆重量,到达目标机场着陆时,所需着陆距离的概念不再适用,只要实际着陆距离小于可用着陆距离即可。如机场给的复飞程序是带转弯的,可以由相关图表确定转弯坡度(或由 $\tan\gamma=V_2/(R\cdot g)$ 计算),再由手册上的图表确定转弯时的梯度减少量,再按爬升梯度＝带转弯的复飞程序规定的梯度＋梯度减少量查复飞梯度与着陆重量关系图或用软件计算来确定该梯度限制的爬升限重。

　　3. 快速过站

　　在着陆减速使用机轮刹车过程中吸收的动能转化为热能,着陆重量越大,开始刹车时的飞机动能就越大,刹车吸收的热能也就越多。刹车吸收的热能过多会导致热熔塞(thermal plug 或 fuseplug)熔化并使轮胎泄压,未泄压的轮胎承受过大的负荷会导致爆炸。为防止这种事故的发生,需要使用经适航当局批准的快速过站限重表和使用手册中推荐的刹车冷却表。由快速过站限重(maximum quick turnaround weight)表确定一个飞机快速过站最大重量,如实际飞机着陆重量低于快速过站最大重量时,则对在地面停留冷却时间无要求,如实际飞机着陆重量高于快速过站最大重量时,则必须等待规定的时间(此时间与机型、机轮、刹车构形有关)之后再去检查热熔塞是否熔化,如果没有熔化方可起飞。原则上说,快速过站限重图表只适用于每天的第一次着陆,对随后的着陆,即使着陆重量不超过快速过站限重,也可能由于刹车中能量的累积使热熔塞熔化。为此可以查飞行计划及性能手册(FPPM)中的刹车冷却时间(brake cooling schedule)图表确定需要的地面冷却时间,查该图表时要由本次刹车过程中吸收的能量与上次刹车的剩余能量之和来确定需要的地面冷却时间或相当的空中冷却时间,按要求对刹车进行冷却,以保证下次着陆的安全。剩余能量可按刹车冷却图表中冷却时间为 0 的刻度线对应的能量近似确定。表 2.10 列出了 B757-200 飞机的快速过站限重。

表 2.10　B757-200 飞机快速过站限重

快速过站限制	B757-200/RB211-535E4

AFTER LANDING AT WEIGHTS EXCEEDING THOSE SHOWN BELOW ADJUSTED FOR SLOPE AND WIND, WAIT AT LEAST 45 MINUTES AND THEN CHECK THAT WHEEL THERMAL PLUGS HAVE NOT MELTED BEFORE EXECUTING A TAKEOFF.

FLAPS 25　　　　　　　　　　　　　　　　　　　　　　　　　　　着陆重量 1 000 kg

压力高度/ft		OAT										
	℉	−58	−40	−22	−4	14	32	50	68	86	104	122
	℃	−50	−40	−30	−20	−10	0	10	20	30	40	50
−1000						112	110	108	106	105	103	101
0					112	110	108	106	104	103	101	100
1000				112	110	108	106	104	103	101	99	98

（续表）

FLAPS 30												着陆重量 1 000 kg
压力高度/ft		OAT										
	℉	−58	−40	−22	−4	14	32	50	68	86	104	122
	℃	−50	−40	−30	−20	−10	0	10	20	30	40	50
2 000			112	110	108	106	104	103	101	99	98	96
3 000		113	110	108	106	104	103	101	99	98	96	95
4 000		111	108	106	104	102	101	99	97	96	94	
5 000		109	107	105	103	101	99	97	96	94	93	
6 000		107	105	103	101	99	97	96	94	93	91	
7 000		105	103	101	99	97	96	94	92	91	89	
8 000		103	101	99	97	96	94	92	91	89	88	
9 000		101	99	97	96	94	92	90	89	88		
10 000		99	97	96	94	92	90	89	87	86		
−1 000							112	110	108	107	105	104
0						112	110	108	107	105	103	102
1 000					112	110	108	107	105	103	102	100
2 000				112	110	108	107	105	103	101	100	99
3 000			113	110	108	107	105	103	101	100	98	97
4 000		113	111	109	107	105	103	101	100	98	97	
5 000		111	109	107	105	103	101	100	98	96	95	
6 000		109	107	105	103	101	100	98	96	95	93	
7 000		107	105	103	101	100	98	96	95	93	92	
8 000		105	103	101	100	98	96	94	93	91	90	
9 000		104	102	100	98	96	94	93	91	90		
10 000		102	100	98	96	95	93	91	90	88		

SLOPE AND WIND ADJUSTMENTS：
　　ADD 900 kg PER 1% UPHILL SLOPE.
　　SUBTRACT 1 300 kg PER 1% DOWNHILL SLOPE.
　　ADD 2 500 kg PER 10 KTS HEADWIND.
　　SUBTRACT 10 000 kg PER 10 KTS TAILWIND.
FOR 1 BRAKE DEACTIVATED REDUCE GROSS WEIGHT BY 6 000 kg FOR
FLAPS 30 AND 6 500 kg FOR FLAPS 25.

　　也可按下述方法确定是否必须遵守最小过站时间要求：

　　在从滑行到停机位算起的 10～15 分钟之内（不早于 10 分钟、不迟于 15 分钟）用精确的测量方法（用 Doric Microtemp 450 型手持式温度计或相当的产品）在每个刹车压力盘（brake pressure plate）上测量至少两个点的温度，测温探头在测点上停留 20 秒或直到读数稳定，在不采用人工冷却的情况下，如果每个测点的温度都低于 218℃（此温度与机型有关），则可以立即放行，否则必须等待规定的时间之后再去检查热熔塞是否熔化。

　　如果安装有刹车温度监控系统（BTMS），可以根据该系统在 EICAS 上提供的信息来确定是否遵守最小过站时间限制以及需要的地面冷却时间。如果在停机后的 10～15 分钟内在 EICAS（发动机指示和机组警告系统）上不出现"BRAKE TEMP（刹车温度）"咨询信息，则不需要等待规定的时间。BTMS 提供机轮刹车温度相对值，范围是 0.0～9.9，当该值大于 5 时，在 EICAS 上就出现"BRAKE TEMP"。还可以根据这个温度相对值确定需要的冷却时间，例如，对于 B777，这个值在 2.4～4.9 之间对应的地面/空中放起落架的冷却时间为 10～73/1～7 分钟，该值大于 5 时就必须遵守最小过站时间限制、等待 65 分钟之后再去检查热熔塞，该值在 5～6.3 之间是热熔塞可能熔化的警告范围，该值大于 6.3 是热熔塞必定熔化的范围。B757-200 的刹车冷却时间表如图 2.31 所示。

　　即使不超过快速过站限制重量、不必须遵守最小过站时间限制，仍然需要遵守刹车冷却图表中规定的冷却时间，否则加上下次使用刹车产生的能量就可能使热熔塞熔化。因为这个最小过站时间仅保证在达到该时间后，如果热熔塞没有熔化则不会再熔化，并不意味着刹车已经冷却到足以吸收下一次刹车时产生的能量。

　　空客飞机可选装刹车冷却风扇（B767，B747，B777 也可以选装刹车冷却风扇），使刹车片散热更快、缩短冷却时间。无论是否装刹车冷却风扇，ECAM（飞机集中电子监控系统）都显示各机轮刹车的温度。空客飞机直接根据刹车温度来判断是否要延迟起飞，如 A319/320 的 FCOM 上规定：在刹车冷却风扇不工作时刹车温度低于 300℃前或在刹车冷却风扇工作时刹车温度低于 150℃前不得起飞（A340 的 FCOM 则规定无论刹车冷却风扇是否工作，刹车温度低于 300℃前不得起飞）。

　4. 关于机轮自动刹车问题

　　使用机轮自动刹车的目的是为了得到一个恒定的减速度（负加速度），使飞机着陆接地后能平稳地减速，增加旅客的舒适性。图 2.32，表 2.11 不是用来确定所需着陆场地长度的，仅是用于帮助你对给定的着陆场地长度确定一个最希望用的（the most desirable）机轮自动刹车调定值。当然也可用来确定给定机轮自动刹车调定值时的实际着陆距离。这种图表仅是咨询材料，并非必须使用。

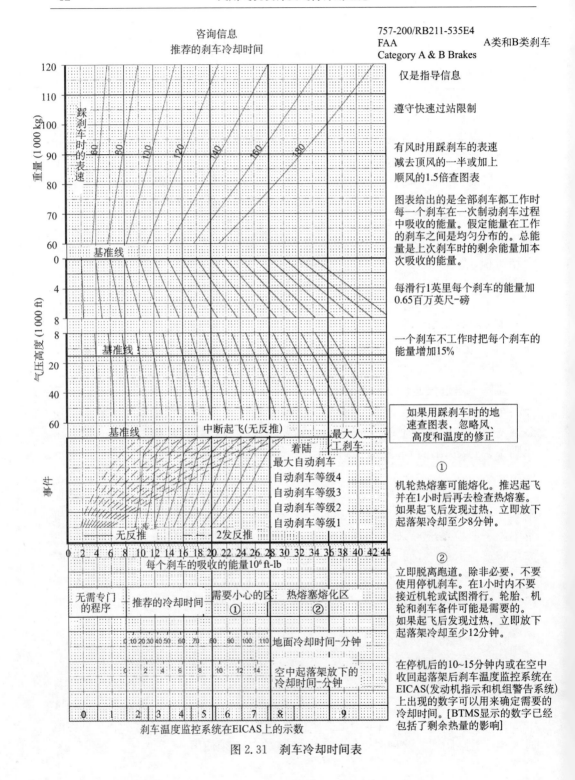

图 2.31　刹车冷却时间表

　　图 2.32 是基于干跑道、ISA、无风条件的,给出的是从接地点算起的实际停止距离,对于高于 ISA 温度或顺风情况要按照类似下面的表格来增加从接地点算起的停止距离(进跑道头速度是表速,温度越高,真空速越大,顺风越大,地速越大,从而停止距离越大,应该修正。如表 2.11 所示,低于 ISA 温度或顶风不必修正——这样更加保守)。

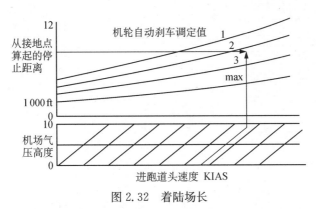

图 2.32　着陆场长

表 2.11　高于 ISA 温度或顺风时"从接地点算起的停止距离"的增量

机轮自动刹车调定值	每节顺风的增量/ft	高于 ISA 每℃的增量/ft
1	110	30
2	90	25
3	65	20
max	40	10

注:上面的图、表与机型有关,不是通用的,要使用相应的机型手册上的图表。图 2.33 给出了 B757 - 200 正式使用的图表。

　　机轮自动刹车调定值图、表的用法(先确定最大允许着陆重量):

　　首先确定可用的或所希望用的从接地点算起的停止距离:从跑道入口到接地点的距离,对人工驾驶着陆,可取 1000 ft,对自动着陆,可取 2500 ft,由可用着陆场地长度减去从跑道入口到接地点的距离就是可用的从接地点算起的停止距离,当然,可以留有一定的裕量,取小一点的值——即希望用的从接地点算起的停止距离。

　　然后,确定机轮自动刹车调定值:如想由图直接确定自动刹车调定值,则用上一步确定的希望用的从接地点算起的停止距离查上面的图,在高于 ISA 温度或顺风情况下,要把希望用的从接地点算起的停止距离减去由上表确定的修正值,再按图中所示方法确定调定值,当交点介于两个调定值之间时,取大的一个。或者由进跑道头速度、机场气压高度、自动刹车调定值确定从接地点算起的停止距离,在高于 ISA 温度或顺风情况下,加上由表 2.12 确定的修正值,把所得到的这个距离 D_{AB} 与希望用的从接地点算起的停止距离 D_{TS} 比较,取几个自动刹车调定值做这种比较,选取 D_{AB} 小于 D_{TS} 的那个自动刹车调定值。

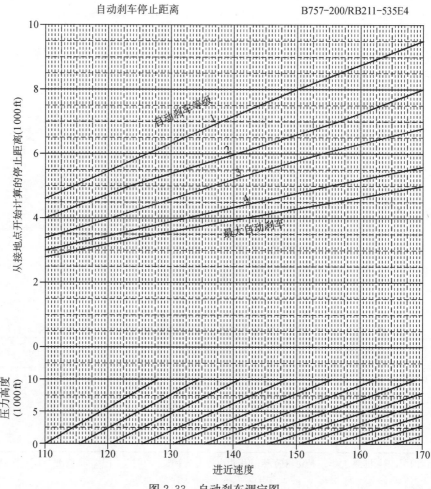

图 2.33　自动刹车调定图

表 2.12　风与温度对刹车距离的修订值

自动刹车等级	顺风/(ft/kn)	高于 ISA(ft/℃)
1	120	30
2	100	25
3	80	20
4	60	15
最大自动刹车	50	15

　　在确定自动刹车调定值时不需要留有裕量,使用机轮自动刹车时,只要能在可用着陆距离内停下来即可。在使用自动刹车的过程中,如机组认为有必要,可随时改用人工最大刹车。

2.2.4　飞机的高速性能

1. 飞机的飞行速度包线

1）最大速度

为了防止飞行中飞机速度过大造成结构损坏，或降低飞机的操纵性和稳定性，对每种机型规定了最大限制使用速度（V_{MO}/Ma_{MO}）、襟翼展态速度（V_{FE}）和起落架收放限制速度（V_{LO}/V_{LE}），这些速度通常在飞机飞行手册（波音机型）或飞机机组使用手册（空客机型）中的飞机审定限制中给出。

当飞机在高温地区进行高高度、高速巡航时，要考虑发动机推力对最大飞行速度的限制（即全发正常工作时，飞机阻力不能超过最大巡航推力限制；一发失效时，飞机阻力不能超过最大连续推力限制）。

2）最小平飞速度

即飞机能维持正常、稳定平飞的最小速度。主要考虑以下三方面限制：

（1）失速限制（低高度）。

（2）推力限制（高高度）。

（3）稳定性限制。

飞机的最小平飞速度应是以上三个限制中最大的一个。

3）平飞速度包线

将最小速度、最大速度与高度的关系画在图上，即为平飞速度包线。包线中的顶点即为理论升限（理论上飞机能飞的最大高度）。

4）使用升限

随飞行高度增加，飞机爬升能力逐渐降低。因此飞机要爬到理论升限需要无穷长的时间。在实际飞行中，规定飞机保留一定爬升能力的升限作为使用升限。

在高度较高时，客舱外部大气压强很低，而客舱内部需要保持较大的大气压强，因此还应考虑飞机内外的压力差限制。如 B757 - 200 飞机要求内外压差不大于 $8.6\,lb/in^2$，即飞行高度（气压高度）不能高于 $42\,000\,ft$。

2. 航班飞行的经济性

飞机总的飞行成本包括以下三部分：

（1）时间成本，即与飞行时间有关的成本，如飞行机组小时费、飞机定检维护费、飞机湿租费用等。

（2）燃油成本，即飞行中消耗的燃油的费用。

（3）固定成本，除上述两个成本以外的其他费用，如人员固定工资、贷款利息等，与飞行快慢无关。

选择合适的巡航速度和巡航高度层可以使时间成本与燃油成本之和最小，从而使总成本达到最小，提高航空公司的经济性。

规定飞行中小时成本与燃油成本之比为成本指数（CI）。输入的成本指数越大，飞机的飞行速度就越大；输入的成本指数越小，飞机的飞行速度也越小。当输入 0

时,巡航时对应于理论上最省油的巡航速度(MRC速度)。

3. 爬升性能

从起飞航迹结束点爬到巡航高度层是民航机主要的航路爬升阶段。爬升性能用爬升梯度和爬升率这两个参数来表述,主要关心爬升过程中经过的水平距离、持续的爬升时间和消耗的燃油量这三个数据的大小。

1) 爬升参数

爬升率:飞机爬升速度在垂直方向上的分量(即垂直速度大小),与剩余功率成正比,与机重成反比。爬升率与水平风无关。在其他因素一定的情况下,爬升率越大,爬到一定高度所需时间越短。

爬升梯度:飞机在爬升过程中经过的垂直高度变化与水平距离变化之比,与剩余推力成正比,与机重成反比。顺风减小对地爬升梯度,顶风增加对地爬升梯度。在其他因素一定的情况下,爬升梯度越大,爬到一定高度所需水平距离越短。

2) 对爬升速度的限制

为便于飞机的调配,FAR第91部70款规定:未经批准,任何飞机在10000 ft以下不得以大于250 kn的表速飞行,如果飞机最小安全飞行速度大于表速250 kn,则允许以最小安全速度飞行。

3) 常用的爬升方式

(1) 等表速/等Ma数爬升。为便于飞行员操纵,通常采用等表速/等马赫数爬升,在转换高度以下用等表速爬升,在转换高度以上用等Ma数爬升。

(2) 最大爬升梯度爬升。对应于升阻比最大时的爬升方式。此时爬升梯度最大,经过的水平距离最短,有利于越障。

(3) 最佳爬升(最“经济”爬升)。它对应于最低燃油消耗的爬升方式,但考虑到飞行员操作方面的要求,用爬升率接近最大爬升率的等表速来代替得到经济爬升。

(4) 最低成本爬升。根据公司的飞行成本指数,按总飞行成本最小确定爬升速度。成本指数越大,爬升速度也越大。

(5) 减推力爬升。与减推力起飞的目的类似,为降低发动机涡轮前温度,延长发动机寿命,可采取减推力爬升方式。

4. 巡航速度的选择

主要研究飞机从爬升顶点到下降开始点之间的平飞巡航性能。选择合适的巡航速度和高度可以有效地提高巡航的经济性。这一阶段主要关心飞机巡航所需的飞行时间和燃油。

1) 性能参数

(1) 燃油里程:飞机消耗单位油量所能飞的水平距离(空中或地面)大小。在巡航距离一定的情况下,燃油里程越大,耗油越少。

(2) 燃油流量:飞机单位时间的耗油量。在巡航时间一定的情况下,燃油流量越小,耗油越少。

关系:燃油流量与燃油里程之乘积为飞机的飞行速度(真空速)大小。

2) 常用的巡航方式

在遵守 ATC 的要求下,保持等高度巡航时可以选择以下几种巡航速度。

(1) 等马赫数巡航。在飞行中选择比较理想的一个固定马赫数,并保持不变。

(2) MRC 巡航。选择燃油里程最大所对应的速度进行巡航。从理论上讲,此时消耗一定燃油所飞距离最远。但由于该速度接近反常操纵区,在实践中极少使用。

(3) LRC 巡航。用最大燃油里程的 99% 所对应的较大马赫数进行巡航。此时燃油里程虽然损失了 1%,但由于速度增加较多,飞机的操纵性和稳定性比较好,同时又可以节约飞行时间,所以远程巡航是即省油、飞行品质又好的巡航速度。

(4) 经济巡航马赫数。从最低成本考虑,要确定对应于总成本(燃油成本和时间成本)的最低速度,称经济巡航马赫数或最低成本巡航马赫数。顶风使巡航马赫数增大,顺风则减小(波音使用手册没有考虑风修正,空客 FCOM 考虑了对风的修正);成本指数越大,巡航马赫数也越大;成本指数越小,巡航马赫数也越小。

(5) 等待飞行。在目的地机场或备降场上空,由于空中交通管制或气象等原因,需要作跑马场型的等待飞行,等候进近着陆指令。

等待飞行速度的确定原则是消耗单位燃油以得到最长的等待时间,所以应选用最小燃油流量时的速度,但因该速度的操纵性和稳定性不好,通常可用稍大一些的最大升阻比速度作为等待速度,此外还要考虑空中交通管制的要求。

3) 巡航数值表的使用

巡航数值表是按一定条件由使用手册给出或通过高速性能软件计算出的。当进行性能分析时,应进行一定的修正。下面以 B757 - 200 飞机巡航数值表为例进行说明(见图 2.34 和图 2.35)。

| 757 - 200 | | ENROUTE |
| RB211 - 535E4 | **_BOEING_** 飞行计划与性能手册 | All Engine |

远航巡航表
42000 FT to 37000 FT

压力高度 (1000 FT) (STD TAT)		重量(1000 KG)											
		120	115	110	105	100	95	90	85	80	75	70	65	60
42 (−29)	EPR MAX TAT KIAS MACH FF/ENG KTAS								1.74 −18 230 0.797 1671 457	1.69 −8 231 0.799 1521 458	1.64 −2 231 0.799 1434 459	1.60 231 0.799 1340 458	1.56 230 0.797 1256 457	1.53 227 0.787 1173 451

压力高度 (1000 FT) (STD TAT)		重量(1000 KG)												
		120	115	110	105	100	95	90	85	80	75	70	65	60
41 (−29)	EPR								1.69	1.65	1.61	1.57	1.54	1.51
	MAX TAT								−9	−2	3			
	KIAS								236	236	236	236	234	229
	MACH								0.798	0.799	0.799	0.798	0.792	0.776
	FF/ENG								1616	1499	1426	1340	1258	1171
	KTAS								458	458	459	458	454	445
40 (−29)	......							...	...	...	...	...	...	...
39 (−30)	EPR						1.70	1.66	1.62	1.59	1.56	1.53	1.50	1.47
	MAX TAT						−10	−3	3					
	KIAS						247	248	248	248	247	244	239	232
	MACH						0.798	0.799	0.799	0.799	0.797	0.789	0.773	0.753
	FF/ENG						1800	1676	1571	1483	1425	1343	1256	1166
	KTAS						458	458	459	458	457	453	443	432
38 (−30)	......						...	...	...	...	...	...	...	...
37 (−30)	EPR			1.75	1.70	1.66	1.63	1.60	1.57	1.54	1.51	1.49	1.46	1.43
	MAX TAT			−18	−9	−3	3							
	KIAS			258	259	259	259	259	259	258	254	248	241	233
	MACH			0.795	0.798	0.799	0.799	0.799	0.799	0.794	0.784	0.768	0.749	0.725
	FF/ENG			2141	1974	1847	1739	1648	1565	1485	1404	1339	1249	1155
	KTAS			456	458	458	459	459	458	456	449	440	429	416

Max TAT not shown where EPR can be set in ISA+30℃ conditions.

Increase/decrease fuel flow 3% per 10℃ above/below standard TAT.

Increase/decrease KTAS by 1 knot per 1℃ above/below standard TAT.

Shaded area approximates optimum altitude.

Max Cruise EPR

压力高度(1000 FT)	37	38	39	40	41	42
LIMIT EPR	1.75	1.75	1.75	1.74	1.74	1.74
MAX TAT (℃)	−18	−18	−18	−18	−18	−18

Decrease limit EPR by 0.07 per 10℃ TAT better than table value.

With engine anti-ice on, decrease limit EPR by 0.02.

With engine and wing anti-ice on, decrease limit EPR by 0.05.

图 2.34　巡航数值表

1.74 .... | *EPR* 大小。即飞机在此条件下巡航时所需推力大小。

−18 .... | 最大总温。即飞机能够在此条件下飞行时，外界的最大允许总温。可由它算出与 ISA 的最大偏差。此项若是空白则说明此时允许的最大温度偏差在 30 度及以上。

230 .... | 表速大小。

0.797 .... | 马赫数大小。

1671 .... | 标准大气单发燃油流量。计算耗油时需乘以发动机台数。

457 .... | 标准大气真空速大小。

图 2.35　上图参数示例

图表中空白区域说明飞机不可能在此高度上以该重量进行 LRC 巡航。

对于非标准大气的情况，应先由马赫数和温度偏差计算出总温偏差，再对单发燃油流量和真空速、最大 EPR 按总温偏差进行修正；最后再对最大 EPR 进行防冰和空调引气修正。

5. 巡航高度层的选择

1）最佳高度

对于经济巡航方式，最佳高度对应于在一定成本指数下，总飞行成本最小的高度；对于等待飞行，则对应于燃油流量最小的高度；而对于其他巡航方式，则对应于燃油里程最大的高度。

最佳高度随飞机重量减小而增大，随飞行马赫数增大而增大。当飞机的实际飞行高度层偏离最佳高度时，会导致燃油消耗大大增加。

2）风的影响

在最佳高度飞行时，如遇到不利的逆风，而在某个非最佳高度上，逆风较小或是顺风时，应综合考虑是否需要改到非最佳高度上巡航。

非最佳高度上使飞机的航程与最佳高度上的航程相等的风速叫得失相当的风。只有在非最佳高度上的实际风大大有利于得失相当风，才可以考虑改变飞行高度，因为从一个高度改飞到另一个高度也会额外消耗一些燃油。

3）推力限制

在高温时，由于推力减小，从而限制飞机可能飞行的高度。

当给定机重时，温度增加，推力减小，使平飞 *Ma* 数减小；

当给定机重和 *Ma* 数时，温度增高，推力减小，而为了维持支承机重的升力，在其他条件不变时（如迎角），只有降低高度，增大空气密度，来增大升力，同时高度降低，推力也有一定增大。

4) 过载能力限制

飞机在平飞时升力等于机重,当保持高度作机动飞行时,由于飞机升力大于机重,也即要求增大升力系数,增大迎角,在低速飞行时,有可能引起飞机的抖动、失速。而在高速飞行时,压缩性效应在机翼的上表面会产生激波,当 Ma 数或迎角增大到一定程度,由于气流的分离,也会诱发类似于低速的抖振。通常要求飞机在巡航高度层上至少保持 $1.3g$ 的机动过载能力。

5) 航程限制

对于航程较短的巡航(如改航备降段),可能会受到爬升和下降所需距离的限制,通常规定至少要维持一定时间(空客规定 5 分钟,波音规定 1 分钟)的平飞巡航。此时会限制到飞机的巡航高度。

6) 空中交通管制的限制

为保证飞行安全,防止危险接近和相撞,飞机只能在规定的高度层飞行,但是从性能分析选定的飞行高度不一定正好在空管部门指定的飞行高度层上,所以要向空管部门尽量争取选择相近的飞行高度层巡航。

7) 阶梯巡航

最理想的巡航高度是随燃油消耗、机重减轻而改变巡航高度,但这是空中交通管制所不允许的。对于远程飞行,为改善巡航的经济性,可以采取阶梯爬升巡航的飞行方法。

巡航高度选择应尽可能地接近最佳高度,按飞机高度层间隔规定,所选巡航高度层在最佳高度 $\pm 2\,000\,\text{ft}$ 的范围内。

6. 下降性能

主要分析飞机从巡航终点到进近开始点($1\,500\,\text{ft}$)的下降过程中飞机的性能问题。在下降阶段发动机一般处于慢车推力状态,推力大小可以忽略。

1) 下降参数

下降率:飞机下降速度在垂直方向上的分量(即垂直速度大小)。主要与飞机阻力和速度成正比,与机重成反比。

2) 正常的下降方式

(1) 等马赫数/等表速下降。

在对流层以上是等马赫数(等真空速)下降;从对流层顶到转换高度按等 Ma 数下降,这一段是加速下降;转换高度以下是按等表速下降,这一段是减速下降。与爬升类似,通常空管部门会要求飞机在 $10\,000\,\text{ft}$ 以下飞行时,表速不能超过 $250\,\text{kn}$,除非该飞机在 $250\,\text{kn}$ 的表速下安全性无法得到保证。

(2) 最小梯度下降。

以最大升阻比速度下降,下降梯度最小,主要用于航路上一发停车时,可使下降改平高度高一些,在一定高度开始下降时,可以飞行更远的距离。

（3）经济下降速度。

速度较小时，下降耗油少，通常飞机使用手册给出一种低速下降性能，对应较小油耗的下降。

（4）最小成本下降速度。

按成本指数计算出的下降速度，其成本最低，通常可用机载性能计算机算出。

3）应急下降

在客舱增压出故障时，由于供氧限制，要尽快下降到不需供氧的安全高度以下（10 000 ft），为此要用最大下降率下降，其对应速度是最大使用速度（V_{MO}）和最大使用 Ma 数（Ma_{MO}）。

同时为增大下降率，还要打开减速板，有时也可放出起落架（起落架放出时，对最大速度有限制，为此要减小下降速度，可能导致下降率减小，应综合考虑）来增大飞机阻力。

4）穿越颠簸气流的速度

穿越颠簸气流时，速度过大会引起太大的过载，导致飞机结构受损，过小则可能造成失速，因此应合理地确定机型的穿越颠簸气流的速度。这个速度在飞机使用手册中给出。

5）客舱高度的下降与二次增压（见图 2.36）

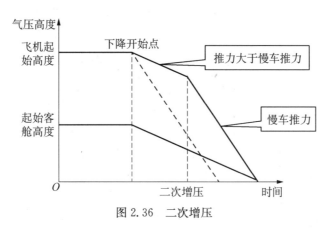

图 2.36　二次增压

下降过程中，客舱内压力（高度）也相应变化，必须在着陆时使舱内、外压力相同或相差不大（0.1 psi）。但要考虑到满足座舱结构的强度刚度对舱内、外压力差的要求，并使乘客能长时间所能承受的压力变化率，通常不应大于 350 ft/min 的客舱下降率。

一旦客舱下降时间比飞机下降时间长，就需要延长飞机下降时间（即二次增压），此时可以在高空增大发动机的推力以减小飞机的下降率。

2.2.5　飞机的飘降性能

我国西部地区多高原和山区,航路的最低安全高度较高。面对越来越多的西部高原航线,民航总局和航空公司的安全压力越来越大,而进行高原航线航路性能分析是确保飞行安全的一个重要方面。在飞行中一台发动机或多发飞机的两台发动机突然停车后,由于推力减小,飞机从原来的巡航高度降到较低的高度,为了保证安全,要检查降低高度过程中以及改平后的巡航高度能否越过航路上的障碍物(高山),即飘降性能计算。检查降低高度过程中以及改平后的巡航高度能否越过航路上的障碍物,确定出航路上的两个关键点"无返回点和继续点",判断是否需要减小起飞重量或建立新的转场程序。

1) 飘降过程

巡航中一台发动机停车后,飞机要下降到一个较低高度和较小速度的过程叫飞机的飘降(见图 2.37)。为了使飞机飘降的下降梯度最小,改平高度较高,规定以下操纵方法进行飘降。

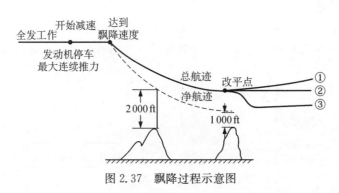

图 2.37　飘降过程示意图

当一台发动机停车后,将工作的发动机推力改为最大连续推力,保持高度减速到飘降速度,即最大升阻比速度(空客称作绿点速度),开始下降直到开始改平的点为止的过程叫飘降。飘降速度用最大升阻比速度可以得到最小的下滑角,同时需要的推力也最小。

改平点后的巡航可有两种选择:

保持接近改平点的高度层上的远程巡航速度巡航;

降低高度到最佳高度,以该高度的远程巡航速度巡航。

从改平点保持飘降速度飞行,随机重减轻飞行高度不断增高,显然这是不可取的。

2) 飘降航迹的越障要求

为了保证在飘降过程中能安全越过航路上的高山等地形障碍,FAR121 部 191及 FAR25.123 规定:

(1) 检查越障要用净航迹,且要考虑温度、风以及空调、防冰的影响。

(2) 净航迹与总航迹的梯度差规定如表 2.13 所示:

表 2.13 净航迹与总航迹梯度差

	四发飞机	三发飞机	二发飞机
一发停车时总、净航迹梯度差/%	1.6	1.4	1.2
二发停车/%	0.5	0.3	—

(3) 安全越障的要求。

a. 考虑航线左、右各 5 n mile 范围的地形和障碍物。

b. 在改平高度处要求净航迹至少高出障碍物 1000 ft。

c. 在飘降段要求净航迹至少高出障碍物 2000 ft。

d. 在打算着陆的机场上空，应能高于机场 1500 ft 具有正梯度。

e. 在改平高度后的飞行中，高出所有障碍物至少 1000 ft。

3) 确定出航路上的两个关键点

"无返回点"(A)：在该点的航迹能以不低于 2000 ft 的高度越过最高的障碍物，而在该点之后，再返回时就不能保证满足 2000 ft 的净航迹越障裕度。

"继续点"(B)：在该点的航迹能以不低于 2000 ft 的高度越过最高障碍物，而在该点后可以继续飞行，并满足 2000 ft 的净航迹越障裕度。

方法要点如下：

(1) 确定待分析航段及逃离航段所涉及的地形图。

(2) 地形图拼接。将相邻的地形图按照经纬度网格准确拼接在一起，形成一张能够覆盖待分析航段及逃离航段的地形图。

(3) 根据公布的航路数据中提供的航路点经纬度在地形图上标出航路点位置，并以航路点为圆心，25 km 为半径作圆。将相邻航路点连接绘制出航线，以 25 km 的垂直距离在航线两侧作平行线，平行线与航路点的圆相切，从而绘制出整个航线的障碍物保护区。

(4) 找到航路上的最高障碍物，在最高障碍物的左侧和右侧分别取离该障碍物最近的障碍物，从这两个最近的障碍物分别作航路中心线的垂线，读取两个垂足距最近导航台的距离，再将其修正到起飞机场的距离。在左右侧之间的区域视为一段，该段的高度认为是最高障碍物的高度。

(5) 依次选出其他关键障碍物。

(6) 根据历史气象数据计算飞机飞行轨迹，得出航线上任一点的飞机重量、高度、推力等数据。

(7) 计算飞机的飘降轨迹数据，在非标准大气时，计算出的飘降净航迹(气压高度)要换算成几何高度，为保守起见，高出标准大气时考虑该换算，低于标准大气时不必换算。

(8) 分析比较净航迹与障碍物：

情况 1：若"无返回点"A 在"继续点"B 之后(见图 2.38)，一发停车时，

在 B 点前,飞机只能返回;

在 A 点后,飞机只能继续;

在 A,B 之间,既可返回也可继续。

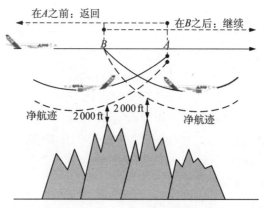

图 2.38　A 点在 B 点之后

情况 2:若"无返回点"A 在"继续点"B 之前(见图 2.39),一发停车时,

在 A 点前,飞机只能返回;

在 B 点后,飞机只能继续;

在 A,B 之间,如能有办法(如改航)以确保越障裕度,否则只有减小起飞重量或改变航路。

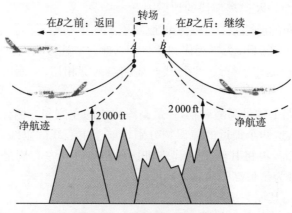

图 2.39　A 点在 B 点之前

(9) 给出飘降分析报告。

2.2.6　飞机的释压供氧

现代民航客机的飞行高度很高,高空空气稀薄,为保证人员的安全与舒适,驾驶舱和客舱都是增压舱。一旦座舱密封被破坏,舱内压力将迅速下降到与外界大气压力相同,此时必须为机上人员供氧并立刻紧急下降。需要检查飞机上所携带氧气量

是否满足需要或计算所需氧气量。

1. 规章要求

国际民航组织公约附件 6 第 Ⅱ 卷附篇 B、FAR121. 327～335、编号为 AR93001R2 的中国民航适航管理文件"民用飞机运行的仪表和设备要求"5.1～5.23条有关于民航客机供氧的规定,"民用飞机运行的仪表和设备要求"中 5.1～5.23条的规定和 FAR121.327～335 的规定是相同的。下面给出"民用飞机运行的仪表和设备要求"中以涡轮发动机为动力的飞机(含涡桨飞机)供氧有关的规定的摘要(和航线分析中供氧问题有关部分)。

5.19 补充供氧(生命保障用):以涡轮发动机为动力的飞机

(a) 总则。以涡轮发动机为动力的飞机应配备供生命保障用的氧气和氧气分配装置:

(1) 供氧量应至少满足本条(b)和(c)的要求;

(2) 某一特定运行所需的供生命保障和急救用的氧气量是根据飞行高度、续航时间和每一运行及航路的工作程序来确定的;

(3) 对具有增压座舱的飞机,供氧量是根据座舱气压高度和本款的假设来确定的。即假设座舱增压发生失效的高度或飞行位置对于需氧是最关键的,并且在此失效后,飞机将按照飞机飞行手册中规定的应急程序,在不超过其使用限制的情况下,下降到能够圆满结束此次飞行的那个飞行高度上;

(4) 当座舱增压发生失效后,座舱气压高度与飞行高度就是相同的,除非能证明,座舱或增压设备有可能发生的任何故障均不会使座舱气压高度等于飞行高度。在这种情况下,达到的最大座舱气压高度可以作为审定的依据,或确定供氧的依据,或这两者的共同依据。

(b) 机组成员。

(1) 当座舱气压高度高于 3000 m(10000 ft)但低于 3600 m(12000 ft(含))时,应对在驾驶舱内每一位工作的飞行机组成员供氧,而他们也必须用氧,并且对于在该高度范围内飞行超过 30 分钟的那一段,还应对机组其他成员供氧;

(2) 在座舱气压高度高于 3600 m(12000 ft)时,应对在驾驶舱内每一位工作的飞行机组成员供氧,他们也必须用氧,并且在此高度上整个飞行时间内,应对其他机组成员供氧;

(3) 当要求某一飞行机组成员用氧时,他必须连续用氧,除非为执行其正常勤务必需除去氧气面罩或其他氧气分配器时。对那些处于待命状态的或在完成此次飞行前肯定要在驾驶舱内执勤的后备机组成员供氧,该补氧量应与为在驾驶舱外工作的机组成员所提供的相同。如果某一后备机组成员不在待命状态,或在剩下的一段飞行中不在驾驶舱内工作,则就补充供氧气而言,可将其视为一名旅客;

(c) 旅客。每一运行人必须按照下列要求为旅客提供氧气:

(1) 对于座舱气压高度高于 $3000\,m(10\,000\,ft)$ 但低于或等于 $4\,200\,m(14\,000\,ft)$ 时,对超过 30 分钟的那段飞行时间,应足以为 10% 的旅客供氧;

(2) 对于座舱气压高度高于 $4200\,m(14\,000\,ft)$ 但低于或等于 $4\,500\,m(15\,000\,ft)$ 时的飞行,应足以为 30% 的旅客在这些高度的那部分飞行中提供氧气;

(3) 对于座舱气压高度高于 $4\,500\,m(15\,000\,ft)$ 时的飞行,应足以在此高度上整个飞行时间内为机上每一旅客供氧。

5.21 补充供氧(应急下降和急救用)——以涡轮发动机为动力的增压飞机

(a) 总则。以涡轮发动机为动力的增压飞机应设置供氧和分配装置,从而在座舱增压失效时符合本条(b)至(e)的要求;

(b) 机组成员。对于飞行高度高于 $3000\,m(10\,000\,ft)$ 的运行,飞机应向在驾驶舱内工作的飞行机组每一成员提供足以符合 5.19 条要求但供氧时间不少于 2 小时的氧气。所要求的 2 小时供氧量是飞机在 10 分钟内以恒定下降率从其最大审定运行高度下降至 $3000\,m(10\,000\,ft)$ 并在 $10\,000\,ft$ 高度上保持 110 分钟所必需的供氧量。在确定驾驶舱内工作的飞行机组成员所需要的供氧量时,可包括座舱增压失效时 5.23 条所要求的供氧量计算在内。(5.23 条是防烟雾的保护性吸氧,空客和波音的使用手册中机组氧气系统最小放行压力图表都是按 2 小时补氧量和保护性吸氧多的一个计算的)。

(c) 飞行机组人员使用的氧气面罩。

(1) 当飞机在 $7600\,m(25\,000\,ft)$ 以上的高度运行时,驾驶舱内工作的飞行机组每一成员应有一个氧气面罩,该面罩应设计成能迅速从待用位置上取下戴到脸上,正确地固定好,密封妥当并按需要供氧;同时,还应能在戴上后不会妨碍飞行机组成员与其他机组成员之间通过内话系统直接通话。如果飞行高度处在 $7600\,m(25\,000\,ft)$ 以上时尚未使用该面罩,则它应处在待用状态,且位于飞行机组人员在其工作位置上可立即取用的地方。

(2) 当飞机在 $7600\,m(25\,000\,ft)$ 以上的高度运行时,操纵飞机的一名飞行员应始终戴着并使用一个在脸上固定和密封好的正在供氧的氧气面罩,除非:

① 如果在驾驶舱执勤的每一个飞行机组成员均有一个速戴型氧气面罩,且已证明用一只手在 5 秒钟内即可把它从其备用位置上取下戴到脸上,正确固定好、密封妥当并按需供氧,则在等于或低于以下飞行高度层时,该驾驶员就不需要始终戴着和使用氧气面罩:

(i) 对于客座数大于 30 座或商载能力大于 $3400\,kg(7500\,lb)$ 的飞机,为等于或低于 $12500\,m(41\,000\,ft)$;(ii)对于客座数不大于 30 座或商载能力不大于 $3400\,kg$ ($7500\,lb$)的飞机,为等于或低于 $10500\,m(35\,000\,ft)$;

② 无论何时按本条的要求来使用该速戴型氧气面罩。运行人应证明,在戴该面罩时,不会碰到眼镜,也不会延误飞行机组成员执行其指定的紧急任务。并且在戴上该氧气面罩后,也不会妨碍该飞行机组成员与其他机组成员之间通过内话系统

直接通话。

(3) 尽管有本条(c)(2)的规定,当飞机在7600m(25000ft)以上的高度运行时,如果在任一时刻由于某种原因,操纵飞机的那名飞行员必须离开其工作位置,则此时操纵飞机的另一名飞行员就应戴上并使用氧气面罩,直至那名飞行员回到其工作位置。(驾驶舱内只有一人时,他必须戴面罩、用氧)。

(e) 客舱乘员。当飞机的运行高度高于3000m(10000ft)时,应提供下列补氧,以供客舱乘员使用(客舱乘员包括客舱乘务员和旅客):

(1) 对于经审定可在7600m(FL250)以下(含)运行的飞机,如果在所飞航路上的任何一点飞机均能在4分钟之内安全下降到等于或低于4200m(14000ft)(含)的飞行高度时,则应足以为10%的旅客供氧30分钟;(在从巡航高度下降到≤4200m的飞行高度的过程中也只为10%的旅客供氧)。

(2) 如果在7600m(FL250)以下(含)运行的飞机不能在4分钟之内安全下降到4200m(14000ft)的高度上,或当飞机在7600m(FL250)以上运行时,在座舱释压后座舱气压高度高于3000m(10000ft)但低于或等于4200m(14000ft)的整个飞行期间,应能为至少10%的客舱乘员供氧,并且在适用时,允许符合5.19条(c)(2)和(3)的要求,所不同的是对客舱乘员供氧时间不得少于10分钟。

(3) 对于那些因生理原因在从座舱气压高度高于7600m(25000ft)下降后可能需要纯氧的机上乘员,为了对这些乘员进行急救,应在座舱失密后座舱气压高度高于2400m(8000ft)的整个飞行时间内为2%的乘员(但不得少于1人)提供符合CCAR25.14443(d)所要求的供氧量。应有适当数量(但不得少于2个)的可接受的分氧装置,且该装置具有可供客舱乘务员使用的措施。

5.23 飞行机组的防护性呼吸设备

(a) 飞机应提供经批准的防护性呼吸设备(PBE),该设备应符合本条(b)对设备、呼吸供气和通信的要求。

(b) 增压和非增压舱飞机。除了本条(C)的规定外,飞机应按下列要求配备防护性呼吸设备;

(1) 总则。该装置必须使在驾驶舱值勤的飞行机组免受烟雾、二氧化碳,或其他有害气体,或由飞机释压以外的原因造成的缺氧环境的影响,并且当在飞机上灭火时也必须使机组成员免受上述影响。

(7) 防护性呼吸供气持续时间和供气系统设备的要求如下:

① 该PBE设备应在2400m(8000ft)的气压高度上向下述人员提供15分钟的呼吸用气体:

(i) 在驾驶舱工作的每一飞行机组成员;

(ii) 正在飞行中进行灭火的机组成员。

对规章进行分析,供氧量的计算总结如下:

1) 旅客氧气系统

座舱气压高度>4500 m(15000 ft)时要为机上全部旅客供氧;

座舱气压高度>4200 m(14000 ft)但≤4500 m(15000 ft)时要为机上30%旅客供氧;

座舱气压高度>3000 m(10000 ft)但≤4200 m(14000 ft)时对超过30分钟的那段飞行时间为10%的旅客供氧。对全部客舱乘员供氧时间不得少于10分钟。

对于巡航升限低于7600 m=25000 ft的支线客机:

如果在所飞航路上的任何一点飞机均能在4分钟之内安全下降到≤4200 m(14000 ft)的飞行高度时,则必须为10%的旅客供氧30分钟,否则按上述规定计算。

2) 机组氧气系统

(1) 维持性(生命保障用)吸氧(座舱释压后的补氧)。

a. 从最大审定运行高度紧急下降到受地形限制允许的高度(>10000 ft)巡航,最后下降到10000 ft高度巡航(可能要在10000 ft以上的几个中间高度巡航)所需氧气(B747-400的表格对这种情况也是按供氧时间不少于2小时计算所需氧气,这样它必大于下面b的氧气量);

b. 飞机在10分钟内以恒定下降率从其最大审定运行高度下降至3000 m(10000 ft)并在10000 ft高度上巡航110分钟所必需的供氧量(即供氧时间不少于2小时的氧气),维持性吸氧所需氧气是(1)和(2)两个中大的一个。

(2) 保护性吸氧(出现有毒、有害烟雾时的吸氧)。

按在2400 m(8000 ft)的气压高度上向在驾驶舱工作的飞行机组成员和在飞行中进行灭火的机组成员每人提供15分钟、每人每分钟20升纯氧计算。

机组氧气系统所需氧气是(1),(2)两者中大的一个,另外要考虑检查用氧和正常使用中的泄漏及氧气瓶中不可用氧(为确保氧气压力调节器能正常工作的最小压力的氧气),适当增加一部分氧气(例如增加10%)。如有下面(3)款的情况,应再增加(3)款的氧气。

(3) 特殊情况下的附加氧气。

当巡航高度高于7600 m(25000 ft)、驾驶舱中只有一个飞行员时,他必须戴面罩吸氧,或者驾驶舱中虽然有两个飞行员时,但巡航高度≥12500 m(41000 ft)(对于客座数>30或业载能力>3400 kg(7500 lb)的飞机)或巡航高度≥10500 m(35000 ft)(对于客座数≤30或业载能力≤3400 kg(7500 lb)的飞机)时操纵飞机的飞行员必须戴面罩吸氧。

2. 氧气系统

目前民航客机的氧气系统有两类:用化学氧气发生器供氧的化学氧系统和用氧气瓶供氧的气体氧系统。这两种系统供氧的时间都是有限的,向旅客供氧的持续时间因系统而异。现在正研制一种机载氧气发生系统(OBOGS),这个系统将连续提供氧气。

旅客氧气系统可能是化学氧系统,也可能是气体氧系统,机组氧气系统都是用氧气瓶供氧的系统。

1) 化学氧系统

对旅客提供由化学氧气发生器供氧的面罩(每个发生器为 3~4 个面罩供氧),当客舱释压、氧气面罩放出后旅客拉下面罩就启动了氧气发生器、开始发生化学反应、产生氧气。化学氧系统的特点是:

(1) 一旦开始反应,中间不能停止。

(2) 产生的氧气流量和供氧压力与客舱高度无关(但氧气流量随化学反应的进行而减小)。

(3) 根据氧气发生器的规格不同,化学氧气系统供氧的持续时间有两种:15(12)分钟或 22 分钟。

(4) 由于供氧时间是固定的,因此预先就确定了最大飞行剖面(氧气剖面)。

2) 气体氧系统

用氧气瓶供氧的气体氧系统的特点:

(1) 可以按客户需要选择氧气瓶的数量(例如 A340 最多可以装 14 个氧气瓶)。

(2) 氧气流量和供氧压力与高度有关,流量可由面罩上的流量调节器控制,这样可以优化旅客用氧:高度越低,氧气流量越小。

(3) 可供氧的持续时间取决于氧气瓶的数量和瓶内的压力,根据地形确定飞行剖面和需要供氧的时间,再根据旅客人数和(或)客座数、有关条例来确定所需的氧气量,最后由所需氧气量和已装的氧气瓶数量来确定氧气瓶应充到的压力,如压力超过允许值,应该考虑增加氧气瓶的数量。

(4) 当客舱高度低于 10 000 ft 时,没有氧气流量。

3. 化学氧系统

对于用氧气发生器供氧的化学氧系统,能供氧的时间是一定的,这时要根据地形确定释压后的巡航高度、时间——即确定飞行剖面,看能否为化学氧系统所允许,如不能允许,应该考虑改航路线;或者是按照给出的氧气剖面、选定的下降模式和巡航速度计算出性能剖面(高度-距离曲线),并与航线的地形剖面对比,看是否能满足航线最低安全高度的要求,如不能允许,应该考虑改航路线。当座舱增压失效后,座舱气压高度与飞行高度就是相同的,除非能证明,座舱或增压设备有可能发生的任何故障均不会使座舱气压高度等于飞行高度。

1) 化学氧系统座舱释压后的飞行剖面

化学氧系统座舱释压后的飞行剖面是固定剖面,空客飞机的这个剖面在 FCOM(机组使用手册)中公布。图 2.40 是 A319 的 22 分钟化学氧系统的下降剖面(氧气剖面)。

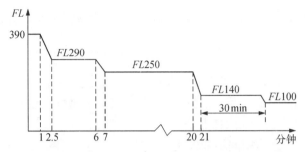

图 2.40　A319 的下降剖面(氧气剖面)——22 分钟化学氧系统

图 2.40 表示的是就 22 分钟的化学氧气系统的能力而言的可以飞的最大高度飞行剖面,注意:在 $FL140$ 高度上飞行时间不超过 30 分钟时不需要为旅客供氧。

这个剖面是由化学氧气系统产生的氧气流量随时间的变化和条例规定的补氧的流量与客舱高度的关系确定的,不允许以任何方式超过。这种氧气剖面取决于化学氧气发生器的工作时间,而与机型无关。

图 2.41 是氧气剖面—取决于化学氧气系统能力的飞行剖面,并不表示飞机的性能能力能(高度保持)遵守这个剖面,而必须建立性能剖面。

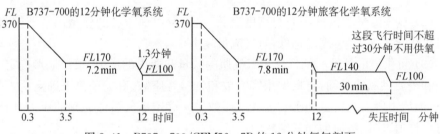

图 2.41　B737 - 700/CFM56 - 7B 的 12 分钟氧气剖面

2) 性能剖面(应急下降剖面)

就是对给定的重量和初始巡航高度画出的以距离为自变量的飞行剖面,性能剖面必须低于氧气剖面,如图 2.42 和图 2.43 所示。计算性能剖面时要给定下降速度和巡航速度,如果要画出最大剖面(飞的距离最远的剖面)选择以 Ma_{MO}/V_{MO} 进行紧急下降,减速板如需要的话也可以放出以增大下降率,巡航阶段采用最大速度(不超过 V_{MO})。这里假定飞机可以用 V_{MO}/Ma_{MO} 飞行,没有考虑由于结构破损、颠簸气流需要用较小的速度飞行的情况。为保守起见可以限制速度到 V_{MO} - 20 以下,波音通常是按以颠簸空速巡航计算。性能剖面与飞机性能有关,因此与机型有关。

3) 越障检查

将计算出性能剖面(高度-距离曲线),与航线的地形剖面对比,看是否能满足航线最低安全高度的要求,如不能允许,应该考虑改航路线。不需要考虑座舱释压和发动机故障同时发生,因此座舱释压时,全部发动机都在工作,只要飞行剖面的轨迹

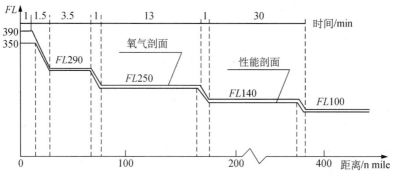

图 2.42 A319 的性能剖面——22 分钟的化学氧气系统

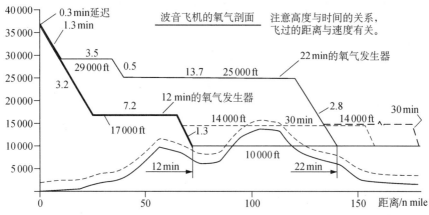

图 2.43 B737 - 700/CFM56 - 7B 的 12，22 min 化学氧气系统的氧气剖面和性能剖面

（总轨迹——真实的轨迹）高于下面的障碍物 2 000 ft 即可（飞行轨迹的气压高度要转化几何高度来比较）。对于巡航段，只要高于 MEA（航路最低安全高度）、MGA（最低网格安全高度）、MORA（最低偏航高度）、MOCA（最低越障高度）即可，下降段轨迹（不是净轨迹）要高于下面的障碍物 2 000 ft，如图 2.44 所示。

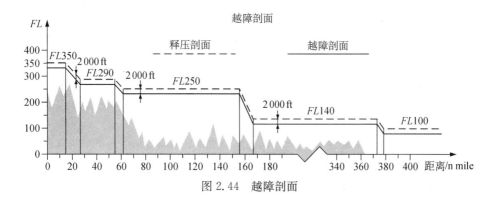

图 2.44 越障剖面

选择释压后的飞行高度应该考虑：

（1）MSA（最低安全高度）；

（2）颠簸（颠簸使旅客不舒服）；

（3）外部低温（当客舱仅由冲压空气通风时，进入客舱的空气温度太低使旅客不舒服）。

如果释压是由结构损伤造成的，则应该以较低的速度飞行，必要时可以放缝翼、襟翼。在颠簸气流中也应该减小速度，以避免造成大的过载（把阵风响应减到最小）。释压时起飞必须正常进行，爬升时爬升率要限制在大约 500 ft/min，下降率要限制在大约 1000 ft/min，最后进近要正常进行。图 2.44 是 A319 - 22 分钟化学氧气系统的越障剖面——全发工作、增压故障。

在分别考虑座舱释压和发动机故障的时候，确定的关键点和逃离路线可能是不同的，例如在考虑座舱释压情况时关键点可能是等时点（无风时则近似在巡航段中点），而研究发动机故障时关键点可能是航路上障碍物最高的那个点。确定不同的关键点和逃离路线，使结果复杂化，这会加重机组的负担并增加了出错的风险。最好确定相同的关键点和逃离路线以减少机组的反应时间和出错的风险。这样做，航路分析应该基于最保守（付出代价最大）的下降剖面，如图 2.45 所示。

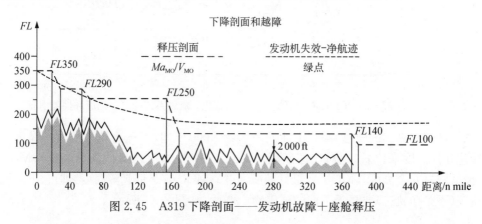

图 2.45　A319 下降剖面——发动机故障＋座舱释压

（首先要解决发动机故障后的飘降越障问题，确定返航点、继续点、逃离路线，然后再针对返航、继续或改航（逃离）路线研究氧气供应是否没问题，如图 2.46 和图 2.47所示。）

在 A 点之前一发故障返航，在 B 点之后一发故障继续飞往目的机场，在 A—B 之间一发故障既可以返航，也可以继续飞往目的机场，不需要改航（转场）到其他机场。

在 A 点之前一发故障返航，在 B 点之后一发故障继续飞往目的机场，在 A—B 之间一发故障既不能返航，也不能继续飞往目的机场，需要制订改航（转场）到其他机场的路线。

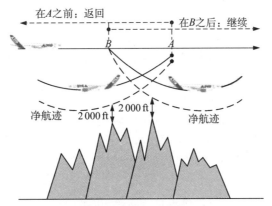

图 2.46　一发故障的飘降——不需要制订另外的改
航(转场)路线的情况

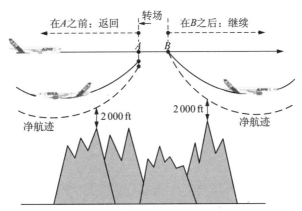

图 2.47　一发故障的飘降——需要制订改航(转场、逃离)路
线的情况

4. 气体氧系统

对用氧气瓶供氧的气体氧系统,是根据地形确定释压后的巡航高度、时间,计算所需氧气量,确定最小氧气瓶放行压力,如果超过允许的最大瓶压,应该加装氧气瓶。

1) 气体氧系统释压后的飞行剖面和供氧时间

座舱释压后需要紧急下降,当地形允许时,飞机下降到 14 000 ft 改平、平飞,然后再下降到 10 000 ft 平飞。虽然在 14 000 ft 平飞还要为 10％旅客供氧、10 000 ft 和以下不再为旅客供氧,但考虑到低高度飞行耗油多,所以不直接下降到 10 000 ft 改平,而是在 14 000 ft 改平。飞机从巡航高度紧急下降到 14 000 ft,这个过程只需几分钟,所用时间与巡航高度和机型有关。改平后的平飞时间与航程有关。

对于受地形限制不能下降到 14 000 ft 时,则由地形决定改平高度,按航路下的障碍物高度加 2 000 ft(600 m)选择改平高度,待平飞到地形允许时再下降到 14 000 ft

平飞,可按平飞到着陆机场的下降点来确定巡航时间,由释压到下降至 10 000 ft 高的时间就是确定所需氧气量用的释压后的总时间。

在计算巡航速度和时间时可按标准大气、无风计算,因为释压可能发生在航路中的任何一点,所以假定释压点在航路中点附近,释压后返航或继续飞向目的机场的时间相同。航路风对确定这个时间没有影响,顺风或顶风只改变等时点的位置而不改变这个时间。这样确定的释压后的总飞行时间以及由此确定的氧气量,无论释压发生在哪一点,都是够用的,因为在等时点之前释压可以返航,在等时点之后释压可以继续飞向目的机场。对选定的巡航速度(Ma/IAS),如果取的航路温度高,则真空速大,计算出的供氧时间短,一般可按比较保守的情况——ISA计算,如果航路冬季 85% 可靠性气温低于 ISA,也可以按航路冬季 85% 可靠性气温计算。

例:确定 B757 - 200(RB211 - 535E4 成都—拉萨航线的供氧时间(见图 2.48),按 ISA、无风计算。

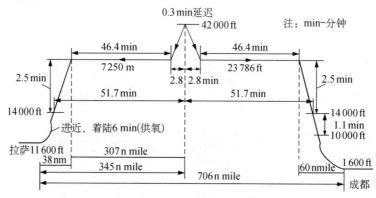

图 2.48 成都—拉萨航线供氧时间的确定

* 由巡航高度 42 000 ft 以 0.86Ma/350KCAS(即 Ma_{MO}/V_{MO})紧急下降;
* 280KCAS(~LRC)巡航并下降(考虑释压是结构损坏造成,所以限制了速度);
* 在下降段减速板放出。

设飞机原在 42 000 ft 高度巡航,紧急下降后的巡航高度为 7 250 m(由障碍物高度+600 m 决定)。由于整条航线下方几乎都是标高 6 000 m 以上的高山,所以一直在这个高度上巡航到两个机场的下降点。由这个高度下降到拉萨贡嘎机场的下降距离是 38 n mile,由 7 250 m = 23 786 ft 下降到成都双流机场的下降距离是 60 n mile(由使用手册查下降距离要做标高修正,贡嘎和双流机场的标高分别是 3 562 m = 11 686 ft 和 495 m = 1 600 ft),失密点取在巡航段中点,距拉萨:(706 - 60 - 38)/2 + 38 = 345 n mile。设释压后经 0.3 分钟延迟进入紧急下降,下降到 7 250 m 用的时间为 2.8 分,这个时间是按 0.86Ma/350KIAS(仪表空速,单位 kn)、放出减速板紧急下降规律算出的,不是由使用手册的下降(0.78Ma/290/250 kn)数值表查出的。在

7 250 m 高度巡航的速度取 280KCAS,考虑到可能是由于结构破损造成失密,所以不取更大的巡航速度,280KCAS(校准空速,单位 kn)对应的真空速为 396.97 kn,巡航段的时间=307/397=0.773 小时=46.4 分。由 7 250 m 下降到 14 000 ft 和 10 000 ft 的时间分别为 2.5 分、1.1 分,在 10 000 ft 以上的释压后的总时间=2.8+46.4+2.5+6+0.3=51.7+6+0.3=58 分。用这个时间就可以确定旅客氧气系统所需的氧气量,由于这个时间少于 2 小时,所以按 2 小时来确定机组氧气系统所需的氧气量,由这个氧气量就可以确定放行时的氧气瓶压力。

（计算结果表明 B757-200 旅客氧气系统原有氧气瓶不够,需加装氧气瓶）。

注:在紧急下降后的巡航段,波音建议使用颠簸空速飞行,对于 B757,颠簸空速是 290KIAS/0.78Ma,对于 B737-300,颠簸空速是 280KIAS/0.70Ma,对于 A340-300,颠簸空速是 270KIAS/0.78Ma。

计算失密点可以不计风速,计入风速只使失密点(等时点)移动而飞行时间一样(见图 2.49)。证明如下:

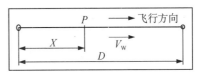

图 2.49 等时点的确定

设巡航距离为 D,风速为 V_w,真空速为 V,则等时点的位置可由下式决定:

$$X/(V-V_w) = (D-X)/(V+V_w)$$

解出 $X = (V-V_w) \times D/(2V)$

而向两个方向飞行的时间都是 $t = D/(2V)$

可见风只影响等时点位置,使其向顶风一侧移动,而向两个方向的飞行时间和按无风算的一样。例如,对本例 $V=397$ kn,风 95 kn,巡航距离=608 n mile,$X=231$ n mile,等时点距拉萨 231+38=269 n mile。

2）氧气瓶供氧系统的氧气需求量的确定

根据旅客氧气系统确定氧气需求量。

旅客氧气系统有两种:由旅客启动的氧气系统和自由流量氧气系统。

（1）由旅客启动的氧气系统。

释压时每个旅客头顶上的氧气面罩脱落下来,通过旅客拉动氧气面罩使氧气瓶开始供氧或使氧气发生器开始发生反应来供氧的系统。

（2）自由流量氧气系统。

释压时每个旅客头顶上的氧气面罩脱落下来,氧气从所有的氧气面罩中同时流出,不管是否有人在用。如果决定在 10 000~15 000 ft 之间的一个高度上巡航,当下降到该高度改平时,不必要的氧气出口被关闭,仅给部分旅客供氧。

这两种氧气系统在飞机上只能装其一。B777-200 安装的是由旅客启动的氧气系统,B747-400 可以选装其中之一,使用手册上给出有确定这两种氧气系统氧气需求量的表格。

表 2.14 给出了从释压直到紧急下降到 $FL \leqslant 14\,000$ ft 改平、平飞、再下降到

10 000 ft所需要的氧气量,在 $FL \leqslant 14\,000\,ft$ 气压高度平飞的时间就是释压后的总时间减去紧急下降时间后剩余的那部分,换言之,紧急下降时间加平飞时间就是"释压后的总时间",如图 2.50 所示。

表 2.14 由旅客启动的氧气系统由巡航高度释压下降、直到在小于或等于 14 000 ft 高度上改平所需的氧气量

客舱中的就座人数	释压后的总时间/h	释压时的气压高度/ft						
		20 000	27 000	31 000	35 000	39 000	43 000	45 000
		所需的立升数/L						
100	0.17**	830	990	1020	1160	1340	1525	1610
	1	960	1190	1265	1435	1560	1880	2000
	2	1410	1640	1715	1885	2100	2330	2450
	3	1860	2090	2165	2335	2550	2780	2900
	4	2310	2540	2615	2785	3000	3230	3350
	5	2760	2990	3065	3235	3450	3680	3800
200	0.17**	1660	1980	2040	2280	2620	2965	3120
	1	1920	2380	2530	2830	3240	3675	3900
	2	2820	3280	3430	3730	4140	4575	4800
	3	3720	4180	4330	4630	5040	5475	5700
	4	4620	5080	5230	5530	5940	6375	6600
	5	5520	5980	6130	6430	6840	7275	7500
300	0.17**	2490	2970	3060	3400	3900	4405	4360
	1	2880	3570	3795	4225	4830	5470	5800
	2	4230	4920	5145	5575	6180	6820	7150
	3	5580	6270	6495	6925	7530	8170	8500
	4	6930	7620	7845	8275	8880	9520	9850
	5	8280	8970	9195	9625	10230	10870	11200
400	0.17**	3320	3960	4080	4520	5180	5845	6140
	1	3840	4760	5060	5620	6420	7265	7700
	2	5640	6560	6860	7420	8220	9065	9500
	3	7440	8360	8660	9220	10020	10865	11300
	4	9240	10160	10460	11020	11820	12665	13100
	5	11040	11960	12260	12820	13620	14465	14900

（续表）

客舱中的就座人数	释压后的总时间/h	释压时的气压高度/ft						
		20 000	27 000	31 000	35 000	39 000	43 000	45 000
		所需的立升数/L						
500	0.17**	4 150	4 950	5 100	5 640	6 460	7 285	7 650
	1	4 800	5 950	6 325	7 015	8 010	9 065	9 600
	2	7 050	8 200	8 575	9 265	10 260	11 310	11 850
	3	9 300	10 450	10 825	11 515	12 510	13 560	14 100
	4	11 550	12 700	13 075	13 765	14 760	15 810	16 350
	5	13 800	14 950	15 325	16 015	17 010	18 060	18 600
600	0.17**	4 980	5 940	6 120	6 760	7 740	8 725	9 160
	1	5 760	7 140	7 590	8 410	9 600	10 855	11 500
	2	8 460	9 840	10 290	11 110	12 300	13 555	14 200
	3	11 160	12 540	12 990	13 810	15 000	16 255	16 900
	4	13 860	15 240	15 690	16 510	17 700	18 955	19 600
	5	16 560	17 940	18 390	19 210	20 400	21 655	22 800

根据客舱就坐人数（包括乘务员）、计划巡航高度（即释压时的高度）和从释压直到下降到 10 000 ft 高度飞行的总时间由表 2.14 查出的所需氧气量就是图 2.50 所示的情况需要的氧气量。

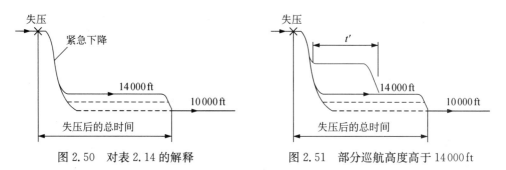

图 2.50 对表 2.14 的解释   图 2.51 部分巡航高度高于 14 000 ft

如果改平、巡航高度高于 14 000 ft，所需的氧气量要多一些，表 2.15 给出了释压后的改平、巡航高度高于 14 000 ft 时每巡航一分钟所需的额外氧气量，用在 14 000 ft 以上高度上巡航的时间（分），即图 2.51、图 2.52、图 2.53 中的 t'、t''，乘以这个量即得出总的所需的额外氧气量，把此量加到由表 2.14 查出的量上就是所需的总氧气量。注意：查表 2.14 时用的释压后的总时间要包括 t'、t'' 在内，因为表 2.9 给出的仅是额外氧气量。

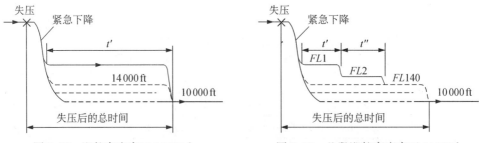

图 2.52　巡航高度高于 14 000 ft　　　　图 2.53　几段巡航高度高于 14 000 ft

表 2.15　对于在高于 14 000 ft 气压高度的中间高度上改平时的修正量

客舱中的就座人数	在高于 14 000 ft 气压高度上每分钟所需的额外氧气量/L			
	中间气压高度/ft			
	15 000*	17 000	21 000	25 000
100	18	123	198	288
200	36	245	395	540
300	54	368	593	793
400	72	490	790	1 045
500	90	613	988	1 298
600	108	735	1 185	1 550

* 30%人员吸氧

如果条令规定对在 10 000 ft 到小于、等于 14 000 ft 高度范围的巡航段只对超过 30 分钟之后的那部分时间供氧,则在上面的释压后总时间中扣除 30 分钟,如在 10 000 ft 到小于、等于 14 000 ft 高度范围的巡航段的时间不足 30 分钟,则不计算这段的氧气量。

B747 - 400、B777 - 200 这两个表(表 2.14、表 2.15)相同。

表 2.14 最小氧气量是为全部旅客供氧 10 分钟的氧气量,在 10 000~14 000 ft 之间的高度是按给 10%旅客供氧计算的氧气量,表 2.15 在 14 000~15 000 ft 之间的高度是按给 30%旅客供氧计算的,因此按这种表格计算的氧气量符合规定。

释压后的总时间包括下降、在中间高度上改平(如果可行的话)以及在最后改平高度上飞行的时间。

到在 14 000 ft 气压高度上关闭 90%氧气面罩的时间是 11 min。

释压后的最小时间 0.17 h(10 min)近似等于直接下降到 10 000 ft 气压高度的时间。

3) 自由流量氧气系统的氧气需求量的确定

表 2.16 给出了从释压、紧急下降到 10 000 ft 并在 10 000 ft 再巡航一段、直到从释压算起达到 10 分钟的这个期间内所需的氧气量。FAA 要求飞机能在 10 分钟内

从巡航高度下降到 10 000 ft, 所以这个氧气量是满足 FAA 要求的最小氧气量, 根据客舱中的氧气面罩数和计划巡航高度由表 2.16 查出。

表 2.16 确定自由流量氧气系统所需氧气量用表(a, b)

客舱中的氧气面罩数	a 在 10 分钟内下降到 10 000 ft 所需的氧气量 (FAA 最低要求)							b 保持在 15 000 ft 以上所需的氧气量		
	释压时的气压高度/ft							中间气压高度/ft		
	20 000	27 000	31 000	35 000	39 000	43 000	45 000	17 000	21 000	25 000
	所需的升数/L							L/min		
100	830	990	1 020	1 160	1 340	1 525	1 610	130	205	295
200	1 660	1 980	2 040	2 280	2 620	2 965	3 120	260	410	555
300	2 490	2 970	3 060	3 400	3 900	4 405	4 630	390	615	815
400	3 320	3 960	4 080	4 520	5 180	5 845	6 140	520	820	1 075
500	4 150	4 950	5 100	5 640	6 460	7 285	7 650	650	1 025	1 335
600	4 980	5 940	6 120	6 760	7 740	8 725	9 160	780	1 230	1 595
700	5 810	6 930	7 140	7 880	9 020	10 165	10 670	910	1 435	1 855
800	6 640	7 920	8 160	9 000	10 300	11 605	12 180	1 040	1 640	2 115

有可能受地形限制, 不允许直接下降到 10 000 ft, 而是要在 15 000 ft 以上的某个高度改平、巡航一段, 然后下降到 10 000~15 000 ft 之间的某个高度上再巡航一段, 之后再下降到 10 000 ft 巡航。对于高于 15 000 ft 的巡航段, 还应按客舱中的氧气面罩数和气压高度 H_p 由表 2.16 查出氧气流量, 再乘以在该高度上的飞行时间算出在 15 000 ft 以上巡航时所需的氧气量; 再由表 2.16 根据客舱中的就座人数、在 10 000~15 000 ft 之间巡航的高度和时间 t'' 来确定这段所需的氧气量, 自由流量氧气系统所需的总氧气量就是这三部分之和(当然, 也可能只有图中两个平飞段之一, 即 t' 段和 t'' 段之一)。

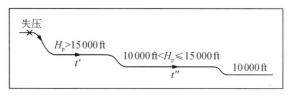

图 2.54 确定自由流量氧气系统的氧气需求量的飞行剖面

如果条令规定对在 10 000 ft 到小于、等于 14 000 ft 高度范围的巡航段只对超过 30 分钟之后的那部分时间供氧, 则把在这个巡航段的飞行时间中扣除 30 分钟, 如在 10 000 ft 到小于、等于 14 000 ft 高度范围的巡航段的时间不足 30 分钟, 则不计算这段的氧气量。如扣除 30 分钟后的剩余时间不足 1 小时, 查表 2.17 时可按线性插值计算这段所需的氧气量。

表 2.17　确定自由流量氧气系统所需氧气量用表

客舱中的氧气面罩数	a　在 10 分钟内下降到 10 000 ft 所需的氧气量（FAA 最低要求）							b　保持在 15 000 ft 以上所需的氧气量		
	释压时的气压高度/ft							中间气压高度/ft		
	20 000	27 000	31 000	35 000	39 000	43 000	45 000	17 000	21 000	25 000
	所需的升数/L							L/min		
100	830	990	1 020	1 160	1 340	1 525	1 610	130	205	295
200	1 660	1 980	2 040	2 280	2 620	2 965	3 120	260	410	555
300	2 490	2 970	3 060	3 400	3 900	4 405	4 630	390	615	815
400	3 320	3 960	4 080	4 520	5 180	5 845	6 140	520	820	1 075
500	4 150	4 950	5 100	5 640	6 460	7 285	7 650	650	1 025	1 335
600	4 980	5 940	6 120	6 760	7 740	8 725	9 160	780	1 230	1 595
700	5 810	6 930	7 140	7 880	9 020	10 165	10 670	910	1 435	1 855
800	6 640	7 920	8 160	9 000	10 300	11 605	12 180	1 040	1 640	2 115

注：＊　10％人员吸氧。

　　＊＊　30％人员吸氧。

　所需的总氧气量＝紧急下降过程中所用的氧气量＋

　　　　　　　　　在 15 000 ft 以上所用的氧气量＋

　　　　　　　　　在 10 000～15 000 ft 的气压高度上巡航所需氧气量。

3 飞行计划基础

飞行计划最基本的内容是针对每一航班算出允许的最大业载、轮挡油量、备份油量、起飞总油量、轮挡时间等各项数据，详细的飞行计划还应算出到达各航路点的时间，所消耗油量（或剩余油量），在各航路点的速度，航向等。为了安全有效地使用飞机并得到更高的经济效益，应该事先做出飞行计划，这样可以避免多加不必要的油量和因此造成的减载。额外多加的油本身要消耗燃油，例如：对于 1 500～2 000 km 航程的航线，每多加一吨油将多消耗其 7%～9%，即 70～90 kg。航程越长或顶风越大，多加的这部分油消耗得越多，这会造成资源的浪费，也降低了航空公司的经济效益。多加油还使起飞重量增加，虽然只要不超过最大允许的起飞重量，就可以保证起飞的安全，但重量增加将使安全余度减小。此外，还将使飞机的高度能力、机动能力降低，使飞机承受过载的能力、调速范围减小。因此，应避免多加不必要的油量。

在空中交通管制允许的情况下，做飞行计划时可以选择合适的巡航高度，对较长航线可以采用阶梯巡航来充分发挥飞机的性能，以减少燃油消耗，提高经济效益。由于各机场的油价可能不同，做飞行计划时可以考虑如何最好地利用这种差价来节省燃油费用。在知道成本指数的情况下可以做最小成本飞行计划，有效地减少航班成本。

现代飞机上有飞行管理系统，可以对飞行性能进行优化，以保证飞行安全、提高经济效益，但仍然有必要事先做飞行计划。因为起飞前飞行员要向飞行管理系统输入飞机重量（或无油重量）、总油量和备份油量（总油量可不输入，可以自动测出油箱中的油量，但必须知道应加多少油），飞行管理系统是根据这些输入的数据进行优化管理的，而这些数据是必须通过制作飞行计划才能得到的。反之，如果不事先做飞行计划，多加了油，再优化也是要多耗油，如因多加油而减少了业载，飞行中无论如何优化，被减下去的业载也无法再加上。

做飞行计划之前应先做机场分析，算出在起飞机场的最大允许起飞重量、目标机场和备降场的最大允许着陆重量。还要知道航线的情况（航程、各航路点的位置、各航段的距离、航向等）和航路的气象情况（航路上的风向、风速及气温）。飞行计划中计算油量的方法应该符合条例中的规定及公司的燃油政策。

3.1　飞行剖面

做飞行计划所使用的飞行剖面是为了计算方便所画出的说明计算步骤方法的简明示意图,如图3.1和图3.2所示。

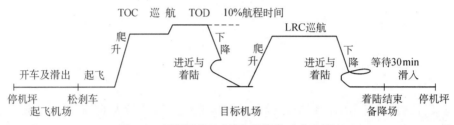

图 3.1　国际航线飞行剖面(涡轮动力飞机)

注:图中"10%航程时间"是指按 TOD 的燃油流量巡航 10%航程时间的油量,此油量归于备份油中。
TOC—Top of climb,爬升顶点;TOD—Top of descent,下降顶点

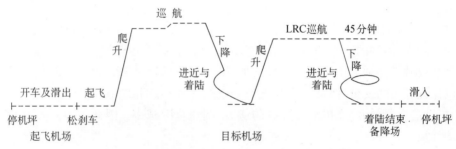

图 3.2　国内航线且在目标机场可以加油的飞行剖面

1)国际航线的飞行剖面(以涡轮动力飞机为例)

涡桨动力飞机和非涡轮动力飞机国际航线飞行剖面与上述基本相同,只是等待时间和航线应急油的规定有所不同,做飞行计划的方法也是类似的。

2)国内航线飞行剖面

(1)在目标机场可以加油的飞行剖面。

(2)在目标机场不能加油的飞行剖面。

假设从某机场(DEPART)起飞飞往不能加油的机场 DEST1,它的备降机场为 ALT1,由 DEST1 起飞执行飞往 DEST2 的航班,它的备降场为 ALT2,为计算从 DEPART 起飞的总油量等数据应取如图3.3所示的飞行剖面。

3.2　备降场和燃油量的相关规定

CCAR 第 121 部,即 1999 年 5 月 5 日公布,2010 年 1 月 4 日第四次修订的《大型飞机公共航空运输承运人运行合格审定规则》,在第 121.637,639,641,643,657,659,661 及 663 等款中讲述了有关备降场和加油量的规定。

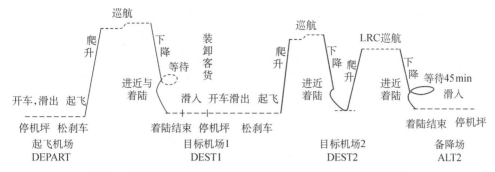

图 3.3　国内航线并且在目标机场 DEST1 不能加油的飞行剖面

注：* 如在目标机场 DEST1 上空不用等待,可以不考虑该等待油量。

** 国际航线且在目标机场 DEST1 不能加油的飞行剖面同图 3.3,如 DEST1→DEST2 是国际航线,应把在 ALT2 的等待改为 30 min,并加上由 DEST1 到 DEST2 的航程时间的 10% 的航线应急油量。如由 DEPART 到 DEST1 是国际航线,应加上由 DEPART 到 DEST1 的航程时间的 10% 的航线应急油量。如需要在 DEST1 等待,另外加上在 DEST1 的 30 min 等待油量。

3.2.1　CCAR‑121 关于备降场的规定

第 121.637 条　起飞备降机场

（a）如果起飞机场的气象条件低于合格证持有人运行规范中为该机场规定的着陆最低标准,在签派或者放行飞机前应当按照下述规定选择起飞备降机场：

（1）对于双发动机飞机,备降机场与起飞机场的距离不大于飞机使用一发失效的巡航速度在静风条件下飞行 1h 的距离。

（2）对于装有三台或者三台以上发动机的飞机,备降机场与起飞机场的距离不大于飞机使用一发失效时的巡航速度在静风条件下飞行 2h 的距离。

（b）对于本条（a）款,备降机场的天气条件应当满足本规则第 121.643 条的要求。

（c）在签派或者放行飞机前,签派或者飞行放行单中应当列出每个必需的起飞备降机场。

第 121.639 条　仪表飞行规则国内定期载客运行的目的地备降机场

（a）按照仪表飞行规则签派飞机飞行前,应当在签派单上至少为每个目的地机场列出一个备降机场。当目的地机场和第一备降机场的天气条件预报都处于边缘状态时,应当再指定至少一个备降机场。但是,如果天气实况报告、预报或者两者的组合表明,在飞机预计到达目的地机场时刻前后至少 1h 的时间段内,该机场云底高度和能见度符合下列规定并且在每架飞机与签派室之间建立了独立可靠的通信系统进行全程监控,则可以不选择目的地备降机场：

（1）机场云底高度至少在公布的最低的仪表进近最低标准中的最低下降高（或者决断高）之上 450m（1500ft）,或者在机场标高之上 600m（2000ft）,取其中较高值。

（2）机场能见度至少为 4800 m（3 mile）,或者高于目的地机场所用仪表进近程序最低的适用能见度最低标准 3200 m（2 mile）以上,取其中较大者。

（b）按照本条规定选择的目的地备降机场的天气条件应当满足本规则第121.643条的要求。

第121.641条　国际定期载客运行的目的地备降机场

（a）按照仪表飞行规则签派飞机飞行前,应当在签派单上为每个目的地机场至少列出一个备降机场。但在下列情形下,如果在每架飞机与签派室之间建立了独立可靠的通信系统进行全程监控,则可以不选择目的地备降机场:

（1）当预定的飞行不超过6h,且相应的天气实况报告、预报或者两者的组合表明,在预计到达目的地机场时刻前后至少1h的时间内,目的地机场的天气条件符合下列规定:

（Ⅰ）机场云底高度符合下列两者之一:

（A）如果该机场需要并准许盘旋进近,至少在最低的盘旋进近最低下降高度(MDA)之上450m(1500ft);

（B）至少在公布的最低的仪表进近最低标准中的最低下降高度(MDA)或者决断高度(DA)之上450m(1500ft),或者机场标高之上600m(2000ft),取其中较高者。

（Ⅱ）机场能见度至少为4800m(3mile),或者高于目的地机场所用仪表进近程序最低的适用能见度最低标准3200m(2mile)以上,取其中较大者。

（2）该次飞行是在前往无可用备降机场的特定目的地机场的航路上进行的,而且飞机有足够的燃油来满足本规则第121.659条(b)款或者第121.661条(b)款的要求。

（b）按照本条规定选择的目的地备降机场的天气条件应当满足本规则第121.643条的要求。

第121.643条　备降机场最低天气标准

（a）对于签派或者飞行放行单上所列的备降机场,应当有相应的天气实况报告、预报或者两者的组合表明,当飞机到达该机场时,该机场的天气条件等于或者高于合格证持有人运行规范规定的备降机场最低天气标准。

（b）在合格证持有人运行规范中,签派或者放行的标准应当在经批准的该机场的最低运行标准上至少增加下列数值,作为该机场用作备降机场时的最低天气标准:

（1）对于只有一套进近设施与程序的机场,最低下降高(MDH)或者决断高(DH)增加120m(400ft),能见度增加1600m(1mile);

（2）对于具有两套(含)以上非精密进近设施与程序并且能提供不同跑道进近的机场,最低下降高(MDH)增加60m(200ft),能见度增加$800\,\mathrm{m}\left(\frac{1}{2}\mathrm{mile}\right)$,在两条较低标准的跑道中取较高值;

（3）对于具有两套(含)以上精密进近设施与程序并且能提供不同跑道进近的机场,决断高(DH)增加60m(200ft),能见度增加$800\,\mathrm{m}\left(\frac{1}{2}\mathrm{mile}\right)$,在两条较低标准的跑道中取较高值。

3.2.2　CCAR－121 关于燃油量的规定

第 121.657 条　国内定期载客运行的燃油量要求

（a）除本条（b）款规定外，签派飞机或者使飞机起飞时，该飞机应当装有能够完成下列飞行的足够燃油：

（1）飞往被签派的目的地机场；

（2）此后，按照规定需要备降机场的，飞往目的地机场的最远的备降机场并着陆；

（3）完成上述飞行后，还能以正常巡航消耗率飞行 45 min。

（b）经局方批准，合格证持有人可以采用由预定点飞至备降机场的方法确定燃油：签派飞机起飞前，该飞机应当装有足够的油量，经预定点飞至备降机场，此后以正常巡航消耗率飞行 45 min，但所载油量不得少于飞至所签派的目的地机场，此后以正常巡航消耗率飞行 2h 所需要的油量。

第 121.659 条　非涡轮发动机飞机和涡轮螺旋桨发动机飞机国际定期载客运行的燃油量要求

（a）在实施国际运行的情况下，签派非涡轮发动机或者涡轮螺旋桨发动机为动力的飞机，或者使该飞机起飞时，应当在考虑到预计的风和其他天气条件后，使飞机有足够的燃油完成下列飞行：

（1）飞往被签派的目的地机场并在该机场着陆；

（2）此后，按照规定需要备降机场的，由被签派的目的地机场飞往签派单上规定的最远的备降机场并着陆；

（3）完成上述飞行后，该飞机还能够以正常巡航消耗率飞行 30 min，加上以正常巡航消耗率飞往本款（1）、（2）项规定的机场所需总时间的 15%，或者以正常巡航消耗率飞行 90 min，取其中较短的飞行时间。

（b）签派非涡轮发动机或者涡轮螺旋桨发动机为动力的飞机飞往按照本规则第 121.641 条（a）款第（2）项未规定备降机场的机场时，应当在考虑到预报的风和其他天气条件后，仍有足够的油量飞往该机场，并能够以正常巡航燃油消耗率飞行 3h。

第 121.661 条　除涡轮螺旋桨发动机飞机之外的涡轮发动机飞机国际定期载客运行、补充运行的燃油量要求

（a）在实施国际定期载客运行和补充运行的情况下，除了经局方在其运行规范中批准外，签派或者放行涡轮发动机飞机（涡轮螺旋桨发动机飞机除外）飞行，或者使其起飞时，应当在考虑到预计的风和其他天气条件后，飞机有足够的燃油完成下列飞行：

（1）飞往目的地机场并在该机场着陆；

（2）从起飞机场到目的地机场并着陆所需总飞行时间的 10% 的一段时间的

飞行；

(3) 此后,按照规定需要备降机场的,由目的地机场飞至签派或者放行单中指定的最远备降机场并着陆；

(4) 完成上述飞行后,还能以等待速度在备降机场,或者当不需要备降机场时在目的地机场上空 450 m(1500 ft)高度上在标准温度条件下飞行 30 min。

(b) 签派或者放行涡轮发动机飞机(涡轮螺旋桨发动机飞机除外)飞往按照本规则第 121.641 条(a)款第(2)项或者第 121.642 条(b)款未规定备降机场的目的地机场时,应当在考虑到预计的风和其他天气条件后,有足够的油量飞到该机场,然后以正常巡航消耗率至少飞行 2 h。

(c) 如果局方认为,为了安全,某一特定航路有必要增加油量,局方可以修改实施国际运行的合格证持有人的运行规范,要求其携带的油量多于本条(a)款或者(b)款中规定的最低限度。

(d) 对于在国内实施的补充运行,按照本规则第 121.660 条的规定计算燃油装载量。

第 121.663 条　计算所需燃油应当考虑的因素

(a) 除满足本规则第 121.657 条至第 121.661 条的要求外,计算所需燃油还应当考虑到以下因素：

(1) 风和其他天气条件预报；

(2) 预期的空中交通延误；

(3) 在目的地机场进行一次仪表进近和可能的复飞；

(4) 空中释压和航路上一台发动机失效的情况；

(5) 可能延误飞机着陆的任何其他条件。

(b) 本条中的所需燃油是指不可用燃油之外的燃油。

3.2.3　CCAR-135 关于目视/仪表飞行规则的运行限制和天气要求

第 135.213 条　目视飞行规则飞行的最低高度要求

除航空器起飞和着陆外,按照目视飞行规则(VFR)运行的航空器应当满足下列最低高度要求：

(a) 飞机：

(1) 昼间飞行时,离地面、水面的高度不得低于 150 m(500 ft),并且离障碍物的水平距离不得小于 150 m(500 ft)。

(2) 夜间飞行时,飞行高度应当高于离预定飞行航路水平距离 8 km(5 mile)范围内的最高障碍物至少 300 m(1000 ft)。在山区,飞行高度应当高于离预定飞行航路水平距离 8 km(5 mile)范围内的最高障碍物至少 600 m(2000 ft)。

(b) 旋翼机在飞越人口稠密区上空时,离地高度不得低于 90 m(300 ft)。

第 135.215 条　目视飞行规则飞行的能见度要求

(a) 在运输机场空域以外的空域按照目视飞行规则运行飞机时,如果云底高小于 300 m(1000 ft)，则飞行能见度不得小于 3 200 m(2 mile)。

（b）在修正海平面气压高度 900 m(3000 ft) 以下或者离地高度 300 m(1000 mile) 以下（以高者为准）按照目视飞行规则运行旋翼机时，飞行能见度在昼间不得小于 $800\,\mathrm{m}\left(\dfrac{1}{2}\,\mathrm{mile}\right)$，在夜间不得小于 1 600 m(1 mile)。

第 135.217 条　旋翼机目视飞行规则飞行中的目视参考要求

按照目视飞行规则运行旋翼机时，驾驶员应当建立足够的目视地面参考，或者在夜间飞行时建立足够的目视地面灯光参考，能够保证其安全操作旋翼机。

第 135.219 条　目视飞行规则飞行的燃油供应要求

（a）按照目视飞行规则运行飞机时，应当在考虑风和预报的天气条件后，有足够的燃油飞至第一个预计着陆点，并且以正常巡航燃油消耗率完成下列飞行：

（1）在昼间，至少再飞行 30 min；

（2）在夜间，至少再飞行 45 min。

（b）按照目视飞行规则运行旋翼机时，应当在考虑风和预报的天气条件后，有足够的燃油飞至第一个预计着陆点，并且以正常巡航燃油消耗率再飞行 20 min。

第 135.227 条　仪表飞行规则起飞限制

当天气条件不低于起飞最低标准，但低于经批准的仪表飞行规则着陆最低标准时，任何人不得按照仪表飞行规则起飞航空器，除非在距起飞机场 1 h 飞行时间（在静止空气中以正常巡航速度飞行）的距离内有一备降机场。

第 135.229 条　仪表飞行规则目的地机场最低天气标准

任何人不得按照仪表飞行规则起飞航空器或者进入仪表飞行规则飞行或者云上运行，除非最新的天气报告、预报或者两者的组合表明，在航空器到达预定着陆机场的预计时刻，天气条件达到或者高于经批准的仪表飞行规则着陆最低标准。

第 135.231 条　仪表飞行规则备降机场最低天气标准

（a）对于仪表飞行规则飞行中所用的备降机场，应当有相应的天气实况报告、预报或者两者的组合表明，当航空器到达该机场时，该机场的天气条件等于或者高于备降机场最低天气标准。

（b）对于按本规则运行的飞机，合格证持有人应当在经批准的机场最低运行标准上增加至少下列数值，作为该机场用作备降机场时的最低天气标准：

（1）对于只有一套进近设施与程序的机场，最低下降高度或者决断高度增加 120 m(400 ft)，能见度增加 1 600 m(1 mile)；

（2）对于具有两套（含）以上非精密进近设施与程序并且能提供不同跑道进近的机场，最低下降高度增加 60 m(200 ft)，能见度增加 $800\,\mathrm{m}\left(\dfrac{1}{2}\,\mathrm{mile}\right)$，在两条较低标准的跑道中取较高值；

（3）对于具有两套（含）以上精密进近设施与程序并且能提供不同跑道进近的

机场,决断高度增加 $60\,\mathrm{m}(200\,\mathrm{ft})$,能见度增加 $800\,\mathrm{m}\left(\dfrac{1}{2}\,\mathrm{mile}\right)$,在两条较低标准的跑道中取较高值。

第135.233条　仪表飞行规则燃油及备降机场要求

(a) 除本条(b)款规定的情况外,任何人不得在仪表飞行规则条件下运行航空器,除非在考虑到天气报告、预报或者两者的组合后,航空器上携带了能完成下列飞行的燃油:

(1) 完成到达第一个预定着陆机场的飞行;

(2) 从该机场飞至备降机场;

(3) 此后以正常巡航速度飞行 $45\,\mathrm{min}$。对于旋翼机,以正常巡航速度飞行 $30\,\mathrm{min}$。

(b) 如果第一个预定着陆机场具有经批准的标准仪表进近程序,并且相应的天气报告、预报或者两者的组合表明,在预计到达时刻前后至少 $1\,\mathrm{h}$ 的时间段内达到下列天气条件,则可以不选择备降机场,本条(a)款第(2)项不适用:

(1) 云高在盘旋进近的最低下降高度(MDA)之上至少增加 $450\,\mathrm{m}(1500\,\mathrm{ft})$;或者,如果该机场没有经批准的仪表盘旋进近程序,云高为公布的最低标准之上至少 $450\,\mathrm{m}(1500\mathrm{ft})$ 或者机场标高之上至少 $600\,\mathrm{m}(2000\,\mathrm{ft})$(取两者中较高者);

(2) 在目的地机场实施仪表进近程序时,该机场预报的能见度至少为 $4.8\,\mathrm{km}$ $(3\,\mathrm{mile})$,或者至少比最低的适用能见度最低标准大 $3.2\,\mathrm{km}(2\,\mathrm{mile})$(取两者中较大者);

(3) 对于旋翼机,云高高于机场标高 $300\,\mathrm{m}$ 或高于适用的进近最低标准之上 $120\,\mathrm{m}$(以高者为准),能见度 $3000\,\mathrm{m}$。

第135.235条　仪表飞行规则起飞、进近和着陆最低标准

(a) 航空器在某一机场实施仪表进近程序前,应当满足下列条件:

(1) 该机场具有经局方批准的气象报告机构;

(2) 该气象报告机构发布的最新气象报告表明,天气条件达到或者高于该机场经批准的仪表飞行规则(IFR)着陆最低标准。

(b) 当本条(a)款第(1)项所述的机构发布的最新天气报告表明天气条件达到或者高于经批准的仪表着陆最低标准时,航空器驾驶员方可以进入仪表进近程序中的最后进近阶段继续实施进近。

(c) 当驾驶员已经按照本条(b)款规定开始了仪表进近程序中的最后进近阶段,并在此后收到后续的气象报告表明天气条件低于着陆最低标准,驾驶员仍可以操作航空器继续进近。当航空器进近至经批准的决断高度或者最低下降高度时,如果驾驶员断定实际的天气条件不低于该机场的最低着陆天气标准,则可以继续进近并完成着陆。本款所述的最后进近阶段是指下列情况之一:

(1) 航空器实施仪表着陆系统(ILS)进近时,已经通过最后进近定位点;

（2）航空器实施机场监视雷达（ASR）或者精密进近雷达（PAR）进近时，已经移交至最后进近管制员；

（3）航空器使用甚高频全向信标台（VOR）、无方向性导航台（NDB）实施进近或者实施其他类似方法的进近时，该航空器已经通过相应的设施或者最后进近定位点，或者在没有规定最后进近定位点时，已经完成了程序转弯并且位于程序规定的距离内，按照最后进近航道向机场归航。

（d）对于在该型别飞机上担任机长时间未达到 100 h 涡轮发动机飞机机长，应当在局方公布的机场运行最低标准或者运营人的运行规范中规定的决断高度或者最低下降高度之上增加 30 m（100 ft），能见度在着陆最低标准上增加 800 m $\left(\frac{1}{2}\text{mile}\right)$，但不超过合格证持有人将该机场作为备降机场时使用的着陆最低标准。

（e）驾驶员在军方或者国外机场实施仪表飞行规则起飞、进近和着陆时，应当遵守该机场规定的仪表进近程序和适用的最低天气标准。如果该机场没有规定最低天气标准，应当遵守下列标准：

（1）按照仪表飞行规则起飞时，能见度不得低于 1600 m（1 mile）；

（2）进行仪表进近时，能见度不得低于 800 m $\left(\frac{1}{2}\text{mile}\right)$。

（f）当本条（a）款（1）项规定的气象报告机构所报告的天气条件低于局方公布的机场运行最低标准或者合格证持有人运行规范中规定的起飞最低标准时，航空器驾驶员不得按照仪表飞行规则起飞航空器。

（g）除本条（h）款规定的情况外，当局方没有为该起飞机场规定起飞最低标准，本条（a）款第（1）项规定的气象报告机构所报告的天气条件低于 CCAR-91 部或者合格证持有人运行规范中规定的起飞最低标准时，航空器驾驶员不得按照仪表飞行规则起飞航空器。

（h）除另有限制的机场外，在具有经批准的直接仪表进近程序的机场，当本条（a）款第（1）项规定的气象报告机构所报告的天气条件不低于直接进近着陆最低标准时，如果满足下列条件，航空器驾驶员可以按照仪表飞行规则起飞航空器：

（1）起飞时刻所用跑道的风向和风速可以允许在该跑道上实施直接仪表进近；

（2）有关的地面设施和机载设备工作正常；

（3）合格证持有人已经被批准实施此种运行。

3.3 飞行计划中使用的术语及参数

3.3.1 术语

（1）使用空机重（OEW）或称营运空重（基本重量）＝飞机结构重量＋机组、乘务组及其行李＋随机工具、资料＋救生、应急设备＋配餐等处于可使用状态的重量，同一机型各飞机使用空重可能不同。同一飞机的使用空重也可能改变。

（2）停机坪重量（ramp weight）或滑行重量（taxi weight）＝装完业载和所需油量可以开始滑行的重量＝使用空机重＋业载＋全部油量（起飞总油量）。

（3）起飞重量（TOW）或松刹车重量（BRW）＝滑出重量－开车及滑出油量。

（4）无油重量（ZFW）＝使用空机重＋业载，应小于或等于 MZFW（最大无油重量）。

（5）航程油量（trip fuel）和航程时间（trip time）＝从松刹车加速起飞、爬升、巡航、下降、进近直到在目标机场上着陆所用的油量及时间。

（6）轮挡油量（block fuel）和轮挡时间（block time）＝航程油量（时间）＋开车滑出油量（时间）＋滑入油量（时间）

（7）改航油量（diversion fuel）和改航时间（diversion time）即从目标机场复飞、爬升、巡航、下降、进近直到备降场着陆（不含等待）所用的油量及时间。

注：这里的改航油量（diversion fuel）和改航时间（diversion time）的含义与延程飞行（ETOPS）中的 diversion fuel 和 diversion time 的含义不同。

（8）航线应急油——10％航程时间的巡航油量。

（9）公司备份油——除条令规定的必须加的备份油量之外，由各航空公司自行规定的额外加的油量。例如，可以规定为完成上述飞行剖面后在备降场停机坪还剩的保底油量（按照条例规定加油，在备降场停机坪剩余油量为零，公司可以根据机型大小规定额外剩余几百公斤或几吨油量），或规定为按航程油量的某一百分比增加的油量，或规定为按主航段下降顶点（巡航末端）的燃油流量计算的飞行某某分钟所需的油量。这种规定可以写在公司的燃油政策中。

（10）备份油量＝改航油量＋等待油量＋公司备份油（对国际航线还应加上航线应急油）。

（11）起飞总油量（即停机坪油量 ramp fuel）＝轮挡油量＋备份油量。

在备降场滑入停机坪后的飞机重量＝使用空重＋业载＋公司备份油。

进近时间（油量）和离场时间（油量）即入航时间（油量）都算在航程时间（油量）中。

一架飞机可以使用 15～20 年，当使用时间长了之后，飞机、发动机老化性能衰退使耗油量增加，使用手册上的数据没有计及这种衰退影响。对老龄飞机可把算出的航程油量多加 2％～3％左右。多加多少，这取决于飞机的老化程度。为此对飞机应进行性能监控，利用 QAR 数据和 APM 软件计算出各架飞机的阻力因子（阻力增长系数）和燃油流量因子（燃油流量增长系数），判断各飞机老化程度，针对每架飞机确定应多加的油量，在做计算机飞行计划时输入各架飞机的燃油流量因子，对每架飞机做飞行计划，此即所谓的"尾号飞行计划"。此外，还应该修改飞机上 FMC 中的阻力因子和燃油流量因子，否则 FMC 预测的耗油量和剩余燃油就不准确了。在 MCDU 的 IDENT 页面可以修改 FMC 由公司政策文件读出的阻力因子和燃油流量因子（见图 3.4）。

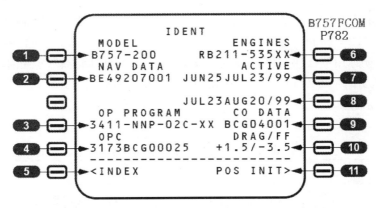

图 3.4   MCDU 上修改阻力因子和燃油流量因子的界面

注："键 10"——DRAG/Fuel Flow (FF) Factors

3.3.2 做飞行计划前应知道的数据

（1）起飞机场的最大允许起飞重量、目标机场及备降场的最大允许着陆重量；这里所讲的最大允许起降重量是机场分析得出的结果，是考虑了机场、气象条件、飞机性能、结构限制、道面强度限制后得出的最小值。道面强度限制的起降重量用 ACN‐PCN 方法得出。

（2）最大无油重量 $MZFW$。

（3）使用空机重 OEW（如果需额外配氧气瓶，则氧气瓶重量应计入 OEW 内）。

（4）油箱最大容积与燃油比重 γ，油箱最大油量＝γ×油箱最大容积。

燃油比重 γ 与燃油的牌号和温度有关，例如：15.6℃时 JP4 牌号的燃油比重为 0.775 kg/L，JP5 牌号的燃油比重为 0.828 kg/L。

（5）最大结构业载 $MPLS = MZFW - OEW$。

（6）地面滑行每分钟耗油量。

（7）APU 地面（空中）每小时耗油量。

有些机场无电源车、气源车，为了进行地面勤务或空调，需要 APU 运转供气供电。大部分飞机的 APU 在空中一般不使用。

B757‐200（RB211‐535E4）的 APU 耗油：地面 235 lb/h，空中 200 lb/h。

（8）进近（放下 FLAP 的机动飞行）每分钟耗油：如 B757‐200 是 155 lb/min。

（9）FAR 第 91 部 70 款规定：未经批准任何飞机在 10 000 ft 以下不得以大于 250 kn 的表速飞行，如飞机最小安全飞行速度大于 250 kn，则允许以最小安全速度飞行。飞机使用手册中的爬升数据表，有的没有考虑 10 000ft 以下 250 kn 表速限制，如 B757‐200 爬升数值表上注明爬升规律是 290/0.78Ma，即从 1500 ft 开始就以表速 290 kn 爬升，没有考虑这个限制。如 ATC 要求 10 000ft 以下表速不大于 250 kn，爬升用油将稍多些，多耗的油与机型有关，可由使用手册查出。一般在 50～600lb 之间，个别机型大一些，如 B737‐800 多耗 50 lb，B737‐300 多耗 100 lb，B757‐200

多耗 100 lb，B767 - 200 和 B767 - 300 多耗 200 lb，B777 - 200 多耗 600 lb，B747 - 200 多耗 590 lb，B747 - 400 多耗 1800 lb。

（10）防冰用油：巡航中使用发动机或发动机和机翼防冰将额外多耗油，如 B757 - 200 发动机防冰耗油 200 lb/h，同时用发动机和机翼防冰耗油 300 lb/h。

（11）航路上的风及温度（或实际温度与标准大气温度的偏差）。

（12）允许飞的高度层，如表 3.1、表 3.2 所示。

表 3.1　中国民航飞行高度层对照表

180°～359°T　向西飞行		000°～179°T　向东飞行	
←		→	
管制员 发布的米制高度	机组 设定的英制高度	管制员 发布的米制高度	机组 设定的英制高度
ETC ↑	ETC ↑	ETC ↑	ETC ↑
15 500	50 900	14 900	48 900
14 300	46 900	13 700	44 900
13 100	43 000		
		12 500	41 100
12 200	40 100	11 900	39 100
11 600	38 100	11 300	37 100
11 000	36 100	10 700	35 100
10 400	34 100	10 100	33 100
9 800	32 100	9 500	31 100
9 200	30 100	8 900	29 100
8 400	27 600	8 100	26 600
7 800	25 600	7 500	24 600
7 200	23 600	6 900	22 600
6 600	21 700	6 300	20 700
6 000	19 700	5 700	18 700
5 400	17 700	5 100	16 700
4 800	15 700	4 500	14 800
4 200	13 800	3 900	12 800
3 600	11 800	3 300	10 800
3 000	9 800	2 700	8 900
2 400	7 900	2 100	6 900
1 800	5 900	1 500	4 900
1 200	3 900	900	3 000
600	2 000	—	—
m	ft	m	ft
←		→	

注：记忆规则：东单西双（按米制高度），实际飞的是英尺高度。

表 3.2　国际高度层规定（ft）		国际通用的缩小垂直间隔（ft）	
磁航迹角 180°～359°	磁航迹角 0°～179°	磁航迹角 180°～359°	磁航迹角 0°～179°
43 000	45 000	40 000	41 000
39 000	41 000	38 000	39 000
35 000	37 000	36 000	37 000
31 000	33 000	34 000	35 000
28 000	29 000	32 000	33 000
26 000	27 000	30 000	31 000
24 000	25 000		29 000
22 000	23 000		
20 000	21 000		
18 000	19 000		
16 000	17 000		
14 000	15 000		
12 000	13 000		
10 000	11 000		
8 000	9 000		
6 000	7 000		
4 000	5 000		
2 000	3 000		

不同国家高度层规定可能不同

（13）燃油的低热值 LHV(lower heating value)。

热值或称燃烧值是指单位重量的燃料燃烧时放出的热量。航空燃油的燃烧产物中含有水，如其中的水是气态的，则燃烧时放出的热量比水是液态时放出的热量少，即热值较低。发动机中的燃烧产物是高温燃气，水是气态的，应当用低热值。波音公司的手册上给出的燃油流量等都是按 $LHV = 18580\,\mathrm{Btu/lb}$ 算出的，Btu 是英国热量单位，$1\mathrm{Btu} = 252.435\,\mathrm{cal} = 1.055\,06 \times 10^3\,\mathrm{J}$。如所使用的燃油的 $LHV \neq 18580\,\mathrm{Btu/lb}$，为准确起见，应把按手册算出的油量乘以修正值（18580/LHV）。

3.4　航路数据计算

3.4.1　由经纬度计算航段距离和航向

航段距离是指过其两端点的大圆距离，航段的真航向指这种大圆航线与真北的夹角。如已知一个航段两个端点的经纬度坐标，则该航段的距离及航向均可由经纬度算出。

1. 航段距离——任意两点间大圆距离的计算（见图 3.5 和图 3.6）

设起点 P_1 的纬度为 N_1、经度为 E_1，终点 P_2 的纬度为 N_2、经度为 E_2，P_1，P_2 点的球坐标为

$$\theta_1 = 90° - N_1\text{（南纬代入负值）}$$

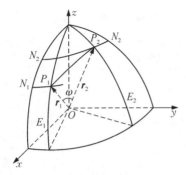

图 3.5　球面上的航段

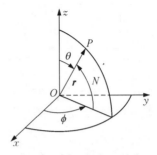

图 3.6　球坐标与经纬度

$\phi_1 = E_1$（东经）或 $360° + E_1$（西经，代入负值）

$\theta_2 = 90° - N_2$（南纬代入负值）

$\phi_2 = E_2$（东经）或 $360° + E_2$（西经，代入负值）

设地球半径为 R，则 P_1，P_2 点的矢径为

$$\boldsymbol{r}_1 = R\sin\theta_1\cos\phi_1\boldsymbol{i} + R\sin\theta_1\sin\phi_1\boldsymbol{j} + R\cos\theta_1\boldsymbol{k}$$

$$\boldsymbol{r}_2 = R\sin\theta_2\cos\phi_2\boldsymbol{i} + R\sin\theta_2\sin\phi_2\boldsymbol{j} + R\cos\theta_2\boldsymbol{k}$$

式中：$\boldsymbol{i}$，$\boldsymbol{j}$，$\boldsymbol{k}$ 为 x，y，z 轴向的单位矢量。

矢量 $\boldsymbol{r}_1$，$\boldsymbol{r}_2$ 的数量积：$\boldsymbol{r}_1 \times \boldsymbol{r}_2 = R^2\cos\omega$，$\omega$ 为矢量 $\boldsymbol{r}_1$，$\boldsymbol{r}_2$ 的夹角。

$$\begin{aligned}\cos\omega &= \sin\theta_1\sin\theta_2\cos(\phi_1 - \phi_2) + \cos\theta_1\cos\theta_2 \\ &= \cos N_1\cos N_2\cos(E_1 - E_2) + \sin N_1\sin N_2\end{aligned} \quad (3.1)$$

航段距离，即这两个端点之间的大圆距离：$D = R\omega$

式中：R 为地球半径，式（3.1）可取为 $6\,370\,\text{km} = 3\,440\,\text{n mile}$，

$$\omega = \arccos\left[\cos N_1\cos N_2\cos(E_1 - E_2) + \sin N_1\sin N_2\right] \quad (3.2)$$

注：N_1，N_2 为南纬；E_1，E_2 为西经时应以负值代入公式（下同）。

ω 应以弧度值代入式（3.1），或以度代入 $D = 60\omega$，到以 n mile 为单位的距离。

2. 航段起点大圆航向的计算（见图 3.7 和图 3.8）

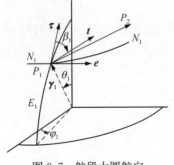

图 3.7　航段大圆航向

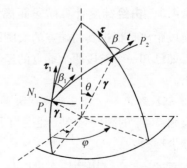

图 3.8　大圆航线上任一点的真航向

该航段的大圆航向即起点的真航向,亦即航段大圆弧与起点的经线的夹角 β_1,可如下计算。

在起点 P_1 沿大圆航线的单位切矢量:

$$t = (r_1 \times r_2) \times r_1 / |(r_1 \times r_2) \times r_1|$$

$$= \frac{R^2 r_2 - (r_1 \times r_2) r_1}{|R^2 r_2 - (r_1 \times r_2) r_1|}$$

$$= (r_2 - \cos \omega r_1) / |r_2 - \cos \omega r_1|$$

$$= [(\sin \theta_2 \cos \phi_2 - \cos \omega \sin \theta_1 \cos \phi_1) i + (\sin \theta_2 \sin \phi_2 - \cos \omega \sin \theta_1 \sin \phi_1) j + (\cos \theta_2 - \cos \omega \cos \theta_1) k] / \sin \omega$$

在起点 P_1 沿经线北指的单位切矢量:

$$\tau = -\cos \theta_1 \cos \phi_1 i - \cos \theta_1 \sin \phi_1 j + \sin \theta_1 k$$

在起点 P_1 沿矢径的单位切矢量:

$$r^\circ = \sin \theta_1 \cos \phi_1 i + \sin \theta_1 \sin \phi_1 j + \cos \theta_1 k$$

在起点 P_1 沿纬线东指的单位切矢量:

$$e = \tau \times r^\circ = -\sin \phi_i + \cos \phi_1 j$$

$$\cos \beta_1 = t \times \tau = [\sin \theta_1 \cos \theta_2 - \cos \theta_1 \sin \theta_2 \cos(\phi_1 - \phi_2)] / \sin \omega$$

即

$$\cos \beta_1 = [\cos N_1 \sin N_1 - \sin N_1 \cos N_2 \cos(E_1 - E_2)] / \sin \omega \qquad (3.3)$$

上式给出的 β_1 为 $[0, 180°]$ 之间的角度,当终点在起点西边时,大圆航向 $= 360° - \beta_1$。

在编制程序计算时,可由 $\cos \gamma = t \times e$

即 $\cos \gamma = \sin \theta_2 \sin(\phi_2 - \phi_1) / \sin \omega = \cos N_2 \sin(E_2 - E_1) / \sin \omega$ 的正负判断 β_1 的区间,$\cos \gamma > 0$,β_1 取 $<180°$ 的角,否则取 $>180°$ 的角。不难看出:

$$\sin \beta_1 = \cos \gamma = \sin \theta_2 \sin(\phi_2 - \phi_1) / \sin \omega = \cos N_2 \sin(E_2 - E_1) / \sin \omega$$

$$(3.4)$$

由 $\sin \beta_1 = \sqrt{1 - \cos^2 \beta_1}$ 也可导出上式。

3. 大圆航线各点真航向计算

沿大圆航线飞行时各点的真航向是变的,各点的真航向角 β 可如下确定。

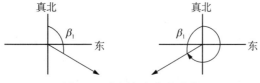

图 3.9 大圆航向角的确定

大圆航线所在平面的法向单位矢量：

$$\boldsymbol{n} = \boldsymbol{r}_1 \times \boldsymbol{r}_2 / |\boldsymbol{r}_1 \times \boldsymbol{r}_2| = \boldsymbol{r}_1 \times \boldsymbol{r}_2 / (R^2 \sin \omega)$$

大圆航线上任一点的矢径 $\boldsymbol{r} = R\sin\theta\cos\phi\boldsymbol{i} + R\sin\theta\sin\phi\boldsymbol{j} + R\cos\theta\boldsymbol{k}$

矢径方向的单位矢量 $\boldsymbol{r}^\circ = r/R$，该点航线上的单位切矢量 $\boldsymbol{t} = \boldsymbol{n} \times \boldsymbol{r}^\circ$，即

$$\boldsymbol{t} = \frac{(\boldsymbol{r}_1 \times \boldsymbol{r}_2) \times \boldsymbol{r}}{R^3 \sin \omega} = \frac{(\boldsymbol{r}_1 \times \boldsymbol{r})\boldsymbol{r}_2 - (\boldsymbol{r}_2 \times \boldsymbol{r})\boldsymbol{r}_1}{R^3 \sin \omega}$$

该点沿经线北指的单位切矢量 $\boldsymbol{\tau} = -\cos\theta\cos\phi\boldsymbol{i} - \cos\theta\sin\phi\boldsymbol{j} + \sin\theta\boldsymbol{k}$

该点真航向角 β 的余弦 $\cos\beta = \boldsymbol{\tau} \times \boldsymbol{t}$，即

$$
\begin{aligned}
\cos\beta &= [(\boldsymbol{r}_1 \times \boldsymbol{r})(\boldsymbol{\tau} \times \boldsymbol{r}_2) - (\boldsymbol{r}_2 \times \boldsymbol{r})(\boldsymbol{\tau} \times \boldsymbol{r}_1)]/(R^3 \sin\omega) \\
&= [\sin\theta_1\cos\theta_2\cos(\phi - \phi_1) - \sin\theta_2\cos_1\cos(\phi - \phi_2)]/\sin\omega \\
&= [\cos N_1 \sin N_2 \cos(E - E_1) - \cos N_2 \sin N_1 \cos(E - E_2)]/\sin\omega
\end{aligned}
$$

$$(3.5)$$

当 $|\phi_2 - \phi_1| < 180$ 时，如 $\phi_2 > \phi_1$，β 取 $0 \sim 180°$ 的角，如 $\phi_2 < \phi_1$，β 取 $180° \sim 360°$ 的角，当 $|\phi_2 - \phi_1| > 180°$ 时，如 $\phi_2 > \phi_1$，β 取 $180° \sim 360°$ 的角，$\phi_2 < \phi_1$，则 β 取 $0 \sim 180°$ 的角。

利用式(3.3)、式(3.4)及 $\cos(\phi - \phi_2) = \cos[(\phi - \phi_1) + (\phi_1 - \phi_2)]$，式(3.5)可改写为

$$
\begin{aligned}
\cos\beta &= \cos\beta_1\cos(\phi - \phi_1) - \sin\beta_1\cos\theta_1\sin(\phi - \phi_1) \\
&= \cos\beta_1\cos(E - E_1) - \sin\beta_1\sin N_1\sin(E - E_1)
\end{aligned}
$$

$$(3.6)$$

$$\beta = \arccos N_1[\cos\beta_1\cos(E - E_1) - \sin N_1\sin\beta_1\sin(E - E_1)] \tag{3.7}$$

式中：β_1 为大圆航向，即起点的真航向；E 为计算真航向的点的经度。

当 $\beta_1 > 180°$ 时，真航向 $= 360° - \beta$，因为式(3.6)给出的 β 是 $[0, 180°]$ 的角度。各点真航向角 β 既可用式(3.5)计算，也可用式(3.6)计算，在知道两端点的坐标时可直接用式(3.5)计算，这样可不算起点的真航向 β_1；若给出的是起点的真航向和坐标则只能用式(3.6)计算。

航段各点的真航向角 β 亦可如下确定：

各点的真航向角 $\beta =$ 大圆航向 $\beta_1 +$ 该点的经线收敛角 δ

经线收敛角 $\delta = (E - E_1)\sin\phi$ (3.8)

式中：$\phi = (N + N_1)/2$

E，N 分别为计算真航向的点的经、纬度(见图 3.10)，E_1，N_1 分别为航段起点的经、纬度，南纬、西经代入负值。对于跨 $180°$ 经线的航段，西经应取负值后再加 $360°$。

中国航图上标注的航段的磁航迹角是航段中点的磁航向，即

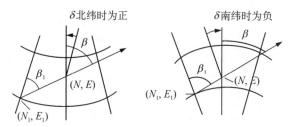

图 3.10　经线收敛角与真航向角

航段的磁航迹角(磁航向)＝航段中点的真航向－中点磁差(西磁差为负)

注意:计算各点真航向角的公式(3.8)是个近似公式,但其精度比较高,只有在很长的大圆航线上才有较大的误差,在大圆航线上距起点 5 000,7 000,10 000 公里处真航向的误差分别为 0.7°,1.7°,11°左右,一般航段的长度远小于 5 000 km,用式(3.5)~式(3.8)计算的结果没什么差别。

4. 大圆航线上各点经纬度满足的关系式

大圆航线上任一点的经纬度都应满足 $r \cdot (r_1 \times r_2) = 0$,即

$$\begin{vmatrix} \sin\theta\cos\phi & \sin\theta\sin\phi & \cos\theta \\ \sin\theta_1\cos\phi_1 & \sin\theta_1\sin\phi_1 & \cos\theta_1 \\ \sin\theta_2\cos\phi_2 & \sin\theta_2\sin\phi_2 & \cos\theta_2 \end{vmatrix} = 0$$

化简后得:

$$\sin\theta[\sin\theta_1\cos\theta_2\sin(\phi_1-\phi) + \sin\theta_2\cos\theta_1\sin(\phi-\phi_2)] + \cos\theta\sin\theta_1\sin\theta_2\sin(\phi_2-\phi_1) = 0 \tag{3.9}$$

$$\tan\theta = \frac{\sin\theta_1\sin\theta_2\sin(\phi_2-\phi_1)}{\sin\theta_1\cos\theta_2\sin(\phi-\phi_1) - \sin\theta_2\cos\theta_1\sin(\phi-\phi_2)} \tag{3.10}$$
$$= \frac{\cos N_1\cos N_2\sin(E_2-E_1)}{\cos N_1\sin N_2\sin(E-E_1) - \cos N_2\sin N_1\sin(E-E_2)}$$

利用起点大圆航向 β_1,上述公式可改写为

$$\tan\theta = \frac{\sin\beta_1\sin\theta_1}{\cos\beta_1\sin(\phi-\phi_1) + \sin\beta_1\cos\theta_1\cos(\phi-\phi_1)} \tag{3.11}$$
$$= \frac{\sin\beta_1\cos N_1}{\cos\beta_1\sin(E-E_1) + \sin\beta_1\sin N_1\cos(E-E_1)}$$

若 $E_1 = E_2$ 或 $\beta_1 = 0,180°$,上述两式不能用,此时大圆航线即经线,不能计算;若 $N_1 = N_2 = 0$ 或 $N_1 = 0$,$\beta_1 = 90°$,上述两式不能用,此时航线即赤道,不必计算。

此外,当 $\tan\theta > 0$ 时,θ 取 0~90° 的角,否则 θ 取 90°~180° 的角,$N = 90° - \theta$,负值表示南纬。利用这两个公式就可以把大圆航线上各点的经纬度计算出来。

这里的 θ 是球坐标,是相对 Z 轴度量的角度:$\theta = 90° - N$。

例 3.1 太原经纬度：N3 745.1，E11 236.9，磁差 4.25°W，大王庄经纬度：N3 911.0，E11 635.0，磁差 5.6°W，计算太原至大王庄航段的距离及磁航迹。

$$\omega = \arccos[\cos 37.752° \quad \cos 39.183° \quad \cos 3.968 3° + \sin 37.752°\sin 39.183°]$$
$$= \arccos 0.998 218 4 = 3.420 597° = 0.059 7 \text{rad}$$

$$D = 6 370 \times 0.059 7 = 380.29 \text{km} = 205.23 \text{nmile}$$

$$\cos \beta_1 = [\cos 37.751 7°\sin 39.183° - \sin 37.751 7°\cos 39.183°\cos 3.968 3°]/\sin \omega$$
$$= 0.437 817 6$$

$\beta_1 = 64.035 3°$，航段中点经纬度近似取端点经纬度的平均值，航段中点真航向

$$\beta = \arccos[\cos \beta_1 \cos 1.984° - \sin \beta_1 \sin 37.751 2°\sin 1.984°] = 65.26°$$

或 $$\delta = 1.984° \times \sin[((37.751 7° + 39.183°)/2 + 37.751 7°)/2] = 1.224°$$

$$\beta = 64.035 3° + 1.224° = 65.259 3°$$

航段的磁航迹角（磁航向）$= 65.259 3° - (-4.25° - 5.6°)/2 = 70.185°$，

航图上标注的是 380 km(205 n mile) 和 70°，与计算结果是一致的。

注意：对于高纬度地区，航段中点经纬度与端点经纬度平均值相差很大，应先算出航段中点经纬度，然后再计算航段中点收敛角及真航向。

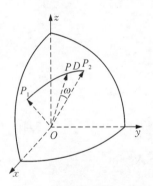

图 3.11 航段上任一点
经纬度的确定

3.4.2   计算航段上到端点距离为已知点的经纬度

设航段起点 P_1 纬经度为 (N_1, E_1)，终点 P_2 纬经度为 (N_2, E_2)，P 点距终点之距离为 D，地球半径 $= R$，现在的问题是要确定 P 点的经纬度。阶梯巡航时往往爬升起点在一个航段中间某处，计算爬升起点的经纬度即属于此类问题（见图 3.11）。

P_1，P_2，P 三点的球坐标为

$$\theta_1 = 90° - N_1 \quad \phi_1 = E_1(东经) \text{ 或 } 360° + E_1(西经)$$
$$\theta_2 = 90° - N_2 \quad \phi_2 = E_2(东经) \text{ 或 } 360° + E_2(西经)$$
$$\theta = 90° - N \quad \phi = E(东经) \text{ 或 } 360° + E(西经)$$

E 为西经代入负值。

P_1，P_2，P 点的矢径为

$$\boldsymbol{r}_1 = R\sin \theta_1 \cos \phi_1 \boldsymbol{i} + R\sin \theta_1 \sin \phi_1 \boldsymbol{j} + R\cos \theta_1 \boldsymbol{k}$$
$$\boldsymbol{r}_2 = R\sin \theta_2 \cos \phi_2 \boldsymbol{i} + R\sin \theta_2 \sin \phi_2 \boldsymbol{j} + R\cos \theta_2 \boldsymbol{k}$$
$$\boldsymbol{r} = R\sin \theta \cos \phi \boldsymbol{i} + R\sin \theta \sin \phi \boldsymbol{j} + R\cos \theta \boldsymbol{k}$$

由三矢量共面条件：$\boldsymbol{r} \cdot \boldsymbol{r}_1 \times \boldsymbol{r}_2 = 0$，得

$$A\sin \theta\cos \phi - B\sin \theta\sin \phi + C\cos \theta = 0$$

或 $\quad A\cos N\cos E - B\cos N\sin E + C\sin N = 0 \qquad (3.12)$

式中：
$$A = \sin\theta_1\sin\phi_1\cos\theta_2 - \sin\theta_2\sin\phi_2\cos\theta_1$$
$$= \cos N_1\sin E_1\sin N_2 - \cos N_2\sin E_2\sin N_1$$

$$B = \sin\theta_1\cos\phi_1\cos\theta_2 - \sin\theta_2\cos\phi_2\cos\theta_1 \qquad (3.13)$$
$$= \cos N_1\cos E_1\sin N_2 - \cos N_2\cos E_2\sin N_1$$

$$C = \sin\theta_1\cos\phi_1\sin\theta_2\sin\phi_2 - \sin\theta_2\cos\phi_2\sin\theta_1\sin\phi_1$$
$$\sin\theta_1\sin\theta_2\sin(\phi_2 - \phi_1) = \cos N_1\cos N_2\sin(E_2 - E_1)$$

由于 $D = R\omega$ 或者说是 $\omega = D/R$，故 $\cos\omega = \cos(D/R)$，令 $S = \cos(D/R)$，

由式(3.2)得 $\cos N_2\cos N\cos(E - E_2) + \sin N\sin N_2 = S \qquad (3.14)$

P 点经纬度应同时满足式(3.12)和式(3.14)，可由此两式联立解出 P 点经纬度。

由式(3.12)得 $\tan N = (B\sin E - A\cos E)/C360 + E_1 \qquad (3.15)$

代入式(3.14)得 $[\cos N_2\cos(E - E_2) + \tan N\sin N_2] = S\sqrt{1 + \tan^2 N}$，即

$$[\cos N_2\cos(E - E_2) + \sin N_2(B\sin E - A\cos E)/C]^2$$
$$= S^2[1 + (B\sin E - A\cos E)^2/C^2]$$

化简后得

$$(p^2 - B^2S^2)\sin^2 E + (q^2 - A^2S^2)\cos^2 E + 2(ABS^2 - pq)\sin E\cos E - C^2S^2 = 0$$

即
$$(p^2 - B^2S^2 - C^2S^2)\sin^2 E + 2(ABS^2 - pq)\sin E\cos E +$$
$$(q^2 - A^2S^2 - C^2S^2)\cos^2 E = 0$$

式中： $p = B\sin N_2 + C\cos N_2\sin E_2$，$q = A\sin N_2 - C\cos N_2\cos E_2 \qquad (3.16)$

再令 $\lambda = p^2 - B^2S^2 - C^2S^2$，$\xi = ABS^2 - pq$，$\eta = q^2 - A^2S^2 - C^2S^2$

则有 $\quad \lambda\sin^2 E + 2\xi\sin E\cos E + \eta\cos^2 E = 0 \qquad (3.17)$

即 $\quad \lambda\tan^2 E + 2\xi\tan E + \eta = 0 \qquad (3.18)$

如 $\lambda = 0$，由式(3.17)得 $E = 90°，-90°$。$\tan E = -\eta/(2\xi)$

如 $\lambda \neq 0$，$\xi^2 - \lambda\eta = S^2[(Ap - Bq)^2 + C^2(p^2 + q^2) - C^2S^2] \geqslant 0$，由式(3.17)得

$$\tan E = (-\xi \pm \sqrt{\xi^2 - \lambda\eta})/\lambda$$

P 点的经度 E 应取点 P_1 和 P_2 之间的值，确定了 E 值之后，再由式(3.15)计算 $\tan N$，求出 N 的值即 P 点的纬度，$\tan N > 0$，N 为北纬，$\tan N < 0$，N 为南纬。

对于 $E_1 = E_2$ 即航段沿经线的特殊情况，$C = 0$，式(3.15)不能用，P 点的经纬度可如下计算：

此时由于 P 点在航段上，显然有 $E = E_1 = E_2$，此结论也可由公式导出：

由于 $C = 0$，故 $p = B \sin N_2 = \cos E_1 \sin(N_2 - N_1) \sin N_2$

$$q = A \sin N_2 = \sin E_1 \sin(N_2 - N_1) \sin N_2$$

$$\xi^2 - \lambda\eta = S^2 (Ap - Bq)^2 = 0$$

$\tan E = -\xi/\lambda = (pq - ABS^2)/(p^2 - B^2 S^2) = A/B = \tan E_1$，所以 $E = E_1$。

由式(3.14)得 $\cos(N - N_2) = \cos(D/R)$，即 $N - N_2 = \pm D/R$，
P 点纬度：$N = N_2 \pm D/R$（rad），N 应取点 P_1 和 P_2 之间的纬度值，此式也可写为

$$N = N_2 + 57.295\,78 \times (D/R) \times (N_1 - N_2)/|N_1 - N_2|\ (°)$$

N_1，N_2 为点 P_1，P_2 的纬度，南纬代入负值，算出的 $N > 0$，表示北纬。

也可以用迭代法计算 P 点经纬度，如图 3.12 与图 3.13 所示。

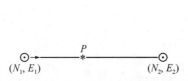

图 3.12　航段上任一点经纬度的确定

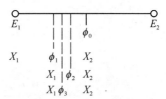

图 3.13　迭代计算的示意图

取 $E = \phi_0 = (E_1 + E_2)/2$ 代入公式(3.10)，即

$$\tan\theta = \cos N_1 \cos N_2 \sin(E_1 - E_2)/[\cos N_1 \sin N_2 \sin(E_1 - E) - \cos N_2 \sin N_1 \sin(E_2 - E)]$$

求出 θ（取 $[0, 180°]$ 之值）后代入下式计算：

$$\Delta Y = \sin\theta \cos N_2 \cos(E_2 - E) + \cos\theta \sin N_2 - \cos(D/R) \qquad (3.19)$$

注：南纬、西经以负值代入。$\Delta Y > 0$ 表示 P 在 P_i 左面。

若 $\Delta Y > 0$，取 $E = \phi_1 = (\phi_0 + E_1)/2$，且令 $X_1 = E_1$，$X_2 = \phi_0$，

若 $\Delta Y < 0$，取 $E = \phi_1 = (\phi_0 + E_2)/2$，且令 $X_1 = \phi_0$，$X_2 = E_2$，
代入式(3.10)，再次计算 θ，ΔY，若 $\Delta Y \neq 0$：

若 $\Delta Y > 0$，取 $E = \phi_2 = (X_1 + \phi_1)/2$，同时令 $X_2 = \phi_1$，

若 $\Delta Y < 0$，取 $E = \phi_2 = (\phi_1 + X_2)/2$，同时令 $X_2 = \phi_1$，
代入式(3.10)，再次计算 θ，ΔY，若 $\Delta Y \neq 0$，则重复上述步骤，直到 $\Delta Y = 0$ 或 $|\phi_n - \phi_{n-1}| <$ 指定误差。最后一次的 E 即为所求的经度，而纬度 $N = 90 - \theta°$（负值表示南纬）。

例 3.2　设航段起点 P_1 经纬度为 N20°，E085°；终点 P_2 经纬度为 N30°，E095°，距终点 P_2 为 800 km 的 P 点的经纬度是 N24°44.6，E089°27.5′。

例 3.3　设航段起点 P_1 经纬度为：$S10°$，$E005°$；终点 P_2 经纬度为 $N05°$，$W006°$，距终点 P_2 为 400 km 的 P 点的经纬度是 $N02°05.5'$，$W003°52.6'$。

例 3.4　设航段起点 P_1 经纬度为 $N20°$，$E008°$；终点 P_2 经纬度为 $N20°$，$W005°$，两点间大圆距离＝1357.4 km，起点大圆航向（真航向）＝272.23°，距终点 P_2 为400 km 的 P 点的经纬度是 $N20°05.9'$，$W001°10.2'$。

3.4.3　计算距两定点大圆距离为定值的轨迹交点的经纬度

做 ETOPS 飞行计划时可能要确定这种交点。设两定点的经纬度分别是 $(N_1，E_1)$ 和 $(N_2，E_2)$，距这两点大圆距离分别是 D_1 和 D_2 的轨迹的交点为 G_1 和 G_2，交点的经纬度如图 3.14 所示。

利用大圆距离式(3.2)建立方程组：

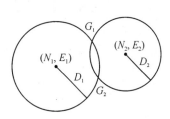

图 3.14　距两定点大圆距离为定值的交点

$$D_1/R = \arccos[\cos N_1 \cos N\cos(E_1 - E) + \sin N_1 \sin N] \tag{3.20}$$

$$D_2/R = \arccos[\cos N_2 \cos N\cos(E_2 - E) + \sin N_2 \sin N] \tag{3.21}$$

令 $A = \cos(D_1/R)$、$B = \cos(D_2/R)$，则有

$$\cos N_1 \cos N\cos(E_1 - E) + \sin N_1 \sin N = A \tag{3.22}$$

$$\cos N_2 \cos N\cos(E_2 - E) + \sin N_2 \sin N = B \tag{3.23}$$

由以上两式解出：

$$\cos N = \frac{A\sin N_2 - B\sin N_1}{\sin N_2 \cos N_1 \cos(E_1 - E) - \sin N_1 \cos N_2 \cos(E_2 - E)} \tag{3.24}$$

由式(3.22)得

$$[A - \cos N_1 \cos N\cos(E_1 - E)]^2 = (\sin N_1 \sin N)^2 = \sin N_1^2 - \sin N_1^2 \cos^2 N$$

把式(3.24)代入上式，整理后得到关于 $\tan(E_1 - E)$ 的方程，令 $X = \tan(E_1 - E)$，则有

$$PX^2 + QX + R = 0 \tag{3.25}$$

式中：$P = (A\sin N_2 - B\sin N_1)^2 + \cos^2 N_2 (A^2 - \sin^2 N_1)\sin^2(E_2 - E_1)$

$$Q = -2\cos N_2 \sin(E_2 - E_1)[\cos N_2 \cos(E_2 - E_1)(A^2 - \sin^2 N_1) + \cos N_1 (\sin N_1 \sin N_2 - AB)]$$

$$R = (B^2 - \sin^2 N_2)\cos^2 N_1 + (A\sin N_2 - B\sin N_1)^2 + \cos(E_2 - E_1)\cos N_2 \cdot [\cos(E_2 - E_1)\cos N_2 (A^2 - \sin^2 N_1) + 2\cos N_1 (\sin N_1 \sin N_2 - AB)]$$

当 $Q^2 - 4PR <$ 时,两个圆无交点,当 $Q^2 - 4PR \geqslant 0$ 时,可由式(3.25)解出 X,求反正切得出 $\Delta E = E_1 - E$,当 $X > 0$ 时,$\Delta E > 0$;反之,$\Delta E < 0$。$E = E_1 - \Delta E$,当 E_1 为西经时,以 $360° - E_1$(E_1 本身为正)作为 E_1 代入上式计算 E,当算出的 $0° < E < 180°$ 时,E 为东经,当算出的 $E > 180°$ 时,取 $360° - E$ 为西经,当算出的 $E > 360°$ 时,取 $E - 360°$ 为东经,如 $E < 0°$,则取 $-E$ 为西经。确定 E 之后由公式(3.24)确定 $\cos N$(恒为正),由式(3.22)确定 $\sin N$,求反正弦确定 N,$N > 0$ 为北纬,否则取 $-N$ 为南纬。

几个特例:

(1) 如 $E_1 = E_2$,则 $Q = 0$,式(3.25)成为 $PX^2 + R = 0$ (3.26)

$$P = (A\sin N_2 - B\sin N_1)^2$$

$$R = A^2 + B^2 - 2AB\cos(N_1 - N_2) - \sin^2(N_1 - N_2)$$

(2) 如 $N_1 = N_2$,则

$$P = (A - B)^2\sin^2 N_1 + \cos^2 N_1(A^2 - \sin^2 N_1)\sin^2(E_2 - E_1)$$

$$Q = -2\cos^2 N_1\sin(E_2 - E_1)[\cos(E_2 - E_1)(A^2 - \sin^2 N_1) + \sin^2 N_1 - AB]$$
(3.27)

$$R = (B^2 - \sin^2 N_1)\cos^2 N_1 + (A - B)^2\sin^2 N_1 + \cos(E_2 - E_1)\cos^2 N_1 \cdot$$
$$[\cos(E_2 - E_1)(A^2 - \sin^2 N_1) + 2(\sin^2 N_1 - AB)]$$

(3) 如 $N_1 = N_2$,且 $D_1 = D_2$ 即 $A = B$,则

$$P = \cos^2 N_1(A^2 - \sin^2 N_1)\sin^2(E_2 - E_1)$$

$$Q = -2\cos^2 N_1\sin(E_2 - E_1)[\cos(E_2 - E_1)(A^2 - \sin^2 N_1) + \sin^2 N_1 - A^2]$$
(3.28)

$$R = (A^2 - \sin^2 N_1)\cos^2 N_1 + \cos(E_2 - E_1)\cos^2 N_1 \cdot$$
$$[\cos(E_2 - E_1)(A^2 - \sin^2 N_1) + 2(\sin^2 N_1 - A^2)]$$

此时 $Q^2 - 4PR = 0$,$X = -Q/(2P)$,即 $\tan(E_1 - E) = \tan\dfrac{E_1 - E_2}{2}$,$E = \dfrac{E_1 + E_2}{2}$

式(3.24)成为 0/0 型,此时可由式(3.22)导出:

$$\sin N = \frac{A\sin N_1 \pm \cos N_1\cos(E_1 - E)\sqrt{\sin^2 N_1 - A^2 + \cos^2 N_1\cos^2(E_1 - E)}}{\sin^2 N_1 + \cos^2 N_1\cos^2(E_1 - E)}$$

(3.29)

或

$$\tan N = \frac{-\sin N_1 \cos N_1 \cos(E_1 - E) \pm A \sqrt{\sin^2 N_1 - A^2 + \cos^2 N_1 \cos^2(E_1 - E)}}{\sin^2 N_1 - A^2}$$

$$(3.30)$$

确定 E 之后,由式(3.29)或式(3.30)确定 N,$N > 0$ 则为北纬,反之,$-N$ 为南纬。

确定 E 时,若 E_1,E_2 为东经,则 $E = (E_1 + E_2)/2$;若 E_1 或 E_2 为西经,则用 $\phi_1 = 360° - E_1$,$\phi_2 = 360° - E_2(E_1,E_2$ 本身为正) 作为 E_1,E_2 代入 $E = (E_1 + E_2)/2$ 确定 E,$E > 180°$ 时取 $360° - E$ 为西经;如 ϕ_1,ϕ_2 的差值 $> 180°$,则算出的 E 值加 $180°$ 才是经度值,如 $E' = E + 180° > 360°$,则 $E' - 360°$(即 $E - 180°$)为东经值。

如 $P_1(N20°, E50°)$,$P_2(N20°, W90°)$,$\phi_1 = 50°$,$\phi_2 = 360° - 90° = 270°$,$E = 160°$,交点的经度 $= 160° + 180°$,即 $E340°$ 或 $W20°$。如 $P_1(N20°, E50°)$,$P_2(N20°, W30°)$,$\phi_1 = 50°$,$\phi_2 = 330°$,$E = 190°$,$E' = 370°$,交点的经度 $= 370° - 360° = E10°$,如图 3.15 所示。

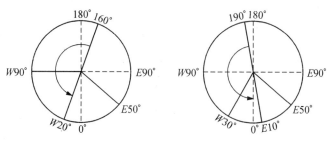

图 3.15 计算交点经纬度的示意图

例 3.5 设点 P_1 经纬度为 $S05°$,$E130°$;点 P_2 经纬度为 $N05°$,$E145°$,距 P_1 点大圆距离为 $600 \text{n mile}(1111.2\text{km})$ 的轨迹和距点 P_2 大圆距离为 $650 \text{n mile}(1203.8\text{km})$ 的轨迹的两个交点经纬度是 $N04°05.2'$,$E134°10.4'$ 和 $S04°37.5'$、$E140°01.6'$。

例 3.6 设点 P_1 经纬度为 $S05°$,$E175°$;点 P_2 经纬度为 $N05°$,$W170°$,距 P_1 点大圆距离为 $600 \text{n mile} (1111.2\text{km})$ 的轨迹和距点 P_2 大圆距离为 $650 \text{n mile}(1203.8\text{km})$ 的轨迹的两个交点经纬度是 $N04°05.2'$,$E179°10.4'$ 和 $S04°37.5'$、$W174°58.4'$。

3.4.4 计算两个航段交点的经纬度

在两个航段交叉或一个航段穿越飞行指挥区边界时,需要给出交点的经纬度,交点的经纬度可按如下方法确定。设航段 1 两端点的经纬度分别是 $P_{11}(N_{11}, E_{11})$ 和 $P_{12}(N_{12}, E_{12})$,航段 2(或飞行指挥区的一段边界)两端点的经纬度分别是 $P_{21}(N_{21}, E_{21})$ 和 $P_{22}(N_{22}, E_{22})$,其交点为 $P(N, E)$,如图 3.16 所示。

把各点的经纬度按下述公式换算为球坐标 θ_{11},ϕ_{11},θ_{12},ϕ_{12},θ_{21},ϕ_{21},θ_{22},ϕ_{22} 和 θ,ϕ:

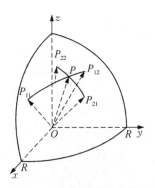

图 3.16　球面上两个航
段的交点

$$\theta = 90° - N（南纬代入负值）$$

$$\phi = E（东经，E 取正值）$$

$$\phi = 360° + E（西经，E 取负值）$$

设地球半径为 R，则 P_{11}，P_{12}，P_{21}，P_{22}，P 点的矢径

为

$$r_{11} = R\sin\theta_{11}\cos\phi_{11}\textbf{\textit{i}} + R\sin\theta_{11}\sin\phi_{11}\textbf{\textit{j}} + R\cos\theta_{11}\textbf{\textit{k}}$$

$$r_{12} = R\sin\theta_{12}\cos\phi_{12}\textbf{\textit{i}} + R\sin\theta_{12}\sin\phi_{12}\textbf{\textit{j}} + R\cos\theta_{12}\textbf{\textit{k}}$$

$$r_{21} = R\sin\theta_{21}\cos\phi_{21}\textbf{\textit{i}} + R\sin\theta_{21}\sin\phi_{21}\textbf{\textit{j}} + R\cos\theta_{21}\textbf{\textit{k}}$$

$$r_{22} = R\sin\theta_{22}\cos\phi_{22}\textbf{\textit{i}} + R\sin\theta_{22}\sin\phi_{22}\textbf{\textit{j}} + R\cos\theta_{22}\textbf{\textit{k}}$$

$$r = R\sin\theta\cos\phi\textbf{\textit{i}} + R\sin\theta\sin\phi\textbf{\textit{j}} + R\cos\theta\textbf{\textit{k}}$$

由三矢量共面条件：$r \cdot r_{11} \times r_{12} = 0$ 和 $r \cdot r_{21} \times r_{22} = 0$，得

$$\begin{vmatrix} \sin\theta\cos\phi & \sin\theta\sin\phi & \cos\theta \\ \sin\theta_{11}\cos\phi_{11} & \sin\theta_{11}\sin\phi_{11} & \cos\theta_{11} \\ \sin\theta_{12}\cos\phi_{12} & \sin\theta_{12}\sin\phi_{12} & \cos\theta_{12} \end{vmatrix} = 0$$

和

$$\begin{vmatrix} \sin\theta\cos\phi & \sin\theta\sin\phi & \cos\theta \\ \sin\theta_{21}\cos\phi_{21} & \sin\theta_{21}\sin\phi_{21} & \cos\theta_{21} \\ \sin\theta_{22}\cos\phi_{22} & \sin\theta_{22}\sin\phi_{22} & \cos\theta_{22} \end{vmatrix} = 0$$

即

$$A_1\sin\theta\cos\phi - B_1\sin\theta\sin\phi + C_1\cos\theta = 0 \tag{3.31}$$

$$A_2\sin\theta\cos\phi - B_2\sin\theta\sin\phi + C_2\cos\theta = 0 \tag{3.32}$$

式中：

$$A_1 = \sin\theta_{11}\sin\phi_{11}\cos\theta_{12} - \sin\theta_{12}\sin\phi_{12}\cos\theta_{11}$$

$$= \cos N_{11}\sin E_{11}\sin N_{12} - \cos N_{12}\sin E_{12}\sin N_{11}$$

$$B_1 = \sin\theta_{11}\cos\phi_{11}\cos\theta_{12} - \sin\theta_{12}\cos\phi_{12}\cos\theta_{11}$$

$$= \cos N_{11}\cos E_{11}\sin N_{12} - \cos N_{12}\cos E_{12}\sin N_{11}$$

$$C_1 = \sin\theta_{11}\cos\phi_{11}\sin\theta_{12}\sin\phi_{12} - \sin\theta_{12}\cos\phi_{12}\sin\phi_{11}\sin\theta_{11}$$

$$= \sin\theta_{11}\sin\theta_{12}\sin(\phi_{12} - \phi_{11}) = \cos N_{11}\cos N_{12}\sin(E_{12} - E_{11})$$

$$A_2 = \sin\theta_{21}\sin\phi_{21}\cos\theta_{22} - \sin\theta_{22}\sin\phi_{22}\cos\theta_{21} \tag{3.33}$$

$$= \cos N_{21}\sin E_{21}\sin N_{22} - \cos N_{22}\sin E_{22}\sin N_{21}$$

$$B_2 = \sin\theta_{21}\cos\phi_{21}\cos\theta_{22} - \sin\theta_{22}\cos\phi_{22}\cos\theta_{21}$$

$$= \cos N_{21}\cos E_{21}\sin N_{22} - \cos N_{22}\cos E_{22}\sin N_{21}$$

$$C_2 = \sin\theta_{21}\cos\phi_{21}\sin\theta_{22}\sin\phi_{22} - \sin\theta_{22}\cos\phi_{22}\sin\phi_{21}\sin\theta_{21}$$

$$= \sin\theta_{21}\sin\theta_{22}\sin(\phi_{22} - \phi_{21}) = \cos N_{21}\cos N_{22}\sin(E_{22} - E_{21})$$

几种特殊情况：

(1) 若 $\phi_{11} = \phi_{12}$，$\phi_{21} \neq \phi_{22}$。即航段 1 为经线上的一段、航段 2 不沿经线，则

$$C_1 = 0,\ A_1 = \sin \phi_{11} \sin(\theta_{11} - \theta_{12}),\ B_1 = \cos \phi_{11} \sin(\theta_{11} - \theta_{12}),\ C_2 \neq 0$$

代入式(3.31)得 $\sin(\phi_{11} - \phi) = 0$，即 $\phi = \phi_{11}$，这个结果是很显然的。

由式(3.32)得 $\tan \theta = C_2 / (B_2 \sin \phi_{11} - A_2 \cos \phi_{11})$

或 $$\tan N = (B_2 \sin \phi_{11} - A_2 \cos \phi_{11}) / C_2 \tag{3.34}$$

θ 应取 $(0, \pi)$ 之间的值。ϕ 应介于 ϕ_{21} 和 ϕ_{22} 之间且 θ 应介于 θ_{21} 和 θ_{22} 之间，否则两个航段本身不相交，而是交于延长线上。

(2) 若 $\phi_{21} = \phi_{22}$，$\phi_{11} \neq \phi_{12}$，即航段 2 为经线上的一段、航段 1 不沿经线，则

$$C_2 = 0,\ A_2 = \sin \phi_{21} \sin(\theta_{21} - \theta_{22}),\ B_2 = \cos \phi_{21} \sin(\theta_{21} - \theta_{22}),\ C_1 \neq 0$$

代入式(3.32)得 $\sin(\phi_{21} - \phi) = 0$，即 $\phi = \phi_{21}$

由式(3.31)得 $\tan \theta = C_1 / (B_1 \sin \phi_{21} - A_1 \cos \phi_{21})$

或 $$\tan N = (B_1 \sin \phi_{21} - A_1 \cos \phi_{21}) / C_1 \tag{3.35}$$

θ 应取 $(0, \pi)$ 之间的值。ϕ 应介于 ϕ_{11} 和 ϕ_{12} 之间且 θ 应介于 θ_{21} 和 θ_{22} 之间，否则两个航段本身不相交，而是交于延长线上。

(3) 若 $\phi_{21} = \phi_{22}$，$\phi_{11} = \phi_{12}$，即两个航段都为经线上的一段，则

$C_1 = 0$，$C_2 = 0$，$\theta = 0$ 或 π，即 $N = \pm 90°$，两个航段本身或延长后交于南北两极。对于一般情况：

由式(3.31)$\times C_2$ — 式(3.32)$\times C_1$ 得

$$\tan \phi = (A_2 C_1 - A_1 C_2) / (B_2 C_1 - B_1 C_2) \tag{3.36}$$

当算出的 $\tan \phi > 0$ 时，ϕ 取 $0° \sim 90°$ 或 $180° \sim 270°$ 之值，否则 ϕ 取 $90° \sim 180°$ 或 $270° \sim 360°$ 之值。然后再由式(3.31)得 $\tan \theta(A_1 \cos \phi - B_1 \sin \phi) + C_1 = 0$

若 $(A_1 \cos \phi - B_1 \sin \phi) \neq 0$，则：$\tan \theta = C_1 / (B_1 \sin \phi - A_1 \cos \phi)$ (3.37)

否则 $\theta = \pi/2 = 90°$

ϕ 取值应介于 ϕ_{11} 和 ϕ_{12}，ϕ_{21} 和 ϕ_{22} 之间；θ 应介于 θ_{11} 和 θ_{12}，θ_{21} 和 θ_{22} 之间。ϕ 为 $0° \sim 180°$ 的角，则为东经，ϕ 为 $180° \sim 360°$ 的角，则 $360° - \phi$ 为西经。$90° - \theta$ 为纬度，正值为北纬，负值为南纬。

例3.7　航段 1 起点(朝阳)经纬度为 $N41°32.3'$，$E120°25.9'$；终点(开原)经纬度为 $N42°34.2'$，$E124°00.4'$。航段 2 起点(大虎山)经纬度为 $N41°38.2'$，$E122°07.7'$；终点(P_{186})经纬度为 $N44°45.0'$，$E124°52.2'$，航段 2 实际是扇区分界线。计算结果是两段交点坐标为 $N42°10.5'$，$E122°34.8'$，航图上标注的是 $N42°09.7'$，$E122°34.9'$。

例3.8　航段 1 起点 P_{11} 经纬度为 $N05°0'$，$W03°0'$；终点 P_{12} 经纬度为 $S08°0'$，

$E5°0'$。航段 2 起点 P_{21} 纬度为 $S07°0'$，$W04°0'$；终点 P_{22} 经纬度为 $N04°0'$，$E6°0'$。计算结果是：两段交点坐标为 $S01°31.3'$，$E000°59.9'$。

例 3.9　航段 1 起点 P_{11} 经纬度为 $N5°0'$，$E178°0'$；终点 P_{12} 经纬度为 $S4°0'$，$W177°0'$。航段 2 起点 P_{21} 经纬度为 $S3°0'$，$E177°0'$；终点 P_{22} 经纬度为 $N4°0'$，$W178°0'$。计算结果是两段交点坐标为 $N01°17.5'$，$W179°56.2'$。

3.4.5　计算航段上切点的经纬度

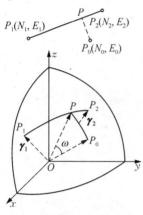

图 3.17　球面上航段的切点

若 P_0 是航段 P_1P_2 之外的一点，P_0 在该航段上投影点 P，即由 P_0 向航段引垂线所得的垂足 P，称之为航段与 P_0 相切之切点，简称为"切 P_0"（见图 3.17）。设航段两端点的经纬度分别是 $P_1(N_1,E_1)$ 和 $P_2(N_2,E_2)$，P_0 点的经纬度为 (N_0,E_0)，"切 P_0"点 P 的经纬度 $P(N,E)$ 可如下导出。把各点的经纬度按下述公式换算为球坐标 θ_1, ϕ_1, θ_2, ϕ_2, θ_0, ϕ_0, θ, ϕ。

$$\theta = 90° - N（南纬代入负值），$$
$$\phi = E（东经，E 取正值），$$
$$\phi = 360° + E（西经，E 取负值）。$$

设地球半径为 R，则 P_1，P_2，P 点的矢径为

$$r_1 = R\sin\theta_1\cos\phi_1 i + R\sin\theta_1\sin\phi_1 j + R\cos\theta_1 k$$
$$r_2 = R\sin\theta_2\cos\phi_2 i + R\sin\theta_2\sin\phi_2 j + R\cos\theta_2 k$$
$$r = R\sin\theta\cos\phi i + R\sin\theta\sin\phi j + R\cos\theta k$$

由三矢量共面条件：$r \cdot r_1 \times r_2 = 0$，得

$$\begin{vmatrix} \sin\theta\cos\phi & \sin\theta\sin\phi & \cos\theta \\ \sin\theta_1\cos\phi_1 & \sin\theta_1\sin\phi_1 & \cos\theta_1 \\ \sin\theta_2\cos\phi_2 & \sin\theta_2\sin\phi_2 & \cos\theta_2 \end{vmatrix} = 0,$$

即
$$A\sin\theta\cos\phi - B\sin\theta\sin\phi + C\cos\theta = 0$$

或
$$A\cos N\cos E - B\cos N\sin E + C\sin N = 0 \tag{3.38}$$

式中：

$$A = \sin\theta_1\sin\phi_1\cos\theta_2 - \sin\theta_2\sin\phi_2\cos\theta_1$$
$$= \cos N_1\sin E_1\sin N_2 - \cos N_2\sin E_2\sin N_1$$
$$B = \sin\theta_1\cos\phi_1\cos\theta_2 - \sin\theta_2\cos\phi_2\cos\theta_1 \tag{3.39}$$
$$= \cos N_1\cos E_1\sin N_2 - \cos N_2\cos E_2\sin N_1$$
$$C = \sin\theta_1\cos\phi_1\sin\theta_2\sin\phi_2 - \sin\theta_2\cos\phi_2\sin\theta_1\sin\phi_1$$
$$= \sin\theta_1\sin\theta_2\sin(\phi_2 - \phi_1) = \cos N_1\cos N_2\sin(E_2 - E_1)$$

P_0 与航路上任一点 P 的矢径的数量积

$$y = R^2 \cos \omega = R^2 [\sin \theta \sin \theta_0 \cos(\phi - \phi_0) + \cos \theta \cos \theta_0]$$

或 $y = R^2 \cos \omega = R^2 [\cos N \cos N_0 \cos(E - E_0) + \sin N \sin N_0]$ (3.40)

当 P 为切 P_0 点，即 P_0 的垂足时，PP_0 弧为最短、ω 最小，所以切点 P 使 $\mathrm{d}\cos \omega / \mathrm{d}\phi = 0$ 或使 $\mathrm{d}\cos \omega / \mathrm{d}E = 0$，注意：$P$ 点的经纬度要满足式(3.38)，故 θ 是 ϕ 的函数、N 是 E 的函数。由式(3.38)得

$$\tan N = (B \sin E - A \cos E) / C$$ (3.41)

代入由式(3.40)得到的 $\cos \omega = \cos N \cos N_0 \cos(E - E_0) + \sin N \sin N_0$，则有

$$\cos \omega = \cos N [\cos N_0 \cos(E - E_0) + \sin N_0 \tan N]$$
$$= [\cos N_0 \cos(E - E_0) + \sin N_0 \tan N] \sqrt{\tan^2 N + 1}$$
$$= [\cos N_0 \cos(E - E_0) + \sin N_0 (B \sin E - A \cos E) / C] \cdot$$
$$|C| / \sqrt{(B \sin E - A \cos E)^2 + C^2}$$

由此式计算 $\mathrm{d}\cos \omega / \mathrm{d}E$ 并令之 $= 0$，经整理化简后得

$$[C^2 \eta + A(\xi B + \eta A)] \cos E - [C^2 \xi + B(\xi B + \eta A)] \sin E = 0$$

式中：
$$\xi = \cos N_0 \cos E_0 - A \sin N_0 / C$$
$$\eta = \cos N_0 \sin E_0 + B \sin N_0 / C$$ (3.42)

由此解出： $\tan E = [C^2 \eta + A(\xi B + \eta A)] / [C^2 \eta + B(\xi B + \eta A)]$ (3.43)

若 $\tan E > 0$，则取 E 为 $0° \sim 90°$ 的角(E 是东经)或 $180° \sim 270°$ 的角($360° - E$ 是西经)，$\tan E < 0$，则取 E 为 $90° \sim 180°$ 的角(E 是东经)或 $270° \sim 360°$ 的角($360° - E$ 是西经)。两个解中只有介于 P_1，P_2 点的经度之间的一个是所需要的。

确定 E 之后代入式(3.41)计算 $\tan N$，$\tan N > 0$，N 为北纬，反之，$-N$ 为南纬。对于航段 $P_1 P_2$ 沿经线的特殊情况，式(3.41)～式(3.43)不能用，应如下求解：

此时 $E_1 = E_2$，$C = 0$，$A = \sin E_1 \sin(N_2 - N_1)$，$B = \cos E_1 \sin(N_2 - N_1)$

由式(3.38)得 $\tan E = A / B = \tan E_1$，$E = E_1$

由式(3.40)计算 $\mathrm{d}y / \mathrm{d}N$，令 $\dfrac{\mathrm{d}y}{\mathrm{d}N} = 0$，

$$\sin N_0 \cos N - \cos N_0 \cos(E - E_0) \sin N = 0$$ (3.44)

由此解出 $\tan N = \tan N_0 / \cos(E - E_0)$，$\tan N > 0$，$N$ 为北纬，反之，$-N$ 为南纬。

例3.10 航段起点 P_1(涪陵)经纬度为 N29°42.2′，E107°22.6′；终点 P_2(老粮仓)经纬度为 N28°04.5′，E112°12.6′。航段外之点 P_0(花垣)经纬度是 N28°34.6′，E109°27.1′，计算得航段上切花垣点的经纬度为 N28°58.4′，E109°37.5′，航图上标注的是 N28°57.1′，E109°36.9′。

例 3.11 航段起点 P_1 经纬度为 N01°00.0′, E177°00.0′; 终点 P_2 经纬度为 S01°0′, W178°00.0′。航段外之点 P_0 经纬度是 N01°00.0′, W179°0′, 计算得航段上切 P_0 点的经纬度为 S00°22.8′, W179°33.1′。

例 3.12 航段起点 P_1 经纬度为 N01°00.0′, W002°00.0′; 终点 P_2 经纬度为 S01°0′, E001°00.0′。航段外之点 P_0 经纬度是 N01°00.0′, E001°0′, 计算得航段上切 P_0 点的经纬度为 S00°23.1′, E000°04.6′。

3.4.6 计算无风时等时点的经纬度

在做 ETOPS 飞行计划时需要确定到相邻的两个航路备降场的等时点 ETP_1, ETP_2 的经纬度, 无风时等时点就是到相邻的两个航路备降场大圆距离相等的点 CP_1 等, 如图 3.18 所示, 下面来导出计算这种点的经纬度的公式。设航段两端点的经纬度分别是 $P_1(N_1, E_1)$ 和 $P_2(N_2, E_2)$, 机场 G 和机场 H 的经纬度分别为 (N_G, E_G), (N_H, E_H), 设到机场 G 和 H 的等时点为 P, P 点的经纬度是 (N, E)。

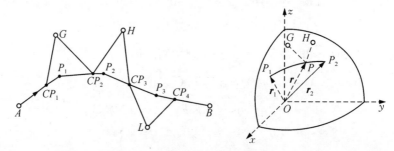

图 3.18 临界点(等时点)示意图

把各点的经纬度按下述公式换算为球坐标 θ_1, ϕ_1, θ_2, ϕ_2, θ, ϕ, θ_G, ϕ_G, θ_H, ϕ_H

$\theta = 90° - N$(南纬代入负值),

$\phi = E$(东经, E 取正值),

$\phi = 360° + E$(西经, E 取负值)。

由于 P 到 G 和 H 的大圆距离相等, 所以由式(3.1)有

$$\sin\theta\sin\theta_G\cos(\phi - \phi_G) + \cos\theta\cos\theta_G = \sin\theta\sin\theta_H\cos(\phi - \phi_H) + \cos\theta\cos\theta_H$$

$$(3.45)$$

即
$$\cos N\cos N_G\cos(E - E_G) + \sin N\sin N_G$$
$$= \cos N\cos N_H\cos(E - E_H) + \sin N\sin N_H$$

由三矢量共面条件: $\boldsymbol{r} \cdot \boldsymbol{r}_1 \times \boldsymbol{r}_2 = 0$, 得到下式, 即式(3.38)与(3.39):

由式(3.38)得 $\sin\theta(A\cos\phi - B\sin\phi) + C\cos\phi = 0$, 当航段 P_1P_2 不在赤道上时, $\cos\theta \neq 0$, 于是有

$$\tan\theta = C/(B\sin\phi - A\cos\phi) \quad \text{或} \quad \tan N = (B\sin\phi - A\cos\phi)/C \ (3.46)$$

由式(3.45)得

$$\sin\theta[\sin\theta_G\cos(\phi-\phi_G)-\sin\theta_H\cos(\phi-\phi_H)]=\cos\theta(\cos(\phi_H-\phi_G))$$

$$\tan\theta[\sin\theta_G\cos(\phi-\phi_G)-\sin\theta_H\cos(\phi-\phi_H)]=\cos\theta_H-\cos\theta_G$$

把式(3.46)代入上式,得

$$C[\sin\theta_G\cos(\phi-\phi_G)-\sin\theta_H\cos(\phi-\phi_H)]=(B\sin\phi-A\cos\phi)(\cos\theta_H-\cos\theta_G)$$

化简得
$$\xi\sin\phi=\eta\cos\phi \tag{3.47}$$

式中：
$$\xi=B(\cos\theta_H-\cos\theta_G)-C(\sin\theta_G\sin\phi_G-\sin\theta_H\sin\phi_H)$$
$$\eta=A(\cos\theta_H-\cos\theta_G)+C(\sin\theta_G\sin\phi_G-\sin\theta_H\sin\phi_H)$$

(1) 若 $\xi=0,\eta\neq0$,则 $\phi=90°$ 或 $270°$;

(2) 若 $\xi=0,\eta=0$,则 ϕ 可取航段上的任一经度值,即航段上任一点到两个机场的大圆距离都相等;

(3) 若 $\xi\neq0$,则 $\tan\phi=\eta/\xi$,如 $\tan\phi>0$, ϕ 取 $0°\sim90°$, $180°\sim270°$ 的角,如 $\tan\phi<0$, ϕ 取 $90°\sim180°$, $270°\sim360°$ 的角。

得出的两个角度应取介于航段两端点经度之间的一个,如两个角度都不在航段两端点经度之间,则表示到两个机场大圆距离相等的点不在该航段上(在其延长线上)。

设两端点经度 ϕ_1 和 ϕ_2($0°\sim360°$)中 $\phi_1<\phi_2$,当 $\phi_2-\phi_1<180°$ 时,取满足 $\phi_1\leq\phi\leq\phi_2$ 的一个解,当 $\phi_2-\phi_1>180°$ 时,取满足 $0\leq\phi\leq\phi_1$ 或 $\phi_2\leq\phi\leq360$ 的一个,如图 3.19 所示,对 $\phi_2<\phi_1$ 的情况按此处理。确定 ϕ 之后,由式(3.46)计算 $\tan N$, $\tan N>0$, N 为北纬,$\tan N<0$, N 为南纬。

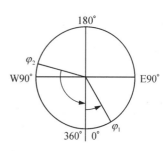

图 3.19 确定经度 ϕ 的示意图

特殊情况:

(1) 航段在赤道上,此时 $A=0$, $B=0$, $C\neq0$,由式(3.38)可得出 $N=0$,若两个机场关于赤道对称,则 $\xi=0,\eta=0$,即上面的情况(2), ϕ 可取航段上的任一经度值,即航段上任一点到两个机场的大圆距离都相等。若两个机场关于赤道不对称,但经度相同,如果经度 $=0$ 或 $180°$,则 $\xi=0,\eta\neq0$,即上面的情况(1), $\phi=90°$ 或 $270°$,一般说来,这两个经度都不在航段中间,即航段上没有一点到两个机场的大圆距离相等。对于两个机场的其他一般位置属于上面的情况(3)。

(2) 航段沿经线, $\phi_1=\phi_2$,即 $E_1=E_2$,此时 $C=0$,式(3.38)得: $\phi=\phi_1$,即 $E=E_1$。此时式(3.46)和式(3.47)不能用,可由式(3.45)求解 θ 或 N:

$$\tan\theta=(\cos\theta_H-\cos\theta_G)\big/[\sin\theta_G\cos(\phi-\phi_G)-\sin\theta_H\cos(\phi-\phi_H)]$$

或

$$\tan N = \left[\sin\theta_G\cos(\phi - \phi_G) - \sin\theta_H\cos(\phi - \phi_H)\right]\Big/(\cos\theta_H - \cos\theta_G)$$

$$(3.48)$$

$\tan N > 0$，N 为北纬，$\tan N < 0$，N 为南纬。

例 3.13 航段端点 P_1 经纬度为 $5°0'$，$E100°0'$；P_2 经纬度为 $N30°0'$，$E100°0'$。机场 1 经纬度为 $N20°0'$，$E110°0'$；机场 2 的经纬度为 $N25°0'$，$E110°0'$。航段上到两个机场大圆距离相等的点(ETP)经纬度是 $N22°11.5'$，$E110°0'$。用算出的 ETP 点的经纬度反向验算得：ETP 到机场 1 的大圆距离＝1064.9 km，大圆航向为 101.4°；ETP 到机场 2 的大圆距离＝1064.9 km，大圆航向为 71.0°。

例 3.14 航段端点 P_1 经纬度为 $S10°0'$，$W010°0'$；P_2 经纬度为 $N05°0'$，$E010°0'$。机场 1 经纬度为 $S15°0'$，$W005°0'$；机场 2 的经纬度为 $S10°0'$，$E008°0'$。航段上到两个机场大圆距离相等的点(ETP)经纬度是 $S03°58.0'$，$W1°49.8'$。用算出的 ETP 点的经纬度反向验算得 ETP 到机场 1 的大圆距离＝1274.4 km，大圆航向为 195.8°；ETP 到机场 2 的大圆距离＝1274.5 km，大圆航向为 135.6°。

3.4.7 计算航段终点经纬度

由航段起点经纬度、大圆航向及航段距离可计算航段终点经纬度。设起点的纬度为 N_1、经度为 E_1，大圆航向为 β，航段距离为 D；终点的纬度为 N，经度为 E，则由式(3.1)和式(3.3)可得如下方程组：

$$\sin N_1\sin N + \cos N_1\cos N\cos(E_1 - E) = \cos\omega \qquad (3.49)$$

$$\cos N_1\sin N - \sin N_1\cos N\cos(E_1 - E) = \cos\beta\sin\omega \qquad (3.50)$$

式中：$\omega = D/R$；R 为地球半径。由此方程组解出：

$$\begin{cases} \sin N = \sin N_1\cos\omega + \cos\beta\sin\omega\cos N_1 & (3.51) \\ \cos(E_1 - E) = (\cos N_1\cos\omega - \cos\beta\sin\omega\sin N_1)/\cos N & (3.52) \end{cases}$$

由式(3.51)解出 N 之后，代入式(3.52)即可确定 E，N 为负值则表示是南纬。如 $\beta = 0°$ 或 180°，则 $E = E_1$。

由于航段距离是大圆距离，所以 $|E_1 - E| \leqslant 180°$，故 $|E_1 - E|$ 应取反余弦主值区间的角，即 $|E_1 - E| = \theta = \arccos\left[(\cos N_1\cos\omega) - \cos\beta\sin\omega\sin N_1/\cos N\right]$

当 $\beta < 180°$ 时，$E_1 - E < 0°$，$E = E_1 + \theta$，反之 $E = E_1 - \theta$。

如 $E > 180°$，则取 $360° - E$ 为西经值，如 $0 > E > -180°$，则取 $|E|$ 为西经值。

如 $E \leqslant -180°$，则取 $360° + E$ 为东经值。

例 3.15 航段起点经纬度为：$N30°0'$，$E090°0'$，大圆航向为 60°，航段距离为 500 km，试确定终点经纬度。

$$\omega = D/R = 500/6\,368 = 4.\,4987°,$$
$$\sin N = 0.\,5324237,\ N = 32.\,1694° = 32°10.\,16'(\text{北纬}),$$
$$\cos(E_1 - E) = 0.\,9967753,\ E_1 - E = 4.\,6025°,\ E = 94.\,6025° = 94°36.\,16'$$

例 3.16 航段起点经纬度为：$N04°0'$，$W003°0'$，大圆航向为 $150°$，航段距离为 $800\,km$，计算得终点经纬度为 $S02°14.\,24'$，$E000°35.\,68'$。

例 3.17 航段起点经纬度为：$N02°0'$，$E176°0'$，大圆航向为 $120°$，航段距离为 $800\,km$，计算得终点经纬度为 $S01°36.\,22'$，$W177°46.\,08'$。

例 3.18 航段起点经纬度为：$S02°0'$，$E177°0'$，大圆航向为 $50°$，航段距离为 $800\,km$，计算得终点经纬度为 $N02°37.\,73'$，$W177°29.\,17'$。

3.5 航路当量风和当量气温计算

3.5.1 当量风速计算

在使用简化图表做飞行计划或把巡航段作为一段用平均燃油流量计算巡航油量时，对整个航路上的风和温度只能用一个风分量和温度来表示。如给出的是各航段上的风和温度，这时可使用下述的当量风和当量气温作为整条航线上的风和温度，使用当量风确定的空中距离与分段确定的空中距离之和相差很小，算出的油量之差也就很小，所以可用当量风作为整条航线上的风分量，对当量气温亦然。

如图 3.20 所示设已知一条航线上各航段的风矢量（如知道的是各航段端点的风矢量，可把航段两端点的风矢量的矢量平均作为这个航段上的风矢量）$\boldsymbol{V}_{wi}$，则可由下式计算出与这条航线的地面距离（即航程）D 对应的空中距离 D_A：

$$D_A = \sum_i \frac{D_i V_t}{\sqrt{V_t^2 - (V_{wi}\sin\theta_i)^2} + V_{wi}\cos\theta_i} \tag{3.53}$$

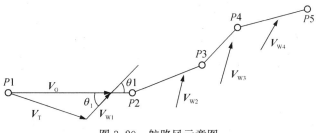

图 3.20 航路风示意图

式中：D_i 为第 i 个航段的地面距离，$D = \sum\limits_i D_i$，$\sum\limits_i$ 表示对所有航段求和（下同）。

V_{wi} 为第 i 个航段的风速，

θ_i 为第 i 个航段的风矢量与该段航向的夹角，

V_t 为飞机真空速,设在整条航线上 V_t 为常数。

设对此航线存在一个"当量风速"W_E,使得 $D_A = D \times V_t/(V_t + W_E)$,即

$$\frac{DV_t}{V_t + W_E} = \sum_i \frac{D_i V_t}{\sqrt{V_t^2 - (V_{wi}\sin\theta_i)^2} + V_{wi}\cos\theta_i} \tag{3.54}$$

由式(3.54)解出:

$$W_E = \frac{D}{\sum_i \left[D_i / \sqrt{V_t^2 - (V_{wi}\sin\theta_i)^2} + V_{wi}\cos\theta_i \right]} - V_t \tag{3.55}$$

令 $\overline{V_{wi}} = V_{wi}/V_t$,$A$ 代表上式中的分母,则

$$A = \sum_i \frac{D_i}{\sqrt{V_t^2 - (V_{wi}\sin\theta_i)^2} + V_{wi}\cos\theta_i}$$

$$= \sum_i \frac{D_i \left[\sqrt{V_t^2 - (V_{wi}\sin\theta_i)^2} - V_{wi}\cos\theta_i \right]}{V_t^2 - V_{wi}^2}$$

$$= \frac{1}{V_t} \sum_i \frac{D_i(1 + \overline{V_{wi}}^2) \left[\sqrt{1 - (\overline{V_{wi}}\sin\theta_i)^2} - \overline{V_{wi}}\cos\theta_i \right]}{1 - \overline{V_{wi}}^4}$$

略去高阶小量:

$$A \approx \frac{1}{V_t} \sum_i \left\{ D_i(1 + \overline{V_{wi}}^2) \times \left[1 - \frac{1}{2}(\overline{V_{wi}}\sin\theta_i)^2 - \overline{V_{wi}}\cos\theta_i \right] \right\}$$

$$\approx \frac{1}{V_t} \sum_i \left[D_i(1 - \overline{V_{wi}}\cos\theta_i) \right]$$

令 $W_i = V_{wi}\cos\theta_i$(航段 i 上的风分量),$\overline{W_i} = \dfrac{W_i}{V_t} = \dfrac{V_{wi}\cos\theta_i}{V_t} = \overline{V_{wi}}\cos\theta_i$,则

$A \approx \dfrac{1}{V_t} \sum_i \left[D_i(1 - \overline{W_i}) \right] = \dfrac{1}{V_t} \left[D - \sum_i (D_i \overline{W_i}) \right]$,代入式(3.55)得

$$W_E = \left[\frac{D}{D - \sum_i (D_i \overline{W_i})} - 1 \right] V_t = \frac{\sum_i (D_i \overline{W_i})}{D - \sum_i (D_i \overline{W_i})} V_t = \frac{\sum_i (D_i \overline{W_i})}{D \left[1 - \frac{1}{D}\sum_i (D_i \overline{W_i}) \right]} V_t$$

$$W_E \approx \frac{\sum_i (D_i \overline{W_i})}{D} V_t = \frac{\sum_i (D_i W_i)}{D} \tag{3.56}$$

式中 W_i 为各航段上的风在航线方向上的风分量,顶风为负。

由式(3.56)可以看出,当量风速实为各航段风分量的加权平均。确定了一条航线的当量风速之后即可由式(3.57)把航线的地面距离 D 换算为近似的空中距离:

$$D_A = D \times V_t/(V_t + W_E) \tag{3.57}$$

由式(3.56)定义的当量风与真空速无关,这对于做飞行计划无疑是很方便的,以不同的速度巡航或不同的机型巡航速度不同时,不必重算当量风速。

如式(3.53)中 $\theta_i = 0$,则式(3.53)简化为

$$D_A = \sum_i \frac{D_i V_t}{V_t + V_{wi}} = V_t \sum_i \frac{D_i}{V_t + V_{wi}} \tag{3.58}$$

这也是只考虑沿航路风分量计算空中距离的公式(忽略侧风的影响),使用手册中给出的地面距离与空中距离的换算图表都是只考虑沿航路风分量的。对多条航线计算结果表明:使用式(3.56)、式(3.57)计算的空中距离与按式(3.58)计算的空中距离相差很小,而且与按式(3.53)计算的准确空中距离相比,相对误差一般也在1%以下,个别情况下约为2%~2.4%。

3.5.2 当量气温计算

对于航线上的气温亦是用的"当量气温(当量温差)" T_E:

$$T_E = \sum_i (D_i T_i) / \sum_i D_i \tag{3.59}$$

式中: T_i 为第 i 个航段上的气温,是该航段两个端点的气温的算术均值,对式(3.59), T_i 也可以是第 i 个航段上的气温与标准大气温度之差, T_E 也就是与标准大气温度之差。

式(3.59)的意义是很明显的:某个航段的距离越长,该段的温度影响应该越大,在 T_E 中占的比重应该越大,因此应该以 D_i 加权平均计算整条航线上的当量气温。

式(3.59)可如下导出:设耗油与距离成正比,也与温度和ISA之偏差成正比,用 K_d 表示单位距离耗油量, K_t 表示温度比ISA每高一度耗油量增加的百分比, T_i, T_E 都是与ISA之偏差。在非ISA时耗油与ISA时耗油之差为

$$\Delta F = \sum_i (K_d D_i T_i K_t) = K_d K_t \sum_i (D_i T_i)$$

如存在一个等效的航路温差 T_x,使按整条航线算的 ΔF 与上式相等,即

$$\Delta F = (K_d \sum_i D_i)(K_t T_x) \text{ 与上式相等,显然 } T_x = \sum_i (D_i T_i) / \sum_i D_i。$$

这就是说,这个等效温差即当量温差(气温)。

4 常规飞行计划制作

4.1 制作飞行计划的方法

4.1.1 由备降场停机坪开始往回推算

如果知道实际业载重量 PL（旅客和货物重）和使用空机重 OEW，则在备降场停机坪飞机无油重量 $ZFW = OEW + PL$，飞机重量 $W=ZFW+$ 公司备份油（＋国际航线的航线应急油）。

如果想算一下最大允许业载是多少，则设在备降场停机坪 $ZFW = MZFW$，于是飞机重为 $W = ZFW +$ 公司备份油，最大业载 $MPL = MZFW - OEW$。

然后由此 W 开始往回推算，加上各阶段消耗油量，一直算到起飞机场停机坪，在计算中

$$ZFW \leqslant MZFW$$
$$LWA \leqslant MLWA$$
应保证：
$$LWD \leqslant MLWD$$
$$TOW \leqslant MTOW$$
$$总油量 \leqslant 油箱容量$$

式中：$MLWA$ 为备降场最大允许着陆重量，$MLWD$ 为目标机场最大允许着陆重量，$MTOW$ 为起飞机场最大允许起飞重量，LWA，LWD，TOW 分别为做飞行计划中计算出的在备降场、目标机场的着陆重量和起飞机场的起飞重量。

如有一个条件不满足应减少业载重新计算直到满足条件为止，计算结束就得到了所允许的业载（有可能实际业载被减少了）及起飞总油量等数据。

详细的从后往前制作飞行计划步骤如下（以 B757 - 200 国内航线为例）：

(1) 若主航段或备降航段分段，则先算出它们的当量风和当量气温（W_E，T_E）；

(2) 计算业载 PL。

(3) 计算 ZFW（检查 $MZFW$）。

(4) 计算在备降场停机坪重量 $W_停 = OEW + PL + COF = ZFW + COF$（公司备份油，对国际航线还要加上航线应急油 F_{10}）。

（5）计算在备降场滑入耗油＝39×滑入时间。（每分钟耗油 39 lb）

（6）在备降场着陆重量 $LWA = W_停$ ＋滑入耗油（检查 $MLWA$）。

（7）计算在备降场进近耗油＝155×进近时间。（每分钟耗油 155 lb）

（8）计算等待结束重量（即进近前重量）$W_结束 = LWA$ ＋进近耗油。

（9）因为等待过程中燃油流量是个变量，因此要计算等待油量必须算出平均燃油流量。先根据 $W_结束$ 查等待油量表，得到单发燃油流量 FFI，这是一个粗略的平均燃油流量，然后根据它计算等待油量 $F_{等待1} = 2 \times FFI \times 45/60$，这也是一个粗略值。然后计算等待中的平均重量 $W_{平均} = (W_结束 + W_开始)/2 = W_结束 - 1/2 F_{等待1}$，再根据 $W_{平均}$ 查等待油量表，得到单发燃油流量 FF，这就是等待中的平均燃油流量。最后计算等待油量 $F_{等待} = 2 \times FF \times 45/60$。

（10）计算等待开始重量 $W_开始 = W_结束 + F_{等待}$（检查 $MLWA$）。

（11）根据 $W_开始$ 查航路改航计算图表得改航油量 $F_改航$，改航时间 $T_改航$。

（12）在目标机场着陆重量 $LWD = W_开始 + F_改航$（检查 $MLWD$）。

（13）计算在目标机场进近耗油＝155×进近时间。

（14）在目标机场进近前重量进近耗油。

（15）根据主航段的巡航方式及 $W_进近前$ 查航程油量表，得航程油量 $F_航程$，航程时间 $T_航程$。

（16）在起飞机场的起飞重量 $TOW = W_进近前 + F_航程$（检查 $MTOW$）。

（17）计算在起飞机场滑出耗油。

（18）计算在起飞机场停机坪重量 $TAXW = TOW$ ＋滑出耗油。

（19）下面是根据定义汇总及验算过程：

改航油量 ＝ $F_改航$ ＋进近耗油，改航时间 ＝ $T_改航$ ＋进近时间，

备份油量 ＝ 改航油量＋等待油量＋公司备份油（COF，对国际航线还要加上航
　　　　　线应急油 F_{10}），

航程油量 ＝ $F_改航$ ＋进近耗油，航程时间 ＝ $T_航程$ ＋进近时间，

轮挡油量＝航程油量＋滑出耗油＋滑入耗油，

轮挡时间＝航程时间＋滑出时间＋滑入时间，

起飞总油量＝轮挡油量＋备份油量。

（20）验算：$TAXW - ZFW$（看是否等于起飞总油量）。

等于——表明求和无误，

不等于——某一步运算错误，回去检查。

（21）根据飞行高度层查下降性能数值表得下降段耗油 $F_下降$。

（22）$W_{TOD} = W_进近前 + F_下降$（也可用向上取整的方法估算，则第 21 步可不求，一般下降耗油为几百磅）。

（23）根据 W_{TOD} 查飞机高度能力表和机动能力表，得 TOD 点 $HOPT$，H_{MCR}，$H_{1.3g}$。其中：$HOPT$ 为最佳巡航高度；H_{MCR} 为最大巡航推力限制度；$H_{1.3g}$ 为 $1.3g$

过载限制高度。

（24）根据 TOW 查飞机爬升性能数值表，得起飞机场爬升耗油 $F_{爬升}$。

（25）$W_{TOC} = TOW - F_{爬升}$。

（26）根据 W_{TOC} 查飞机高度能力表和机动能力表，得 TOC 点 $HOPT$，H_{MCR}，$H_{1.3g}$。

4.1.2　由最大允许起飞重量往后算

在计算之前应不知道加油量，所以实际起飞重量是未知的，只能由最大允许起飞重量 $MTOW$ 开始计算，向后逐步推算各阶段的耗油量及到达目标机场及备降场之重量，若它们大于 $MLWD$ 或 $MLWA$ 则减少起飞重量重新计算，当全部算完得出总油量之后，如总油量超过了油箱容量，则应减少起飞重量重新计算，直到总油量刚好等于油箱容量。由起飞重量减去总油量得 ZFW，它应小于等于 $MZFW$ 或小于等于（$OEW+PL$）（如果给定了实际业载 PL），否则减少 TOW 重新计算，可以从 TOW 减去（$ZFW-MZFW$）或 $[ZFW-(OEW+PL)]$。再次计算，直到算出的 ZFW 近似等于 $MZFW$ 或（$OEW+PL$）为止。最后得到的 ZFW 减去 OEW 即能带的业载。

详细的从前往后制作飞行计划步骤如下（以 B757 - 200 国内航线为例）：

（1）若主航段或备降航段分段，则先算出它们的当量风和当量气温（W_E，T_E）；

（2）令 $TOW = MTOW$。

（3）若巡航方式为 LRC 或 $Ma\,0.80$，则在航程油量表上做一条 $TOW=MTOW$ 的辅助线，然后根据 $MTOW$ 查得航程油量 $F_{航程}$，航程时间 $T_{航程}$；若巡航方式为阶梯爬升巡航，则直接根据 $MTOW$ 查得航程油量 $F_{航程}$，航程时间 $T_{航程}$。

（4）$W_{进近前} = MTOW - F_{航程}$。

（5）计算在目标机场进近耗油 $=155\times$进近时间。

（6）在目标机场着陆重量 $=W_{进近前}-$ 进近耗油（检查 $MLWD$）。

（7）首先令 $W_{开始1}=LWD$（以 LWD 作为 $W_{开始}$ 初始值），查航路改航计算图表得改航油量 $F_{改航1}$，这是改航油量的一个粗略值，计算 $W_{开始2}=LWD-F_{改航1}$，这样 $W_{开始2}$ 的误差就很小了，再根据 $W_{开始2}$ 查航路改航计算图表得改航油量 $F_{改航2}$，改航时间 $T_{改航2}$，这其实是一个逐步逼近的过程。

（8）计算等待开始重量 $W_{开始}=LWD-F_{改航2}$（检查 $MLWA$）。

（9）因为等待过程中燃油流量是个变量，因此要计算等待油量必须算出平均燃油流量。先根据 $W_{开始}$ 查等待油量表，得到 ISA 时的燃油流量 FFI，这是一个粗略的平均燃油流量，然后根据它计算等待油量 $F_{等待1} = 2\times FFI \times 45/60$，这也是一个粗略值。然后计算等待中的平均重量 $W_{平均} = （W_{结束}+W_{开始}）/2 = W_{开始}-1/2F_{等待1}$，再根据 $W_{平均}$ 查等待油量表，得到单发燃油流量 FF，这就是等待中的平均燃油流量。最后计算等待油量 $F_{等待} = 2\times FF \times 45/60$。

（10）计算等待结束重量 $=W_{开始}-F_{等待}$。

（11）计算在备降场进近耗油＝155×进近时间。

（12）在备降场着陆重量 $LWA = W_{结束}$ 一进近耗油（检查 $MLWA$）。

（13）计算在备降场滑入耗油＝39×滑入时间。

（14）计算在备降场停机坪重量 $W_{停} = LWA -$ 滑入耗油。

（15）计算 $ZFW = W_{停} - COF$（检查 $MZFW$）。

（16）计算最大业载 $PL = ZFW - OEW$。

（17）下面是根据定义汇总及验算过程：

改航油量＝$F_{改航2}$＋进近耗油，改航时间＝$T_{改航2}$＋进近时间，

备份油量＝改航油量＋等待油量＋公司备份油（COF），

航程油量＝$F_{航程}$＋进近耗油，航程时间＝$T_{航程}$＋进近时间，

轮挡油量＝航程油量＋滑出耗油＋滑入耗油，

轮挡时间＝航程时间＋滑出时间＋滑入时间，

起飞总油量＝轮挡油量＋备份油量。

（18）验算 $TAXW - ZFW$ 的值（看是否等于起飞总油量）。

等于——表明求和无误；

不等于——某一步运算错误，回去检查。

（19）根据 TOW 查爬升性能数值表，得起飞机场爬升耗油 $F_{爬升}$。

（20）$W_{TOC} = TOW - F_{爬升}$。

（21）根据 W_{TOC} 查飞机高度能力表和机动能力表，得 TOC 点 $HOPT$，H_{MCR} H_{MCR}，$H_{1.3g}$。

（22）根据飞行高度层查下降性能图表得下降段耗油 $F_{下降}$。

（23）$W_{TOD} = W_{进近前} + F_{下降}$（也可用向上取整的方法估算，一般下降耗油为几百磅）。

（24）根据 W_{TOD} 查飞机高度能力表和机动能力表，得 TOD 点 $HOPT$，H_{MCR}，$H_{1.3g}$。

对于较短的航线采用第一种方法较好，一般计算出来的起飞重量不会超过最大允许起飞重量，可以避免迭代计算，使用手册上所给出的做简化飞行计划的图表适合于从后向前计算这种做法。对于长航线则采用第二种方法较好，计算出来的着陆重量一般不会超过最大允许着陆重量，可以避免迭代计算，手册上所给出的阶梯巡航的简化飞行计划图表就适合于从前向后这种做法。如果编制计算机飞行计划程序，可以只按一种方法来编制程序，一般说来第一种方法较为方便。

如人工手算做飞行计划，由后向前做时算出的起飞重量超过最大允许起飞重量，可改为由前向后计算；反之，如由前向后算出的着陆重量超过最大允许着陆重量，可改为由后向前计算，以避免迭代计算。

4.1.3　做详细飞行计划的计算步骤

这也是编制计算机软件采用的计算步骤，如图 4.1 所示，首先对所用的符号说

明如下：

APFA——备降场上的进近油量；

APFD——目标机场上的进近油量；

APUF——APU 耗油量；

BKF——轮挡油量；

BKNOT——轮挡时间；

CFPA①——备降航段的应急油量占改
　　　　航油量的百分比（一般可
　　　　取为 0）；

CFPM①——主航段应急油量占航程油量
　　　　的百分比（一般可取为 0）；

COF——公司备份油；

DCA——由目标机场爬升到改航高度时
　　　飞过的地面距离

DCM——由起飞机场爬升到巡航高度时
　　　飞过的地面距离；

DDA——由改航高度下降到备降场上空
　　　1500 ft时飞过的地面距离；

DDM——由巡航高度下降到目标机场上
　　　空 1500ft 时飞过的地面距离；

DIVF——改航油量；

DIVT——改航时间；

EWA——备降航段风分量（顶风为负）；

EWM——主航段风分量（顶风为负）；

FAI——防冰用油；

FCLA——改航爬升用油；

FCLM——主航段爬升用油；

FCRA——改航时巡航油量；

FCRM——主航段巡航油量；

FDEA——改航时下降油量；

FDEM——主段段下降用油；

FTC——油箱最大油量；

HODF——等待油量；

HODT——等待时间；

MLWA——备降场最大允许着陆重量；

MLWD——目标机场最大允许着陆重量；

MTOW——目标机场最大允许起飞重量；

MZFW——飞机的最大无油重量；

OEW——使用空机重；

PL——业载；

RA——由目标机场到备降场的航程；

RESF——总备份油量；

RFO——国际航线 10％航程时间的耗油
　　　量，此油量归于备份油中；

RM——由起飞机场到目标机场的航程；

RPF——停机坪油量（即起飞总油量）；

RPW——停机坪重量（即开始滑出重量）；

TAPA——备降场上的进近时间；

TAPD——目标机场上的进近时间；

TCLA——改航时的爬升时间；

TCLM——主航段爬升到巡航高度的
　　　时间；

TCRA——改航段巡航时间；

TCRM——主航段巡航时间；

TDEA——改航段下降时间；

TDEM——主航段下降时间；

TIF——滑入油量；

TIT——滑入时间；

TOF——滑出油量；

TOT——滑出时间；

TRF——航程油量；

TRT——航程时间；

WCA——改航段爬升顶点的机重；

WCLA——在目标机场复飞时机重即着
　　　陆重；

WDA——改航段开始下降时机重；

WH1——等待结束时机重；

WH2——等待开始时机重；

WTOD——主航段开始下降点的机重；

WTOE——主航段爬升顶点时机重；

ZFW——飞机无油重量。

F_{154}——对于 TY-154 之类飞机，要求备份油不少于某一最小值 RF_{min}，如迭代开始算出的 $RESFO < RF_{min}$，令 $F_{154} = RF_{min} - RESFO$，迭代最后使 $RESF = BF_{min}$（RF：备份油量，BF：轮挡油量）。

注：①CFPM，CFPA 是考虑绕飞雷雨、飞机老化等因素在主航段和备降航所多加的油量占航程油量和改航油量的百分比。

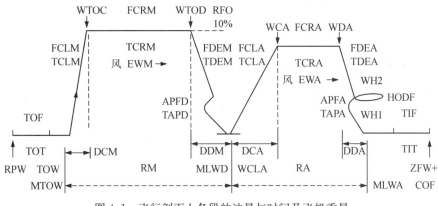

图 4.1　飞行剖面上各段的油量与时间及飞机重量

计算步骤（为叙述简便，把整个航路看为一段）：

（1）若给定了业载 PL，则 $ZFW = OEW + PL$（应小于等于 $MZFW$），否则由 $ZFM = MZFW$ 开始计算。

（2）$APFD = TAPD \times AFF$，$TIF = TIT \times TFF$，$FAI = FEI \times TIE + FEW \times TEW$。

$$APFA = TAPA \times AFF,$$

式中：TFF 为滑行每分钟耗油量，AFF 为进近时每分钟耗油，FEI，FEW 为使用发动机防冰或同时使用发动机及机翼防冰的小时耗油量，TIE，TEW 分别为使用发动机防冰与同时使用发动机及机翼防冰的时间。

（3）先令 $F_{154} = 0$。此外对于国际航线先设在主航段 TOD 点之机重

$$WTOD = ZFW + TIF + APFA + FAI + COF + 11000\text{(lb)},$$

根据此重量、巡航高度、速度，初步确定 TOD 点之燃油流量 FFD，同时确定 TOD 点之真空速 V_T，$TRTO = RM/(V_T + EWM)$，$RFO = FFD \times TRTO \times 10\%$ 对于国内航线则不做此计算，令 $RFO = 0$。

（4）$WH_1 = ZFW + COF + TIF + APF + APFA + FAI + F_{154} + RFO$

先令 WH_1 为等待的平均重量，确定等待中的平均燃油流量（如需要，做温度修正）$FFH^{(1)}$，则 $HODF^{(1)} = FFH^{(1)} \times HODT$，$WH_2 = WH_1 + HODF^{(1)}$，再以 $(WH_1 + WH_2)/2$ 为等待中的平均重量确定燃油流量 $FFH^{(2)}$，迭代计算出 $HODF$，$WH_2 = WH_1 + HODF$。由于等待油量及防冰用油和 RFO 可能并未消耗，所以应

使 $WH_2 \leqslant MLWA$,否则应减少 ZFW,重新计算使 $|WH_2 - MLWA| \leqslant \varepsilon$ 为止。手算时只重复算一次即可。ε 为所选定的小正量,例如可取为 $5 \sim 10$ lb,用于控制迭代精度。

(5) 根据 WH_2 及飞机使用手册中的下降数值表确定下降用油 $FDEA$ 及时间 $TDEA$、距离 DDA,$WDA = WH_2 + FDEA$。

(6) 利用使用手册中 LRC 巡航的燃油流量及真空速 TAS 的数值表,利用数值积分确定巡航油量 $FCRA$、时间 $TCRA$,并使用爬升数值表确定爬升的 $FCLA$,$TCLA$ 及 DCA。这也是个迭代过程:

- 先假设巡航距离 $DCRA^{(1)} = RA - DDA$,计算出 $FCRA^{(1)}$,$TCRA^{(1)}$,
- $WCLA^{(1)} = WDA + FCRA^{(1)}$,利用爬升数值表确定 $FCLA^{(1)}$,$TCLA^{(1)}$ 及 $DCLA^{(1)}$,则 $DCRA^{(1)} = RA - DDA - DCLA^{(1)}$。
- 再计算 $FCRA^{(2)}$,$TCRA^{(2)}$。
- $WCLA^{(2)} = FCRA^{(2)} + WDA + FCLA^{(1)}$,再确定 $FCLA^{(2)}$,$TCLA^{(2)}$,$DCLA^{(2)}$。

......

迭代计算直到 $|WCLA^{(K+1)} - WCLA^{(K)}| \leqslant \varepsilon$ 为止,取 $WCLA = WCLA^{(K+1)}$。

若 APU 在工作、并要求加应急油(即 $CFPA \neq 0$),还应在 $WCLA$ 加上这部分油。

手算时,巡航段可用平均燃油流量计算,如有的话,也可用积分航程表计算。

(7) 若 $WCLA > MLWD$ 则应减少 ZFW,重新计算使 $|WCLA - MLWD| \leqslant \varepsilon$。

(8) 对于国内航线来说,$WCLA - ZFW - TIF = RESF$,对于 TY - 154M 之类有最小备份油量要求的飞机,若 $RESF < RESF\min$,可令 $F_{154} = F_{154} + 0.94 \times (RESF\min - RESF)$ 回到第(4)步重新计算,若现在已受到 $MLWD$ 限制,则应把 ZFW 相应减少再返回第(4)步计算。迭代计算到 $RESF \not< RESF\min$ 为止。

(9) 利用飞机使用手册上的下降数值表及 $WCLA$ 计算出主航段下降部分用的油、时间及飞过的水平距离:$FDEM$,$TDEM$,DDM;

$WTOD = WCLA + (1 + CFPM) \times FDEM + APFD + APUFDM(APUFDM$—在下降中 APU 耗油)。

(10) 采用(6)中的方法计算出 $FCRM$,$TCRM$,$WTOC$,$FCLM$,$TCLM$,DCM,TOM。注意,这次巡航方式可以不是 LRC 巡航了。应使用与指定的巡航方式相应的燃油流量数值表,在(6)及(10)中应注意温度的影响,温度不仅影响燃油流量,也影响真空速。还应注意加上 APU 及 $CFPW$ 的油量。此时 $TRT = TCRM + TCLM + TDEM + TAPD$。

(11) 根据 TRT 及在 TOD 点的燃油流量,对于国际航线可求出 $RFO(1)$,返回第(4)步重新计算。

(12) 若 $TOW > MTOW$,则应减少 ZFW,如令 $ZFW = ZFW - 0.9(TOW -$

$MTOW$），返回第（4）步重新计算，直到 $|TOW-MTOW|\leqslant\varepsilon$。

（13）滑出油 $TOF=TFF\times TOT$，停机坪重量（滑行重）$RPW=TOW+TOF$。

（14）改航油 $DIVF=APFA+(FDEA+FCRA+FCLA)\times(1+CFPA)$，若 APU 工作，应加上 $APUF=APU$ 小时耗油量 $\times DIVT$

$RESF=DIVF+HODF+COF+F_{154}+RFO$（后两项是针对 TY-154 之类特殊机型及国际航线的），

$$TRF=(FCLM+FCRM+FDEM)\times(1+CFPM)+APFD,$$

如 APU 工作应加上 $APUF=APU$ 小时耗油量 $\times TRT$，

$$BKF=TRF+TOF+TIF,$$

$$RPF=BKF+RESF,$$

若 $RPF>$ 油箱最大容量 FTC，则应减少 ZFW，如令 $ZFW=ZFW-5\times(RPF-FTC)$，返回第（4）步重新计算，直到 $|RPF-FTC|\leqslant\varepsilon$ 为止。

（15）$PL=ZFW-OEW$，可以看出最后得出的允许业载可能小于最初给定的业载。根据计算过程可判定业载 PL 受何种限制。

（16）把各段时间累加可得出：航程时间 $TRT=TCLM+TCRM+TCRM+TDEM+TAPD$，轮挡时间 $BKT=TRT+TIT+TOT$，同时也可得出主航段爬升到 TOC 时的时间、消耗的油量及飞过的距离、到下降点 TOD 的时间、剩余油量及飞过的距离等参数。

4.2　做飞行计划使用的图表

飞行计划有详简之分，做简单飞行计划只需算出总油量、轮挡油量、备份油量、航程油量、允许业载、轮挡时间、航程时间等主要参数。做详细飞行计划还要给出到达各航路点的时间、消耗油量、各点的速度、航向等参数。做详细计划需要利用爬升、巡航、下降、等待、高度能力、机动能力、最佳高度等数值表。这种详细计划手算工作量很大，可以编制软件利用计算机算。

为了做飞行计划，在飞机使用手册中都给出了有关的曲线、数表。不同飞机公司的手册给出的这些曲线、数表的形式是不同的，只要掌握了做飞行计划的方法，会使用一个公司的飞机使用手册，其余的手册也不难看懂并较易学会使用。在文献[7]中给出了波音公司 B757-200 飞机使用手册中和做飞行计划有关的曲线、数表，所给的只是其中的一部分，同类图表只给出 1~2 张。

通过使用附录 1 中提供的这些图表，可以完成简易飞行计划的制作、利用燃油差价的飞行计划制作、详细飞行计划的制作。此外，还有部分图表用于选择最佳巡航高度、选择巡航高度时检查高度能力与机动能力、计算等待燃油流量，无论做简化飞行计划还是详细飞行计划都要用到。此外，为了做一份完整的飞行计划还需要知道地面滑行、防冰、APU、进近等耗油情况，有关这部分数据可以在使用手册中的

"FLIGHT PLANNING ALLOWANCES"一节中找到。

对 B757 - 200(RB211 - 535E4)来说：

地面滑行每分钟耗油 39 lb(18 kg)；

APU 在地面正常工作时每小时耗油 235 lb(105 kg)，在空中正常使用高度上每小时耗油 200 lb(90 kg)；

巡航中使用发动机防冰每小时耗油 200 lb(90 kg)，使用发动机和机翼防冰每小时耗油 300 lb(140 kg)；

进近、着陆时襟翼放下状态每分钟耗油 155 lb(70 kg)；

爬升油量中没考虑 10 000 ft 以下表速不得大于 250 kn 的限制，如受到这个限制爬升油量应增加 100 lb(45 kg)。

在有些机场缺少地面电源车、气源车，飞机在地面上只好使用自己的 APU 发电、供气，供飞行员起飞前检查设备及为空调包供气。在这种情况下计算油量时应加上 APU 地面运行耗油量。对于计算滑行耗油、耗油、进近耗油，各公司可能会制订自己的规定，例如，某航空公司规定按 APU 在地面使用 60 min、起飞前地面滑行 20 min、进近 10 min 计算相应的油量。

做简化飞行计划用的图表上标注有计算、绘制这些图表的条件，如爬升速度、下降速度、巡航速度等。若在阶梯巡航图表上没注明巡航高度，巡航高度是按保持在最佳高度的±2 000 ft 之内巡航来确定的，如见图 4.2 所示。备降计划那张图上的巡航高度是按最佳高度选择的(如航程长于 250 n mile)或按短距巡航高度图选择的巡航高度(航程短于 250 n mile 时)。

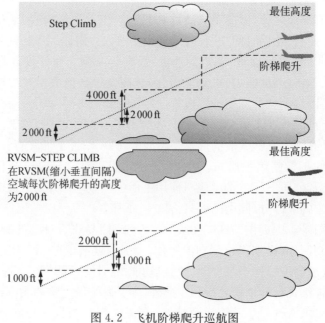

图 4.2　飞机阶梯爬升巡航图

每次阶梯爬升 2 000 ft 可以使巡航高度更接近最佳高度,可以更省油。

目前在 FPPM 中给出的阶梯巡航的航程油量与时间的图表仍是按每次爬升 4 000 ft 制作的。

做简化飞行计划用的图表给出的油量(trip fuel)和时间(trip time)是航程油量和航程时间,指从松刹车起飞直到在目标(或备降)机场接地所用的油量和时间。有些图表对知道着陆重量求航程油量的情况用起来很方便,有的图表则对知道起飞重量求航程油量的情况用起来方便,读图的方法是显而易见的,在文献[7]的图表中也给出了一个正常使用图表的例子。

在做飞行计划时比较方便的是从备降场停机坪往起飞方向逐步计算,每算出一段油量后都要把它加到飞机重量上,然后再向前计算。这样可以把后面一段的油量对前边一段耗油的影响考虑进去。

不同飞机公司给出的这些作飞行计划用的图、表、格式、内容是不同的,主要区别介绍如下:

(1) 有的飞机公司给出的地面滑行每分钟耗油、进近(襟翼放下)每分耗油量与飞机重量有关。

(2) 大部分飞机公司手册上没有短距巡航选择高度用的曲线。

(3) 大部分公司的手册上没有载运燃油分析曲线("TANKER ANALYSIS")。

(4) 波音公司的爬升数值表上有机场标高修正,爬升时间,油量包括起飞阶段的时间、油量,有的公司的爬升数值表中给出的爬升时间、油量不含起飞阶段用的时间、油量,使用这种数表时要注意加上起飞用的时间、油量(手册中单独给出起飞用的时间、油量、距离),大部分公司爬升数表没有给出机场标高对爬升时间、油量的修正值。

波音公司的爬升数值表没考虑 10 000 ft 以下表速不得大于 250 kn 的限制(如 B757 - 200 的爬升规律是 290/Ma0.78),有些公司的爬升数值表考虑了这个限制(例如按照速度 250/290/0.78 爬升),波音公司在手册上给出了受这种限制爬升时油量的增量。

(5) 波音手册中的下降数值表中给出的下降用的时间、油量是从巡航高度下降、直接进近、直到接地的时间、油量;而其他公司给的下降时间、油量是从巡航高度下降到 1 500 ft 的时间及油量,不包含进近、着陆部分。

波音手册上的直接进近、着陆是指:从指定高度下降,在离接地点 15 n mile 处放进近襟翼、过远台时放起落架和着陆襟翼,直接对着跑道方向过远台、近台、接地。

(6) 巡航燃油流量与温度有关,波音手册上是按总温与标准大气时的总温的偏差来修正的,有的公司是按静温与 ISA 温度的偏差来修正的,还有的公司直接给出 ISA, ISA±5℃, ISA±10℃ 等情况下的燃油流量。

至于机场标高对爬升、下降用的时间、油量、距离的一般修正方法,将在后面讨论详细飞行计划时介绍。

4.3 国内航线飞行计划制作

4.3.1 国内航线简易飞行计划

本节通过具体算例介绍人工制订飞行计划的方法,算例中所用符号的含义如下:

A/I——防冰;

APU——辅助动力装置;

COF——公司备份油量;

ELE——机场标高;

HOPT——最佳高度;

LWA——在备降场的着陆重量;

MLWA——备降场的最大允许着陆重量;

LWD——在目标机场的着陆重量;

MLWD——目标机场最大允许着陆重量;

TOW——起飞重量;

MTOW——最大允许起飞重量;

TAXW——滑行重量,即停机坪重量;

kn——节,海里/小时(简略为 kn);

FF——燃油流量 lb/小时;

FFI——ISA 时的燃油流量 lb/h;

ISA——国际标准大气;

h——小时;

ZFW——无油重量;

MZFW——最大无油重量;

NAM——空中距离,海里;

NGM——地面距离,海里;

OEW——使用空机重;

PL——业载;

MPL——最大允许业载 $MPL=MZFW-OEW$;

TOC——爬升顶点;

WTOC——飞机在爬升顶点重量;

TOD——下降顶点,即开始下降点;

WTOD——飞机在下降顶点重量;

km/h——公里/小时;

H:MM——这种写法表示时间是 H 小时 MM 分;

TAS——真空速;

TAT——总温;

ΔTt——实际总温与 ISA 时的总温之差;

GS——地速。

用简化图表做国内航线的飞行计划(见图 4.3):

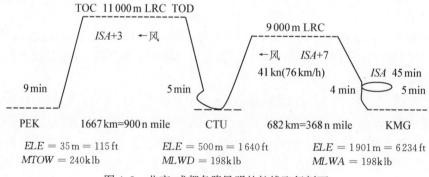

图 4.3 北京-成都备降昆明的航线飞行剖面

北京(PEK) → 成都(CTU),备降昆明(KMG),已知条件如下:

假设由 PEK→CTU 分四个航段,各段距离是:104,347,529,687 km,各段风分量是 -106,-111,-116,-120 km/h,$OEW = 58\,040$ kg $= 127\,956$ lb,$MZFW = 83\,461$ kg $= 184\,000$ lb,$COF = 0$,最大油箱容量 $= 73\,300$ lb,旅客 200 人,每人按 200 lb 计(含免费行李),货物 15000 lb,不使用 APU 和防冰,用简化图表做飞行计划。

由于航程较短,采用等高度巡航。简化飞行计划做法如下:

先算出北京至成都航路上的当量风再开始做飞行计划,当量风:

$EW = (-106 \times 104 - 111 \times 347 - 116 \times 529 - 120 \times 687)/1667 = -116$ km/h $= -62.6$ kn。

$PL = 200 \times 200 + 15\,000 = 55\,000$ lb $= 24\,948$ kg(每人重 $= 200$ lb $= 90.7$ kg $=$ 体重 $+20$ kg 免费行李),

$ZFW = 127\,956 + 55\,000 = 182\,956 < MZFW = 184\,000$ lb。

滑入:时间 $= 5$ min,耗油 $= 5 \times 39 = 195$ lb。

在备降场进近:4 min,耗油 $= 4 \times 155 = 620$ lb。

等待结束重量 $= 620 + 195 + 182\,956 = 183\,771$ lb。

按 183 771 lb 查得全发燃油流量 $= 6861$ lb,等待平均重量 $= 183\,771 + 6\,861 \times 0.75/2 = 186\,344$ lb。

按平均重量 186 344 lb 查得全发燃油流量 $= 6946$ lb/h,此即等待中的平均燃油流量,等待油量 $= 6946 \times 0.75 = 5209$ lb。

等待开始重量 $= 183\,771 + 5209 = 188\,980 < MLWA = 198\,000$ lb,以等待开始重量做 LWA,查得:改航备降场的油量 $= 8600$ lb,时间 $= 1.04$ h。

在目标机场着陆重 $LWD = 8600 + 188\,980 = 197\,580$ lb $< MLWD = 198\,000$ lb。

在目标机场进近:5 min,耗油 $= 5 \times 155 = 775$ lb。

进近前重量 $= 775 + 197\,580 = 198\,355$ lb,由此可估算出 $WTOD \approx 199\,000$ lb,按 $WTOD$ 查得:

在 TOD 点 $HOPT = 36\,710$ ft,最大巡航推力限制高度 $= 40\,900$ ft,1.3g 过载限制高度 $= 40\,310$ ft。

巡航高度可选 11 000 m $= 36\,089$ ft(按老高度层规定)。按进近前重量 198 355 lb 查得:

航程时间 $= 2.55$ h $= 2:33$,航程油量 $= 20\,500$ lb。

起飞重量 $TOW = 20\,500 + 198\,355 = 218\,855 < WTOW = 240\,000$ lb。

滑出:9 min,耗油 $= 9 \times 39 = 351$ lb。

停机坪重量(开时滑行重量)$TAXW = 351 + 218\,855 = 219\,206$ lb。

改航油量 $= 620 + 8600 = 9220$ lb,改航时间 $= 1:02 + 4 = 1:06$ h(加上进近油量和时间)。

备份油量 $= 5209 + 9220 = 14429\,\text{lb}$。

航程油量 $= 775 + 20500 = 21275\,\text{lb}$,航程时间 $= 2\text{:}33 + 0\text{:}05 = 2\text{:}38$(加上进近油量和时间)。

轮挡油量 $= 21275 + 351 + 195 = 21821\,\text{lb}$,轮挡时间 $= 2\text{:}38 + 0\text{:}09 + 0\text{:}05 = 2\text{:}52\,\text{h}$。

起飞总油量 $= 36250\,\text{lb} < $ 最大油箱容量 $= 73300\,\text{lb}$。

验算:$TAXW - ZFW = 219206 - 18256 = 36250\,\text{lb}$(表明求和无误)。

另外,可检查一下初始巡航高度是否满足要求:由起飞重量 $218855\,\text{lb}$ 查得:

爬升:时间 $19\,\text{min}$,油量 $= 5218\,\text{lb}$,过的距离 $= 114NAM = 101NGM$。

$WTOC = 218855 - 5218 = 213637\,\text{lb}$,在 TOC 点:$HOPT = 35100\,\text{ft} = 10698\,\text{m}$,

最大巡航推力限制高度 $= 39578\,\text{ft}$,$1.3g$ 过载限制高度 $= 38755\,\text{ft}$,

可见选择 $11000\,\text{m}$ 巡航合适。

4.3.2　国内航线详细飞行计划

下面针对上例的条件来做详细飞行计划,这里所谓的详细是针对手算而言。后面给出有用计算机做的详细飞行计划。

对于手算来说,如果逐个航段计算,算出到各航路点的时间、油量等数据,则工作量太大,因此,仍把北京至成都看为一段、用当量风来计算。北京至成都航路的当量风:

$EW = (-106 \times 104 - 111 \times 347 - 116 \times 529 - 120 \times 687)/1667 = -116\,\text{kg/h} = -62.6\,\text{kn}$。

$PL = 200 \times 200 + 15000 = 55000\,\text{lb} = 24948\,\text{kg}$(每人重 $= 200\,\text{lb} = 90.7\,\text{kg} = $ 体重 $+ 20\,\text{kg}$ 免费行李),

$ZFW = 127956 + 55000 = 182956\,\text{lb} < MZFW = 184000\,\text{lb}$,

滑入:时间 $= 5\,\text{min}$,耗油 $= 5 \times 39 = 195\,\text{lb}$,

$LWA = 195 + 182956 = 183151\,\text{lb} < MLWA = 198000\,\text{lb}$,

在备降场进近:$4\,\text{min}$,耗油 $= 4 \times 155 = 620\,\text{lb}$。

等待油量的计算:

等待结束重量 $= 620 + 183151 = 183771\,\text{lb}$,按 $183771\,\text{lb}$ 查得全发燃油流量 $= 6861\,\text{lb/h}$,

等待平均重量 $= 183771 + 6861 \times 0.75/2 = 186344\,\text{lb}$,

按 186344 查得全发燃油流量 $= 6946\,\text{lb/h}$,此即等待中的平均燃油流量,

等待油量 $= 6946 \times 0.75 = 5209\,\text{lb}$,等待开始重量 $= 183771 + 5209 = 188980\,\text{lb} < MLWA$。

下降数据的计算:

以 188980 作为备降场的着陆重量查下降数值表,得:

下降时间 $= 19.25 - 9.187 + 5 = 15.1\,\text{min}$,下降油量 $= 713 - (440 + 55) + 370 = 588\,\text{lb}$,

下降时飞过的空中距离 $= 91.09 - 26.63 + 6 = 70.46 \, \text{n mile}$，

飞过的地面距离 $= 70.46 - 2/3 \times 41 \times 15.1/60 = 63.6 \, \text{n mile}$

在备降段开始下降点重量 $W = 188\,980 + 588 = 189\,568 \, \text{lb}$。

备降航段巡航部分用平均真空速 TAS 及平均燃油流量 FF 计算，因为爬升段距离并不知道，所以要采用迭代法计算爬升和巡航两部分：

先按 $190\,000 \, \text{lb}$ 和 $9\,000 \, \text{m} = 29\,528 \, \text{ft}$ 由 LRC 巡航数值表查出：

ISA 时：$TAS = 430 \, \text{kn}$，$Ma = 0.728$，一发 $FFI = 3588 \, \text{lb/h}$，

$ISA + 7\text{℃}$ 时：$\Delta Tt = 7 \times (1 + 0.2 \times 0.728^2) = 7.74\text{℃}$，$TAS = 438 \, \text{kn}$，$GS = 397 \, \text{kn}$，一发 $FF = 3588 \times (1 + 0.774 \times 3\%) = 3671 \, \text{lb/h}$，

先设巡航距离 $= 368 - 63.6 = 304.4 \, \text{n mile}$，则飞行时间 $= 304/397 = 0.767 \, \text{h}$，油量 $= 5630 \, \text{lb}$，

先以 $189\,568 + 5630 = 195\,198 \, \text{lb}$ 做起飞（即复飞）重量查 $ISA + 10$ 的爬升数值表，得：

爬升时间 $= 12.25 - 2.5 + 2 = 12 \, \text{min}$，油量 $= 3800 - 963 + 800 = 3647 \, \text{lb}$，

爬升距离 $= 66.25 - 2.25 = 64 \, \text{n mile}$，$NGM = 64 - 41 \times 2/3 \times 12/60 = 59 \, \text{n mile}$，

巡航距离 $= 368 - 63.6 - 59 = 245.4 \, \text{n mile}$，用上面的地速和 FF 粗算得：

巡航时间 $= 0.618 \, \text{h}$，油量 $= 0.618 \times 3671 \times 2 = 4538 \, \text{lb}$，

巡航平均重量 $= 189\,568 + 4538/2 = 191\,837 \, \text{lb}$，按 $191\,837 \, \text{lb}$ 由 LRC 巡航数值表查出：

ISA 时：$TAS = 431.7 \, \text{kn}$，$Ma = 0.731$，一发 $FFI = 3622 \, \text{lb/h}$，

$ISA + 7\text{℃}$ 时：$\Delta Tt = 7 \times (1 + 0.2 \times 0.731^2) = 7.75\text{℃}$，$TAS = 439 \, \text{kn}$，$GS = 398 \, \text{kn}$，一发 $FF = 3622 \times (1 + 0.775 \times 3\%) = 3706 \, \text{lb/h}$，由此可更准确的算出：

巡航时间 $= 245.4/398 = 0.6166 \, \text{h}$，油量 $= 0.6166 \times 3706 \times 2 = 4570 \, \text{lb}$，

在备降段的 TOC 点重量 $WTOC = 189\,568 + 4570 = 194\,138 \, \text{lb}$，

在目的机场的着陆重量（即复飞重量）第二次近似值 $= 194\,138 + 3647 = 197\,785 \, \text{lb}$，

按 $197\,785 \, \text{lb}$ 查出：

$ISA + 10\text{℃}$ 时：爬升时间 $= 12.3 \, \text{min}$，油量 $= 3707 \, \text{lb}$，地面距离 $= 65 NAM = 59.4 NGM$，

ISA 时：爬升时间 $= 11.8 \, \text{min}$，油量 $= 3558 \, \text{lb}$，地面距离 $= 61 NAM = 55.6 NGM$，

$ISA + 7\text{℃}$ 时：爬升时间 $= 12.2 \, \text{min}$，油量 $= 3662 \, \text{lb}$，地面距离 $= 58.3 NGM$，

在目的机场的着陆重量（即复飞重量）第三次近似值 $= 194\,138 + 3662 = 197\,800 \, \text{lb}$，

这次得出的爬升数据和着陆重量与前一步的很接近，不再迭代。

$$LWD = 197\,800\,\text{lb} < MLWD$$

在目标机场进近：5 min，耗油 $= 5 \times 155 = 775\,\text{lb}$，进近前重量 $= 775 + 197\,800 = 198\,575\,\text{lb}$ 下降数据的计算：

以 198 575 lb 作为目标机场着陆重量查下降数值表，得：

下降时间 $= 21.5 - 6 + 5 = 20.5\,\text{min}$，下降油量 $= 755 - 405 + 370 = 720\,\text{lb}$，

飞过的空中距离 $= 104.64\,\text{n mile}$，飞过的地面距离 $= 104.64 - 2/3 \times 62.6 \times 20.5/60 = 90.4\,\text{n mile}$

在主航段开始下降点重量 $WTOD = 198\,575 + 720 = 199\,295\,\text{lb}$。

巡航和爬升段的迭代计算：

先按 $11\,000\,\text{m} = 36\,089\,\text{ft} = 36\,000\,\text{ft}$ 由 LRC 巡航数值表查出 200 k lb：

ISA 时：$TAS = 458\,\text{kn}$，$Ma = 0.799$，一发 $FFI = 3663\,\text{lb/h}$

$ISA + 3$ 时：$\Delta Tt = 3 \times (1 + 0.2 \times 0.799^2) = 3.38\,℃$，$TAS = 461\,\text{kn}$，$GS = 399\,\text{kn}$，一发 $FF = 3663 \times (1 + 0.338 \times 3\%) = 3700$，

先设巡航距离 $= 900 - 90 = 810\,\text{n mile}$，则飞行时间 $= 810/399 = 2\,\text{h}$，油量 $= 14\,800\,\text{lb}$，

巡航平均重量 $= 199\,295 + 7400 = 206\,695\,\text{lb}$，按此重量由 LRC 巡航数值表查出：

ISA 时：$TAS = 458.6\,\text{kn}$，$Ma = 0.799$，一发 $FFI = 3768\,\text{lb/h}$，

$ISA + 3$ 时：$\Delta Tt = 3 \times (1 + 0.2 \times 0.799^2) = 3.38\,℃$，$TAS = 462\,\text{kn}$，$GS = 399.4\,\text{kn}$，一发 $FF = 3768 \times (1 + 0.338 \times 3\%) = 3807\,\text{lb/h}$，

巡航 810 n mile 的油量 $= 810/399.4 \times 3807 \times 2 = 15\,442\,\text{lb}$，

先以 $199\,295 + 15\,442 = 214\,737$ 做起飞重量初值查 ISA 的爬升数值表，得：

爬升时间 $= 18\,\text{min}$，油量 $= 4989\,\text{lb}$，距离 $= 105\,NAM = 105 - 62.6 \times 2/3 \times 18/60 = 92.5\,\text{n mile}$

巡航距离 $= 900 - 92.5 - 90.4 = 717\,\text{n mile}$，用上面的地速和 FF 粗算得

巡航时间 $= 1.796\,\text{h}$，油量 $= 1.796 \times 3807 \times 2 = 13\,678\,\text{lb}$，

巡航平均重量 $= 199\,295 + 13\,678/2 = 206\,134\,\text{lb}$，

在主航段的 TOC 点重量 $WTOC = 199\,295 + 13\,678 = 212\,973\,\text{lb}$，

起飞重量第二次近似值 $= 212\,973 + 4989 = 217\,962\,\text{lb}$，

按 217 962 lb 查出：

$ISA + 10\,℃$ 时：爬升时间 $= 18.8\,\text{min}$，油量 $= 5338\,\text{lb}$，距离 $= 114\,NAM = 100.9\,NGM$，

ISA 时：爬升时间 $= 18.6\,\text{min}$，油量 $= 5118\,\text{lb}$，距离 $= 107.3\,NAM = 94.4\,NGM$，

$ISA + 3\,℃$ 时：爬升时间 $= 18.6\,\text{min}$，油量 $= 5184\,\text{lb}$，距离 $= 96\,NGM$，

巡航距离 $= 900 - 96 - 90 = 714\,NGM$，按巡航平均重量 $= 206\,134$ 由 LRC 巡航数值表查出：

$ISA+3$ 时：$TAS=462\,\text{kn}$，$GS=399.4\,\text{kn}$，一发 $FF=3759\times(1+0.338\times3\%)=3797\,\text{lb/h}$，

巡航时间 $=714/399.4=1.788$ 巡航时间 $=1:47$，油量 $=1.7877\times3797\times2=13575\,\text{lb}$，

在主航段的 TOC 点重量 $WTOC=199295+13575=212870\,\text{lb}$，

起飞重量第三次近似值 $=212870+5184=218054\,\text{lb}<MTOW$，

滑出：时间 $=9\,\text{min}$，耗油 $=9\times39=351\,\text{lb}$，

滑行重量 $TAXW=218054+351=218405\,\text{lb}$，

把分段计算的结果累加：

改航油量 $=620+588+4570+3662=9440\,\text{lb}$，改航时间 $=12.15+0.613\times60+15.3+4=68.2\,\text{min}$，

备份油量 $=5209+9440=14649\,\text{lb}=6645\,\text{kg}$，

航程油量 $=775+720+13575+5184=20254\,\text{lb}$，航程时间 $=1:47+0:05+0:18.6+0:20.5=2:31$，

轮挡油量 $=20254+351+195=20800\,\text{lb}$，轮挡时间 $=2:31+0:09+0:05=2:45$，

起飞总油量 $=35449\,\text{lb}=16072\,\text{kg}<$ 最大油箱容量 $=73300\,\text{lb}$，

验算：$TAXW-ZFW=218405-182956=35449\,\text{lb}$（表明求和无误）。

另外，同上例一样可根据计算中得到的 $WTOC$ 和 $WTOD$ 检查一下巡航高度是否合适，不再重复。下面给出了按本例的条件用个人计算机作的两份飞行计划（见例表 4.1 和例表 4.2），第一份是用航路当量风、把整条航线作为一段计算的，第二份是用各段的风分段计算的，这两份的结果很接近，也和上面的手算结果一致。

例表 4.1　B757-200（RB211-535E4）　飞行计划

航班：	机号：B××××	机长：	11-19-95	03:41:35
PPP	(35 m)—CCC	(500 m)	备降：KKK	(1901 m)
** 主航段：290/0.78Ma		—LRC	—0.78Ma/290/250 KIAS **	
高度＝11000 m　温度＝−54(℃)		ISA+3	紧急油量/航程油量＝0%	
航段	地面距离		航路风分量(顶风为负)	
1	104 km(56 n mile)		−106 km/h(−57 kn)	
2	347 km(187 n mile)		−111 km/h(−60 kn)	
3	529 km(286 n mile)		−116 km/h(−63 kn)	
4	687 km(371 n mile)		−120 km/h(−65 kn)	
** 备降航段：290/0.78Ma		—LRC	—0.78Ma/290/250 KIAS **	
高度＝9000 m　温度＝−37(℃)		ISA+7	紧急油量/改航油量＝0%	
航段	地面距离		航路风分量(顶风为负)	
1	682 km(368 n mile)		−76 km/h(−41 kn)	
最大允许起飞重量：	108862 kg	飞行距离	1667 km(900 n mile)	滑出时间：　9 min
最大着陆重量(目)：	89811 kg	巡航高度	11000 m(36090 ft)	离场时间：　0 min

最大着陆重量(备):	89811 kg	巡航速度:	LRC　风：−63 kn	滑入时间:	5 min
最大无油重量:	83461 kg	备降距离:	682 km(368 n mile)	进近时间(目):	5 min
使用空机重量:	58040 kg	巡航高度:	9000 m(29528 ft)	进近时间(备):	4 min
最大结构业载:	25421 kg	巡航速度:	LRC　风：−41 kn	防冰预计使用:	0 h
最大油箱容量:	33253 kg	等待高度:	458 m(1503 ft)	等待高度气温:	$ISA+0$
($\gamma=0.779$ kg/L)		(距地面)		飞行中 APU:	断开

滑行全重:	99077 kg(218427 lb)	轮挡油量:	9433 kg(20797 lb)	轮挡时间:	2:45
起飞全重:	98918 kg(218076 lb)	航程油量:	9186 kg(20251 lb)	航程时间:	2:31
着陆重量:	89732 kg(197824 lb)	改航油量:	4292 kg(9463 lb)	改航时间:	1:8
无油重量:	82988 kg(182957 lb)	等待油量:	2363 kg(5210 lb)	等待时间:	0:45
允许业载:	24948 kg(55001 lb)	备份油量:	6655 kg(14673 lb)	等待表速:	208 kn
起飞油量:	16089 kg(35470 lb)	扣除滑行油后:	15841 kg(34924 lb)	滑行油量:	247 kg

起飞前 APU 地面工作：0 分，耗油：0 kg　不计此油量及滑行油量，则总油量=15841 kg
考虑飞机老化等因素航程油量与改航油量各多加了 0% 和 0%　公司备份油：0 kg

到爬升顶点:	时间	距离 km	剩余油量 kg	到下降顶点:	时间	距离 km	剩余油量 kg
	28	180	13574		2:15	1499	7423

对计算出的起飞重量(98918 kg)：最佳巡航高度=35312 ft(10763 m)，
1.3g 过载限制高度=38812 ft(11830 m)，最大巡航推力限制高度=39541 ft(12052 m)
对巡航结束时的重量(90411 kg)：最佳巡航高度=36671 ft(11177 m)，
1.3g 过载限制高度=40275 ft(12275 m)，最大巡航推力限制高度=40868 ft(12456 m)

　　上面的飞行计划是把 PEK→CTU 看为一个航段、使用当量风计算的，下面的飞行计划是按题意把 PEK→CTU 分为四个航段(PEK→WP2，WP2→WP3，WP3→WP4，WP4→CTU，各段距离依次是 104，347，529，687 km，设真航迹为 0°，各段气象风角度也是 0°，风速依次是 106，111，116，120 km/h；使得各段顶风刚好是 106，111，116，120 km/h)，使用各段的风计算的。

例表 4.2　B757 - 200(RB211 - 535E4)　飞行计划

航班：	机号:B××××	机长：	11 - 19 - 95	03:49:45

PEK	(35 m)—CTU	(500 m)	备降:KMG	(1901 m)
最大允许起飞重量:	108862 kg	飞行距离:	1667 km(900 n mile)	滑出时间:	9 min
最大着陆重量(目):	89811 kg	巡航高度:	11000 m(36090 ft)	离场时间:	0 min
最大着陆重量(备):	89811 kg	巡航速度:	LRC	滑入时间:	5 min
最大无油重量:	83461 kg	备降距离:	682 km(368 n mile)	进近时间(目):	5 min
使用空机重量:	58040 kg	巡航高度:	9000 m(29528 ft)	进近时间(备):	4 min
最大结构业载:	25421 kg	巡航速度:	LRC	防冰预计使用:	0 h
最大油箱容量:	33253 kg	等待高度:	458 m(1503 ft)	等待高度气温:	$ISA+0$
($\gamma=0.779$ kg/L)		(距地面)		飞行中 APU:	断开

滑行全重:	99078 kg(218430 lb)	轮挡油量:	9435 kg(20801 lb)	轮挡时间:	2:45

（续表）

起飞全重：	98 919 kg(218 079 lb)	航程油量：	9 187 kg(20 255 lb)	航程时间：	2:31
着陆重量：	89 732 kg(197 825 lb)	改航油量：	4 292 kg(9 463 lb)	改航时间：	1:8
无油重量：	82 988 kg(182 957 lb)	等待油量：	2 363 kg(5 210 lb)	等待时间：	0:45
允许业载：	24 948 kg(55 001 lb)	备份油量：	6 655 kg(14 673 lb)	等待表速：	208 kn
起飞油量：	16 091 kg(35 474 lb)	扣除滑行油后：	15 843 kg(34 928 lb)	滑行油量：	247 kg

起飞前 APU 地面工作:0 min,耗油:0 kg　不计此油量及滑行油量,则总油量＝15 843 kg
考虑飞机老化等因素航程油量与改航油量各多加了 0%和 0%　公司备份油:0 kg

航路点 NDB VOR	经纬度	真空速 地　速 /kn	磁向 磁向 /(°)	巡航高度 最佳高度 /m	气象风 温度℃ /(km/h)	累计距离 航段距离 /km	时间 时间	剩余油量 油　量 /kg
PEK		352	360	35	0/106	0	0:0	16 091
		314	0	10 763	ISA+3	104	0:11	1 348
滑行							0:9	159
离场(入航)							0:0	0
WP2		352	360	爬升	0/111	104	0:20	14 583
		313	0	10 763	ISA+3	77	0:8	1 008
爬升顶点		462	360	11 000	0/111	181	0:28	13 575
		402	0	10 763	ISA+3	270	0:22	1 279
WP3		462	360	11 000	0/116	451	0:49	12 297
		399	0	10 849	ISA+3	529	0:43	2 479
WP4		462	360	11 000	0/120	980	1:32	9 817
		397	0	11 015	ISA+3	520	0:42	2 394
下降始点		461	360	11 000	0/120	1 500	2:15	7 423
		396	0	11 177	ISA+3	167	0:21	328
进近							0:5	352
CTU				500		1 667	2:40	6 744
						(滑行:	0:5	88)
改航备降场:								
CTU		323	360	500	0/76	0	0:0	6 744
		296	0	11 342	ISA+7	109	0:12	1 662
爬升顶点		440	360	9 000		109	0:12	5 082
		399	0	11 342		456	0:37	2 082
下降始点		437	360	9 000		564	0:49	3 000
		396	0	11 490		118	0:15	267
进近							0:4	281
KMG				1 901		682	1:8	2 452
						滑行:	0:5	88

这两份飞行计划的结果非常接近,这表明做简化飞行计划时使用当量风是可行的。这个例子中各航段的风相差不太大,即使相差很大,用航路当量风,把整条航线作为一段计算和用各段的风分段计算的结果也很接近。例如,把这个例子中四段的风速改为:−100,50,−120,−60 km/h,分段计算的结果:起飞油量＝15 512 kg、轮

挡油量＝8896 kg、轮挡时间＝2：37；按当量风＝－58.64 km/h 计算的结果：起飞油量＝15509 kg、轮挡油量＝8854 kg、轮挡时间＝2：36。在有侧风且侧风比较大时，用当量风、把整条航线作为一段计算和用各段的风准确计算的结果会有些差别，侧风比较小时两者仍是很接近的。

4.4 国际航线飞行计划制作

4.4.1 国际航线简易飞行计划

设航路气象条件是 ISA，$OEW = 58040$ kg $= 127956$ lb，$MZFW = 83461$ kg $= 184000$ lb，$COF = 0$，最大油箱容量$=73300$ lb，旅客 200 人，每人按 200 lb 计（含免费行李），无货，不使用 APU 和防冰，用简化图表做飞行计划（见图 4.4）。

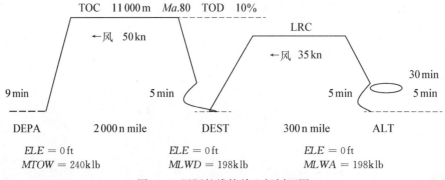

图 4.4 国际航线简单飞行剖面图

10%航程时间的航线应急油量一般并没有消耗，而是被带到了备降场 ALT，在 ALT 停机坪飞机重 $W = OEW + PL + COF + F_{10}$，式中：$F_{10}$ 是 10%航程时间的航线应急油。当然，这部分油在改航备降场过程中本身也要被消耗一些，一般大约消耗 5%左右，所以也可按在备降场停机坪 $W = OEW + PL + COF + 0.95F_{10}$ 计算。

下面以 $W = OEW + PL + COF + F_{10}$ 开始计算，这样计算得出的油量稍多一点。

由于开始计算时航程时间还没有算，所以 F_{10} 是不知道的，先设 $F_{10} = 0$（也可以先用简化图表估算一下在 DEST 的着陆重量、主航段的航程时间，查一下巡航数据表求出 FF 及 F_{10} 的初值），采用迭代算法。

$ZFW = 127956 + 40000 = 167956$ lb，

在备降场停机坪飞机重量：$W = 127956 + 40000 + 0 + 0 = 167956$ lb，

滑入：5 min，耗油 $= 5 \times 39 = 195$ lb。

在备降场进近：5 min，耗油 $= 5 \times 155 = 775$ lb，

等待结束 $W = 167956 + 195 + 775 = 168926$ lb，等待油量 $= 3460$ lb，等待开始 $W = 172386$ lb，

改航备降场油量查图得 6 900 lb,在目标机场 $LWD = 179\,286$ lb。

在目标机场进近:5 min,油量 $= 775$ lb,进近开始前 $W = 180\,061$ lb,

由 $W = 180\,061$ lb 查得:飞行时间 $= 5.07$ h $= 5{:}04$,航程时间 $= 5{:}04 + 0{:}05 = 5{:}09$,10% 为 31 min,

由 $Ma\,0.80$ 巡航数值表按重量 $= 180\,061$ lb 查出在 TOD 之一发 $FFI = 3\,407$ lb/h,

$$F_{10} \approx 3\,407 \times 2 \times 31/60 = 3\,520\,\text{lb},$$

再重算在备降场停机坪 $W = 127\,956 + 40\,000 + 3\,520 = 171\,476$ lb,滑入和进近的油量不变。

在等待结束时 $W = 172\,446$ lb,对应的 $FF = 3\,500$ lb/h,等待平均 $W = 174\,196$ lb,平均 $FF = 3\,530$ lb/h,

等待油量 $= 3\,530$ lb,等待开始重量 $= 175\,976$ lb,

查图:到备降场油量 $= 6\,950$ lb,时间 $= 0.9$ h $= 54$ min,

(改航时间 $= 54 + 5 = 59$ min,改航油量 $= 6\,950 + 775 = 7\,725$ lb),

在 DEST 着陆重量 $LWD = 175\,976 + 6\,950 = 182\,926 < MLWD$,

在目标机场进近:5 min,油量 $= 775$ lb,进近开始前 $W = 183\,701$ lb,

由下降数值表按 $W = 183\,701$ lb 查得:下降用油 $= 755$ lb。

在 TOD 之 $W = 184\,456$ lb,由 $Ma\,0.80$ 巡航数值表按重量 $= 184\,456$ lb 查出一发 $FFI = 3\,460$ lb/h,

$F_{10} = 3\,460 \times 2 \times 31/60 = 3\,575$ lb $= 1\,622$ kg,比前一次的 $F_{10} = 3\,520$ 仅多 55 lb。

如想算得更精确可再回到备降场重算,否则,只需把目标机场的着陆重量、进近前重量和 TOD 点之 W 加 55 lb。以进近前 $W = 183\,701 + 55 = 183\,756$ 查由 DEPART→BEST 的油与时间,得:

油 $= 40\,000$ lb,时间 $= 5.07$ h $= 5{:}04$,航程油量 $= 40\,775$ lb,航程时间 $= 5{:}09$,

$TOW = 223\,756$ lb $< MTOW$,

滑出:9 min,油量 $= 9 \times 39 = 351$ lb,

滑行重量 $= 224\,107$ lb

备份油量 $= F_{10} + HOLDF + DIVF = 3\,575 + 7\,725 + 3\,530 = 14\,830$ lb

轮挡油量 $= 40\,775 + 351 + 195 = 41\,321$ lb,轮挡时间 $= 5{:}23$

总油量 $= 56\,151$ lb $= 25\,470$ kg $<$ 油箱容量

(验算:滑行重 $- ZFW = 224\,107 - 167\,956 = 56\,151$ lb)

由 $TOW = 223\,756$ lb 可查得初始巡航(TOC 点)的:

最佳高度 $= 34\,900$ ft,最大巡航推力限制高度 $\geqslant 38\,800$ ft,$1.3g$ 过载限制高度 $> 38\,100$ ft,

由 TOD 点重量 $= 184\,456 + 55 = 184\,511$ lb 可查得巡航末端(TOD 点)的:

最佳高度 $= 38\,200$ ft,最大巡航推力限制高度 $\geqslant 41\,600$ ft,$1.3g$ 过载限制高

度 $>41300\,$ft，

所选的巡航高度 $11000\,$m $=36089\,$ft 是合适的。

由 $LWD=182926+55=182981\,$lb 查得飞备降场 $HOPT=38800\,$ft，飞备降场巡航高度应该选 $11000\,$m $=36089\,$ft(这是指按老高度层 $9000/11000/13000\,$m 而言)。

4.4.2 国际航线详细飞行计划

本小结针对上面算例的情况做详细飞行计划(见例表 4.3)。

例表 4.3 B757 - 200(RB211 - 535E4) 飞行计划

AAA	(0 m)—BBB	(0 m)	备降:CCC	(0 m)

** 主航段:290/0.78Ma —Ma0.80 —0.78Ma/290/250 KIAS **

高度$=11000\,$m　　　　温度$=-57$℃　$ISA+0$℃　紧急油量/航程油量$=0$%

航段	地面距离	航路风分量(顶风为负)
1	3704 km(2000 n mile)	−93 km/h(−50 kn)

** 备降航段:290/0.78Ma —LRC —0.78Ma/290/250 KIAS **

高度$=11000\,$m　　　　温度$=-57$℃　$ISA+0$　紧急油量/改航油量$=0$%

航段	地面距离	航路风分量(顶风为负)
1	556 km(300 n mile)	−65 km/h(−35 kn)

最大允许起飞重量:	108862 kg	飞行距离:	3704 km 2000 n mile	滑出时间:	9 min
最大着陆重量(目):	89811 kg	巡航高度:	11000 m(36090 ft)	离场时间:	0 min
最大着陆重量(备):	89811 kg	巡航速度:	Ma0.80 风:−50 kn	滑入时间:	5 min
最大无油重量:	83461 kg	备降距离:	556 km(300 n mile)	进近时间(目):	5 min
使用空机重量:	58040 kg	巡航高度:	11000 m(36090 ft)	进近时间(备):	5 min
最大结构业载:	25421 kg	巡航速度:	LRC 风:−35 kn	防冰预计使用:	0 h
最大油箱容量:	33253 kg	等待高度:	458 m(1503 ft)	等待高度气温:	$ISA+0$
($\gamma=779$ kg/L)		(距地面)		飞行中 APU:	断开
滑行全重:	100917 kg(222484 lb)	轮挡油量:	18088 kg(39878 lb)	轮挡时间:	5:25
起飞全重:	100758 kg(222133 lb)	航程油量:	17841 kg(39332 lb)	航程时间:	5:11
着陆重量:	82917 kg(182801 lb)	改航油量:	3421 kg(7542 lb)	改航时间:	0:59
无油重量:	76184 kg(167956 lb)	等待油量:	1602 kg(3533 lb)	等待时间:	0:30
允许业载:	18144 kg(40000 lb)	备份油量:	6645 kg(14650 lb)	等待表速:	203 kn
起飞油量:	24733 kg(54528 lb)	(扣除滑行后:	24486 kg(53982 lb)	滑行油量:	247 kg

起飞前 APU 地面工作:0 min，耗油:0 kg 不计此油量及滑行油量，则总油量$=24486$ kg

备份油中含:10%航程时间的应急油量 1622 kg。

考虑飞机老化等因素航程油量与改航油量各多加了 0%和0% 公司备份油:0 kg

到爬升顶点:	时间	距离 km	剩余油量 kg	到下降顶点:	时间	距离 km	剩余油量 kg
	28	187	22169		4:53	3530	7428

对计算出的起飞重量(100758 kg):最佳巡航高度$=34917$ ft(10643 m)，

1.3g 过载限制高度$=38417$ ft(11709 m)，最大巡航推力限制高度$=39185$ ft(11944 m)。

对巡航结束时的重量(83611 kg):最佳巡航高度$=38274$ ft(11666 m)，

1.3g 过载限制高度$=41697$ ft(12709 m)，最大巡航推力限制高度$=41913$ ft(12775 m)。

对本例的做法,除了要计算 10% 航程时间的航线应急油 F_{10} 外,和国内航线详细飞行计划的制作方法相同。

航线应急油的计算在前面例子中已介绍过,因此,本例不再给出详细的计算过程,只给出一份用微机计算的结果,手算的结果应该和它很接近。

关于 10% 航程时间的航线应急油的计算,可以同上面例子一样,先设 $F_{10} = 0$,由备降场开始计算;也可先估算一个 F_{10},加到备降场无油重量上开始计算,待算出更准确的 F_{10} 后代替前一次的 F_{10} 重新计算。

估算 F_{10} 的初值:

可以先用 $MLWD = 198000\,\mathrm{lb}$ 估算在 TOD 点的 FF,也可以先用简化图表估算一下备份油量算出 TOD 点之 W,再查表确定 TOD 点之 FF;

航程时间可由简化飞行计划图表查出,如对本例查得:约 $5\,\mathrm{h} = 300\,\mathrm{min}$;或由巡航数值表查出真空速 $459\,\mathrm{kn}$,近似算出航程时间 $= 2000/(459-50) = 4.89\,\mathrm{h}$,然后就可算出 F_{10} 的初值。

4.5　飞行计划中若干问题的计算

1) 爬升和下降性能中的机场标高修正

飞机使用手册中的爬升、下降性能的数值表都是针对机场气压高度为零的情况给出的,即给出的是由海平面机场起飞爬升到某一高度层所需要的油量、时间及飞过的水平距离和由某一高度层下降到气压高度为 $1500\,\mathrm{ft}$ 时所需的油量、时间及飞过的水平距离(波音飞机的下降数据是直到地面的,下述的修正方法仍是正确的)。

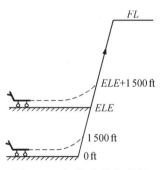

图 4.5　爬升过程中的标高修正示意图

当机场气压高度不为零时应进行修正。一般说来机场的标高并非其气压高度,两者之间的差别可达几百英尺,这种差别对机场分析(即确定最大起飞重量)的影响较大(尤其是对大型飞机),对确定爬升、下降的油量、时间等影响不大,可以把标高作为气压高度看待。

设机场标高为 ELE,飞行高度为 FL,由图 4.5 不难看出从标高为 ELE 的机场起飞爬升到巡航高度 FL 所需的油量 $F_{ELE \to FL}$、时间 $T_{ELE \to FL}$ 及飞过的水平距离 $D_{ELE \to FL}$

可如下计算:

$$F_{ELE \to FL} = F_{0 \to FL} - F_{0 \to ELE+1500\,\mathrm{ft}} + F_{0 \to 1500\,\mathrm{ft}}$$

$$t_{ELE \to FL} = t_{0 \to FL} - t_{0 \to ELE+1500\,\mathrm{ft}} + t_{0 \to 1500\,\mathrm{ft}}$$

$$D_{ELE \to FL} = D_{0 \to FL} - D_{0 \to ELE+1500\,\mathrm{ft}} + D_{0 \to 1500\,\mathrm{ft}}$$

这里近似认为从海平面机场起飞到离地 1500 ft 的时间、油量及距离等于在标高为 *ELE* 的机场起飞到离地 1500 ft 的时间、油量及距离。

对于下降而言（参见文献［7］中的下降数值表），由巡航高度 *FL* 下降、直到在标高为 *ELE* 的机场接地时的油量、时间及飞过的水平距离分别为（见图 4.6）：

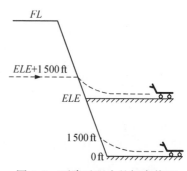

图 4.6　下降过程中的标高修正示意图

$$F_{FL \to ELE} = F_{FL \to 0} - F_{ELE+1\,500\,ft \to 0} + F_{1\,500 \to 0\,ft}$$

$$t_{FL \to ELE} = t_{FL \to 0} - t_{ELE+1\,500\,ft \to 0} + t_{1\,500 \to 0\,ft}$$

$$D_{FL \to ELE} = D_{FL \to 0} - D_{ELE+1\,500\,ft \to 0} + D_{1\,500 \to 0\,ft}$$

如手册中下降表中最后一行的油量、时间、距离是零，则表中每一行是由给定高度 *FL* 下降到离地 1500 ft 高的油量、时间、距离。由巡航高度 *FL* 下降到距标高为 *ELE* 的机场 1500 ft 高时的油量、时间及飞过的水平距离分别为

$$F_{FL \to ELE} = F_{FL \to 1\,500\,ft} - F_{ELE+1\,500\,ft \to 1\,500\,ft}$$

$$t_{FL \to ELE} = t_{FL \to 1\,500\,ft} - t_{ELE+1\,500\,ft \to 1\,500\,ft}$$

$$D_{FL \to ELE} = D_{FL \to 1\,500\,ft} - D_{ELE+1\,500\,ft \to 1\,500\,ft}$$

应另加进近的油量、时间、距离。对于使用波音手册下降数值表的情况，如不是直接进近、接地，做飞行计划时也应酌情适当增加一点进近时间。

2）风对爬升、下降中飞过的水平距离的影响

爬升、下降数值表中给出的水平距离均指无风时的距离（或者说是空中距离），一般爬升、下降中都是有风的，风速从地面到巡航高度是逐渐增大的。为求出爬升、下降中飞过的地面距离，一般近似认为爬升、下降中的风速为巡航高度上风速的 2/3，设巡航高度上的风速为 *W*，爬升、下降中飞过的空中距离为 *DA*（即上面计算出的距离），用的时间为 *t*，则飞机爬升、下降中水平方向的平均空速为 $DA/t_{地速} = DA/t \pm W \times 2/3$（顶风取负号），则飞过的地面距离 $D = (DA/t \pm W \times 2/3) \times t = DA \pm W \times t \times 2/3$。由于风是水平方向的，所以风不改变飞机的爬升、下降速率，风不影响爬升、下降的油量及时间。式中 *t* 以小时为单位。

5 特殊飞行计划制作

5.1 规定起飞油量的飞行计划和无备降场的飞行计划

5.1.1 规定(最小)起飞油量的飞行计划

在某些情况下,可能希望起飞油量不要少于某一数值,对于有这种要求的情况,首先按正常情况根据有关的加油规定计算起飞时应加的油量,如此油量多于希望的(规定的)最小起飞油量,则以计算出的应加油量为准,否则,应增加额外油量,重新计算。具体算法是:在第一步最后算出的备降场停机坪重量(即由备降场停机坪开始往回推算时的重量)上增加一定的额外油量,例如规定的起飞油量和第一步算出的应加油量的差值的 0.9~0.95 倍(航程远取小值),然后往回推算到起飞机场,如这次算出的起飞油量仍小于规定的起飞油量,则再增加一些额外油量重新计算,如这次算出的起飞油量大于规定的起飞油量,则把额外油量减少一些重新计算,反复迭代直到算出的起飞油量近似等于规定的起飞油量为止。在这种计算中如受到最大允许起飞重量或最大着陆重量或油箱容量限制,则应减少业载来满足各种限制。比较第一次和这次的飞行计划中的允许业载、轮挡油量、航程油量等即可得知:为达到规定的起飞油量而造成的业载损失(业载也可能不减少)和(或)多耗的燃油。详见以下各例。

例5.1 不规定起飞油量和规定起飞油量的飞行计划及计算结果对比。

(1)不规定起飞油量的飞行计划[由最大结构业载开始计算(见例表 5.1a)]。

例表 5.1a 不规定起飞油量的飞行计划

北京	(35m)—广州		(11m) 备降:桂林	(150m)
航路爬升速度:	280/0.74Ma		航路下降速度:	0.70Ma/280/250 KIAS
最大允许起飞重量:	61235 kg	飞行距离:	2044 km(1104 n mile)	滑出时间: 10 min
最大着陆重量(目):	51710 kg	巡航高度:	9600 m(31497 ft)	离场时间: 3 min
最大着陆重量(备):	51710 kg	巡航速度:	Ma0.74	滑入时间: 5 min

最大无油重量：	48 308 kg	备降距离：	479 km(259 n mile)	进近时间(目)：	5 min
使用空机重量：	32 840 kg	巡航高度：	8 400 m(27 559 ft)	进近时间(备)：	5 min
最大结构业载：	15 468 kg	巡航速度：	LRC	防冰预计使用：	0 h
最大油箱容量：	15 658 kg	等待高度：	458 m(1 503 ft)	等待高度气温：	ISA+0
（γ = 0.779 kg/L）		（距地面）		飞行中 APU：	断开

滑行全重：	59 546 kg(131 277 lb)	轮挡油量：	7 893 kg(17 402 lb)	轮挡时间：	3:6
起飞全重：	59 433 kg(131 027 lb)	航程油量：	7 723 kg(17 027 lb)	航程时间：	2:51
着陆重量：	51 710 kg(114 000 lb)	改航油量：	2 429 kg(5 356 lb)	改航时间：	0:50
无油重量：	47 455 kg(104 621 lb)	等待油量：	1 768 kg(3 898 lb)	等待时间：	0:45
允许业载：	14 615 kg(32 221 lb)	备份油量：	4 198 kg(9 254 lb)	等待表速：	221 kn
起飞油量：	12 091 kg(26 656 lb)	(扣除滑行油后)：	11 921 kg(26 281 lb)	滑行油量：	170 kg

起飞前 APU 地面工作：0 min 耗油：0 kg 不计此油量及滑行油量，则总油量＝11 921 kg
考虑飞机老化等因素航程油量与改航油量各多加了 2%和 2% 公司备份油：0 kg
* 业载受目的机场最大着陆重量限制。

（2）规定起飞油量＝14 000 kg（由最大结构业载开始计算）的飞行计划（摘要见例表 5.1b）

例表 5.1b 规定起飞油量的飞行计划

滑行全重：	59 546 kg(131 277 lb)	轮挡油量：	7 893 kg(17 402 lb)	轮挡时间：	3:6
起飞全重：	59 433 kg(131 027 lb)	航程油量：	7 723 kg(17 027 lb)	航程时间：	2:51
着陆重量：	51 710 kg(114 000 lb)	改航油量：	2 429 kg(5 356 lb)	改航时间：	0:50
无油重量：	45 548 kg(100 415 lb)	等待油量：	1 768 kg(3 898 lb)	等待时间：	0:45
允许业载：	12 708 kg(28 015 lb)	备份油量：	6 105 kg(13 460 lb)	等待表速：	221 kn
起飞油量：	13 999 kg(30 862 lb)	(扣除滑行油后)：	13 829 kg(30 487 lb)	滑行油量：	170 kg

起飞前 APU 地面工作：0 min，耗油：0 kg 不计此油量及滑行油量，则总油量＝13 829 kg，
考虑飞机老化等因素航程油量与改航油量各多加了 2%和 2% 公司备份油：0 kg，
为达到规定起飞油量 14 000 kg，额外加油 1 907 kg，多耗油 0 kg，业载减少 1 907 kg。
* 业载受目的机场最大着陆重量限制。

（3）如不规定起飞油量，计划业载＝13 000 kg，计算结果如下（见例表 5.1c）：

例表 5.1c 计算结果 1

起飞油量＝11 858 kg，航程油量＝7 573 kg，允许业载* ＝13 000 kg。如规定起飞油量＝14 000 kg，计划业载 13 000 kg，计算结果同(2)，此时为达到规定起飞油量 14 000 kg，额外加油 2 142 kg，多耗油 150 kg，业载减少 292 kg。
* 业载受目的机场最大着陆重量限制。

（4）如不规定起飞油量，计划业载＝12 000 kg，计算结果如下（见例表 5.1d）：

例表 5.1d　计算结果 2

起飞油量＝11 717 kg,航程油量＝7 484 kg,允许业载＝12 000 kg(业载不受限制)。
如人为规定起飞油量＝14 000 kg,计划业载＝12 000 kg,结果如下:

滑行全重:	58 838 kg(129 716 lb)	轮挡油量:	7 835 kg(17 273 lb)	轮挡时间:	3:6
起飞全重:	58 725 kg(129 466 lb)	航程油量:	7 665 kg(16 898 lb)	航程时间:	2:51
着陆重量:	51 060 kg(112 568 lb)	改航油量:	2 415 kg(5 324 lb)	改航时间:	0:50
无油重量:	44 840 kg(98 855 lb)	等待油量:	1 751 kg(3 860 lb)	等待时间:	0:45
允许业载:	12 000 kg(26 455 lb)	备份油量:	6 163 kg(13 588 lb)	等待表速:	220 kn
起飞油量:	13 998 kg(30 861 lb)	(扣除滑行油后)	13 828 kg　30 486 lb)	滑行油量:	170 kg

起飞前 APU 地面工作:0 min,耗油:0 kg。不计此油量及滑行油量,则总油量＝13 828 kg,
考虑飞机老化等因素航程油量与改航油量各多加了 2% 和 2%　公司备份油:0 kg,为达到规定起飞油量
14 000 kg,额外加油 2 281 kg,多耗油 181 kg,业载减少　0 kg。

5.1.2　无备降场的飞行计划

(1) 国内航线(涡轮动力装置或非涡轮动力装置飞机)。

在符合国内航线油量规定第(2)条(见 3.2.2 节)的情况下,不需要备降场,此时按在目标机场等待 45 min 计算备份油量,在相应飞行剖面中取消改航段的计算,其余算法不变。

(2) 国际航线。

a. 对于涡轮动力飞机(涡桨飞机除外),在符合国际航线油量规定第(2)条的情况下(见 3.2.2 节),不需要备降场,此时做飞行计划的方法仍然适用,只是在相应的飞行剖面中取消改航段的计算,并改为在目标机场等待 30 min,其余算法不变,航线应急油仍按 10% 航程时间计算。

b. 对于符合国际航线油量规定第(3)条的情况,仍按前述方法做飞行计划,只是在相应的飞行剖面中取消改航段的计算,另外:

对于涡轮动力装置飞机(涡桨飞机除外)在目标机场的等待时间改为 120 min。

对于非涡轮动力装置飞机及涡桨飞机在目标机场的等待时间改为 180 min。

对这两种情况都不再计算 10%(15%) 的航程时间的航线应急备份油。

5.1.3　特殊国内航线(按 CCAR - 121FS 第 657 - b 款计算)的飞行计划

对偏僻地区的荒漠航线,在目的机场周围没有合适的备降场(符合条件的备降场太远)时,可以按 CCAR - 121FS 第 657 - b 款的规定计算起飞油量、制订飞行计划。为此,要先在由起飞机场至目标机场的航路上选定一个预定点,一般是考虑山区航路飘降不能越障而选定的改航点,然后选定由此预定点改航要去的一个航路备降场。

设起飞机场为 A,目标机场为 B,由 A 到 B 的航路上选定的预定点为 C,由 C 飞往航路备降场 D。

(1) 先建立由 A 至 C 到 D 的航线(如预定点 C 是固定的,可一次性事先建好)。

（2）以计划业载或最大业载 PL 做由 A 到 B 的无备降场飞行计划，等待时间取 2 h，算出起飞总油量和允许业载 PL_2。

（3）以第 2 步得出的业载 PL_2 做由 A 至 C 到 D 的无备降场飞行计划，等待时间取 45 min，以第 2 步得出的起飞油量作为这次的规定油量（最小起飞油量）进行计算。

a. 如果第 3 步算出的业载 PL_3 没有减少且第 2，3 两步算出的起飞油量相同，则计算结束。第 2 步做出的飞行计划用于正常航班飞行，第 3 步做出的飞行计划用于由 C 改航 D 的飞行。

b. 如果第 3 步算出的业载 PL_3 没有减少，但第 3 步算出的起飞油量多，则以第 3 步的业载 PL_3 做由 A 到 B 的无备降场飞行计划，等待时间取 2 h，以第 3 步的起飞油量作为规定油量（最小起飞油量）进行计算。

（i）如此次的业载 PL_4 没有减少，则计算结束，这次的起飞油量与第 3 步算出的起飞油量相同，这次算出的即 A 到 B 的飞行计划，第 3 步算出的是 $A{\rightarrow}C{\rightarrow}D$ 的飞行计划。

（ii）如此次的业载 PL_4 减少，则可近似以 PL_4 为业载，以最后一次的 $A{\rightarrow}B$ 的飞行计划为准（准确做应该迭代计算，业载可稍许大一些）。

c. 如果第 3 步算出的业载 PL_3 减少，但第 2，3 两步算出的起飞油量相同，则以 PL_3 为允许业载，上面算出的起飞油量即最终应加油量，第 3 步得到的即 $A{\rightarrow}C{\rightarrow}D$ 的飞行计划，可以保持起飞油量不变以业载 PL_3 重做一次 A 到 B 的无备降场飞行计划，等待时间取 2 h。准确做，应该以比 PL_3 大一些的业载重做 $A{\rightarrow}B$ 的飞行计划，进行迭代计算，最终业载可稍许大一些。

d. 如果第 3 步算出的业载 PL_3 减少，且第 3 步算出的起飞油量多，则以第 3 步的业载 PL_3 重做由 A 到 B 的无备降场飞行计划，等待时间取 2 h，以第 3 步的起飞油量作为规定油量（最小起飞油量）进行计算。

（i）如此次的业载 PL_4 没有减少，则计算结束，这次的起飞油量与第 3 步算出的起飞油量相同，这次算出的即 A 到 B 的飞行计划，第 3 步算出的是 $A{\rightarrow}C{\rightarrow}D$ 的飞行计划。

（ii）如此次的业载 PL_4 减少，则可近似以 PL_4 为业载，以最后一次的 $A{\rightarrow}B$ 的飞行计划为准（准确做应该迭代计算，业载可稍许大一些）。

5.2 目标机场不能加油和只能部分加油的飞行计划

5.2.1 目标机场不能加油的飞行计划

有个别机场如拉萨机场不能为飞机加油，飞到这样机场去的飞机必须带上回程所需的油量，下面讨论一下当目标机场不能加油时的飞行计划的做法。

如图 5.1 所示，设飞机从机场 DEPART 出发飞到不能加油的机场 DEST1，其备降场为 ALT1，正常情况下飞机在 DEST1 着陆并滑入停机坪上下旅客及货物，然

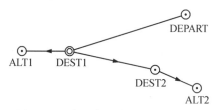

图 5.1　目标机场不能加油和只能部分加油的飞行剖面

后再滑到起飞线起飞飞往目标机场 DEST2（可以是 DEPART），其备降场为 ALT2。在 DEST1 停机坪上剩余的油量应等于由 DEST1 起飞到 DEST2 备降 ALT2 的油量。

注意在 DEPART 起飞时的业载与在 DEST1 起飞时的业载可以是不同的。具体计算方法是从 ALT2 开始往回计算直到 DEST1 的停机坪为止，这实际上就得到了从 DEST1 起飞到 DEST2 备降 ALT2 的飞行计划，把这个计划的总油量作为由 DEPART 到 DEST1 的备份油量，再由 DEST1 之停机坪往回算到 DEPART 之停机坪，这样就得到了由 DEPART 起飞的飞行计划。这样得出的总油量一般大于由 DEPART→DEST1 再备降 ALT1 之所需总油量，如果不能判断则应做出由 DEPART→DEST1→ALT1 之飞行计划，以两个计划中总油量大的一个作为起飞应加的油量。在 DEST1 如不繁忙，不用等待时可不加在 DEST1 的等待油量。

北京→拉萨备降成都，再由拉萨飞往广州备降桂林即属于上面讨论的情况。

北京→拉萨备降成都，拉萨→北京备降太原是上面一般情况中的特例。

成都→拉萨备降成都，拉萨→成都备降重庆亦是一种特例。对这些情况都应先做出回程（由拉萨起飞）的飞行计划，再做飞入拉萨的飞行计划，如果回程长需要带的回程油多，会由于在拉萨着陆重量限制（$LW = OEW + PL +$ 回程油 $\leqslant MLW$）使由北京等飞往拉萨时的业载过小，经济效益差，甚至亏本。因此由拉萨出来时应经停成都，这样由拉萨出来时油量按拉萨至成都备降重庆（或昆明）来计算，可使回程油减少，提高飞入拉萨时的业载。

5.2.2　目标机场只能部分加油的飞行计划

目前有些机场对在该机场着陆的飞机只能补充少量燃油、不能提供所需的全部燃油，对这种目标机场只能部分加油的情况，可按下述方法做飞行计划。

考虑最一般的情况，如图 5.1 所示，假设从机场 DEPART 起飞飞往只能部分加油的机场 DEST1，其备降场为 ALT1，由 DEST1 起飞执行飞往 DEST2 的航班，备降 ALT2。设在 DEST1 允许的加油量为 DF。

1）先做出由 DEST1→DEST2 备降 ALT2 的飞行计划

算出它的轮挡油量 BF_2、备份油 RF_2、所需的起飞总油量 TF_2 及业载 PL_2 等，这个飞行计划也是由 DEST1 起飞执行的航班所必须做的。

对这种能部分加油的情况，不能简单地套用目标机场不能加油的做法：以 $TF_2 - DF$ 作为在 DEST1 停机坪剩余油量往回推算，因为由 DEPART→DEST1 备降 ALT1 的备份油量 RF_1 可能多于 $RF = TF_2 - DF$。只有做出 DEPART→DEST1 备降 ALT1 的飞行计划才能知道 RF_1 是否多于 RF。

2) 做由 DEPART→DEST1 备降 ALT1 的飞行计划

这个飞行计划按正常飞行计划方法做,所使用的飞行剖面就是前面所用的做正常飞行计划时用的飞行剖面。下面以国内航线为例加以说明:

做这个飞行计划时要保证在 DEST1 剩油不少于 $RF=TF_2-DF$,以使在 DEST1 着陆、补充油量 DF 后总油量=执行 DEST1→DEST2 备降 ALT2 所需的油量 TF_2。

先令在 ALT1 停机坪的重量 $W_0=OEW+PL+COF+F_{154}$,由停机坪开始往回计算。式中:OEW 为使用空机重;PL 为业载;COF 为公司备份油,一般为 0;F_{154} 为使备份油等于所要求的数量需要补加的油量,开始先令 $F_{154}=0$。

当计算到 DEST1 时如果着陆重量超过该机场的最大允许着陆重量,则应减少业载由 ALT1 停机坪重新开始往回计算,直到在 DEST1 的着陆重量=该机场的最大允许着陆重量为止。这时也就算出了备份油量 RF_1,$RF_1=COF+F_{154}+DIVF+HLDF$,式中:$DIVF$ 为改航油量(其中含在备降机场的进近油量);$HLDF$ 为等待油量。如果 $RF_1 \geqslant RF$,则由 DEST1 继续往回(DEPART)计算、完成这个飞行计划。否则,取 $F_{154}=0.94\times(RF-RF_1)$,再返回 ALT1 停机坪重新开始计算,直到 $RF_1=RF$ 为止。然后再继续由 DEST1 往回(DEPART)计算、完成这个飞行计划。

如计算到 DEPART 时的起飞重量超过该机场的最大允许起飞重量,则应减少业载由 ALT1 停机坪重新开始往回计算,直到在 DEPART 的起飞重量=该机场的最大允许起飞重量为止。这样就做出了目标机场只能部分加油的飞行计划。

从上述过程可知,由 DEPART 飞到 DEST1 后的剩余油量 RF_1 有可能多于 (TF_2-DF),特别是在 DEST1 的备降机场比较远或在 DEST1 允许的加油量 DF 比较大时就可能出现这种情况。当在 DEST1 允许的加油量 DF 很大时,(TF_2-DF) 很小甚至为负,这时做出的飞行计划和目标机场能正常加油的飞行计划完全一样。对于目标机场不能加油的情况,如果按目标机场只能部分加油,但允许加油量=0 来做飞行计划,则做出的飞行计划和按目标机场不能加油做出的飞行计划一般相同,但在 DEPART→DEST1 的备降距离远使得备份油量 RF_1 多于 (TF_2-0) 时,则两个飞行计划不同,按目标机场只能部分加油方法做飞行计划算出的起飞油量比按不能加油的方法算出的起飞油量多(后者是由 TF_2 作为在 DEST1 剩余油量往回推算的),而且正是这个飞行计划才是正确的,此外,这个计划也能给出备降航段的飞行数据。

对于国际航线目标机场只能部分加油的飞行计划,做法与上述基本相同,只是令在 ALT1 停机坪的重量 $W_0=OEW+PL+COF+F_{154}+F_{10}$,由停机坪开始往回计算,$F_{10}$ 是 10% 航程时间的航线应急油量,最初开始计算时可取 $F_{10}=0$ 或先估算一个初值,在计算中通过迭代确定 F_{10} 及 RF_1 和起飞油量等各项数据。

下面给出两个例子,第一个例子包括目标机场不能加油和只能部分加油的两份飞行计划及回程的飞行计划。设由广州飞往拉萨,备降成都。由拉萨起飞的目标机场是成都,备降重庆,第一份是由拉萨→成都备降重庆的飞行计划(见例表 5.2a),第二份飞行计划假设拉萨不能加油（见例表 5.2b），第三份飞行计划假设在拉萨可补充 4000 kg 燃油（见例表 5.2c）。从计算得知，拉萨→成都备降重庆所需的总油量＝11510 kg，11510－4000＝7510 kg，广州→拉萨备降成都的备份油量是 8368 kg，即由广州飞到拉萨后应剩油 8368 kg 而不是 7510 kg，如按不能加油的方法、以 7510 kg 由拉萨开始向广州计算，起飞油量将偏少。

例 5.2

例表 5.2a　拉萨→成都备降重庆

B757－200（RB211－535E4）　飞行计划				
拉萨　　　　（3542 m）—成都		（495 m）　备降：重庆		（416 m）
最大允许起飞重量：	94500 kg	飞行距离	1303 km(704 n mile)	滑出时间：　9 min
最大着陆重量（目）：	89811 kg	巡航高度	10000 m(32809 ft)	离场时间：　0 min
最大着陆重量（备）：	89811 kg	巡航速度	LRC	滑入时间：　5 min
最大无油重量：	83461 kg	备降距离	320 km(173 n mile)	进近时间（目）：5 min
使用空机重量：	59360 kg	巡航高度	4800 m(15748 ft)	进近时间（备）：4 min
最大结构业载：	24101 kg	巡航速度	LRC	防冰预计使用：　0 h
最大油箱容量：	33253 kg	等待高度	458 m(1503 ft)	等待高度气温：$ISA+0$
($\gamma=0.779$ kg/L)		（距地面）		飞行中 APU：　断开

滑行全重：	94766 kg(208923 lb)	轮挡油量：	6506 kg(14344 lb)	轮挡时间：　1:58
起飞全重：	94501 kg(208338 lb)	航程油量：	6152 kg(13563 lb)	航程时间：　1:44
着陆重量：	88349 kg(194775 lb)	改航油量：	2466 kg(5437 lb)	改航时间：　0:38
无油重量：	83257 kg(183550 lb)	等待油量：	2537 kg(5593 lb)	等待时间：　0:45
允许业载：	23897 kg(52684 lb)	备份油量：	5003 kg(11030 lb)	等待表速：　208 kn
起飞油量：	11510 kg(25374 lb)	（扣除滑行油后）：11262 kg(24828 lb)		滑行油量：　247 kg

起飞前 APU 地面工作：60 min，耗油：107 kg　不计此油量及滑行油量，则总油量＝11155 kg，
考虑飞机老化等因素航程油量与改航油量各多加了 0% 和 0%　公司备份油：0 kg，
＊ 业载受最大起飞全重限制。

航路点	经纬度	真空速	磁向	巡航高度	气象风	累计距离	时间	剩余油量
NDB VOR		地　速	磁向	最佳高度	温度℃	航段距离	时间	油　量
		/kn	/(°)	/m	/(km/h)	/km		/kg
拉萨	N2917.3	347	93	3542	280/20	0	0:0	11509
TJ523	E9054.9	354	94	11005	$ISA+10$	85	0:8	990
APU 耗油及滑行							0:9	266
离场（入航）							0:0	0
泽当	N2914.5	347	55	爬升	280/20	85	0:17	10253
	E09147.0	352	56	11005	$ISA+10$	47	0:4	552

（续表）

爬升顶点	N2928.7	468	55	10000	280/20	132	0:21	9702
	E9210.8	475	56	11005	ISA+10	105	0:7	424
太昭	N3000.2	467	72	10000	280/20	236	0:28	9278
	E9304.5	477	73	11034	ISA+10	415	0:28	1661
昌都	N3109.0	465	96	10000	280/20	651	0:56	7616
	E9710.5	476	96	11145	ISA+10	377	0:26	1492
切道孚	N3050.0	463	97	10000	280/20	1028	1:22	6124
UW240	E10106.0	474	97	11250	ISA+10	92	0:6	363
下降始点	N3045.3	463	97	10000	280/20	1121	1:29	5761
	E1023.5	473	97	11276	ISA+10	182	0:19	318
						进近	0:5	352
双流	N3034.8			495		1303	1:53	5091
	E10356.8					(滑行:	0:5	88)
改航备降场：								
双流	N3034.8	233	87	495	290/30	0	0:0	5091
	E10356.8	242	88	11390	ISA+15	45	0:6	957
爬升顶点	N3036.3	375	87	4800		45	0:6	4135
	E10424.5	390	88	11390		6	0:1	33
五凤溪	N3036.5	375	114	4800	290/30	51	0:6	4102
FR312	E10428.5	391	114	11393	ISA+15	180	0:15	935
下降始点	N30.1	374	114	4800		231	0:21	3167
	E10612.2	390	114	11459		7	0:1	19
合川	N2958.7	224	106	下降	290/30	237	0:22	3148
DS250	E10616.0	234	106	11459	ISA+15	58	0:8	165
统景场	N2951.0	224	238	下降	290/30	295	0:30	2983
OS241	E10650.8	218	235	11459	ISA+15	25	0:4	76
进近							0:4	281
江北	N2943.1			416		320	0:38	2625
CKG116.1	E10638.5					滑行:	0:5	88

导航资料	塔台频率	区调频率	进近方式	呼号	频率
CTU　成都	123.0	122.8	ILS	IZW	110.3
LXA　拉萨	130.0	122.2	NDB	TJ	523
CKG　重庆	130.0	122.8	ILS	IWX	109.7
KMG　昆明	118.1	133.6	VOR	KMG	112.9

拉萨　E RW200　E R413　成都　S ZW260　S Z396

成都　S ZW260　S Z396　重庆　N OS241　N O217

例表 5.2b 假设拉萨不能加油

B757 - 200(RB211 - 535E4) 飞行计划

航班:	机号:B××××	机长:	12 - 14 - 93	13:04:00
广州	(11m)—拉萨	(3542m)	备降:成都	(495m)

最大允许起飞重量:	108 862 kg	飞行距离:	2 665 km(1 439 n mile)	滑出时间:	9 min
最大着陆重量(目):	89 811 kg	巡航高度:	11 000 m(36 090 ft)	离场时间:	0 min
最大着陆重量(备):	89 811 kg	巡航速度:	LRC	滑入时间:	4 min
最大无油重量:	83 461 kg	备降距离:	1 303 km(704 n mile)	进近时间(目):	5 min
使用空机重量:	59 360 kg	巡航高度:	10 000 m(32 809 ft)	进近时间(备):	4 min
最大结构业载:	24 101 kg	巡航速度:	LRC	防冰预计使用:	0 h
最大油箱容量:	33 253 kg	等待高度:	457 m(1 500 ft)	等待高度气温:	$ISA+0$
$(\gamma = 0.779 \text{ kg/L})$		(距地面)		飞行中 APU:	断开

滑行全重:	104 036 kg(229 360 lb)	轮挡油量:	14 295 kg(31 514 lb)	轮挡时间:	3;51
起飞全重:	103 877 kg(229 009 lb)	航程油量:	14 065 kg(31 007 lb)	航程时间:	3:38
着陆重量:	89 812 kg(198 002 lb)	改航油量:	0 kg(0 lb)	改航时间:	0;0
无油重量:	78 232 kg(172 471 lb)	等待油量:	0 kg(0 lb)	等待时间:	0;0
允许业载:	18 872 kg(41 605 lb)	备份油量:	11 510 kg(25 375 lb)	等待表速:	206 kn
起飞油量:	25 805 kg(56 889 lb)	(扣除滑行油后) 25 575 kg(56 382 lb)		滑行油量:	229 kg

起飞前 APU 地面工作:0 min 耗油:0 kg 不计此油量及滑行油量,则总油量=25 575 kg

考虑飞机老化等因素航程油量与改航油量各多加了0%和0% 公司备份油: 0 kg

因在拉萨不能加油,起飞总油量按下列飞行所需计算:

广州 → 拉萨 再起飞到 CTU 备降 CKG

* 业载受目的机场最大着陆重量限制。

航路点 NDB VOR	经纬度	真空速 地 速 /kn	磁向 磁向 /(°)	巡航高度 最佳高度 /m	气象风 温度℃ /(km/h)	累计距离 航段距离 /km	时间 时间	剩余油量 油 量 /kg
白云	N2311.1	369	214	11	280/100	0	0;0	25 805
CAN113.0	E11315.9	356	209	10 464	$ISA+12$	19	0;2	213
滑行							0;9	159
离场(入航)							0;0	0
平州	N2302.2	369	272	爬升	280/100	19	0;11	25 432
XK353	E11310.9	333	271	10 464	$ISA+12$	75	0;7	920
......								

(对改航段不加计算)

例表 5.2c　拉萨可加油 4000 kg

B757-200(RB211-535E4)　　飞行计划			
航班：　　机号:B××××　　机长：　　12-14-93　　　　　13:10:49			
广州　　　(11 m)—拉萨　　(3542 m)　　备降:成都　　　(495 m)			

最大允许起飞重量：	108862 kg	飞行距离：	2665 km(1439 n mile)	滑出时间：	9 min
最大着陆重量(目)：	89811 kg	巡航高度：	11000 m(36090 ft)	离场时间：	0 min
最大着陆重量(备)：	89811 kg	巡航速度：	LRC	滑入时间：	4 min
最大无油重量：	83461 kg	备降距离：	1303 km(704 n mile)	进近时间(目)：	5 min
使用空机重量：	59360 kg	巡航高度：	10000 m(32809 ft)	进近时间(备)：	4 min
最大结构业载：	24101 kg	巡航速度：	LRC	防冰预计使用：	0 h
最大油箱容量：	33253 kg	等待高度：	457 m(1500 ft)	等待高度气温：	$ISA+0$
$(\gamma=0.779\,\mathrm{kg/L})$		(距地面)		飞行中 APU：	断开

滑行全重：	104035 kg(229357 lb)	轮挡油量：	14294 kg(31514 lb)	轮挡时间：	3:51
起飞全重：	103876 kg(229006 lb)	航程油量：	14064 kg(31007 lb)	航程时间：	3:38
着陆重量：	89811 kg(198000 lb)	改航油量：	5885 kg(12975 lb)	改航时间：	1:44
无油重量：	81373 kg(179396 lb)	等待油量：	2482 kg(5473 lb)	等待时间：	0:45
允许业载：	22013 kg(48530 lb)	备份油量：	8368 kg(18448 lb)	等待表速：	206 kn
起飞油量：	22662 kg(49961 lb)	(扣除滑行后：	22432 kg(49454 lb)	滑行油量：	229 kg

起飞前 APU 地面工作:0 min,耗油:0 kg　不计此油量及滑行油量,则总油量=22432 kg

考虑飞机老化等因素航程油量与改航油量各多加了 0% 和 0%　公司备份油:0 kg

因为拉萨只能加油 4000 kg,起飞总油量按在拉萨着陆后,

剩油=拉萨　　→ CTU　　　　备降 CKG　　　所需油量减可加油量计算

* 业载受目的机场最大着陆重量限制。

航路点	经纬度	真空速	磁向	巡航高度	气象风	累计距离	时间	剩余油量
NDB VOR		地 速	磁向	最佳高度	温度℃	航段距离	时间	油 量
		/kn	/(°)	/m	/(km/h)	/km		/kg
白云	N2311.1	369	214	11	280/100	0	0:0	22662
CAN113.0	E11315.9	356	209	10464	$ISA+12$	19	0:2	213
滑行							0:9	159
离场(入航)							0:0	0
平州	N2302.2	369	272	爬升	280/100	19	0:11	22290
XK353	E11310.9	333	271	10464	$ISA+12$	75	0:7	920
……(略)								

　　第二个例子(见例表 5.3)用本节的方法研究了在第一目标机场或者说是经停站 DEST1(见图 5.1)不能加油或只能补充少量燃油时,DEST1 的业载和起飞机场的业载相互影响的问题,这是个和经营策略有关的问题。

　　例 5.3　B757-200(RB211-535E4)由机场 A 起飞,经停机场 B,再飞往机场 C,备降 D,在机场 B 可以上下客货,但不能加油,飞行剖面如图 5.2 所示。设在机场 A 的最大允许起飞重量=105 t,在机场 B 的最大允许起飞重量=95 t,在机场 B, C, D 的最大允许着陆重量是结构限制的 89811 kg,最大无油重量=83461 kg,使用空机重=59360 kg,最大油箱容量=33253 kg,机场 A, B, C, D 的标高分别为 500, 3500, 0, 0 m。各段距离及参数如图 5.2 所示。

图 5.2　例 5.3 飞行剖面

$A \to B$ 的距离 $= 1000 NGM = 1852 \, \mathrm{km}$，巡航高度 $35000 \, \mathrm{ft}$，$ISA + 20℃$，顶风 $50 \, \mathrm{kn}$，LRC，

$B \to C$ 的距离 $= 750 NGM = 1389 \, \mathrm{km}$，巡航高度 $37000 \, \mathrm{ft}$，$ISA + 10℃$，顶风 $75 \, \mathrm{kn}$，LRC，

$C \to D$ 的距离 $= 300 NGM = 556 \, \mathrm{km}$，巡航高度 $35000 \mathrm{ft}$，$ISA + 0℃$，无风，以 LRC 巡航。

在机场 A 的滑出时间 $9 \, \mathrm{min}$，离场时间 $0 \, \mathrm{min}$，在 B 的滑入时间 $6 \, \mathrm{min}$，滑出时间 $9 \, \mathrm{min}$，在停场期间用 APU 供电供气 $30 \, \mathrm{min}$，在机场 D 的滑入时间 $6 \, \mathrm{min}$，进近时间一律为 $4 \, \mathrm{min}$。

如由机场 A 起飞时带的业载多，则受最大允许着陆重量或最大允许起飞重量限制能带的油就少，这将使从 B 起飞时能带的业载减少。如果机场 B 的客货是需要优先抢运的，这就会失去客源、货源造成经济损失。反之，如由 A 起飞时带的业载少、带的油多，而 B 的客货不足，这也会浪费运力。所以需要综合考虑 A，B 的货源，合理安排携带的业载和燃油。为此需要知道 B 处的业载和从 B 起飞的油量的关系，以及 B 的业载对从 A 起飞的业载的影响。解决方法是：

假定一系列从 B 起飞时携带的业载 PL_1，PL_2，…分别算出所需的起飞油量 BF_1，BF_2，…这就是从 A 起飞在 B 着陆时应剩余的油量，着陆重量最多只能等于最大允许着陆重量，由此重量开始向 A 计算即可得出起飞油量和从 A 起飞的业载。下面的数据是用个人计算机算的，和人工查简化飞行计划图表算的结果可能有些差别。

例表 5.3　计算结果

| $B \to C \to D$ 飞行计划 | | | | | | $A \to B$ 飞行计划基础数据 | | | | | |
PL	T/O F	TOW	LWc	BLK F	HOLDF	PL	t/O F	TOW	LW	BLK F	RES F
6 000	11 982	77 130	70 547	6 901	2 110	18 365	22 366	99 931	89 811	10 384	11 982
10 000	12 269	81 416	74 708	7 027	2 219	18 078	22 653	99 931	89 811	10 384	12 269
14 000	12 639	85 786	78 877	7 228	2 311	17 708	23 023	99 931	89 811	10 384	12 639
18 000	13 083	90 230	83 065	7 484	2 401	17 264	23 467	99 931	89 811	10 384	13 083
22 000	13 554	94 702	87 266	7 754	2 506	16 793	23 938	99 931	89 811	10 384	13 554
22 267	13 586	95 000	87 547	7 772	2 514	16 761	23 970	99 931	89 811	10 384	13 586

注：PL 为业载；
　　T/OF：起飞油量；
　　TOW：起飞重量；
　　LWc：在机场 C 的着陆重量；
　　BLKF：轮挡油量；
　　HOLDF：等待油量；
　　LW：着陆重量；
　　RESF：备份油量。

5.3 涡桨动力飞机和非涡轮动力装置飞机的飞行计划

1) 涡桨动力飞机和非涡轮动力装置飞机国内航线、有备降场的飞行计划

对于涡桨动力飞机和非涡轮动力装置飞机、国内航线有备降场的情况，加油量的规定和涡轮动力飞机的一样，因此完全可以按上述方法做涡桨动力飞机和非涡轮动力装置飞机、国内航线、有备降场的飞行计划。

2) 涡桨动力飞机和非涡轮动力装置飞机国际航线、有备降场的飞行计划

按国内航线计算，但等待时间取 90 min。如算出的航程时间及改航时间之和少于 6 h 40 min，则取这两个时间之和的 15% 再加 30 min 作为等待时间重新计算。如果事先可以肯定航程时间及改航时间之和少于 6 h 40 min，可以先估算一下这两个时间，取这两个时间之和的 15% 再加 30 min 做为等待时间（<90 min）做出飞行计划，得出准确的航程时间及改航时间，如这两个时间与估算的时间相差很小，则可以使用这次的飞行计划。否则，再取这两个时间之和的 15% 再加 30 min 作为等待时间重做飞行计划。

5.4 最小成本飞行计划

5.4.1 直接使用成本与成本指数

航空公司作为一个企业来说，应在完成客货运输任务的同时力争创造最大的经济效益，为此应尽量减少每一个航班的成本，即应尽量减少飞机直接使用成本。

飞机的直接使用成本（direct operation cost，DOC）一般包括如下费用：

(1) 燃油费用。

(2) 机组费用：固定工资、飞行小时费等。

(3) 乘务组费用：固定工资、飞行小时费等。

(4) 维修费：飞机维修材料费和工时费、发动机维修材料费和工时费、杂项费用。

(5) 机身保险费。

(6) 飞机折旧费。

(7) 起降费、停场费、通信导航费。

(8) 旅客餐食、住宿费、保险费。

(9) 行李、货物的搬运保管费。

(10) 机票、货物的代办费。

(11) 公司的经营、管理费、广告费。

(12) 地面设备维修费、折旧费。

(13) 贷款利息、租机费。

上面费用中除燃油费以外只有(2)，(3)，(4)项与飞行时间（飞行速度）有关，且这三项中也只有一部分和飞行时间有关。燃油费仅是成本中的一部分。采用不同的爬升、巡航、下降速度飞行，则消耗的燃油和所用的飞行时间就不同，航班成本也就不同。设燃油成本（即燃油价格）为 C_f、与飞行时间有关的小时成本为 C_t、航班的

轮挡油量为 F、轮挡时间为 T，则这个航班与飞行时间有关的成本 C（不是总成本）为

$$C = C_f F + C_t T$$

只要能选择飞行速度使这部分成本最小就可以使航班总成本最小。

成本指数（cost index，CI）是指小时成本与燃油成本（价格）的比值，由成本指数的概念可知成本指数为

$$CI = \frac{小时成本（\$/h）}{燃油价格（¢/lb）} = \frac{C_t}{C_f} \quad 单位为 \frac{\$/h}{¢/lb} = 100\frac{lb}{h}$$

CI 的单位为（$\$ \cdot lb$）/（¢ $\cdot$ h）或（100 lb/h），为了不使成本指数的数值过大，所以燃油成本用"¢/lb"为单位。如果货币改用人民币元¥，燃油价格以 ¥/kg 为单位，则

$$CI = 0.0220462 \times \frac{小时成本（¥/h）}{燃油价格（¥/kg）}$$

这样算出的 CI 的单位为 $\$ \cdot lb$/（¢ $\cdot$ h）。

空客公司的小时成本用 $\$$/min 为单位，燃油价格以 $\$$/kg 为单位，则 CI 的单位为 kg/min。

$$1\,kg/min = 1.3228\,\$ \cdot lb/（¢ \cdot h）$$

这里的小时成本仅指那些与飞行时间长短有关的成本（不包括燃油费用），与财务部门用的小时成本不同，财务部门的小时成本是把一年的总费用（前面介绍的 13 项费用）除以一年的总飞行小时数得出的，这样算的小时成本中包括很多与飞行速度的快慢（飞行时间长短）无关的费用。准确的确定与飞行时间长短有关的小时成本 C_t（燃油费用除外）是很难的，波音公司根据统计结果在一些培训资料中给出了一些帮助用户确定与飞行长短有关的各类成本曲线，但由于各航空公司的具体营运状况的差异性，因此只能作为指导性材料，并不能用于实际运行。

利用成本指数公式可以将成本 C 的计算公式改写为

$$C = C_f \times \left(CI \times T + \frac{F}{100}\right)$$

式中：C_f 为油价，¢/lb；F 为轮挡油量，lb；T 为轮挡小时，h。

当 $CI = 0$，即不计时间成本时，最省油则成本最小，当成本指数不为 0 时，应仔细选择各段飞行速度使总成本最小。

成本指数 CI 越大，对给定的 CI 为了使成本最小的飞行速度越大。飞行员给飞行管理系统输入的 CI 越大，在选择经济飞行模式时，受飞行管理系统控制，飞机的飞行速度越大。但是不应该用改变 CI 的方法控制飞行速度，CI 应该是公司的财物等部门对飞机的各项成本仔细研究后确定的，飞行员应该给飞行管理系统输入这个 CI，飞行管理系统根据这个 CI 计算飞机应飞的速度，并控制飞机以该速度飞行，使航班成本最小。飞行管理系统不仅根据 CI 控制巡航速度，也控制爬升和下降速度，

这些速度还与重量有关,尤其是在巡航中重量变化比较大,随重量的变化,使成本最小的巡航速度也应改变。此外经济巡航速度还与航路风有关。如果不知道准确的成本指数,给飞行管理系统输入的 CI 过大或过小,在经济飞行模式下受飞行管理系统控制的飞行速度就会过大或过小,使航班成本增大,失去了使用成本指数的意义。给飞行管理系统输入的 CI 不必太精确,速度对 CI 不太敏感,即 CI 稍有变化,速度变化很小,航班成本变化不大。在不知道准确的 CI 时,宁可输入较小的值,不要输入太大的值,在 CI 较大时随 CI 的增加航班成本增加得是比较快的。

如果飞机手册有在各高度、各重量下燃油流量或燃油里程随马赫数变化的曲线或数值表,则可利用式(5.1)来计算在给定高度上使巡航成本最小的 Ma 数(经济巡航 Ma 数),此 Ma 数与 CI、重量、风速、温度偏差有关,在 CI、风速、温度偏差一定时,此 Ma 数是重量的函数: $Ma = f(W)$。

$$\left(Ma + \frac{V_w}{a}\right)\frac{\mathrm{d}FF}{\mathrm{d}Ma} - FF = 100CI \quad \text{或} \quad \frac{V_w}{FM} - \frac{M(Ma + V_w)}{FM^2}\frac{\mathrm{d}FM}{\mathrm{d}Ma} = 100CI \tag{5.1}$$

式中: V_w 为风速,顶风为负; a 为巡航高度上的声速; FF 为燃油流量; FM 为燃油里程。

利用式(5.1)计算,需要把燃油流量或燃油里程与 Ma 数的关系通过曲线拟合的方法用一个函数(例如多项式)表示出来,这样才能计算导数 $\mathrm{d}FF/\mathrm{d}Ma$、$\mathrm{d}FM/\mathrm{d}Ma$,曲线拟合误差对导数计算的准确程度影响较大,经济巡航 Ma 数不易算准。更好的方法是利用经济巡航成本函数(economic cruise cost functionm, ECCF)计算经济巡航 Ma 数,经济巡航成本函数的计算公式见式(5.2)。

$$ECCF = \frac{100CI + W_f}{Ma \cdot a + V_w} \tag{5.2}$$

式中: $ECCF$ 为经济巡航成本函数,单位:lb/ngm; W_f 为全发燃油流量,单位:lb/h; Ma 为马赫数; a 为声速,单位:kn; V_w 为风速,单位:kn,顶风为负,顺风为正。

$ECCF \cdot C_f$ 代表的是 \$/ngm,即为每巡航 1 ngm 的总成本。使 $ECCF$ 最小就是使成本最小(其中:ngm 指地面海里单位;nam 指空中海里单位)。

$ECCF$ 与成本指数、Ma、温度、风速和燃油流量有关,而燃油流量取决于飞机重量、Ma、飞行高度与温度,因此,$ECCF$ 是成本指数、飞机重量、Ma、高度、温度和风速的函数。在成本指数、飞机重量、高度、温度和风速给定时,使 $ECCF$ 取最小值的 Ma 数就是经济巡航 Ma 数,即最小成本巡航 Ma 数。经济巡航 Ma 数与成本指数、飞机重量、高度、温度和风速有关。给定成本指数、飞机重量、高度、温度和风速,$ECCF$ 就是 Ma 数的函数,给定一系列 Ma 数,计算对应的 $ECCF$ 值,找出使 $ECCF$ 取最小值的 Ma 数——经济巡航 Ma 数。然后分别给定不同的成本指数、飞机重量、高度、温度和风速,计算相应的经济巡航 Ma 数。此处不打算介绍有关上述计算的详细情况,可参考飞机性能方面的教材。

通过上述计算可以得到如图5.3、表5.1所示的结果。巡航时随重量的减少,飞行管理系统控制 Ma 数按算出的规律变化,这样就可以使巡航成本最小。飞行管理系统也控制飞机按经济爬升速度爬升(见图5.4)、按经济下降速度下降(见图5.5)。

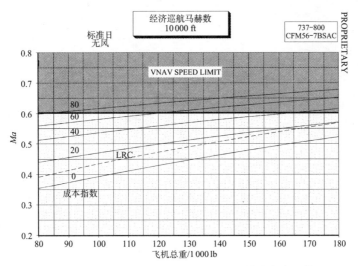

图 5.3 B737 – 800/CFM56 – 7BSAC 经济巡航 Ma 数

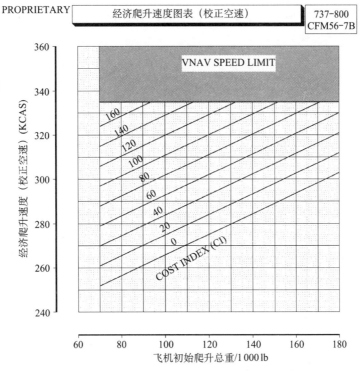

图 5.4 B737 – 800/CFM56 – 7B 经济爬升速度

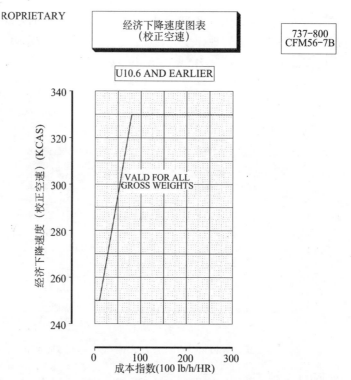

图 5.5　B737 - 800/CFM56 - 7B 经济下降速度

波音机型的飞行管理系统给出的最大允许的经济爬升速度、经济巡航速度是 $V_{MO}-5$ 或 $Ma_{MO}-5$，$Ma_{MO}-5$ 是指在 V_{MO}/Ma_{MO} 的转换高度以上，按 Ma_{MO} 计算对应的 V_c，V_c-5 对应的 Ma 即最大允许经济巡航 Ma 数。对 B737 - 300/NG，飞行管理系统限制的最大经济下降速度为 $V_{MO}-10=340-10=330\,kn$，对 B757 - 200/767/777/747，飞行管理系统限制的最大经济下降速度为 $V_{MO}-16$。

空客飞机的飞行管理系统控制的最大经济速度为 $V_{MO}-10/Ma_{MO}-0.02$。

风对经济巡航 Ma 数有影响，顶风使经济巡航 Ma 数增大，顶风时为使巡航飞过 1 ngm 的成本最小，应该飞更大的 Ma 数，顺风使经济巡航 Ma 数减小，在低空影响大，随高度增加，风的影响减小。成本指数越小，风的影响越大。对于正常的巡航高度和常用的成本指数（和 LRC 速度对应的 CI），每 100 节（kn）的顶（顺）风使经济巡航 Ma 增加（减小）0.008～0.02。

空客飞机 FCOM 手册中给出的经济巡航速度与 CI、重量、高度、风有关，如表 5.1 所示。

表 5.1　A340‑300 经济巡航 *Ma* 数

成本指数＝0 kg/min								成本指数＝100 kg/min						
飞行高度								飞行高度						
重量 /1000	风 (kg/kn)	310	330	350	370	390	410	重量 /1000	风 (kg/kn)	310	330	350	370	390	410
150	100	0.645	0.680	0.705	0.725	0.749	0.777	150	100	0.783	0.793	0.803	0.813	0.821	0.824
	50	0.667	0.698	0.720	0.738	0.761	0.786		50	0.790	0.799	0.809	0.818	0.825	0.826
	0	0.694	0.719	0.739	0.756	0.776	0.794		0	0.798	0.807	0.816	0.823	0.827	0.828
	−50	0.724	0.743	0.759	0.774	0.789	0.802		−50	0.807	0.814	0.821	0.827	0.830	0.829
	−100	0.753	0.765	0.777	0.789	0.801	0.809		−100	0.815	0.822	0.828	0.832	0.832	0.830
170	100	0.694	0.712	0.732	0.757	0.784	0.804	170	100	0.792	0.803	0.813	0.820	0.821	0.819
	50	0.710	0.726	0.745	0.769	0.791	0.804		50	0.798	0.808	0.817	0.823	0.825	0.821
	0	0.729	0.744	0.762	0.782	0.798	0.804		0	0.805	0.814	0.822	0.827	0.826	0.823
	−50	0.750	0.764	0.778	0.794	0.804	0.807		−50	0.813	0.820	0.826	0.829	0.828	0.825
	−100	0.769	0.781	0.793	0.804	0.810	0.810		−100	0.820	0.826	0.830	0.831	0.829	0.825
190	100	0.716	0.736	0.762	0.787	0.801		190	100	0.801	0.811	0.818	0.820	0.816	
	50	0.730	0.749	0.773	0.793	0.802			50	0.807	0.816	0.822	0.822	0.819	
	0	0.747	0.765	0.785	0.800	0.804			0	0.812	0.820	0.826	0.825	0.821	
	−50	0.766	0.781	0.796	0.805	0.806			−50	0.819	0.825	0.828	0.826	0.823	
	−100	0.783	0.795	0.805	0.811	0.809			−100	0.824	0.829	0.830	0.828	0.825	
210	100	0.738	0.764	0.788	0.801			210	100	0.809	0.816	0.818	0.815		
	50	0.751	0.774	0.794	0.802				50	0.814	0.820	0.821	0.817		
	0	0.767	0.786	0.800	0.804				0	0.819	0.824	0.824	0.820		
	−50	0.782	0.797	0.805	0.806				−50	0.824	0.827	0.826	0.822		
	−100	0.795	0.806	0.811	0.809				−100	0.827	0.829	0.827	0.824		
230	100	0.763	0.788	0.801				230	100	0.814	0.817	0.814			
	50	0.774	0.794	0.802					50	0.818	0.819	0.816			
	0	0.786	0.800	0.804					0	0.822	0.823	0.819			
	−50	0.796	0.805	0.806					−50	0.826	0.825	0.821			
	−100	0.805	0.810	0.809					−100	0.828	0.827	0.824			
250	100	0.785	0.800					250	100	0.815	0.813				
	50	0.792	0.802						50	0.818	0.816				
	0	0.799	0.804						0	0.821	0.819				
	−50	0.805	0.807						−50	0.825	0.821				
	−100	0.810	0.809						−100	0.826	0.823				
270	100	0.799						270	100	0.813					
	50	0.801							50	0.815					
	0	0.804							0	0.818					
	−50	0.807							−50	0.821					
	−100	0.810							−100	0.823					

（续表）

成本指数＝200 kg/min

飞行高度

重量/风 /1000(kg/kn)		310	330	350	370	390	410
150	100	0.814	0.821	0.827	0.832	0.832	0.830
	50	0.820	0.827	0.831	0.834	0.834	0.831
	0	0.827	0.831	0.835	0.837	0.836	0.832
	−50	0.831	0.836	0.839	0.840	0.837	0.833
	−100	0.837	0.840	0.840	0.840	0.838	0.835
170	100	0.818	0.825	0.830	0.831	0.829	0.825
	50	0.823	0.829	0.832	0.832	0.829	0.826
	0	0.829	0.833	0.835	0.834	0.830	0.827
	−50	0.833	0.836	0.838	0.835	0.831	0.828
	−100	0.839	0.840	0.839	0.836	0.833	0.829
190	100	0.822	0.828	0.829	0.828	0.824	
	50	0.826	0.830	0.831	0.828	0.825	
	0	0.831	0.833	0.832	0.829	0.825	
	−50	0.834	0.835	0.834	0.830	0.826	
	−100	0.838	0.838	0.835	0.831	0.828	
210	100	0.826	0.828	0.827	0.824		
	50	0.829	0.830	0.828	0.824		
	0	0.832	0.831	0.828	0.825		
	−50	0.834	0.833	0.829	0.826		
	−100	0.837	0.834	0.830	0.827		
230	100	0.827	0.826	0.823			
	50	0.829	0.827	0.824			
	0	0.831	0.828	0.825			
	−50	0.832	0.829	0.825			
	−100	0.833	0.830	0.826			
250	100	0.825	0.822				
	50	0.827	0.824				
	0	0.828	0.825				
	−50	0.829	0.825				
	−100	0.830	0.826				
270	100	0.822					
	50	0.824					
	0	0.825					
	−50	0.826					
	−100	0.826					

成本指数＝300 kg/min

飞行高度

重量/风 /1000(kg/kn)		310	330	350	370	390	410
150	100	0.831	0.835	0.839	0.840	0.837	0.833
	50	0.835	0.839	0.840	0.840	0.838	0.834
	0	0.839	0.840	0.840	0.840	0.839	0.835
	−50	0.840	0.840	0.840	0.840	0.840	0.836
	−100	0.840	0.840	0.840	0.840	0.840	0.838
170	100	0.833	0.836	0.837	0.835	0.831	0.828
	50	0.836	0.839	0.839	0.836	0.832	0.829
	0	0.840	0.840	0.840	0.837	0.833	0.830
	−50	0.840	0.840	0.840	0.838	0.834	0.831
	−100	0.840	0.840	0.840	0.839	0.836	0.832
190	100	0.833	0.835	0.833	0.830	0.826	
	50	0.836	0.837	0.835	0.831	0.827	
	0	0.840	0.839	0.835	0.832	0.828	
	−50	0.840	0.840	0.837	0.833	0.830	
	−100	0.840	0.840	0.838	0.834	0.831	
210	100	0.833	0.832	0.829	0.825		
	50	0.835	0.833	0.830	0.826		
	0	0.838	0.834	0.831	0.827		
	−50	0.839	0.836	0.832	0.829		
	−100	0.840	0.837	0.833	0.830		
230	100	0.831	0.829	0.825			
	50	0.833	0.829	0.826			
	0	0.834	0.830	0.827			
	−50	0.835	0.831	0.828			
	−100	0.836	0.833	0.829			
250	100	0.829	0.825				
	50	0.829	0.826				
	0	0.830	0.826				
	−50	0.831	0.828				
	−100	0.832	0.829				
270	100	0.826					
	50	0.826					
	0	0.826					
	−50	0.827					
	−100	0.829					

空客机型的 FCOM 中给的经济巡航 Ma 数与 CI、重量、高度、风有关，WINPEP 软件计算的经济巡航 Ma 数还与温度有关，温度增加，Ma 数减少。

空客机型的经济爬升速度为使燃油消耗减到最小，必须使用小的成本指数。$CI=0$ 可以使燃油消耗减到最小，这对应着最大爬升率速度。WINPEP 软件计算的经济爬升表速与 CI、飞机重量、温度有关，与风无关。随温度升高，表速增加（在平台温度以下表速基本不变），但变化不大。重量减小，经济爬升表速减小，CI 增加，经济爬升表速增加。爬升顶点的高度越低，爬升表速越大。A340 的经济爬升表速与温度和风无关。经济爬升 Ma 数与 CI、飞机重量、高度、风、温度有关。

空客飞机的经济下降速度为减小燃油消耗，应该使用小的成本指数。$CI=0$ 可以使燃油消耗减到最小，这将导致一个低的下降速度，此时的下降速度与机型有关，对 A320 机型是 250 kn。但在任何情况下，不得小于绿点速度，$CI=0$ 的经济下降度如果小于绿点速度则取绿点速度。

5.4.2 最小成本飞行计划的计算方法

前面章节的图表只能说明，对于给定的成本指数和重量，最经济的爬升速度、巡航速度和下降速度是多少，即用什么速度爬升、巡航、下降整个航班的成本最小，并不能提供爬升、下降用的油量、时间、飞过的距离及巡航时的燃油流量，因此，如果只有这种图表的话，那是不能做出最小成本飞行计划的。目前，飞机使用手册上还没有提供与成本指数有关的做飞行计划用的爬升、巡航、下降性能数值表，但一般都会提供计算飞机性能用的软件，如波音公司给用户提供 INFLT 软件，用户可以用这种软件自己计算做最小成本飞行计划所需要的各种数据，作为例子，下面给出了 B757 - 200 成本指数为 100 时的做最小成本飞行计划所需要的各种数值表，对经济爬升、巡航可以算出 ISA，$ISA+5℃$，$ISA+10℃$ 等各种温度偏差的数值表，这里仅给出了其中的一张，用这种软件可以算出给定的任何成本指数的数值表，其中的重量和高度的范围及间隔由用户自己决定，使用很方便（见表 5.2）。

做最小成本飞行计划选择巡航高度所要用到的最佳高度、最大巡航推力限制高度及过载能力（即机动能力）限制高度数值表都是和成本指数有关的（因为成本指数不同则巡航速度不同），不能使用原来的 LRC 速度的数值表，必须用软件重新计算出给定成本指数下的这些数值表。计算等待油量仍使用原来的等待性能数值表。确定了成本指数后，做最小成本飞行计划只要查相应的成本指数的各种数值表就可以了，和前面章节介绍的做详细飞行计划的方法完全相同。由于计算量很大，应该用计算机做飞行计划，为此应建立飞机性能数据库（或数据文件），在建立数据库（数据文件）时应使用 INFLT 软件提供的这些性能数据的磁带格式输出文件，下面也给出了磁带格式输出文件的例子。

在 B737 - 600/700/800 等新机型的"飞行计划与性能手册（FPPM）"中有成本指数 30 的做简单飞行计划用的几张曲线图表，不过利用这些图表只能做成本指数 30 的简单飞行计划。对 B737 - 600/700/800 等新机型，成本指数 30 对应的速度近似等于 LRC 速度。

表 5.2 为 B757-200 机型成本指数为 100 的经济爬升数据,经济爬升仍是一种等表速/等 Ma 数爬升,该 Ma 数即爬升顶点的重量对应的经济巡航 Ma 数。各松刹车重量(即每列)对应的爬升表速和 Ma 数都是不同的。

表 5.2　B757-200/R B211-535E4 成本指数为 100 的经济爬升数据

成本指数=100 $.lb/￠.h　ISA+0℃　风 0 kn　时间(min)/燃油(lb)
DIST(n mile)/ATAS(kn)

压力高度 /ft	松刹车重量(1000 lb)										
	260	250	240	230	220	210	200	190	180	170	160
42 000								23/5 600	20/5 000	18/4 600	17/4 200
								154/438	133/437	119/437	107/435
41 000							24/5 800	21/5 200	19/4 800	17/4 400	16/4 100
							156/437	135/436	121/435	110/435	100/434
40 000						24/6 000	21/5 500	19/5 000	17/4 600	16/4 300	15/3 900
						156/436	137/434	123/433	111/433	103/433	94/432
39 000				29/7 300	24/6 200	21/5 700	19/5 200	18/4 800	17/4 500	15/4 100	14/3 800
				196/438	156/435	138/433	124/432	113/431	104/431	96/431	88/430
38 000			28/7 200	24/6 400	22/5 900	20/5 400	18/5 000	17/4 700	16/4 300	15/4 000	14/3 700
			185/436	156/433	139/432	126/431	115/430	106/429	98/429	91/429	83/428
37 000		28/7 400	24/6 600	22/6 100	20/5 600	19/5 200	17/4 800	16/4 500	15/4 200	14/3 900	13/3 600
		182/434	156/432	140/431	127/429	117/429	107/428	99/428	92/427	86/428	79/427
36 000	27/7 500	24/6 800	22/6 300	21/5 800	19/5 400	18/5 000	16/4 700	15/4 400	14/4 100	13/3 800	12/3 600
	178/433	156/431	141/429	129/428	118/427	109/427	101/426	94/426	87/426	82/426	75/425
35 000	25/7 000	23/6 500	21/6 000	19/5 600	18/5 200	17/4 900	16/4 600	15/4 300	14/4 000	13/3 700	12/3 500
	159/430	143/428	131/427	121/426	112/426	103/425	96/425	89/424	83/424	78/424	72/424
34 000	23/6 700	21/6 200	20/5 800	19/5 400	17/5 100	16/4 800	15/4 500	14/4 200	13/3 900	13/3 700	12/3 400
	146/427	133/426	123/425	114/424	106/424	98/423	92/423	85/422	79/422	74/423	69/422
33 000	22/6 400	20/6 000	19/5 600	18/5 300	17/5 000	16/4 600	15/4 400	14/4 100	13/3 800	12/3 600	11/3 300
	135/425	125/424	116/423	107/422	100/422	93/421	87/421	81/421	76/420	71/421	66/420
32 000	21/6 200	19/5 800	18/5 500	17/5 100	16/4 800	15/4 500	14/4 200	13/4 000	12/3 700	12/3 500	11/3 200
	127/422	117/421	109/421	102/420	95/420	89/419	83/419	78/419	72/418	68/419	63/418
……	……					……				……	
10 000	6/2 400	6/2 200	6/2 100	5/2 000	5/1 900	5/1 800	5/1 700	4/1 600	4/1 500	4/1 400	4/1 300
	19/347	18/347	17/347	16/347	15/347	14/347	14/346	13/346	12/346	11/346	10/345
5 000	4/1 700	4/1 600	4/1 500	4/1 400	3/1 400	3/1 300	3/1 200	3/1 200	3/1 100	3/1 000	3/1 000
	7/335	7/334	6/334	6/334	6/334	5/334	5/334	5/333	4/333	4/333	4/332
1 500	3/1 200	3/1 100	3/1 100	2/1 000	2/1 000	2/900	2/900	2/800	2/800	2/700	2/700

FUEL ADJUSTMENT FOR HIGH ELEVATION AIRPORTS EFFECT ON TIME AND DISTANCE IS NEGLIGIBLE		AIRPORT ELEVATION	2000	4000	6000	8000	10000	12000
		FUEL ADJUSTMENT	−200	−400	−600	−800	−1100	−1300

　　表 5.3 为 B757‑200 机型成本指数为 100 的经济巡航数据,经济巡航 Ma 数与风有关,顺风使之减小,顶风使之增大,在最佳高度附近巡航时风对经济巡航 Ma 数的影响比较小,温度对经济巡航 Ma 数的影响更小。飞行管理系统计算、控制的经济巡航 Ma 数考虑了风和温度的影响。波音的 INFLT 软件计算经济巡航 Ma 数时也可以考虑风和温度的影响。

表 5.3　B757‑200/RB211‑535E4 成本指数为 100 的经济巡航数据

成本指数($C. I.$=100)		速度限制=0.847Ma				ISA+0℃		风 0 kn				
压力高度 1000ft (STD TAT)	重量 1000 lb											
	260	250	240	230	220	210	200	190	180	170	160	150	140
42 (−29)									1.70	1.66	1.62	1.59	1.56
									−11	−4	1		
									230	231	232	233	234
									0.797	0.800	0.803	0.806	0.808
									3439	3272	3087	2942	2819
									457	459	460	462	464
……	……				……				……				
38 (−29)				1.74	1.70	1.66	1.63	1.60	1.58	1.55	1.53	1.52	1.50
				−17	−9	−3	2						
				251	252	253	254	254	255	256	256	257	257
				0.793	0.795	0.798	0.799	0.801	0.803	0.805	0.807	0.808	0.809
				4447	4117	3881	3682	3516	3375	3251	3153	3071	3051
				455	456	457	459	460	461	462	463	463	464
37 (−29)			1.73	1.69	1.66	1.63	1.60	1.58	1.55	1.53	1.52	1.50	1.49
			−15	−8	−2	3							
			257	258	259	259	260	261	261	262	262	263	263
			0.793	0.795	0.797	0.799	0.801	0.802	0.804	0.806	0.807	0.808	0.809
			4591	4273	4040	3841	3674	3530	3402	3300	3215	3143	3082
			455	456	457	458	459	460	461	462	463	464	464
36 (−28)		1.72	1.69	1.66	1.63	1.60	1.58	1.55	1.53	1.52	1.51	1.49	1.48
		−13	−6	−1	4								
		263	264	265	265	266	266	267	267	268	268	269	268
		0.793	0.795	0.797	0.799	0.800	0.802	0.803	0.805	0.806	0.807	0.807	0.807
		4730	4427	4199	4001	3833	3688	3558	3451	3363	3288	3224	3157
		455	456	457	458	459	460	461	462	462	463	463	463
35 (−26)	1.72	1.68	1.65	1.62	1.60	1.57	1.55	1.53	1.52	1.51	1.49	1.48	1.47
	−11	−4	1	5									
	270	270	271	271	272	272	273	273	274	274	274	274	274
	0.794	0.795	0.797	0.798	0.800	0.801	0.803	0.804	0.805	0.806	0.806	0.806	0.804
	4890	4603	4381	4183	4015	3868	3737	3626	3535	3457	3389	3324	3251
	457	458	459	460	461	462	463	463	464	464	465	465	464

（续表）

成本指数(C. I. =100)	速度限制=0.847Ma	ISA+0℃	风 0 kn

CRUISE EPR LIMIT POWER SETTING=CRS

PRESS ALT 1 000 ft	31	32	33	34	35	36	37	38	39	40	41	42
EPR LIMIT	1.69	1.71	1.72	1.73	1.74	1.75	1.75	1.74	1.74	1.74	1.74	1.74
TAT ℃ AND COLDER	−6	−8	−10	−12	−15	−17	−17	−17	−17	−17	−17	−17

REDUCE EPR BY 0.07 PER 10 DEGREES C TAT HOTTER THAN TABLE VALUE

表 5.4 为 B757 - 200 机型成本指数为 100 的经济下降数据，在成本指数比较大（例如 $CI \geqslant 100$）时，下降性能与成本指数的关系不大、基本上不随成本指数变化。

表 5.4 B757 - 200/RB211 - 535E4 成本指数为 100 的经济下降数据

时间(min)/燃油(lb)
DIST(nam)/TAS(kn)

成本指数/250 C. I. =100 风 0 kn ISA+0℃				成本指数/250 C. I. =300 风 0 kn ISA+0℃			
P. ALT/ft	着陆重量/lb			P. ALT/ft	着陆重量/lb		
	140 000	170 000	200 000		140 000	170 000	200 000
42 000	21.0/756	21.6/758	23.1/791	42 000	21.0/810	21.4/753	23.0/789
	107/378	110/376	119/376		107/380	109/377	119/377
41 000	20.2/687	21.2/751	22.7/784	41 000	20.2/738	21.0/746	22.6/783
	101/375	107/374	117/374		102/377	106/375	116/375
40 000	19.4/610	20.9/743	22.4/777	40 000	19.4/653	20.7/739	22.3/776
	95/372	104/372	114/372		96/374	103/373	114/373
39 000	18.6/521	20.5/736	22.0/770	39 000	18.6/558	20.3/732	21.9/768
	89/369	102/370	111/371		90/370	101/371	111/371
37 000	17.9/678	19.8/722	21.2/755	37 000	17.7/674	19.7/719	21.2/754
	84/364	96/366	105/367		83/364	96/367	105/368
35 000	17.3/667	19.2/709	20.6/741	35 000	17.2/664	19.1/708	20.5/741
	80/359	91/361	100/363		79/360	91/362	100/364
29 000	16.1/642	17.6/678	18.8/706	29 000	16.1/643	17.6/679	18.8/707
	70/346	79/348	87/351		70/348	80/349	87/351
27 000	15.7/635	17.2/670	18.3/696	27 000	15.8/636	17.2/671	18.3/697
	67/342	76/344	82/346		68/343	76/345	83/346
25 000	15.3/627	16.7/661	17.8/687	25 000	15.3/627	16.7/661	17.8/687
	64/336	72/339	79/341		64/336	72/339	79/341
23 000	14.8/617	16.1/650	17.1/674	23 000	14.8/617	16.1/650	17.1/674
	60/330	67/332	73/334		60/330	67/332	73/334
21 000	14.2/607	15.5/638	16.4/660	21 000	14.2/607	15.5/638	16.4/660
	56/323	63/325	68/327		56/323	63/325	68/327

（续表）

P. ALT/ft	成本指数/250 C.I.=100 风0kn ISA+0℃ 着陆重量/lb			P. ALT/ft	成本指数/250 C.I.=300 风0kn ISA+0℃ 着陆重量/lb		
	140000	170000	200000		140000	170000	200000
17000	13.2/585	14.2/612	15.0/631	17000	13.2/585	14.2/612	15.0/631
	48/308	54/309	58/311		48/308	54/309	58/311
15000	12.6/573	13.6/598	14.3/616	15000	12.6/573	13.6/598	14.3/616
	44/300	49/301	53/303		44/300	49/301	53/303
13000	12.1/561	12.9/584	13.5/599	13000	12.1/561	12.9/584	13.5/599
	41/292	45/293	48/294		41/292	45/293	48/294
11000	11.0/536	11.7/554	12.2/566	11000	11.0/536	11.7/554	12.2/566
	34/278	37/278	39/278		34/278	37/278	39/278
10000	10.0/511	10.6/526	10.9/535	10000	10.0/511	10.6/526	10.9/535
	29/271	31/271	33/271		29/271	31/271	33/271
9000	9.5/497	9.9/510	10.2/519	9000	9.5/497	9.9/510	10.2/519
	26/269	28/269	30/269		26/269	28/269	30/269
7000	8.3/467	8.7/477	8.9/484	7000	8.3/467	8.7/477	8.9/484
	21/265	22/265	23/265		21/265	22/265	23/265
5000	7.1/434	7.4/441	7.5/445	5000	7.1/434	7.4/441	7.5/445
	15/261	16/261	17/261		15/261	16/261	17/261
1500	5.0/370	5.0/370	5.0/370	1500	5.0/370	5.0/370	5.0/370
	6/72	6/72	6/72		6/72	6/72	6/72

选择经济巡航的高度时要考虑三种高度：最大巡航推力限制高度、最佳高度和机动能力限制高度，如表5.5所示，这三种高度均以气压高度给出，它们与成本指数有关。所选择的巡航高度应在最佳高度附近、低于最大巡航推力限制高度，在巡航高度上应具有 $1.3g$ 的机动（过载）能力（如气流很平稳，可以放宽到 $1.2g$）。因此，所选择的巡航高度还应不超过 $1.3g$ 过载限制高度。$1.2g$，$1.3g$ 对应的最大坡度（倾斜角）是 $33°$，$39°$。

表 5.5　B757 - 200/RB211 - 535E4 成本指数为 100 的高度能力数据

重量/ 1000lb	最大巡航推力限制高度/ft				最佳高度/ft				机动能力/g	
	ISA+0	ISA+10	ISA+15	ISA+20	ISA+0	ISA+10	ISA+15	ISA+20	1.20g	1.30g
140	42000	42000	42000	42000	42000	42000	42000	42000	42000	42000
158	42000	42000	42000	42000	42000	42000	42000	42000	42000	42000
160	42000	42000	42000	42000	41911	41835	41832	41818	42000	42000
162	42000	42000	42000	42000	39327	39442	39499	39557	42000	42000
164	42000	42000	42000	42000	39709	38850	39920	39988	42000	42000
166	42000	42000	42000	42000	40124	40231	40284	40337	42000	42000

（续表）

重量/	最大巡航推力限制高度/ft				最佳高度/ft				机动能力/g	
1000 lb	*ISA*＋0	*ISA*＋10	*ISA*＋15	*ISA*＋20	*ISA*＋0	*ISA*＋10	*ISA*＋15	*ISA*＋20	1.20g	1.30g
168	42 000	42 000	42 000	42 000	40 497	40 628	40 694	40 760	42 000	42 000
170	42 000	42 000	42 000	42 000	40 526	40 506	40 507	40 502	42 000	42 000
172	42 000	42 000	42 000	42 000	40 265	40 252	40 246	40 238	42 000	42 000
174	42 000	42 000	42 000	42 000	40 005	39 986	39 988	39 989	42 000	42 000
176	42 000	42 000	42 000	41 844	39 749	39 736	39 728	39 732	42 000	42 000
178	42 000	42 000	42 000	41 634	39 496	39 486	39 483	39 481	42 000	42 000
200	40 871	40 838	40 235	39 470	36 915	36 917	36 915	36 915	41 796	40 143
205	40 385	40 354	39 764	39 012	36 371	36 374	36 373	36 371	41 282	39 629
210	39 913	39 882	39 303	38 566	36 089	36 089	36 089	36 089	40 781	39 127
215	39 452	39 422	38 855	38 132	35 681	35 675	35 665	35 659	40 291	38 637
220	39 003	38 973	38 418	37 708	35 165	35 151	35 146	35 146	39 812	38 158
225	38 565	38 535	37 991	37 293	34 634	34 631	34 623	34 624	39 344	37 691
230	38 137	38 108	37 574	36 886	34 132	34 125	34 120	34 117	38 886	37 233
235	37 718	37 690	37 165	36 487	33 646	33 645	33 645	33 637	38 439	36 785
240	37 308	37 280	36 764	36 095	33 187	33 189	33 182	33 184	38 000	36 347
245	36 906	36 878	36 370	35 577	32 699	32 701	32 699	32 699	37 571	35 917
250	36 512	36 484	35 952	35 031	32 243	32 239	32 240	32 237	37 150	35 495

在最大巡航推力限制高度上爬升率为 0，最佳高度可以认为与温度偏差无关。有的机型按在最大巡航推力限制高度上剩余爬升率为 100 fpm 计算推力限制高度，这取决于该机型的飞行管理系统的计算规则。经济巡航的最佳高度本应是巡航成本最小的高度，但波音的 INFLT 软件是按以经济巡航速度巡航、燃油里程最大（最省油）确定的最佳高度。

表 5.6 与表 5.7 分别为 B757‐200（RB211‐535E4）经济爬升与经济巡航的磁带格式输出样本，这种格式输出的数据更加精确。巡航、下降等性能数据都可以以这种磁带格式输出，通过这种格式的文本文件很容易建立飞机性能数据库。

表 5.6　B757‐200/RB211‐535E4 成本指数为 100 的经济爬升数据磁带格式

温度（标准大气）/℃	重量/lb	高度/ft	时间/min	燃油/lb	距离/n mile	爬升率 FPM	卡片编号
0.0 ⋯⋯	140 000	1 500	1.681	579.856	0.000	5 796.102	1
0.0 ⋯⋯	140 000	42 000	14.004	3 548.109	89.460	1 406.621	38
0.0 ⋯⋯	250 000	1 500	2.674	1 125.474	0.000	3 002.008	615

（续表）

温度 （标准大气） /℃	重量 /lb	高度 /ft	时间 /min	燃油 /lb	距离 /n mile	爬升率 FPM	卡片 编号
0.0	250 000	37 000	27.829	7 376.369	182.135	184.964	645
……							
15.0	140 000	1 500	1.681	579.856	0.000	5 172.614	1
……							
15.0	140 000	42 000	15.935	3 953.206	106.865	1 200.426	38
……							
15.0	250 000	1 500	2.674	1.125.474	0.000	2 650.795	608
……							
15.0	250 000	37 000	34.219	8 713.371	236.692	99.255	638
……							
20.0	140 000	1 500	1.681	579.856	0.000	4 691.844	1
……							
20.0	140 000	42 000	18.056	4 275.765	124.270	1 009.305	38
……							
20.0	250 000	1 500	2.674	1 125.474	0.000	2 377.039	602
……							
20.0	250 000	36 000	35.181	8 891.806	245.177	233.904	631

表 5.7　B757 - 200/RB211 - 535E4 成本指数为 100 的经济巡航数据磁带格式

高度 /℃	温度 （标准大气） DEG C	重量 /lb	马赫 数	指示 空速节	发动机 压力比	高压 转子 转速	低压 转子 转速	燃油流 量/每台 lb/台	排气 温度 /℃	总温 /℃	真空速/ KTS	燃油里程 NAM/1 000
33 000	0.0	140 000	0.797	283	1.45	1.72	0.0	0.0	3 423.9	0	−22.1	463	67.660 − 50
33 000	0.0	160 000	0.803	286	1.47	1.72	0.0	0.0	3 592.7	0	−21.6	467	65.013 − 50
33 000	0.0	180 000	0.805	286	1.49	1.72	0.0	0.0	3 734.5	0	−21.5	468	62.650 − 50
33 000	0.0	200 000	0.803	286	1.52	1.72	0.0	0.0	3 887.5	0	−21.6	467	60.072 − 50
33 000	0.0	220 000	0.801	285	1.55	1.72	0.0	0.0	4 098.3	0	−21.8	466	56.857 − 50
33 000	0.0	240 000	0.799	284	1.59	1.72	0.0	0.0	4 378.8	0	−21.9	465	53.069 − 50
33 000	0.0	250 000	0.798	284	1.61	1.72	0.0	0.0	4 544.1	0	−22.0	464	51.063 − 50
35 000	0.0	140 000	0.804	274	1.47	1.74	0.0	0.0	3 250.5	0	−26.0	464	71.323 − 50
35 000	0.0	160 000	0.806	274	1.49	1.74	0.0	0.0	3 389.4	0	−25.9	465	68.568 − 50
35 000	0.0	180 000	0.805	274	1.52	1.74	0.0	0.0	3 534.7	0	−26.0	464	65.618 − 50
35 000	0.0	200 000	0.803	273	1.55	1.74	0.0	0.0	3 736.6	0	−26.0	463	61.899 − 50
35 000	0.0	220 000	0.800	272	1.60	1.74	0.0	0.0	4 014.6	0	−26.3	461	57.418 − 50
35 000	0.0	240 000	0.797	271	1.65	1.74	0.0	0.0	4 380.8	0	−26.6	459	52.425 − 50
35 000	0.0	250 000	0.795	270	1.68	1.74	0.0	0.0	4 602.7	0	−26.7	458	49.801 − 50

利用上述给定成本指数的经济爬升、经济巡航、经济下降和经济巡航的高度能

力数据建立机型性能数据库(可以包含多个成本指数的数据),然后就可以做出对给定成本指数而言的航班成本最小的飞行计划。

例 5.4　B757－200/RB211－535E4 昆明至北京备降大连航班的最小成本飞行计划,给定的成本指数为 100,爬升、巡航、下降速度都是根据给定的成本指数和重量、高度等相关参数由性能数据库自动确定的,如例表 5.4 所示。

例表 5.4　最小成本飞行计划

B757-200(RB211-535E4)	机号:B××××	航班:CZ001	飞行计划　2002-3-24　20:06:57					
ZPPP	(1895 m)—ZBAA		(35 m)	备降:ZYTL		(33 m)		
航路爬升:经济爬升速度		成本指数=100 $ · lb/¢ * HR				航路下降:经济下降速度		

最大允许起飞重量:	108 862 kg	飞行距离:	2 233 km(1206 n mile)	滑出时间:	20 min
最大着陆重量(目):	89 811 kg	巡航高度:	10 800 m(35 433 ft)	离场时间:	0 min
最大着陆重量(备):	89 811 kg	巡航速度:	经济 M	滑入时间:	0 min
最大无油重量:	83 461 kg	备降距离:	554 km(299 n mile)	进近时间(目):	5 min
使用空机重量:	58 040 kg	巡航高度:	9 600 m(31 496 ft)	进近时间(备):	5 min
最大结构业载:	25 421 kg	巡航速度:	LRC	防冰预计使用:	0 h
最大油箱容量:	33 253 kg	等待高度:	457 m(1500 ft)	等待高度气温:	$ISA+0$
(γ = 0.779 kg/L)		(距地面)		飞行中 APU:	断开

滑行全重:	100 403 kg(221 351 lb)	轮挡油量:	10 866 kg(23 955 lb)	轮挡时间:	3:9
起飞全重:	100 049 kg(220 571 lb)	航程油量:	10 512 kg(23 175 lb)	航程时间:	2:49
着陆重量:	89 537 kg(197 396 lb)	改航油量:	3 515 kg(7 750 lb)	改航时间:	0:54
无油重量:	83 461 kg(184 000 lb)	等待油量:	2 561 kg(5 646 lb)	等待时间:	0:45
允许业载:	25 421 kg(56 044 lb)	备份油量:	6 076 kg(13 396 lb)	等待表速:	208 kn
起飞油量:	16 942 kg(37 351 lb)	(扣除滑行油后:	16 588 kg(36 571 lb))	滑行油量:	353 kg

起飞前 APU 地面工作:0 分,耗油:0 kg　不计此油量及滑行油量,则总油量=16 588 kg
考虑飞机老化等因素航程油量与改航油量各多加了 0%和 0%　公司备份油:0 kg

航路点 VOR/NDB	经纬度	真空速 地　速 /kn	磁向 磁向 /(°)	Ma 数 TROP_H /m	巡航高度 最佳高度 /m	气象风 温度℃ /kn	累计距离 航段距离 /km	时间 时间	剩余油量 油　量 /kg
ZPPP	N2500.0	393	48		1895	336/10	0	0:0	16 942
	E10245.0	391	49	16 116	10 865	−41　14	74	0:6	769
滑行								0:20	354
离场入航								0:0	0
SL	N2526.9	393	32		爬升	325/9	74	0:26	15 820
0307.0	E10317.5	391	33	16 116	10 865	−41　14	155	0:13	1 611
爬升顶点	N2637.6	475	32	0.800	10 800	325/9	228	0:39	14 209
	E10407.0	471	33		10 865	−41　14	31	0:2	131
HX	N2651.6	475	44	0.800	10 800	309/9	259	0:41	14 078
0285.0	E10416.9	475	45	16 116	10 874	−41　14	118	0:8	499
IDSID	N2737.8	475	44	0.800	10 800	292/12	378	0:49	13 578

W30	E10506.6	479	45	16116	10902	−41	14	109	0:7	453
SABED	N2820.5	475	44	0.800	10800	285/17		486	0:56	13125
W30	E10552.2	483	46	16116	10927	−41	14	109	0:7	450
QJG	N2902.8	475	359	0.800	10800	282/23		596	1:4	12675
112.70	E10639.2	469	1	16086	10952	−41	14	75	0:5	317
CKG	N2943.3	474	19	0.800	10800	287/39		671	1:9	12358
116.10	E10638.6	476	23	16089	10969	−42	13	293	0:20	1211
P40	N3210.6	474	18	0.801	10800	292/52		964	1:29	11147
DIR	E10746.1	470	24	15954	11024	−43	13	137	0:9	566
NSH	N3319.1	473	23	0.801	10800	297/53		1101	1:38	10581
116.30	E10818.7	470	29	15936	11046	−43	12	112	0:8	462
ZS	N3413.3	473	5	0.801	10800	300/55		1213	1:46	10119
0359.0	E10851.2	450	11	16013	11063	−43	12	42	0:3	181
OD	N3435.9	473	7	0.801	10800	303/56		1255	1:49	9938
0202.0	E10855.0	450	14	16036	11070	−43	12	89	0:6	379
YIJ	N3522.8	473	46	0.801	10800	305/57		1344	1:56	9559
113.00	E10906.4	485	53	16075	11085	−44	11	161	0:11	636
GUPAD	N3618.7	472	47	0.801	10800	310/54		1505	2:6	8923
G212	E11028.4	478	54	16101	11130	−45	10	249	0:17	986
TYN	N3745.1	471	64	0.802	10800	320/47		1754	2:23	7937
113.10	E11237.2	481	70	15610	11202	−46	9	143	0:10	556
ISGOD	N3817.3	470	65	0.802	10800	326/42		1896	2:33	7381
B215	E11405.9	475	70	13204	11243	−47	8	44	0:3	172
OC	N3827.1	469	66	0.802	10800	330/35		1940	2:36	7209
0235.0	E11433.4	470	71	12671	11255	−48	7	113	0:8	446
下降始点	N3853.0	469	66	0.802	10800	330/35		2053	2:44	6763
	E11544.1	470	71		11289	−48	7	80	0:9	145
VYK	N3911.0	293	5		下降	340/27		2134	2:52	6618
112.70	E11635.0	276	6	10784	11289	−50	5	99	0:12	190
进近									0:5	352
ZBAA	N4004.5				35			2233	3:9	6076
	E11635.4							（滑行：	0:00)	

改航备降场：

ZBAA	N4004.5	353	125		35	4/20		0	0:0	6076
	E11635.4	359	127	10842	11304	−44	3	27	0:2	347
WF	N3957.0	353	184		爬升	357/20		27	0:2	5730
0395.0	E11652.0	367	184	10835	11304	−44	3	72	0:6	898
VM	N3918.0	353	190		爬升	349/21		100	0:9	4832
0280.0	E11654.0	367	189	10821	11304	−44	3	13	0:1	157
OKTON	N3911.2	353	111		爬升	347/20		112	0:10	4675
DIR	E11653.5	360	113	10818	11304	−44	3	42	0:4	527

(续表)

爬升顶点	N3904.7	447	110	0.758	9600			154	0:14	4148
	E11721.2	457	113		11304			2	0:0	8
CG	N3904.4	447	106	0.758	9600	340/17		156	0:14	4139
0339.0	E11722.7	455	108	10876	11305	-44	3	149	0:11	584
PAMDA	N3848.2	445	107	0.757	9600	326/13		305	0:24	3555
A326	E11903.7	454	108	10977	11348	-45	2	79	0:6	310
ANRAT	N3839.5	445	107	0.756	9600	316/12		384	0:30	3245
A326	E11957.4	454	108	10975	11371	-45	2	3	0:0	11
下降始点	N3839.2	445	107	0.756	9600			387	0:30	3234
	E11959.4	455	108		11372			50	0:6	95
ALARA	N3833.7	281	108		下降	305/11		437	0:36	3139
A326	E12033.1	288	108	10977	11372	-45	2	53	0:6	101
MAKNO	N3827.8	281	36		下降	302/9		490	0:42	3038
A326	E12108.9	281	38	10979	11372	-45	2	64	0:7	125
进近									0:5	352
ZYTL	N3857.6				33			554	0:54	2561
	E12131.8						滑行:		0:00	

ZPPP—ZBAA　　　大圆距离=1141　空中距离=1232 n mile　平均风=-10 节　温差=11℃
ZBAA—ZYTL　　　大圆距离=238　空中距离=309 n mile　平均风=-12 节　温差=3℃
气象数据基于世界时　1 日　0 点观测值的　6 小时预报　本计划识别码:BFLOEC
航路点气象数据:高度 ft/m,高度下的数据依次是 气象风角度、风速(kn)、温差(℃)

	26575/8100			28543/8700			31496/9600			35433/10800			39370/12000		
ZPPP	320	11	20	321	11	19	328	11	17	339	10	14	340	5	6
SL	313	11	20	314	12	19	320	12	17	333	10	14	333	5	6
HX	298	13	19	298	15	19	303	14	17	316	9	14	318	5	6
IDSID	289	13	19	291	16	19	293	15	17	301	9	14	304	6	6
SABED	279	15	19	283	18	18	285	18	17	287	14	14	291	13	6
QJG	276	17	19	280	20	18	281	21	17	283	20	14	290	20	6
CKG	275	18	19	283	21	18	283	24	16	281	26	14	287	26	6
P40	285	32	17	289	36	16	290	43	15	290	51	13	299	44	7
NSH	293	35	16	298	38	15	297	45	14	294	53	12	299	51	7
ZS	297	35	15	300	38	14	300	45	13	299	54	12	299	57	7
OD	299	34	14	301	38	13	301	46	13	301	55	12	298	60	7
YIJ	304	31	13	300	37	12	302	46	12	304	57	12	298	64	7
GUPAD	316	29	12	305	36	11	304	46	10	305	58	11	301	68	8
TYN	337	22	9	331	32	7	324	40	7	315	50	9	310	59	8
ISGOD	345	20	7	338	24	5	331	32	5	325	43	8	317	52	8
OC	347	20	7	340	23	5	333	30	5	327	41	8	319	50	8
VYK	0	16	5	358	18	4	348	22	4	335	30	6	323	39	6
ZBAA	15	16	5	16	17	4	5	20	3	346	26	4	329	33	5

备降段航路点气象数据:高度=31496 ft(9600 m),气象风角度、风速(kn)、温差(℃)

（续表）

ZBAA	5	20	3
WF	3	20	3
VM	350	21	3
OKTON	348	21	3
CG	346	20	3
PAMDA	332	13	3
ANRAT	320	12	2
ALARA	311	11	2
MAKNO	299	11	2
ZYTL	306	8	2

5.5　利用燃油差价的飞行计划

世界各地，甚至国内各机场的燃油价格都不一样。当从油价低的机场飞往油价高的机场时，如果能够多带油使得在目标机场不加油或少加油，则有可能节省燃油费用，当两地油价相差很大时，则会带来可观的经济效益。

例如，由机场 A 飞往机场 B、备降 C，然后再由机场 B 飞往机场 D（或 A）、备降 E，机场 A 的油价 $P_T = 2000$ 元 /t，机场 B 的油价 $P_D = 3000$ 元/t，设不多带油时从 A 起飞的总油量为 14t，消耗 9t，到 B 时剩余 5t（即备份油量），从 B 起飞飞往 D（或 A）时所需的总油量为 15t，则要在 B 买 10t 油，需要 30 000 元。假设在 A 多带 11t 油（业载不变）即起飞总油量为 25t，路途消耗 10t（多带的 11t 油被消耗掉 1t），到达 B 时剩余 15t 油，则在 B 就不用再加油，从而节省了 $10 \times 3000 - 11 \times 2000 = 8000$ 元燃油费。油价相差越大节省的燃油费越多。若目标机场油价比起飞机场油价高得不多时，多带油可能反而不合算，例如，当 B 的油价为 2100 元/t 时，多带 11t 油节省的燃油费 $= 10 \times 2100 - 11 \times 2000 = -1000$ 元，即多花了 1000 元。若 B 的油价为 2200 元/t 时，多带 11t 油节省的燃油费 $= 10 \times 2200 - 11 \times 2000 = 0$ 元，此时多带油不亏不盈，此时目标机场油价称为保本油价（break-even fuel price），用 P_{DB} 表示。只有目标机场油价高于保本油价时多带油才能节省燃油费用。

为了利用燃油差价需要解决三个问题：

（1）对一个具体航班来说能不能多带油。

（2）如果能，能多带多少油。

（3）多带油是否合算，能产生多大经济效益。

此外，还可以进一步研究一下多带多少油最合算、节省的燃油费最多，为满足下一航班的需要应该多带多少油等问题。

5.5.1　利用波音公司飞机使用手册上给出的图表计算利用燃油差价的效益

在 BOEING 公司的飞机使用手册的"载运燃油分析（TANKER ANALYSIS）"

一节给出了几张图帮助解决利用燃油差价的问题。

在飞机使用手册中"载运燃油分析曲线"的用处是：根据主航段的空中距离、巡航高度、不多带油时的着陆重量来确定多带的油在到达目标机场时所消耗的百分比。

在飞机使用手册中"目标机场保本油价曲线"的用处是：根据多带的油在到达目标机场时所消耗的百分比和起飞机场的油价来确定目标机场的保本油价。该图与机型无关，可按下式计算：

$$P_{DB} = P_T/(1 - X\%)$$

式中：P_T 为起飞机场油价，P_{DB} 为目标机场保本油价，$X\%$ 为多带的燃油消耗的百分比。

上式的导出：设起飞时多带的油量为 f，则 $P_{DB} \times (1 - X\%)f = P_T f$，由此得

$$P_{DB} = P_T/(1 - X\%) \tag{5.3}$$

利用这几张图可粗略地算出利用燃油价差产生的经济效益，方法如下：

1. 先做出正常（不考虑多带燃油）的飞行计划

若 $\qquad\qquad TOW < MTOW,$

且 $\qquad\qquad LWD < MLWD,$

且 $\qquad\qquad LWA < MLWA, \tag{5.4}$

且 $\qquad\qquad RPF < FTC,$

才能多带燃油，否则不能多带油，燃油差价无法利用。

式中：$MTOW, MLWD, MLWA$ 是由机场分析得出的在起飞机场的最大允许起飞重量、在目标机场及备降场的最大允许着陆重量，FTC -油箱容纳的最大油量。TOW, LWD, LWA, RPF 是做正常飞行计划时算出的起飞重量、在目标机场的着陆重量、备降场的着陆重量（指开始等待时的重量）及起飞总油量（即停机坪油量）。

2. 在能多带油时

根据巡航高度、该高度上的风与温度、巡航速度、航程、飞机重量估算所飞的空中距离（n mile），然后由"载运燃油分析曲线"确定多带的燃油消耗百分比 $X\%$，按式(5.3)或"目标机场保本油价曲线"确定目标机场的保本油价 P_{DB}，当目标机场油价 $P_D > P_{DB}$ 时，多带燃油才能产生经济效益，否则虽然可多带油，但由于路途消耗过多，并不合算。

估算空中距离的方法有三种：

(1) 利用简化飞行计划图表上的风修正部分。

(2) 利用平均真空速 V_T 计算空中距离：

$$NAM = V_T \cdot NGM/(V_T + V_W);$$

（3）平均地速 $V_G = NGM/TRT$，平均真空速 $V_T = V_G - V_w$，$NAM = V_T \cdot TRT$，故有

$$NAM = (V_G - V_w) \cdot TRT = NGM - V_w \cdot TRT$$

式中：V_w 为风速，顺风为正；TRT 为航程时间（不计进近时间和离场时间）。

3. 确定可多带的燃油量

计算 $\Delta F_T = MTOW - TOW$，$\Delta F_D = MLWD - LWD$，$\Delta F_A = MLWA - LWA$，$\Delta F_R = FTC - RPF$。

当 ΔF_T 或 ΔF_R 最小时，令 $\Delta F'$ 其中较小者，$\Delta F'$ 即起飞多带的油量，由

$$\Delta F'' = \Delta F' \cdot (1 - X\%) \tag{5.5}$$

计算多带的油在目标机场所剩余的数量 $\Delta F''$，$\Delta F''$ 必 $< \Delta F_D$。

当 ΔF_D 最小时，由上面的公式计算起飞时应多带的油量 $\Delta F'$，则

$$\Delta F' = \Delta F_D \cdot (1 - X\%) \tag{5.6}$$

若 $\Delta F' \leqslant \Delta F_T$ 和 ΔF_R，ΔF_D 即起飞多带的油量 $\Delta F'$ 在目标机场剩余部分 $\Delta F''$。

若 $\Delta F' > \Delta F_T$ 或 ΔF_R，则 ΔF_T 或 ΔF_R 中较小者即起飞时所应多带的油量 $\Delta F'$，此时应再按公式计算 $\Delta F'$ 在目标机场所剩余的部分 $\Delta F''$。

一般备降场的最大允许着陆重量 $MLWA$ 与 $MLWD$ 相同或稍小些，因而不起限制作用。

如起限制作用，ΔF_A 为最小，可以利用"载运燃油分析曲线"确定在目标机场飞往备降场时多带的油的消耗百分比 $Y\%$，由 $\Delta F'' = \Delta F_A \cdot (1 - Y\%)$ 计算多带的油 $\Delta F'$ 在目标机场剩余的量 $\Delta F''$，$\Delta F''$ 应 $\leqslant \Delta F_D$，否则取 $\Delta F'' = \Delta F_D$，由 $\Delta F' = \Delta F''/(1 - X\%)$ 计算起飞时应多带的油 $\Delta F'$，$\Delta F'$ 应 $\leqslant \Delta F_T$ 及 ΔF_R，否则取 $\Delta F' = \Delta F_T$ 和 ΔF_R 中小的一个，再按 $\Delta F'' = \Delta F' \cdot (1 - X\%)$ 计算 $\Delta F'$ 在目标机场所剩余的量 $\Delta F''$。

设 P_T 为起飞机场油价、P_D 为目标机场油价，则所能产生的经济效益为

$$Y = \Delta F'' \cdot P_D - \Delta F' \cdot P_T \tag{5.7}$$

例 5.5　飞行剖面如下：B757 - 200(RB211 - 535E4)，假设是 ISA，$OEW = 58040\,\text{kg} = 127956\,\text{lb}$，$MZFW = 83461\,\text{kg} = 184000\,\text{lb}$，$PL = 20000\,\text{kg} = 44092\,\text{lb}$，$COF = 0$，最大油箱容量 $= 73300\,\text{lb}$，不使用 APU 和防冰，$P_T = 2000$ 元 $/t$，$P_D = 3000$ 元 $/t$。用简化图表确定利用燃油差价的效益。

（1）首先利用简化图表做出不利用燃油差价的正常飞行计划：

在 ALT 的 $ZFW = 127956 + 44092 = 172048\,\text{lb}$，

滑入：5 min，耗油 $= 195\,\text{lb}$，着陆重量 $= 172243\,\text{lb}$，

进近：4 min，耗油 $= 620\,\text{lb}$，

等待结束重量 $= 172\,863\,\mathrm{lb}$,等待油量 $= 5\,330\,\mathrm{lb}$,

等待开始重量 $LWA = 178\,193\,\mathrm{lb}$,

由 DEST 飞到 ALT 的时间 $= 36\,\mathrm{min}$,油量 $= 4\,800\,\mathrm{lb}$,

改航时间 $= 40\,\mathrm{min}$,改航油量 $= 5\,420\,\mathrm{lb}$,

在 DEST 的着陆重量 $LWD = 182\,993\,\mathrm{lb}$,进近:$4\,\mathrm{min}$,耗油 $= 620\,\mathrm{lb}$,

进近前重量 $= 183\,613\,\mathrm{lb}$,

由 DEPA 飞到 DEST 的时间 $= 2{:}45$,油量 $= 20\,100\,\mathrm{lb}$,

航程时间 $= 2{:}49$,航程油量 $= 20\,720\,\mathrm{lb}$,

起飞重量 $TOW = 203\,713$,滑出:$9\,\mathrm{min}$,耗油 $= 351\,\mathrm{lb}$,

滑行重量 $= 204\,064\,\mathrm{lb}$,总油量 $= 32\,016\,\mathrm{lb}$,

因 $TOW < MTOW$,$LWD < MLWD$,$LWA < MLWA$,

起飞油量 $<$ 油箱最大油量,故可多带油。

$\Delta F_{\mathrm{T}} = MTOW - TOW = 36\,287\,\mathrm{lb}$,$\Delta F_{\mathrm{D}} = MLWD - LWD = 15\,007\,\mathrm{lb}$,

$\Delta F_{\mathrm{A}} = MLWA - LWA = 19\,807\,\mathrm{lb}$,

$\Delta F_{\mathrm{R}} =$ 油箱最大油量 $-$ 起飞总油量 $= 41\,284\,\mathrm{lb}$。

(2) 由上面得出的 TOW 和 LWD 计算平均重量 $W \approx 193\,\mathrm{klb}$,由 LRC 巡航数值表查得平均真空速 $TAS = 453\,\mathrm{kn}$,则空中距离 $NAM = 1000 \times 453/(453 - 50) = 1\,124\,\mathrm{n\ mile}$,由"载运燃油分析曲线"页查得:多带的燃油消耗百分比 $X\% = 8.6\%$,$P_{\mathrm{DB}} = 2000/(1 - 0.086) = 2\,188$ 元 $/\mathrm{t}$。

由于 $P_{\mathrm{D}} > P_{\mathrm{DB}}$,多带油能产生经济效益。

由于 ΔF_{D} 最小,取 $\Delta F'' = \Delta F_{\mathrm{D}}$,计算 $\Delta F' = 15\,007/(1 - 0.086) = 16\,419 < \Delta F_{\mathrm{T}}$ 和 ΔF_{R}。

即起飞时多带油量 $= 16\,419\,\mathrm{lb}$,着陆时剩余 $15\,007\,\mathrm{lb}$,可节省燃油费:

$$¥ = (15\,007 \times 3000 - 16\,419 \times 2000)/2\,204.6 = 5\,526\ 元$$

(注:利用简化飞行计划图表上的风修正部分确定的空中距离 $NAM = 1125\,\mathrm{n\ mile}$,利用第(3)种方法确定的空中距离 $NAM = 1000 - (-50) \times 2.75 = 1\,138\,\mathrm{n\ mile}$,都基本相同)。

手册上指出:对由于多带燃油而降低了巡航高度的情况图"载运燃油分析曲线"是不适用的。

另外因为各航段的航向、风、温度都不同,再加之爬升、下降段的影响,所以对一个航班飞行估算的空中距离不会很准确,用这种方法计算出的结果是粗略的,而且只给出了能多带的油量和经济效益,没有提供多带油的飞行计划。此外,大部分厂家提供的飞机使用手册没有"载运燃油分析曲线"这种图,因此有必要给出更一般的计算方法。

5.5.2 做利用燃油差价的飞行计划的一般方法

1. 做不考虑多带燃油的正常飞行计划

对于航程较长的情况应使用阶梯巡航。若 $TOW < MTOW$，$LWD < MLWD$，$LWA < MLWA$，$RPF < FTC$ 同时成立，则可以多带燃油，否则不能多带油，不能利用燃油差价。

$MTOW$，$MLWD$，$MLWA$ 是由机场分析得出的在起飞机场的最大允许起飞重量、在目标机场及备降场的最大允许着陆重量，FTC 为油箱容纳的最大油量。

TOW，LWD，LWA，RPF 是做正常飞行计划时算出的起飞重量、在目标机场的着陆重量、备降场的着陆重量（指开始等待时的重量）及总油量。

2. 可以多带油

设 $\Delta F = \min\{MTOW - TOW，MLWD - LWD，MLWA - LWA，FTC - RPF\}$

取 $\Delta F_0 = \Delta F \cdot \xi$ 作为可以多带的燃油在备降场所剩余部分，

$$式中 \xi = \begin{cases} 1, & 当 \Delta F = MLWA - LWA 时； \\ 0.93 \sim 0.95, & 当 \Delta F = MLWD - LWD 时； \\ 0.95, & 当 \Delta F = MTOW - TOW 或 \Delta F = FTC - RDF 时。 \end{cases}$$

航程长，取小值。用微机计算时可取 $\xi = 1$，只不过多迭代几次而已。

以 $W = OEW + PL + COF + \Delta F_0$ 从备降场停机坪往回推算，做出多带燃油时的飞行计划，计算中仍应保证：

$$TOW \leqslant MTOW；$$
$$LWD \leqslant MLWD；$$
$$LWA \leqslant MLWA；$$
$$RPF \leqslant FTC；$$

若有超过者，则应减少 ΔF_0，再重新计算直到刚好满足上述限制为止。

这一步中的业载应和第 1 步中的业载相同，不能靠减少业载来多带油，同样重量的业载比燃油能带来更多的经济效益。

这一步计算时，因为多带了燃油，有可能在较低的高度上巡航，这时应注意使用新高度上的风与温度来计算。

3. 计算可多带的燃油及产生的经济效益

设 TOW_1 是第一步正常飞行计划中算出的起飞重量，TOW_2 是第二步多带燃油的飞行计划中算出的起飞重量，则起飞时多带的燃油 $\Delta F' = TOW_2 - TOW_1$，设 LWD_1 和 LWD_2 分别是正常飞行计划和多带燃油飞行计划算出的在目标机场的着陆重量，则 $\Delta F'$ 在目标机场剩余的数量 $\Delta F'' = LWD_2 - LWD_1$，所产生的经济效益

$$¥ = \Delta F'' \cdot P_D - \Delta F' \cdot P_T \tag{5.8}$$

若 ¥ ＜ 0 则不应多带油。航程较长且 P_D 比 P_T 高得不多时就会产生这种情况,即:

虽然可多带油,但由于路途消耗太多而不合算。

多带燃油消耗百分比 $X\% = (\Delta F' - \Delta F'')/\Delta F' = 1 - \Delta F''/\Delta F'$,

目标机场的保本油价 $P_{DB} = P_T \cdot \Delta F'/\Delta F'' = P_T/(1 - X\%)$,

经济效益计算中没有考虑多带燃油对航程时间的影响,若航程时间由于多带燃油而增加了 Δt(例如因降低了巡航高度、风及温度的影响),设小时成本为 C_T,则计入时间成本后的经济效益为

$$¥ = \Delta F'' \cdot P_D - \Delta F' \cdot P_T - C_T \cdot \Delta t \tag{5.9}$$

这种算法可以用简化飞行计划图表进行,也可以按详细飞行计划方法计算,后者工作量要大得多。为此应编制程序,由计算机计算。

下面给出一个用简化飞行计划图表人工手算的例子并给出由计算机计算的结果,在程序中是按上面提到的公式计算经济效益的。

例 5.6 本例的条件即例 5.5 的条件。

(1) 首先利用简化图表做出不利用燃油差价的正常飞行计划:

在例 5.5 中已算出:

在 ALT 着陆(等待开始)重量 $LWA = 178193\,lb$,在 $DEST$ 的着陆重量 $LWD = 182993\,lb$,起飞重量 $TOW = 203713\,lb$,起飞总油量 $RPF = 32016\,lb$。

因为 $TOW < MTOW$,$LWD < MLWD$,$LWA < MLWA$,起飞油量＜油箱最大油量,故可多带油,$\Delta F_T = MTOW - TOW = 36287\,lb$,$\Delta F_D = MLWD - LWD = 15007\,lb$,$\Delta F_A = MLWA - LWA = 19807\,lb$,$\Delta F_R = $ 油箱最大油量－起飞总油量 $= 41284\,lb$,ΔF_D 最小。

(2) 取 $\Delta F_O = \Delta F_D \times 0.95 = 14256$ 作为初值,加到在 ALT 的 ZFW 中,再次做简化飞行计划:

在 ALT 停机坪飞机重量 $= 172048 + 14256 = 186304\,lb$,

滑入:5 min,耗油 $= 195\,lb$,着陆重量 $= 186499\,lb$,

进近:4 min,耗油 $= 620\,lb$,

等待结束重量 $= 187119\,lb$,等待油量 $= 5715\,lb$,

等待开始重量 $= 192834\,lb$,

由 DEST 飞到 ALT 的时间 $= 36\,min$,油量 $= 5150\,lb$,

改航时间 $= 40\,min$,改航油量 $= 5770\,lb$,

在 DEST 的着陆重量 $LWD = 197984\,lb$,

进近:4 min,耗油 $= 620\,lb$,进近前重量 $= 198604\,lb$,

由 DEPA 飞到 DEST 的时间 $= 2{:}45$,油量 $= 21300\,lb$,

航程时间 $= 2{:}49$,航程油量 $= 21920\,lb$,

起飞重量 $TOW = 219904\,lb$,滑出:9 min,耗油 $= 351\,lb$,

滑行重量 = 220 255 lb,总油量 = 48 207 lb,

以上计算中:$TOW < MTOW$,$LWD \approx MLWD$,$LWA < MLWA$,

起飞油量 < 油箱最大油量,而且不难验证多带油后在 10 200 m 高度巡航仍是没问题的,对这次多带油的飞行计划(见例表 5.6a 和例表 5.6b):

起飞多带油 $\Delta F' = 219\,904 - 203\,713 = 16\,190$ lb,

着陆时剩余 $\Delta F'' = 197\,984 - 182\,993 = 14\,991$ lb,

多带的燃油消耗百分比 $X\% = 7.4\%$,

$$P_{DB} = 2000/(1 - 0.074) = 2160 \text{ 元}/t,$$

可节省燃油费:¥ = $(14\,991 \times 3000 - 16\,190 \times 2000)/2\,204.6 = 5712$ 元。

下面是用微机计算的结果:

例表 5.6a 不多带油的正常飞行计划

B757 - 200(RB211 - 535E4)		飞行计划	
AAA (0 m)—BBB	(0 m)备降:CCC		(0 m)

最大允许起飞重量:	108 862 kg	飞行距离:	1852 km(1000 n mile)	滑出时间:	9 min
最大着陆重量(目):	89 811 kg	巡航高度:	10 200 m(33 465 ft)	离场时间:	0 min
最大着陆重量(备):	89 811 kg	巡航速度:	LRC	滑入时间:	6 min
最大无油重量:	83 461 kg	备降距离:	370 km(200 n mile)	进近时间(目):	4 min
使用空机重量:	58 040 kg	巡航高度:	7800 m(25 591 ft)	进近时间(备):	4 min
最大结构业载:	25 421 kg	巡航速度:	LRC	防冰预计使用:	0 h
最大油箱容量:	33 253 kg	等待高度:	458 m(1503 ft)	等待高度气温:	$ISA + 0$
($\gamma = 0.779$ kg/L)		(距地面)		飞行中 APU:	断开

滑行全重:	92 528 kg(203 990 lb)	轮挡油量:	9602 kg(21 169 lb)	轮挡时间:	2:59
起飞全重:	92 369 kg(203 639 lb)	航程油量:	9337 kg(20 584 lb)	航程时间:	2:44
着陆重量:	83 032 kg(183 055 lb)	改航油量:	2468 kg(5441 lb)	改航时间:	0:41
无油重量:	78 040 kg(172 048 lb)	等待油量:	2419 kg(5332 lb)	等待时间:	0:45
允许业载:	20 000 kg(44 092 lb)	备份油量:	4886 kg(10 773 lb)	等待表速:	203 kn
起飞油量:	14 488 kg(31 941 lb)	(扣除滑行油后:	14 223 kg(31 356 lb))	滑行油量:	265 kg

起飞前 APU 地面工作:0 min,耗油:0 kg 不计此油量及滑行油量,则总油量 = 14 223 kg

考虑飞机老化等因素航程油量与改航油量各多加了 0% 和 0% 公司备份油:0 kg

航路点 NDB VOR	经纬度	真空速 地速 /kn	磁向 磁向 /(°)	巡航高度 最佳高度 /m	气象风 温度℃ /(km/h)	累计距离 航段距离 /km	时间 时间	剩余油量 油量 /kg
AAA		340	360	0	0/93	0	0:0	14 488
		307	0	11 178	$ISA + 0$	140	0:15	1967
滑行							0:9	159
离场(入航)							0:0	0
爬升顶点		457	360	10 200	0/93	140	0:24	12 362
		407	0	11 178	$ISA + 0$	1548	2:5	6754
下降始点		447	360	10 200	0/93	1688	2:29	5609

（续表）

	397	0	11663	ISA+0	164	0:20	335
进近						0:4	281
BBB			0		1852	2:53	4993
					（滑行:	0:6	106）
改航备降场:							
BBB	286	0		180/37	0	0:0	4993
	299	0	11806	ISA+0	85	0:9	1325
爬升顶点	404	0	7800		85	0:9	3668
	424	0	11806		135	0:10	552
下降始点	403	0	7800		220	0:20	3116
	423	0	11852		150	0:17	310
进近						0:4	281
CCC			0		370	0:41	2525

例表 5.6b　利用燃油差价的飞行计划

B757-200(RB211-535E4)　飞行计划

AAA　　　　　　(0 m)—BBB　　　　　(0 m)备降:CCC　　　　　　　　　(0 m)

最大允许起飞重量:	108 862 kg	飞行距离:	1852 km(1000 n mile)	滑出时间:	9 min
最大着陆重量(目):	89 811 kg	巡航高度:	10 200 m(33 465 ft)	离场时间:	0 min
最大着陆重量(备):	89 811 kg	巡航速度:	LRC	滑入时间:	6 min
最大无油重量:	83 461 kg	备降距离:	370 km(200 n mile)	进近时间(目):	4 min
使用空机重量:	58 040 kg	巡航高度:	7800 m(25 591 ft)	进近时间(备):	4 min
最大结构业载:	25 421 kg	巡航速度:	LRC	防冰预计使用:	0 h
最大油箱容量:	33 253 kg	等待高度:	458 m(1503 ft)	等待高度气温:	ISA+0
(γ = 0.779 kg/L)		(距地面)		飞行中 APU:	断开

滑行全重:	99 735 kg(219 878 lb)	轮挡油量:	10 030 kg(22 112 lb)	轮挡时间:	2:56
起飞全重:	99 576 kg(219 527 lb)	航程油量:	9765 kg(21 527 lb)	航程时间:	2:41
着陆重量:	89 811 kg(198 000 lb)	改航油量:	2566 kg(5656 lb)	改航时间:	0:40
无油重量:	78 040 kg(172 048 lb)	等待油量:	2594 kg(5718 lb)	等待时间:	0:45
允许业载:	20 000 kg(44 092 lb)	备份油量:	11 665 kg(25 718 lb)	等待表速:	209 kn
起飞油量:	21 695 kg(47 830 lb)	(扣除滑行油后:	21 430 kg(47 245 lb))	滑行油量:	265 kg

起飞前 APU 地面工作:0 min,耗油:0 kg　不计此油量及滑行油量,则总油量 = 21 430 kg
考虑飞机老化等因素航程油量与改航油量各多加了 0%和 0%　公司备份油:0 kg
……
……

起飞多带燃油 = 7207　着陆时其剩余 = 6779 kg　消耗百分比 = 5.94%
起飞机场油价 = 2000　着陆机场油价 = 3000　着陆机场保本油价 = 2126 元/t
节省燃油费用 = 5923 元(负值表示不应多带油)　多带油受目标机场最大允许着陆重量限制

在燃油差价比较大,或者说燃油价格比(起飞机场油价 P_T/着陆机场油价 P_D)比较小时,一般是多带的油越多,能省的燃油费越多、经济效益越大。这时只要按前述的方法计算即可。在燃油差价比较小,或者说燃油价格比 P_T/P_D 接近 1 时,也有可能因多带的油太多使其消耗过大,使得能节约的燃油费反而减少。

例 5.7 A340-300(CFM56-5-C4)在 9 600 m 高度上以 LRC 速度巡航,航程为 5 000 km,备降距离 370 km,巡航高度 7 000 m。设是 ISA、无风,业载 20 000 kg,使用空重 135 322 kg,最大允许起飞重量 270 t,最大允许着陆重量 190 t,$P_T = 2500$ 元/t,$P_D = 2870$ 元/t,滑出 9 min,滑入 5 min,目标机场进近:5 min,备降场进近:4 min,不用防冰和 APU,航程油量额外增加 2%,按国内航线计算,结果如例表 5.7a 所示(重量、油量单位为 kg)。

例表 5.7a 国内航线计算结果

起飞重量	着陆重量	航程油量	起飞多带油量	消耗/%	着陆剩余	效益/元
200 532	163 020	37 511	0	0	0	0
219 035	179 389	39 646	18 503	11.54	16 369	720
225 035	184 651	40 384	24 503	11.72	21 631	823
229 327	188 400	40 927	28 795	11.86	25 380	851
231 169	190 000	41 169	30 637	11.94	26 980	840

对这种情况,应当确定使经济效益最大的最佳多带油量,多带的油超过此最佳值,不仅经济效益下降,而且飞机的高度能力、机动能力变差,也使起飞、着陆性能的安全余度减小(仍然是安全的)。对本例,最佳多带油量 = 28 795 kg,当然,少带一些也可以,经济效益仅稍微减少而性能得以提高。为了确定最佳多带油量,可按照前述方法进行迭代计算,从比较小的 ΔF_O(多带油量在备降场剩余部分)开始计算,算出对应的效益,逐渐增加 ΔF_O 的值,直到经济效益达到最大为止。

最佳多带油量与燃油差价的大小有关,燃油差价减小,最佳多带油量减小。例如例 5.7 中若 P_D 减少为 2 850 元/t,则计算结果如例表 5.7b 所示,最佳多带油量为 21 098 kg。

例表 5.7b 起飞多带油的计算结果

起飞多带油量	消耗/%	着陆剩余	效益/元
18 503	11.54	16 369	393
19 503	11.56	17 248	398
21 098	11.61	18 648	401
24 503	11.72	21 631	390
30 637	11.94	26 980	301

此外,最佳多带油量与巡航高度有关,特别是对于因多带油而必须在较低的高

度巡航的情况和不论是否多带油都在同一高度巡航的情况,差别更大,甚至结论相反。例如,例 5.7 是不论是否多带油都在 9 600 m 高度巡航的情况,此时多带油有经济效益,如果不多带油巡航高度为 10 800 m、多带油的巡航高度为 9 600 m,其他条件同例 5.7,计算结果如例表 5.7c 所示($P_D = 2870$ 元/t)。

例表 5.7c 比较多带油的效益

起飞重量	着陆重量	航程油量	起飞多带油量	消耗/%	着陆剩余	效益/元
198 671	163 020	35 650	0	0	0	0
231 169	190 000	41 169	32 498	16.98	26 980	−3 812

可见此种情况下如多带油 32 498 kg(由最大着陆重量限制)反而亏了,注意此时的多带油量的消耗百分比 = 16.98%,比例 5.7 中的 11.94%大得多。所以在波音飞机使用手册中给出的确定消耗百分比的图及 AIRBUS 给出的确定最佳起飞重量的图都不能用于因多带油而降低巡航高度的情况。

有时多带油量的消耗百分比可能随多带油量的增加而稍微减少(耗油仍是增加的),这是因为巡航高度比不多带油时的最佳高度低得较多、随多带油量的增加最佳高度和巡航高度越加接近的缘故。

在空客公司的飞机使用手册中给出了如图 5.6 所示的图,用于帮助用户确定多带油量的最佳数值,这种图与高度有关,该图仅是其中一张。仅有这种图是不够的,仍须做飞行计划,具体步骤是:先做不多带油的飞行计划,得出此时的起飞重量和起飞油量,根据起飞机场和目标机场油价比值 P_T/P_D 和空中距离查出最佳起飞重量,此重量与不多带油的起飞重量之差即最佳多带油量,如果最佳起飞重量超过了最大允许起飞重量,则最佳多带油量=最大允许起飞重量-不多带油时的起飞重量,如此最佳多带油量>(油箱最大容量-不多带油时的起飞油量),则后者为最佳多带油量,然后再做多带此油量时的飞行计划,如这次的着陆重量超过最大允许着陆重量,则应减少多带的油量直到着陆重量等于最大允许着陆重量,此时的多带油量即最佳多带油量。

如确定的最佳多带油量使得着陆后剩余油量超过了下一航班所需总油量 FRD(先做出由着陆机场飞下一航班的飞行计划、算出 FRD),应减少多带的油量使得着陆后剩余油量刚好等于 FRD,为此应把前面确定 ΔF 的公式改为

$$\Delta F = \min\{MTOW - TOW, MLWD - LWD,$$
$$MLWA - LWA, FTC - RPF, FRD - RESF\}$$

此式中 RESF 是不多带油的飞行计划中的备份油量,在做多带油的飞行计划时还应保证此时的"备份油"(即在目标机场着陆后的剩余油量)≤ FRD。下面是一个考虑了多带油不超过 FRD 的算例,假设在目标机场飞下一航班所需油量为 20 t,其他条件同例 5.7,飞行计划如例表 5.7d 所示。

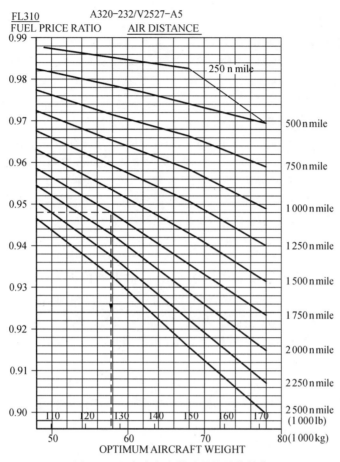

图 5.6　空客确定多带油量的最佳数值

例表 5.7d　利用燃油差价的飞行计划

A340-300(CFM56-5-C4)　飞行计划			
航班：	机号：B2380	机长：	08-08-97	00:32:27
AAA	(0m)—BBB		(0m)　备降：CCC	(0m)

最大允许起飞重量：	270 000 kg	飞行距离：	5 000 km(2 700 n mile)	滑出时间：	9 min
最大着陆重量(目)：	190 000 kg	巡航高度：	9 600 m(31 497 ft)	离场时间：	0 min
最大着陆重量(备)：	190 000 kg	巡航速度：	LRC	滑入时间：	6 min
最大无油重量：	178 000 kg	备降距离：	370 km(200 n mile)	进近时间(目)：	5 min
使用空机重量：	135 322 kg	巡航高度：	7 000 m(22 966 ft)	进近时间(备)：	4 min
最大结构业载：	42 678 kg	巡航速度：	LRC	防冰预计使用：	0 h
最大油箱容量：	107 999 kg	等待高度：	457 m(1 500 ft)	待高度气温：	ISA+0
(γ = 0.779 kg/L)		(距地面)		飞行中 APU：	断开

滑行全重：	214 818 kg(473 593 lb)	轮挡油量：	39 495 kg(87 071 lb)	轮挡时间：	6:21
起飞全重：	214 594 kg(473 098 lb)	航程油量：	39 121 kg(86 246 lb)	航程时间：	6:6
着陆重量：	175 473 kg(386 852 lb)	改航油量：	4 197 kg(9 253 lb)	改航时间：	0:39
无油重量：	155 322 kg(342 426 lb)	等待油量：	3 799 kg(8 374 lb)	等待时间：	0:45
允许业载：	20 000 kg(44 092 lb)	备份油量：	20 001 kg(44 095 lb)	等待表速：	217 kn
起飞油量：	59 496 kg(131 167 lb)	（扣除滑行油后：	59 122 kg(130 342 lb))	滑行油量：	374 kg

起飞前 APU 地面工作：0 min，耗油：0 kg　不计此油量及滑行油量，则总油量 = 59 122 kg
考虑飞机老化等因素航程油量与改航油量各多加了 2% 和 0%　公司备份油：0 kg
起飞多带燃油 = 14 032　着陆时其剩余 = 12 427 kg　消耗百分比 = 11.44%
起飞机场油价 = 2500　着陆机场油价 = 2870　着陆机场保本油价 = 2823 元/t
节省燃油费用 = 584 元(负值表示不应多带油)　多带油受目标机场下一航班所需油量限制。

　　从例 5.7 得知最佳多带油量是 28 795 kg，但本例计算表明，起飞时只要多带 14 032 kg 油，着陆后剩余油量(备份油)就刚好等于 20 t，没有必要多带，否则着陆后剩余油量超过所需油量造成浪费。如在目标机场飞下一航班所需油量为 35 t，则起飞时应多带 28 795 kg 油，着陆后剩余油量(备份油)为 32.9 t，不足部分可在着陆机场购买，这样效果最佳。

　　为更准确地计算多带油产生的经济效益时，还有两个问题要考虑：

　　(1) 加油时要收取一定的手续费，加油越多，加油手续费越多(可能每单位油量的手续费会减少)，这相当于机场油价提高了，可以把加油手续费加到机场的油价上。起飞机场和目标机场的加油手续费可能是不同的。

　　(2) 多带油会使维护成本增加，因为：

　　a. 增加了起飞重量，减推力起飞时减推力的程度减小。

　　b. 由于多带油使巡航重量、着陆重量增大，所需的推力增大，发动机损耗增大，着陆后反推、刹车用得多，这些部件损耗增加，使得维修成本提高。

　　这种影响难以量化，但在计算多带油产生的经济效益计算时应该考虑。一般可在起飞机场燃油价格上增加一个增量，或一个固定的百分比来考虑维修成本的增加(在国外机场加油时可能还有一个退税的问题，退税相当于起飞机场的油价降低了)。

　　另外，在做由着陆机场 B 飞下一航班的飞行计划时，如它的目的机场 C 油价比起飞机场(即本次航班目的机场 B)的油价高，可以考虑是否应由机场 A 多带油的问题(见图 5.7)。

　　如果机场 A，B，C 的油价为 $P_A < P_B < P_C$，由 A 到 B 多带油消耗百分比 = $a\%$，由 B 到 C 多带油消耗百分比 = $b\%$，如果 $P_B \leqslant P_A/(1-a\%)$、$P_C > P_B/(1-b\%)$，则由 A 到 B 不用多带油、只考虑由 B 到 C 多带油。如果 $P_B > P_A/(1-a\%)$，例如：$P_A = 4000$ 元/t，$P_B = 4800$ 元/t，$a\% = 11\%$，$b\% = 14\%$，$P_B > 4000/(1-$

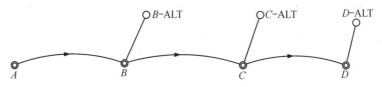

图 5.7　多机场利用燃油差价的选择

11%）= 4 494 元 /t,由 A 到 B 可以多带油,如果 P_C = 5 200 元 /t < 4 494/(1 － 14%）=5 226 元 /t,则由 B 到 C 不用多带油,只考虑由 A 到 B 最佳多带油或满足由 B 到 C 所需油量要求。如果 P_C > 5 226 元 /t,则由 A 多带油时才考虑带上由 B 到 C 所需油量。

5.6　途中改航(全发改航)飞行计划

例 5.8　按图 5.8 的示例,在计算途中改航飞行计划时,程序首先按机上实有的业载计算在改航点应剩余的油量(即改航所需最小油量 F_0),如在改航点剩余油量多于改航所需油量 F_0,程序进行迭代计算,直到在改航点剩余油量等于新的"改航所需油量"。在这个计算中保持业载不变,即使在备降场或目标机场着陆超重也不能减少业载,因为在改航点剩余油量和飞机上的业载是实际有的,是输入条件,在计算中是不能改变的,途中改航飞行计划计算的是:改航需要多少油量、实际消耗多少、剩余油量够不够、着陆是否超重等。输出有在备降场及目标机场的着陆重量,同时也给出这两个机场允许的最大着陆重量,机组比较这些重量就可以知道着陆是否超重。如在改航点预计剩余油量少于改航所需油量 F_0,程序将显示剩余油量及改航所需油量 F_0 的数值,并提供两个选择:

(1) 重新选择目标机场及备降场重做改航飞行计划。

(2) 就输出这个改航飞行计划,如油量欠缺不多可以接受的话。

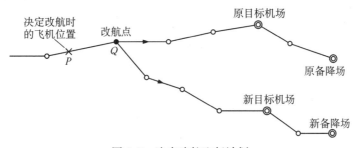

图 5.8　途中改航飞行计划

在改航飞行计划中(见例表 5.8a)也计算了 45 min 的等待用油,油量欠缺可能只使可用于等待的时间减少(见例表 5.8b)。

例表 5.8a　途中改航飞行计划

738(CFM56-7B24)　计划时间:2000-09-20　16:48
航班：CA111　　　　　　　　　机号：B2650

改航点:GUPAD－－－－－－－－－－ZUUU(495 m)		备降:ZLXY(479 m)	
航路爬升速度:280/280/0.78		航路下降速度:0.78/250/250	
在改航点剩余油量:	10 000 kg	飞行距离:	937 km(506 n mile)	机上业载:	12 000 kg
最大着陆重量(目):	65 317 kg	巡航高度:	10 668 m(35 000 ft)	无油重量:	54 310 kg
最大着陆重量(备):	65 317 kg	巡航速度:	0.790 kn	滑入时间:	0 min
最大无油重量:	61 688 kg	备降距离:	672 km(363 n mile)	进近时间(目):	5 min
使用空机重量:	42 310 kg	巡航高度(备):	9 000 m(29 527 ft)	进近时间(备):	5 min
最大结构业载:	19 378 kg	巡航速度(备):	LRC	防冰预计使用:	0 h
最大油箱容量:	20 273 kg	等待高度:	458 m(1 503 ft)	等待高度气温:	ISA+0
(γ=0.779 kg/L)		(距地面)		飞行中 APU:	断开

由改航点到目标机场耗油(含滑入油量):	2 616 kg(5 768 lb)		时间(包含滑入时间):	1:18①
由改航点到目标机场耗油(不计滑入油量):	2 616 kg(5 768 lb)		时间(不含滑入时间):	1:18②
目标机场着陆重量:	61 684 kg(135 991 lb)	备降油量: 2 764 kg(6 095 lb)	改航时间	1:4
备降机场着陆重量:	59 170 kg(130 447 lb)	等待油量: 1 639 kg(3 614 lb)	等待时间	0:45
滑入油量:	0 kg(0 lb)	备份油量: 7 375 kg(16 259 lb)	等待表速	209 kn
途中改航所需油量:	6 846 kg(15 092 lb)	[备份油中含多余油量:2 971 kg(6 550 lb)]		
③		④		

考虑飞机老化等因素航程油量与改航油量各多加了：　　　　0%和 0%　　　公司备份油:0 kg
考虑飞机老化等因素航程油量与改航油量各多加了：　　　　0%和 0%　　　公司备份油:0 kg

航路点	经纬度	真空速	磁向	巡航高度	TRPH	气象风	累计距离	时间	剩余油量
频率		地　速	磁向	最佳高度	MACH	温度℃	航段距离	时间	油　量
/kHz		/kn	/(°)	/m	/Ma	/(kn)	/km	时间	/LBS
GUPAD	N3618.7	468	234	10 668	15 814	243/51	0	0:0	22 027
	E11028.4	418	233	11 273			162	0:9	835
(略去航路点					ISA+13				
以下部分)				－－－－END－－－－					

说明：

如果输入的滑入(着陆后滑回停机坪的)时间不是 0,①,②二行的数字就不同了。第③项是按飞机实际业载计算出的所需最小油量,只要在改航点剩下这个油量就满足要求,它不等于①中的油量＋备降油量＋等待油量,这后三项是按实际剩余油量、飞机较重的情况算出来的。①中的油量是按实际剩余油量(改航点飞机实际重量)由改航点飞到目标机场并滑回停机坪所消耗的油量,④是由目标机场飞到备降场、等待规定的时间着陆后剩的油量。

如在目标机场或备降场着陆超重,则输出时会打出提示：

"目标机场着陆超重!"或"备降机场着陆超重!"

如第③项的改航所需油量超过在改航点实际剩余油量,表示剩余油量不够,输出时提示剩余油量不够,并给出估算的等待时间减少量,见例表 5.8b(假设在改航点剩油 7 500 kg)。

例表 5.8b　改航点剩油不够的输出格式

由改航点到目标机场耗油(包括滑入油量):	3 783 kg(8 339 lb)	时间(包含滑入时间):	1:45
由改航点到目标机场耗油(不计滑入油量):	3 715 kg(8 189 lb)	时间(不含滑入时间):	1:39
目标机场着陆重量:49 896 kg(110 002 lb)	备降油量:2 776 kg(6 119 lb)	时间:	1:1
在备降场着陆重量:47 506 kg(104 732 lb)	等待油量:1 692 kg(3 731 lb)	时间:0:45	
着陆后滑入油量:68 kg(150 lb)	备份油量:4 468 kg(9 850 lb)	等待表速:216 kn	
在改航点所需油量:8 251 kg(18 190 lb)	[备份油中含多余油量:0 kg(0 lb)]		
在改航点剩余油量 7 500 kg　不够!	这将使飞抵备降场后能等待的时间减少约 18 min。		

下面是途中改航飞行计划的完整例子(见例表 5.8c)。

例表 5.8c　途中改航飞行计划

B757-200(RB211-535E4)	机号:B2820	航班:	飞行计划	2003-10-23	2:41:36
LIG	(10 200 m)—ZBAA		(35 m)	备降:ZYTL	(33 m)

航路爬升速度:290/0.78Ma			航路下降速度:0.78Ma/290/250 KIAS		
在改航点剩余油量:	15 000 kg	飞行距离:	1 434 km(774 n mile)	机上业载:	20 000 kg
最大着陆重量(目):	95 255 kg	巡航高度:	10 200 m(33 465 ft)	无油重量:	79 264 kg
最大着陆重量(备):	95 255 kg	巡航速度:	LRC	滑入时间:	5 min
最大无油重量:	83 461 kg	备降距离:	555 km(300 n mile)	进近时间(目):	4 min
使用空机重量:	59 264 kg	巡航高度:	9 000 m(29 528 ft)	进近时间(备):	2 min
最大结构业载:	24 197 kg	巡航速度:	LRC	防冰预计使用:	0 h
最大油箱容量:	33 253 kg	等待高度:	457 m(1 500 ft)	等待高度气温:	ISA+0℃
(γ=0.779 kg/L)		(距地面)		飞行中 APU:	断开

由改航点到目标机场(包括滑入油量和时间):	耗油:6 002 kg(13 232 lb)	时间:2:1	
由改航点到目标机场(不计滑入油量和时间):	耗油:5 914 kg(13 037 lb)	时间:1:56	
目标机场着陆重量:88 349 kg(194 776 lb)	备降油量:3 201 kg(7 058 lb)	时间:0:54	
在备降场着陆重量:85 288 kg(188 027 lb)	等待油量:2 533 kg(5 584 lb)	时间:0:45	
着陆后滑入油量:88 kg(195 lb)	备份油量:8 997 kg(19 835 lb)	等待表速:207 kn	
在改航点所需油量:12 056 kg(26 579 lb)	[备份油中含多余油量:2 698 kg(5 949 lb)]		

考虑飞机老化等因素航程油量与改航油量各多加了 0%和 0%　公司备份油:564 kg
公司备份油按主航段下降顶点燃油消耗飞行 10 min 计算(相当于航线应急油量)

航路点 VOR/NDB	经纬度	真空速 地速 /kn	磁向 磁向 /(°)	Ma 数 TROP_H /m	巡航高度 最佳高度 /m	气象风 温度℃ (kn)	累计距离 航段距离 /km	时间 时间	剩余油量 油量 /kg
LIG	N2737.6	475	2	0.794	10 200	292 / 38	0	0:0	14 999
	E11331.6	462	7	15 813	10 954	-37　14	181	0:13	770
DAPRO	N2915.2	474	2	0.793	10 200	299 / 45	181	0:13	14 229
	E11338.8	453	7	15 703	10 982	-37　14	74	0:5	318

（续表）

LKO	N2955.0	474	21	0.792	10200		300 / 52	255	0:18	13911
	E11341.8	466	27	15722	10993		−38　14	173	0:12	718
ZF	N3120.0	473	2	0.791	10200		297 / 58	428	0:30	13193
	E11426.0	448	9	15869	11018		−38　13	108	0:8	464
OBLIK	N3218.0	472	1	0.790	10200		296 / 59	536	0:38	12729
	E11432.0	447	8	15915	11033		−39　13	152	0:11	650
ZHO	N3339.7	470	2	0.789	10200		296 / 60	687	0:49	12079
	E11438.5	445	9	15949	11055		−40　12	115	0:8	491
AKOMA	N3441.6	468	4	0.789	10200		301 / 54	802	0:57	11588
	E11444.7	441	10	15741	11071		−41　10	186	0:14	792
WXI	N3621.8	463	26	0.787	10200		319 / 36	989	1:11	10796
	E11455.0	448	30	14862	11124		−45　6	263	0:19	1081
下降始点	N3830.6	462	26	0.785	10200		319 / 36	1252	1:30	9714
	E11610.3	446	30		11203		−45　6	83	0:10	157
VYK	N3911.0	284	5		下降		348 / 24	1335	1:40	9558
	E11635.0	268	6	10784	11203		−48　3	99	0:12	191
进近									0:4	281
ZBAA	N4004.5				35			1434	1:56	9085
	E11635.4							（滑行:	0:5	88）
改航备降场:										
ZBAA	N4004.5	316	124		35		12 / 18	0	0:0	9085
	E11635.4	320	127	10842	11372		−40　3	27	0:3	384
WF	N3957.0	316	183		爬升		5 / 18	27	0:3	8702
0395.0	E11652.0	328	184	10835	11372		−40　3	72	0:7	989
VM	N3918.0	316	189		爬升		357 / 18	100	0:10	7713
0280.0	E11654.0	328	189	10821	11372		−40　3	13	0:1	173
OKTON	N3911.2	316	110		爬升		355 / 18	112	0:11	7540
	E11653.5	320	112	10818	11372		−40　3	8	0:1	113
爬升顶点	N3910.0	434	110	0.730	9000			120	0:12	7428
	E11658.9	440	112		11372			35	0:3	143
CG	N3904.8	433	106	0.730	9000		351 / 14	156	0:15	7284
0339.0	E11722.5	438	108	10876	11383		−41　3	149	0:11	604
PAMDA	N3848.2	431	107	0.728	9000		343 / 10	305	0:26	6681
	E11903.7	436	108	10977	11428		−42　2	79	0:6	320
ANRAT	N3839.5	431	107	0.727	9000		334 / 9	384	0:31	6361
	E11957.4	436	108	10975	11452		−42　2	1	0:0	3
下降始点	N3839.4	431	107	0.727	9000			385	0:32	6357
	E11958.0	436	108		11452			52	0:6	101
ALARA	N3833.7	272	108		下降		323 / 8	437	0:38	6256
	E12033.1	276	108	10977	11452		−42　2	53	0:6	103

（续表）

MAKNO	N3827.8	272	36		下降	322 / 6	490	0:44	6 153
	E12108.9	270	37	10 979	11 452	−42 2	64	0:8	126
DLC	N3857.6	272	96		下降	331 / 6	553	0:52	6 027
112.30	E12130.8	273	97	10 897	11 452	−42 2	1	0:0	3
进近								0:2	141
ZYTL	N3857.6				33		555	0:54	5 884
	E12131.8						滑行:	0:5	88
LIG	−ZBAA	大圆距离 = 763		空中距离 = 837 n mile		平均风 =−34 kn		温差 = 11℃	
ZBAA	−ZYTL	大圆距离 = 238		空中距离 = 312 n mile		平均风 =−14 kn		温差 = 2℃	
气象数据基于世界时　1 日　0 点观测值的　6 h 预报									

　　途中改航飞行计划可以按前述做详细飞行计划的方法做出，也可以使用 FPPM 手册中给出的做简化飞行计划的图表及下面计算由巡航中任一点到一个机场所需油量和时间的图表做出。

　　这是一个利用简化图表做途中全发改航飞行计划的例子。

　　例 5.9　B757－200/RB211－535E4 要由 P 点改航到机场 B 着陆，其备降场为 C，预计在 P 点飞机重量为 210 klb，剩余油量为 33 klb，航路爬升速度 290/0.78，下降速度 0.78/290/250，在 B 及 C 的最大允许着陆重量 = 198 klb，飞行中不用 APU 和防冰，公司备份油 $COF = 0$，其他条件如图 5.9 所示：

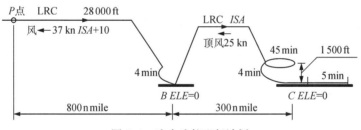

图 5.9　途中改航飞行计划

　　确定改航所需油量，做出全发改航飞行计划。

　　$ZFW = 210\,000 − 33\,000 = 177\,000$ lb，先假设在备降场停机坪剩余油量 = 0，

　　在备降场停机坪 $W = ZFW + 0 = 177\,000$ lb，

　　滑入：时间 = 5 min，耗油 = $5 × 39 = 195$ lb，

　　在备降场着陆时的重量 = $195 + 177\,000 = 177\,195$ lb，

　　在备降场进近：4 min，耗油 = $4 × 155 = 620$ lb，

　　等待结束重量 = $620 + 177\,195 = 177\,815$ lb，

　　按 180 000 查得一发燃油流量 = 3 630 lb，等待平均重量 = $177\,815 + 3\,630 ×$ 0.75 = 180 538 lb，

　　按平均重量 180 538 lb 查得一发燃油流量 = 3 640 lb/h，此即等待中的平均燃油流量，

等待油量 $= 3\,640 \times 2 \times 0.75 = 5\,460\,\text{lb}$,

等待开始重量 $= 177\,815 + 5\,460 = 183\,275\,\text{lb} < MLWA$。

以等待开始重量做 LWA 查得:

改航备降场的油量 $= 6\,800\,\text{lb}$,时间 $= 0.9\,\text{h} = 0\,{:}\,54$,

在目标机场着陆重 $LWD = 6\,800 + 183\,275 = 190\,075\,\text{lb} < MLWD = 198\,000\,\text{lb}$,

在目标机场进近: $4\,\text{min}$,耗油 $= 4 \times 155 = 620\,\text{lb}$,

进近前重量 $= 620 + 190\,075 = 190\,695\,\text{lb}$,

先按进近前重量 $190\,695\,\text{lb}$ 查得油量 $= 14\,200\,\text{lb}$,

P 点重量一次近似值 $= 204\,895\,\text{lb}$,再次查得油量 $= 14\,800\,\text{lb}$,

P 点重量二次近似值 $= 205\,495\,\text{lb}$。

前后两次 P 点重量近似相同,不再迭代。

由 P 点改航 B、备降 C 所需最小油量 $= 195 + 620 + 5\,460 + 6\,800 + 620 + 14\,800 = 28\,495\,\text{lb} = 12\,925\,\text{kg}$,即:只要在 P 点剩余 $28\,495\,\text{lb}$($12\,925\,\text{kg}$)[飞机重量是 $205\,495\,\text{lb}$]油量就够了。

为计算重量 $= 210\,\text{klb}$ 的飞机实际消耗的油量及到达备降场的剩余油量,需要迭代计算:

设备降场的剩余油量 $= 0.9 \times (33\,000 - 28\,495) = 4\,055\,\text{lb}$,

则等待结束重量 $= 4\,055 + 177\,815 = 181\,870\,\text{lb}$,

等待油量 $= 3\,713 \times 1.5 = 5\,570\,\text{lb}$,

等待开始重量 $= 181\,870 + 5\,570 = 187\,440\,\text{lb}$,

改航备降场的油量 $= 6\,900\,\text{lb}$,时间 $= 0.9\,\text{h} = 0\,{:}\,54$,

在目标机场着陆重 $LWD = 6\,900 + 187\,440 = 194\,340\,\text{lb}$

在目标机场进近: $4\,\text{min}$,耗油 $= 4 \times 155 = 620\,\text{lb}$

进近前重量 $= 620 + 194\,340 = 194\,960\,\text{lb}$

由下页的图表先按进近前重量 $194\,960\,\text{lb}$ 查得油量 $= 14\,500\,\text{lb}$,

P 点重量一次近似值 $= 209\,460\,\text{lb}$,再次查得油量 $= 15\,200\,\text{lb}$,

P 点重量二次近似值 $= 210\,160\,\text{lb}$。再次迭代得

到的 P 点重量将几乎不变,故不再迭代。

现在得到的 P 点重量 $\approx$ 飞机在 P 点的实际重量,

所以也不用再返回到备降场重新计算了。

重量 $= 210\,\text{klb}$ 的飞机由 P 点到在机场 B 着陆所需的油量 $= 15\,200 + 620 = 15\,820\,\text{lb}$,

所需的时间 $= 2.2\,\text{h} + 4\,\text{min} = 2\,{:}\,16$,加上滑入油量和时间后所需的油量 $= 16\,015\,\text{lb}$

所需时间 $= 2\,{:}\,20$。

由机场 B 改航机场 C 的改航油量 $= 6\,900 + 620 = 7\,520\,\text{lb}$,改航时间 $= 0\,{:}\,58$,

等待油量 $= 5\,570\,\text{lb}$,备份油量 $=$ 等待油量 $+$ 改航油量 $+$ 在备降场的剩余油量 $= 5\,570 + 7\,520 + 4\,055 = 17\,145\,\text{lb}$。

此时总油量 $= 17\,145 + 16\,015 = 33\,160$,约等于飞机在 P 点的实际油量 $= 33\,000\,\text{lb}$。

也可如下计算重量为 $210\,\text{klb}$ 的飞机实际消耗的油量及到达备降场的剩余油量:

由图 5.10 按实际重量 $210\,\text{klb}$ 查得由 P 点到机场 B 着陆所需油量 $= 15\,200\,\text{lb}$,时间 $= 2.2\,\text{h}$,进近 $4\,\text{min}$ 耗油 $620\,\text{lb}$,

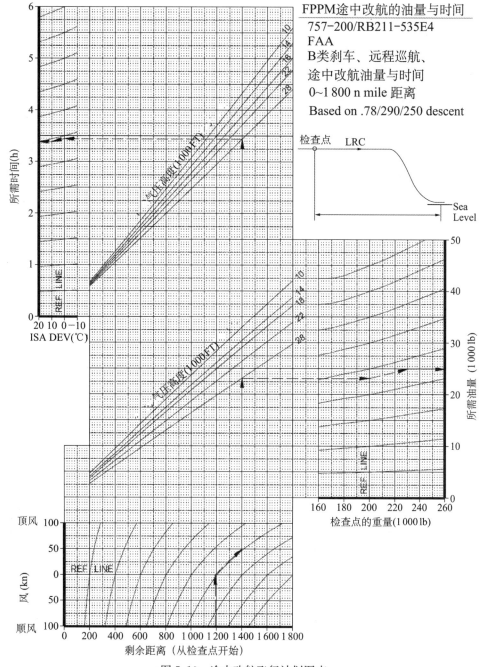

图 5.10　途中改航飞行计划图表

由 P 点到 B 着陆所需油量 = 15 820 lb,时间 = 2:16,

在机场 B 着陆重量 = 210 000 - 15 820 = 194 180 lb,由机场 B 到机场 C 的改航油量 = 6 900 lb,改航时间 = 0:54,

在机场 C 进近 4 min 耗油 620 lb,改航油量 = 6 900 + 620 = 7 520 lb,改航时间 = 0:58。等待开始时的重量 = 194 180 - 6 900 = 187 280 lb,按 187 280 计算的等待燃油流量 = 3 761 lb,平均等待重量 = 187 280 - 3 761 × 0.75 = 184 459 lb,平均燃油流量 = 3 710 lb,

等待油量 = 5 565 lb,等待结束时的重量 = 187 280 - 5 565 = 181 715 lb。

着陆时重量 = 181 785 - 620 = 181 095 lb,在机场 C 停机坪重量 = 181 095 - 195 = 180 900 lb,剩余油量 = 180 900 - 177 000 = 3 900 lb。

5.7 公务机飞行计划

5.7.1 公务航空的起源

公务航空是通用航空的重要组成部分,它是伴随着整个通用航空一起发展起来的。通用航空的诞生是以 1903 年 12 月 17 日莱特兄弟第一次完成重于空气的飞机的动力飞行为标志的。第一次和第二次世界大战对通用航空的发展产生了巨大的推动作用,战争结束后,大量过剩的飞机和飞行员转型进入民用航空领域。1937 年,第一架公务机在美国出现;1947 年,第一个公务飞行指导机构——美国公务航空协会(NBAA)成立。

20 世纪 50 年代是公务航空的启动时期,当时通用航空处于发展的低潮,人们已经注意到了公务航空将会成为通用航空新的增长动力。60 年代,公务航空进入增长时期,新技术的运用使得公务机的性能、舒适性有了极大的提高,并且飞机的品种也更多了。公务航空开始逐渐成为航空运输体系中重要的组成部分。从 90 年代开始公务航空进入了稳定发展阶段,飞机性能不断地提高,其飞行速度、航程、安全性和舒适性却是大型公共运输飞机所无法比拟的。它可以根据商务、公务活动的要求,自主确定起飞时刻、降落地点。从此,公务航空开始在世界各国民用航空业中占据重要地位,其安全、省时、高效、灵活、舒适的优点,使其在许多国家成为经济建设、商业贸易和行政管理等领域的最佳出行选择。

据不完全统计,美国共有 22.4 万架通用航空飞机,60 万名飞行员,美国通航年平均飞行小时 2 700 万小时,其中 2/3 来自公务飞行。美国适合公务机起降的机场较多,航班飞机适用的机场不到 600 个,但适应中型飞机起降的机场超过 5 000 个,适合小型飞机飞行的机场有逾 1.98 万个。欧洲共有 8 万架通航飞机,30 万名飞行员。

相对于中国大陆,香港地区拥有公务机近 20 架;美国有 1.6 万架,全球范围内共有 2.6 万架公务机。

随着中国进一步改革开放和经济持续快速增长,中国的民用航空业发展迅速。

2007年我国民用航空运输总周转量、旅客周转量在国际民航组织缔约国中排名均继续保持第二位,全行业通用航空完成作业飞行小时10.96万小时,比2006年增长19.2%,截至2007年底,全行业在册通用飞机共有457架。截至2008年,我国境内民用航空通航机场共有158个(不含台湾、香港和澳门),其中定期航班通航机场152个,定期航班通航城市150个。

在20世纪末中国自己的公务航空悄然出现,然而在它诞生后这段时间内,中国的公务航空却并没有取得什么大的进展,甚至可以说发展缓慢。虽然中国已经有了公务航空运营企业,但目前中国公务航空的发展水平与国家的经济规模相比,与航空运输整体发展水平相比,还不成比例。

随着我国近些年航空业的逐渐放开,合资和民营的航空公司相继成立,一些航空公司也先后购买或租赁公务机,推出公务飞行业务。同时亦有企业为展示雄厚实力,自购公务飞机或直升机。

1997年,"远大"集团创始人之一的张剑成为中国大陆买私家飞机第一人。"远大"张氏兄弟先后购买了五架公务机并专门组建了企业航空部,他们的机队拥有"奖状"2CE525型公务机和"奖状"EXCEL型公务机。"春兰"集团的陶建幸在2002年3月7日,购买首架EC-135轻型公务直升机。"海尔"也购买了EC-135轻型公务直升机,并以"海尔"跻身世界500强企业。台资企业"旺旺"集团是中国企业"富豪"拥有"昂贵"公务机的开端。2006年8月,"旺旺"集团花2亿元人民币买下一架美国湾流公司生产的湾流G200型公务机,不仅作为公司的公务机,同时托管给金鹿航空做租赁营运管理。

国内还有更多的国有大型企业和民营企业也开始尝试购买或租赁公务机。当前中国的公务航空市场大致可以分为2类:一类是具有公务飞行经营项目的通用航空企业,他们为客户提供公务飞行服务,以盈利为目的;另一类是不以营利为目的非经营性的自用公务飞行。作为大型公共航空的必要补充,公务航空正在日益发挥它的作用,其地位不容忽视。

早在20世纪90年代初期,南方航空公司就曾经运营过公务机,但是因市场条件不成熟而中断,后来海南航空公司引进了一架庞巴迪公司生产的Lear-jet55飞机,在国内试运营。随着市场的扩大,海南航空公司陆续引进飞机,并逐渐成立了专业的公务机运营公司——金鹿公务航空,目前拥有亚洲最大规模公务机机队,旗下运营的14架公务机中豪客机型6架、湾流机型7架、空客319型1架。与此同时,国内其他航空公司逐渐进入公务航空的市场领域,目前主要有:中国国际航空公司公务机分公司,运营一架Gulfstream IV公务机,代管一架Learjet45XR公务机;上海航空公司公务机部,运营一架Hawker800xp和一架CRJ-200公务机;2007年8月底首航的亚联公务机,目前以航空器代管方式管理运行着一架猎鹰2000型、两架湾流200型和一架空中客车A318型共四架公务机。以上航空公司用于出租用途的公务机共22架。

从国内公务机发展过程看,无论在市场销售,还是运营模式以及管理经验方面,都是一个逐渐成熟并规范化运作的过程,并最终渐渐融入国际公务机行业发展潮流中。

5.7.2　公务飞行的定义和规定

《中华人民共和国民用航空法》第一百四十五条:通用航空是指使用民用航空器从事公共航空运输以外的民用航空活动,包括从事工业、农业、林业、渔业和建筑业的作业飞行以及医疗卫生、抢险救灾、气象探测、海洋监测、科学实验、教育训练、文化体育等方面的飞行活动。通用航空企业的经营项目划分为三类,其中甲类:陆上石油服务、海上石油服务、直升机机外载荷飞行、人工降水、医疗救护、航空探矿、空中游览、公务飞行、私用或商用飞行驾驶执照培训、直升机引航作业、航空器代管业务、出租飞行、通用航空包机飞行。

公务飞行定义:公务飞行源于英文 business aviation,直译应为商务航空,目前国际民航组织也无正式定义,但在其对世界各国民用航空情况统计中,一直将其划为通用航空活动进行统计。公务飞行一部分是用户租用公务机进行的,一部分是用户自购公务机进行的,但共同点是单一用户、不定时、无固定目的地、无客票,其服务方式与要求、运营步骤与过程是一致的;为防止利用公务飞行开展加班包机,规定航空器的座位数是必要的;因此对公务飞行定义为,是通用航空活动的一种方式,系指使用民用航空器按单一用户(企业、事业单位、政府机构、社会团体或个人)确定时间和始发地、目的地,为其商业、事务、行政等活动提供的无客票飞行服务。通常使用30 座(含)以下的民用航空器(轻型飞机、旋翼航空器、滑翔机除外)。大型跨国公司的业务扩展到全球很多地方,公司人员因公务需要租用公务机外出执行任务;另一类是指大型公司(非航空运输企业)自己出钱购买飞机,成立机队用以运送内部职工或客户,运送急需的零部件等。这类间接为商务提供服务的航空活动被称为公务航空。

5.7.3　公务飞行计划的申请

国内涉及公务机运营的法规主要有 CCAR135 部和 CCAR91 部两部法规。不论是包机、专机,还是加班飞行,一切飞行都应当预先申请并经过批准后方可执行,未经批准的飞行预报不得执行。中国《民用航空预先飞行计划管理办法》总则第四条规定:航空营运人进行民用航空飞行活动,其预先飞行计划应当获得批准;未获得批准的,不得实施飞行;取消获得批准的预先飞行计划,应当及时向预先飞行计划的批准部门备案。其申请程序和相关规定如下。

1) 申请

中国航空营运人在同一飞行管制区内飞行的加班和不定期飞行预先飞行计划,向该飞行管制区飞行管制部门所在地的民航地区空管局办事单位申请,在新疆管理局辖区内飞行的,向新疆空管局空管处申请;外国国家领导人或者重要客人乘坐的外国专机、包机预先飞行计划应当向国家外交主管部门提出申请。

2）申请资料

一般情况下，预先飞行计划的申请资料应包括如下内容：

（1）航空器所有人、经营人及其联系方式。

（2）航空器型号、型别。

（3）经营人两字和三字代码、航班号、无线电通话和通信呼号。

（4）机载电子设备，是否装有机载防撞系统和航路、航线有特殊要求的机载电子设备。

（5）航空器的最大起飞重量和最大着陆重量。

（6）起降地点、起降时刻、班期、航线走向、飞行高度和进出中国飞行情报区的航路点代码及时刻。

（7）航班性质。

（8）计划起止日期。

（9）其他需要说明的事项。

3）批准

中国航空营运人加班和不定期飞行预先飞行计划的申请由民航总局空管局和民航地区空管局以 AFTN 电报、SITA 电报或者传真电报的形式批复。

4）批准时限

一般情况下，受理单位不应迟于预先飞行计划开始执行之日前至少 2 个工作日做出决定并通知申请人。

外国航空营运人和中国港澳台地区航空营运人在中国境内机场起飞或者降落的公务飞行，应当于飞行前至少 7 个工作日以 SITA 电报、航空固定业务电报或者民航总局接受的其他方式提出预先飞行计划申请。

申请应当包括以上第二条申请资料和下列内容：

（1）机组成员和旅客名单、出生日期、护照号及国籍。

（2）国内接待单位名称、地址及联系办法。

中国航空营运人进行加班和不定期飞行，使用的航空器型号和型别、飞行高度以及航线走向不超出现行规定范围的，应当于飞行前至少 3 个工作日以传真、SITA 电报、航空固定业务电报或者民航总局接受的其他方式提出预先飞行计划申请；使用的航空器型号和型别、飞行高度以及航线走向超出现行规定范围的，应当于飞行前至少 5 个工作日以传真、SITA 电报、航空固定业务电报或者民航总局接受的其他方式提出预先飞行计划申请。紧急情形下的加班和不定期飞行应当说明理由，预先飞行计划申请的时限不受限制。

5.7.4　FAR 和 CCAR 涉及公务飞行关于油量的规定

在 FAR 的第 135 部 209 和 223 款中给出了加油量和备降场的相关规定。

FAR 第 135.209 条　目视飞行规则飞行的燃油供应要求

（1）任何人不得按照目视飞行规则运行飞机，除非在考虑风和预报的天气条件

后,有足够的燃油飞至第一个预计着陆点,并且以正常巡航燃油消耗率完成下列飞行:

a. 在昼间,至少再飞行 30 min。

b. 在夜间,至少再飞行 45 min。

(2) 任何人不得按照目视飞行规则运行直升机,除非在考虑风和预报的天气条件后,有足够的燃油飞至第一个预计着陆点,并且以正常巡航燃油消耗率再飞行 20 min。

FAR 第 135.233 条　仪表飞行规则的备降机场要求

(1) 除本条(2)款规定的情况外,任何人不得在仪表飞行规则条件下运行航空器,除非在考虑到天气报告、预报或两者的组合后,航空器上携带了能完成下列飞行的燃油:

a. 完成到达第一个预定着陆机场的飞行。

b. 从该机场飞至备降机场。

c. 此后以正常巡航速度飞行 45 min。对于直升机,以正常巡航速度飞行 30 min。

(2) 如果第一个预定着陆机场具有经本章第 97 部批准的标准仪表进近程序,并且相应的天气报告、预报或两者的组合表明,在预计到达时刻前后至少 1 小时的时间段内达到下列天气条件,则可以不选择备降机场,本条(1)b 款不适用:

a. 云高在盘旋进近的最低下降高度(MDA)之上至少增加 1 500 ft(450 m,CCAR135 部中对应的国际单位制规定)。

b. 如果该机场没有经批准的仪表盘旋进近程序,云高为最低的公布最低标准之上至少 1 500 ft(450 m)或机场标高之上至少 2 000 ft(600 m)(取两者中较高者)。

c. 在目的地机场实施仪表进近程序时,该机场预报的能见度至少为 3 mile(4.8 km),或者至少比最低的适用能见度最低标准大 2 mile(3.2 km)(取两者中较大者)。

CCAR 第 135 部,即《公共航空运输承运人运行合格审定规则》,在 219 和 233 条款中做出了与 FAR 类似的有关备降场和加油量的规定。

5.7.5　公务机飞行计划剖面

做飞行计划所用的飞行剖面是为了计算方便所画出的说明计算步骤方法的简明示意图,如图 5.11 所示。

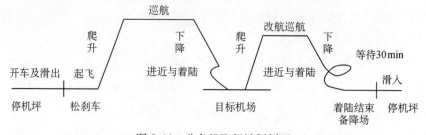

图 5.11　公务机飞行计划剖面

　　图 5.12 是豪客 800XP 飞行手册提供的飞行剖面图,并附随有以此图为依据的简明飞行计划实例。剖面图中将等待位置放在了目标机场进行计算(后文将根据飞行实例计算结果与将等待放在备降机场计算两种算法进行比较分析),而且没有目标机场的进近部分,而是将其视为附加备份油量中的二次进近油量,在目标机场等待开始重量处,自主选择加或不加。

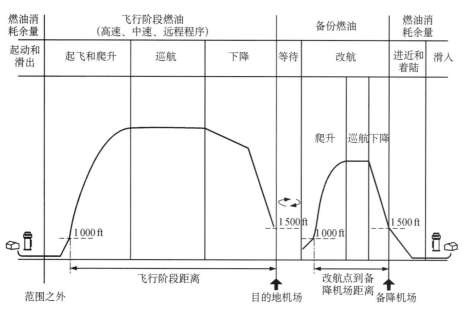

图 5.12　豪客 800XP 飞行计划剖面

5.7.6　航线选择和一发失效

　　在美国,通用航空发达,小型机场众多,公务航空是以大型跨国公司为方便其商务活动而发展起来的。公务航空在通往没有固定航班的中小城市时显得犹为方便快捷,这也正是大型公共航空运输所无法比拟和替代的。正因为公务飞行的不确定性,就会有飞往尚无已开通航线的中小型机场的业务需求,这种情况在做飞行计划时就要选择航路和进行可行性分析。在我国,各地区发经济发展程度不同,西北内陆地区相对落后,东南沿海地区经济发达,集中了国内绝大部分的公务航空需求。我国公务飞行所通往的地区城市大多已有成熟航线和大型机场,所需要考虑的问题相对较少,然而航路的选择同样也得考虑安全等相关可行性问题。同时也会存在飞往中小机场的业务需求,而且随着我国西部大开发战略的实施,西北地区的经济活动加强,这一市场需求只会越来越大。

　　当前我国空域尚未完全开放,可供民航飞机使用空域的仅为有限的航路,所以航线选择即为航路的选择,选择的空间较小,所需要做的工作也相对较少。航线的选择要求距离最短,考虑航路的空中要交通流量问题,避开拥挤繁忙的航路,同时要求开始巡航重量条件下一发停车的改平高度高于航路最低安全高度。当出现航路最低安全高度高于一发停车改平高度时,找出航路上最低安全高度的航段和关键性障碍物,计算飞机飞行到该位置时重量和该重量下的改平高度,如果计算改平高度高于障碍物高度,则航路安全,可以飞行通过,否则得选择该航段的替代航路进行绕飞。

CCAR 第 121.637 条起飞备降场(1)款第 a 项规定对于双发动机飞机,备降机场与起飞机场的距离不大于飞机使用一发失效的巡航速度在静风条件下飞行 1 小时的距离。**第 121.721 条飞行签派(5)款**规定合格证持有人签派飞机作延伸航程运行,应当在驾驶舱文件中,例如计算机计算的飞行计划中,列出所需的起飞机场、目的地机场和备降机场,包括在发动机停车或者系统故障需要改航备降时所用的合适的航路备降机场。而在 FAR135 部和 CCAR135 部中,均未发现与之类似的规定条款。笔者由此认为当前涉及公务机运行的民航法规中,没有关于双发喷气式公务机航路一发失效时备降场和延程运行备降场的相关规定,所以在当前喷气式公务机做飞行计划时不予考虑。

5.7.7　公务飞行巡航高度的选定和最佳高度的确定

民用飞机巡航高度的选定,在遵守空中交通管制规定的前提下,主要考虑节省燃油,缩短飞行时间,降低成本,以取得最大的经济效益。公务航空以快捷、高效、灵活和舒适的特点区别于大型公共运输航空,但其经济性就难以兼顾了,也没有得到足够的重视。然而公务飞行在时间和效益之间亦可寻求一种平衡与最佳的选择。

大型公共运输飞行因其固定的航班时刻、航线和其追求最大经济效益的特性,在飞行高度和速度等参数的选定上,在安全的前提下以降低成本为首要目标。其参数选定的方法已被广泛研究并形成了一套成熟的体系和可信的现行方法,而且大型飞机制造厂商提供的飞行手册也都给出了最佳高度和速度选择的数据和方法。然而公务飞行因自身的特殊性,其经济性没有得到足够的重视,也少有这方面的相关研究。以豪客 800XP 型公务机为例,其飞行手册所提供的数据资料并没有类似大型飞机的最佳高度选择的图表数据,而巡航也只有高速程序、中速程序和远程程序三种固定速度方式,但也没有各种选择参考的条件依据。下面将从燃油里程入手,针对豪客 800XP 机型作最佳巡航高度选择进行分析。

飞机通过消耗燃油将燃油能量转化为使飞机飞行的功。设飞机飞行一小段距离 ΔR 要消耗燃油 ΔW,ΔR 为空中飞行距离,则表示消耗单位燃油量所飞过的距离即燃油里程,可用公式表示,式中 ΔR 用 n mile 为单位,ΔW 用 lb 为单位,则消耗每 lb 燃油所能飞行的距离量纲为

$$-\frac{\Delta R}{\Delta W} = \frac{\text{n mile}}{\text{lb}}$$

公式中的负号是因为 ΔW 为飞机重量减小值,即燃油消耗量用负值表示而燃油里程必为正值所加的符号。燃油里程越大,说明消耗单位燃油所飞行的距离越远,另一角度考虑即为飞行相同距离所消耗的燃油量越少。单从燃油消耗方面考虑,飞机飞行时燃油里程越大,飞行过程越省油,经济效益越高。由此可见,最佳巡航高度即为燃油里程最大的巡航高度,巡航高度选择就是在空中交通管制许可的条件下尽量选择燃油里程最大的气压高度。

豪客 800XP 型公务机飞行手册中给出了标准大气条件下一定气压高度不同巡航重量的"巡航时 mile/lb"曲线图(图上已换算成 n mile/lb)。现以 22000 lb 巡航重量查图,得出数据(气压高度单位:ft;燃油里程单位:n mile/lb)如表 5.8 与图 5.13 所示。

表 5.8　22000 lb 巡航不同气压高度燃油里程数据

巡航方式	燃油里程/(n mile/lb)								
	巡航气压高度/ft								
	20000	25000	31000	33000	35000	37000	39000	41000	43000
远程	0.230	0.260	0.294	0.306	0.311	0.324	0.330	0.330	0.326
高速	0.214	0.237	0.259	0.218	0.230	0.246	0.269	0.295	0.319

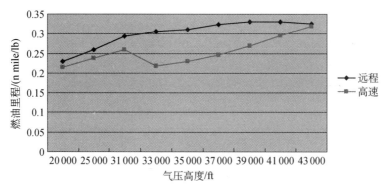

图 5.13　22000 lb 燃油里程-气压高度分析图

现从飞行手册中高速程序、中速程序和远程程序的性能数据中读出总燃油流量和真空速,由燃油里程与速度和燃油流量的关系量纲可知:

$$\frac{\text{n mile}}{\text{lb}} = V \cdot \frac{1}{W_{\text{F}}}$$

以豪客 800XP 飞行手册中性能数据中给出的总燃油流量和真空速计算燃油里程。选定 22000 lb 巡航重量,标准大气条件下,计算得出燃油里程(单位:n mile/lb;下文同,不再逐一说明),如表 5.9 与图 5.14 所示。

表 5.9　22 000 lb 巡航不同气压高度燃油里程数据

气压高度/ft	燃油里程/(n mile/lb)		
	远程巡航	中速巡航	高速巡航
1 000	0.149	—	—
3 000	0.155	—	—
5 000	0.163	—	0.154
7 000	0.170	—	0.160
9 000	0.178	0.168	0.151
11 000	0.187	0.175	0.153
13 000	0.195	0.183	0.163
15 000	0.204	0.191	0.171
17 000	0.214	0.200	0.180
19 000	0.224	0.209	0.187
21 000	0.235	0.218	0.195
23 000	0.250	0.228	0.203
25 000	0.259	0.237	0.208
29 000	0.275	0.256	0.194
31 000	0.294	0.259	0.205
33 000	0.305	0.268	0.217
35 000	0.316	0.281	0.230
37 000	0.324	0.295	0.243
39 000	0.333	0.305	0.268

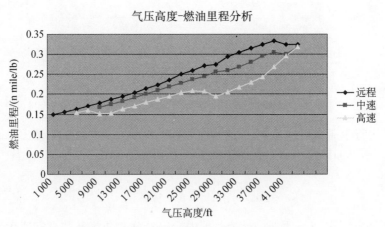

图 5.14　22 000 lb 燃油里程-气压高度分析图

通过飞行手册读图所得数据和性能参数计算所得的燃油里程数据对比,考虑读图误差后,数据基本吻合,两种途径所得数据的折线图对应部分呈现相同的特征,如

图 5.13 和图 5.14 所示。以 22000 lb 重量巡航时,在低高度随着气压高度的增加燃油里程总体上逐渐增加。在较高气压高度时,远程程序,燃油里程逐渐增加,在39000 ft高度达到最大值;中速程序,燃油里程先逐渐增加,在 39000 ft 高度达到一个峰值,在 41000 ft 高度略微下降,在 43000 ft 时又有所增加;高速程序,燃油里程从9000 ft 开始增加,在 25000 ft 达到一个峰值后下降到 31000 ft 进的更小值,随后持续增加。

鉴于以上对全气压高度 22000 lb 巡航重量时燃油里程数据分析显示,在较低气压高度时燃油里程总体上随气压高度增加而增加。下面将对不同重量以不同方式在较高气压高度巡航时,对性能数据计算得出的燃油里程进行分析并绘出对应的曲线图。

1) 远程巡航(标准大气温度)

表 5.10 和图 5.15 所示,豪客 800XP 型公务机采用远程程序巡航:相同气压高度下,巡航重量越小,燃油里程越大。相同巡航重量时,从较低气压高度开始随着高度的增加燃油里程逐渐增加,其中在 31000 ft 时增速相对较小;在达到较高气压高度时燃油里程达到最大,随后减小,并且巡航重量越大燃油里程达到最大值的气压高度越高(其中 18000 lb 巡航重量时在极限气压高度 43000 ft 时仍未出现最大值)。

表 5.10　远程巡航不同重量高度燃油里程数据

气压高度/ft	燃油里程/(n mile/lb)					
	巡航重量/lb					
	18000	20000	22000	24000	26000	27000
17000	0.224	0.219	0.214	0.209	0.202	0.199
19000	0.235	0.229	0.224	0.218	0.212	0.209
21000	0.247	0.241	0.235	0.228	0.222	0.219
23000	0.263	0.256	0.25	0.243	0.235	0.232
25000	0.272	0.266	0.259	0.259	0.252	0.244
27000	0.284	0.277	0.271	0.262	0.254	0.251
29000	0.289	0.282	0.275	0.267	0.259	0.255
31000	0.309	0.302	0.294	0.285	0.277	0.273
33000	0.323	0.314	0.305	0.296	0.283	0.276
35000	0.332	0.322	0.316	0.299	0.285	0.278
37000	0.35	0.338	0.324	0.308	0.289	0.278
39000	0.361	0.348	0.333	0.308	0.283	0.271
41000	0.378	0.359	0.324	0.302	0.282	—
43000	0.388	0.357	0.324	—	—	—

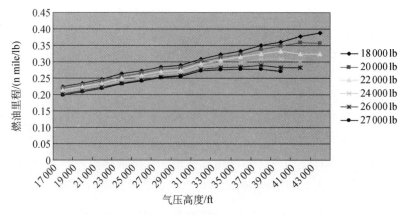

图 5.15 远程巡航燃油里程-气压高度分析曲线图

2) 中速巡航(标准大气温度)

如表 5.11 和图 5.16 所示,豪客 800XP 型公务机以中速程序巡航时,随气压高度增加燃油里程总体上逐渐增加,当达到 31 000 ft 气压高度时燃油里程减小(18 000 lb 重量时增速减缓);随之燃油里程继续增加,到一定值时开始减小,随后又开始增加。不难发现,巡航重量越大,燃油里程达到最大值的气压高度越高。

表 5.11 中速巡航不同重量高度燃油里程数据

气压高度/ft	燃油里程/(n mile/lb)					
	巡航重量/(lb)					
	18 000	20 000	22 000	24 000	26 000	27 000
17 000	0.206	0.203	0.200	0.196	0.192	0.191
19 000	0.219	0.213	0.209	0.205	0.201	0.199
21 000	0.225	0.222	0.218	0.214	0.210	0.208
23 000	0.235	0.232	0.228	0.214	0.220	0.218
25 000	0.244	0.241	0.237	0.233	0.228	0.226
27 000	0.253	0.249	0.245	0.240	0.235	0.235
29 000	0.259	0.256	0.256	0.246	0.240	0.238
31 000	0.263	0.259	0.259	0.246	0.239	0.235
33 000	0.282	0.276	0.268	0.259	0.250	0.245
35 000	0.300	0.291	0.281	0.271	0.259	0.252
37 000	0.319	0.308	0.295	0.280	0.261	0.252
39 000	0.346	0.323	0.305	0.278	0.262	0.259
41 000	0.350	0.329	0.300	0.289	0.281	—
43 000	0.357	0.326	0.318	—	—	—

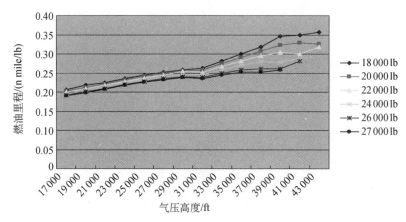

图 5.16　中速巡航燃油里程-气压高度分析曲线图

3）高速巡航（标准大气温度）

如表 5.12 和图 5.17 所示，豪客 800XP 型公务机以高速程序巡航时随着气压高度的增加，燃油里程开始随着之增加，达到一个峰值后开始下降，降到一个极小值后又转而增加。以 24000 lb 及更小重量巡航时在 25000 ft 气压高度时燃油里程达到峰值，在 29000 lb 气压高度时达到极小值；而以 26000 lb 及更大重量巡航时在 29000 ft 气压高度时燃油里程达到峰值，在 31000 ft 气压高度时达到极小值。

高速巡航时，在空中交通管制允许的前提下，应合理选择燃油里程较大的气压高度，并注意避开燃油里程达到极小值的气压高度；在燃油里程达极小值上下气压高度，燃油里程相同或相当时，为减少爬升耗油，应选择较小的高度巡航。

表 5.12　高速巡航不同重量高度燃油里程数据

| 气压高度/ft | 燃油里程/(n mile/lb) | | | | | |
| | 巡航重量/lb | | | | | |
	18 000	20 000	22 000	24 000	26 000	27 000
17 000	0.181	0.180	0.180	0.178	0.192	0.191
19 000	0.190	0.189	0.187	0.186	0.201	0.199
21 000	0.198	0.197	0.195	0.194	0.210	0.208
23 000	0.206	0.204	0.203	0.201	0.220	0.218
25 000	0.212	0.210	0.208	0.206	0.228	0.226
27 000	0.211	0.209	0.207	0.204	0.235	0.233
29 000	0.200	0.197	0.194	0.194	0.236	0.238
31 000	0.194	0.207	0.205	0.205	0.237	0.233
33 000	0.225	0.218	0.217	0.216	0.215	0.215
35 000	0.239	0.230	0.230	0.228	0.228	0.227
37 000	0.249	0.246	0.243	0.243	0.242	0.241
39 000	0.272	0.270	0.268	0.266	0.262	0.259
41 000	0.300	0.298	0.295	0.289	—	—
43 000	0.311	0.326	0.319	—	—	—

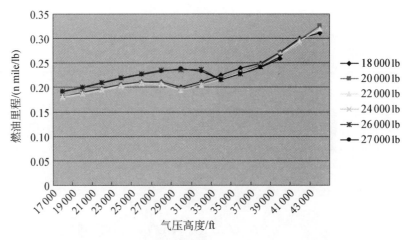

图 5.17　高速巡航燃油里程-气压高度分析曲线图

5.7.8　公务机飞行计划的计算步骤

　　普通的飞行计划制作方法有两种：①由备降场停机坪开始往回推算，适用于已知实际业载和较短的航线飞行；②由最大允许起飞重量往后算，适用于长航线飞行和由最大允许起飞重量计算最大业载的情况。公务飞行在我国划归加班、不定期飞行，每次都要在飞行前3个工作日向所在地的空管部门申请，通过审批以才能执行，所以每次飞行都要提前申请计划，飞行的客货重量基本可以确定。公务飞行以飞行小时数计费，不存在更大业载能带来更大经济效益的情况。公务机的最大业载小，而且基本确定，飞行前都限定了最大旅客数和允许携带行李重量，如果计算业载和燃油后的起降重量超过最大允许重量时，不宜通过减少旅客和行李的途径解决。一些公务机（如豪客 800XP 型）制造厂商飞行手册给出的燃油装载计划实例也只有从备降场停机坪往回推算一种方法。通过综合分析可知，公务飞行计划适用第一种由备降场停机坪开始往回推算的方法。下面将做简单的介绍。

　　如果知道实际业载重量 PL（旅客和货物重），则在备降场停机坪无油重量（ZFW）＝营运空重（OEW）＋业载重量（PL）

$$飞机重量 = 无油重量 + 公司备份油量$$

　　然后由此重量开始往回推算，加上各阶段消耗油量，一直算到起飞机场停机坪，在计算中还应保证：$ZFW \leqslant MZFW$

$$LWA \leqslant MLWA$$

$$LWD \leqslant MLWD$$

$$TOW \leqslant MTOW$$

$$总油量 \leqslant 油箱容量$$

式中：$MLWA$ 为备降场最大允许着陆重量；$MLWD$ 为目标机场最大允许着陆重量；$MTOW$ 为起飞机场最大允许起飞重量；LWA, LWD, TOW 分别为做飞行计划中计算出的在备降场、目标机场的着陆重量和起飞机场的起飞重量。

如有一个条件不满足,应减少业载重新计算,直到满足条件为止,计算结果就得到了所允许的业载和起飞总油量等数据。

5.7.9　性能限重的计算

由于公务飞行为不定期飞行,没有固定的航线和起降机场,在每次飞行前都要计算起降机场分析数据。最大允许起降重量是机场分析得出的结果,是考虑了机场、气象条件、飞机性能、结构限制、跑道道面限制后得出的最小值。这些数据的是在飞行实施之前根据起降机场数据(机场标高、跑道长度、跑道坡度、温度、风速风向和障碍物情况),从飞行手册上查图表或编制软件计算得出。

5.7.10　等效静风距离的计算

当飞行阶段或改航飞行时,除了零风速情况外,必须估算用于确定所需燃油的等效静风距离。计算等效静风距离,可以通过公式计算得出:

$$等效静风距离 = \frac{实际距离 \times 真空速}{真空速 - 风速}$$

式中:距离单位为 n mile;风速单位为 kn,顶风为正值,顺风为负值;空速是指巡航真空速或平均静风飞行阶段速度,单位为 kn。

首先根据实际飞行阶段距离,通过查表,在对应的程序表(高速、中速或远程)中得到近似静风速度飞行阶段时间。用飞机无油重量加备份油量,得到一个近似着陆重量。查实际大气条件(温度,ISA 或 $ISA \pm 10$ 等)和巡航高度($8\,000 \sim 43\,000\,\text{ft}$)所对应的表,得到静风飞行阶段所用时间。

然后计算巡航真空速,或近似静风速度(平均静风飞行阶段速度)。巡航真空速通过公式计算:

$$巡航真空速 = \frac{飞行阶段实际距离}{静风飞行阶段时间}$$

最后根据公式,计算等效静风距离。

5.7.11　公务机飞行计划实例

以豪客 800XP 型公务机为例,通过一个完整的飞行计划实例,以具体介绍公务机飞行计划制作的方法与流程。假设有一个从上海飞往西安的公务飞行业务由国内航空营运人执飞,计划执行时间为 5 天以后。

根据中国《民用航空预先飞行计划管理办法》规定,中国航空营运人进行加班和不定期飞行,使用的航空器型号和型别、飞行高度以及航线走向不超出现行规定范围的,应当于飞行前至少 3 个工作日提出预先飞行计划申请,获得批准后方可实施。这次飞行任务通过 SITA 等向华东空管局申请,申请资料的内容查看前文,这里不做详细叙述。

以下飞行计划都假设起降机场气象条件满足,不做考虑分析。查阅航行资料可选择以下航线:上海虹桥经南翔 NDB 走 G330 航路至 UNTAN 台,走 G345 航路至溧水 NDB 台,走 R343 航路至合肥 VOR 台,走 W85 航路至周口 VOR 台,走 H14 航路到烟庄,开始进近、着陆,航路最低安全高度为 3 204 m。备降洛阳机场,航线为西安咸阳经烟庄 NDB 台、走 H14 航路至商县 VOR 台,走 J19 航路至洛阳 VOR,航路最低安全高度为 3 204 m。国际标准大气条件下,豪客 800XP 型公务机以飞行手册数据所提供最大重量 27 000 lb 和最小气压高度巡航时一发停车的改平高度为6 769.7 m(22 210 ft),高于航路最低安全高度。

飞行计划实例使用的机场数据如表 5.13 所示,航路数据如表 5.14 所示,其他基本数据如表 5.15 所示。

表 5.13　飞行计划实例所用机场数据

	上海虹桥机场	西安咸阳机场	洛阳机场
机场标高/(m/ft)	2.8/9	479.2/1572	264.5/868
跑道长度/(m/ft)	3 800/12 467	3 000/10 499	2 500/8 202
跑道坡度/%	0	0	0
障碍物	无	无	无
温度/℃	25	20	22
风速/kn	0	0	10

表 5.14　飞行计划实例所用航路数据

	距离/(n mile/km)	航路风速/kn	航路温度	等待气压高度/ft
主航段	738/1366	20	ISA	6 900
备降航段	210/388	−20	ISA	5 900

表 5.15　飞行计划实例所用其他基本数据

商务载重	4 位旅客+120 lb 行李
发动机起动耗油/lb	20
起飞着陆滑行耗油/(lb/min)	10
目视进近耗油/lb	30
仪表进近耗油/lb	100
盘旋进近耗油/(lb/h)	2 000

典型的每次飞起燃油余量为 100 lb,用于起动和滑出,但某些机场可能需要更新一些。计算燃油总量时必须考虑每次起飞的燃油,但不包括在起飞重量中(注:起飞重量加每次起飞燃油余量不能超出最大滑行重量)。

豪客 800XP 机型手册中的"飞行阶段燃油"表是根据海平面高起飞和着陆考虑

的。对于高高度机场起飞时应减少 15 lb。这就允许较短时间爬升到巡航高度并对应较长的巡航时间,获得同样的飞行阶段距离。高高度机场着陆对飞行阶段燃油没有显著影响。

改航油量油可以从豪客 800XP 机型手册"改航时间和燃油"表中查出。表中对给定高度所列出的最小距离可以只包括起飞、爬升、下降与不明显的巡航。有时可能用这个高度改航,但可能必须计划一个较低高度。在巡航高度改航将考虑在查"飞行阶段时间和燃油"表前把对应改航空中距离加到飞行阶段空中距离。

对任何阶段需要的等待油量从豪客 800XP 机型手册中的"等待燃油和时间"表中查燃油流量计算得出。表中所给的余量是考虑用 25°盘旋时增加的阻力。典型的到各机场等待余量在低高度是 30 min 或高高度 45 min。在大多数情况下供备降机场着陆是足够的,但需要时可以附加进近余量(注:当油箱燃油少于 400 lb 时,不能超限)。某些航路的附加等待余量需在目的地机场考虑。

航路的偶然性余量通常在飞行阶段燃油百分比表中加到备份燃油。典型的表为 5%。

(1) 最大允许起飞重量。

此例不考虑障碍物情况,允许起飞重量为以下各重量中的最低值:

a. 查豪客 800XP 机型飞行手册第 2 部的最大起飞重量 = 28 000 lb。

b. 查豪客 800XP 机型飞行手册 5.15 小节中"起飞重量 高度和大气温度数据"图,获得 WAT 限定重量。读图方法:从图左边找到相应的机场高度。然后移动到大气温度;从大气温度和机场高度相交点处,向下移动从下面的重量坐标上读出最大允许起飞重量。按出发机场条件(标高 9 ft,温度 25℃)可知,WAT 和轮胎速度限制在 0°襟翼时大于 28 000 lb。

c. 查豪客 800XP 机型飞行手册 5.20 小节中跑道长度限定重量,按机场跑道长度 12 467 ft 可知起飞重量不受跑道长度限制,查" $D = 10\,000\,AMft$ 的起飞重量"图标高 9 ft,温度 25℃ 时,起飞重量大于 28 000 lb。

按豪客 800XP 机型飞行手册 5.10 小节,取以上最小重量 28 000 lb,假设襟翼位置 15°,查"起飞速度"图,V_1、V_R 和 V_2 的最小值不受限制,允许起飞重量因此是 28 000 lb。

(2) 最大允许着陆重量。

a. 豪客 800XP 机型飞行手册第二部中最大着陆重量为 23 350 lb。

b. 查豪客 800XP 机型飞行手册 5.45 小节的着陆 WAT 限制图,着陆 WAT 限制 = 25 600 lb。

c. 查豪客 800XP 机型飞行手册 5.50 小节"着陆跑道长度"图,当着陆跑道长度为 10 499 ft 时最大重量大于 28 000 lb,不受限制。

取三个重量的最小值,目标机场最着陆重量为 23 350 lb。

(3) 备降机场最大允许着陆重量。

最大着陆重量为 23 350 lb;

WAT 限制为 25 900 lb;

跑道长度限制为 28 000 lb;

备降机场允许着陆重量为 23 350 lb。

(4) 最大无油重量。

通过查豪客 800XP 机型飞行手册第 2 部得到最大无油重量为 18 450 lb。

(5) 无油重量计算。

这部分数据从重量与平衡手册中获得。

使用空重：典型的使用空重在重量与平衡手册中定义由重量和重心规定的初始状态基本重量加上下列项目组成：所有随机工具，食品和饮料，旅客服务项目，机组带的手册和行李。现在采用典型的修正使用空重 16 100 lb。

旅客：每位旅客允许标准重量是 170 lb，则旅客的总重 = 4×170 = 680 lb，行李重量按 120 lb 计算。

无油重量是使用重量与旅客和行李重量之和为 16 900 lb。这一重量低于已由豪客 800XP 机型飞行手册得到的 18 450 lb 最大无油重量。

(6) 飞行计划距离计算。

若有顶风和顺风时，则必须按出发机场到目的机场的飞行阶段和目的机场到备降机场的改航阶段估算等效静风速距离。

a. 等效飞行阶段距离。

首先根据实际飞行阶段距离，通过查表，在对应的程序表（高速、中速或远程）中得到近似的静风速度飞行阶段时间。用飞机无油重量加备份油量，得到一个近似着陆重量。此处可以直接在无油重量上加上一个典型的备份油量，如取 1 500 lb（总 NBAA 仪表飞行规则备份燃油包括 200 n mile 改航和 35 min 5 000 ft 等待，对于零燃油重量 17 500 lb 时将是 1500 lb），更精确的做法是在算出备份油量后，再计算目标机场的着陆重量（本例后面算出的备份油量为 1 577 lb）。

本例选用高速程序巡航，飞行阶段距离为 738 nm，则近似的着陆重量为 16 900 + 1 500 = 18 400 lb。由前文最佳高度分析可知，应选择可行的更高高度，上海飞西安为向西飞行，选取 11 600 m(38 100 ft) 巡航高度，查"飞行阶段燃油和时间"表插值计算可得到飞行阶段时间 107 min。

$$平均飞行阶段速度 = \frac{60 \times 738}{107} = 414 \, kn$$

$$等效飞行阶段静风距离 = 距离 \times \frac{平均静风速}{地速} = 738 \times \frac{414}{414 + 20} = 704 \, n \, mile$$

也可查"等效静风距离"表，在飞行阶段距离 738 n mile 和顺风 20 kn 的 400 kn 到 450 kn 之间插值计算，从中得出等效静风速距离（结果也为 704 n mile）。

如果用守恒原则假定 50% 的实际顺风或 150% 的顶风，则风速将比上述速度小 10 kn。在本例中没有采用，以便与飞行阶段"等效静风距离"表上所查得结果作对比,结果相同。笔者认为,查表尚需要几次插值,还不如公式计算简单快捷。

b. 等效改航距离。

改航的等效静风距离用类似的方法,将无油重量加上进近和着陆燃油作为着陆重量即可得出,本例为 16 900+150=17 050 lb。

假定改航距离每 80 n mile 为 10 000 ft 高度,向东改航飞行按照近似规则将选择 7 500 m(24 600 ft)高度。这将保证巡航距离至少是总距离的一半。(最低改航燃油可通过爬升一个更高高度和一次较短的巡航来获得)。

从"改航时间和燃油"表,以 17 050 lb 着陆重量和 24 600 ft 巡航高度,可查到 210 n mile 改航距离的时间是 41 min。

$$平均静风速 = \frac{60 \times 210}{41} = 307 \, kn$$

$$等效改航距离 = 210 \times \frac{307}{287} = 225 \, n \, mile$$

(7) 飞行计划油量计算。

总燃油需求量计算从零燃油重量开始,对每个飞行阶段按飞行剖面反方向增加燃油,直到得出起飞重量。

a. 按豪客公司推荐的飞行计划剖面图计算(目标机场等待)。

无油重量(已经确定) = 16 900 lb;

滑入(按 5 min 计算) = 50 lb;

在备降场进近 = 100 lb;

改航着陆重量 = 17 050 lb;

改航油量:改航距离 225 n mile,在 7 500 m(24 600 ft)高度,ISA,查"等待燃油流量"表(豪客 800XP 机型飞行手册 2-1-6 节):

对 17 000 lb 着陆重量,油量 = 1013 lb,时间 = 44 min;

对 20 000 lb 着陆重量,油量 = 1070 lb,时间 = 44 min;

对 17 050 lb 着陆重量,油量 = 1014 lb,时间 = 44 min;

因为开始改航的机场高度是 1572 ft,燃油可减 15 lb;

改航需要燃油量 = 999 lb;

等待结束时重量 = 18 049 lb;

等待油量:在 2 100 m(6 900 ft)高度,ISA 在 18 049 lb 条件下,查"等待燃油油量"表,插值计算得等待总燃油流量为 1127 lb/h(防冰关断),平均等待重量为 18 049+1127/2 = 18 612 lb,查表插值计算得等待总燃油流量为 1156 lb/h;

因此 30 min 的等待燃油 = 578 lb;

等待开始重量(计算飞行阶段时间和燃油的目标机场着陆重量 = 18 049+578 = 18 627 lb;

在这个位置可以加上任何其他备用油量,如第二次进近余量或航线飞行余量等,

目的机场着陆重量将包括这些额外重量(本例不考虑二次进近等其他备用油量);

航程油量:等效静风距离 704 n mile,在 11 600 m(38 100 ft)高度,ISA,着陆重量为 18 627 lb,查"飞行阶段燃油和时间"表:

对 17 000 lb 着陆重量,油量 = 2928 lb,时间 = 102 min;

对 20 000 lb 着陆重量,油量 = 2976 lb,时间 = 104 min;

对 18 627 lb 着陆重量,油量 = 2954 lb,时间 = 103 min;

起飞重量 = 18 627 + 2954 = 21 581 lb;

起动和滑出油量 = 100 lb;

停机坪重量 = 21 681 lb。

b. 按通用飞行计划剖面图计算目标机场着陆重量(备降场等待)。

无油重量(已经确定) = 16 900 lb;

滑入(按 5 min 计算) = 50 lb;

在备降场进近 = 100 lb;

等待结束重量 = 17 050 lb;

等待油量:按 17 050 lb,1800 m(5 900 ft)高度,ISA 条件下,查"等待燃油流量"表,插值计算得等待总燃油流量为 1052 lb/h(防冰关断),等待平均重量为 17 050 + 1052/2 = 17 576 lb(亦可按 5000 ft 高度,ISA,17 000 lb 条件下,等待总燃油流量为 1057 lb/h,估算等待平均重量为 17 050 + 550 = 17 600 lb)。按平均等待重量 17 576 lb 查"等待燃油流量"表,插值计算得出等待总燃油流量 = 1078 lb/h(防冰关断);

因此 30 min 的等待燃油 = 539 lb;

等待开始重量为 17 050 + 539 = 17 589 lb;

改航油量:改航距离 225 n mile,在 7500 m(24 600 ft)高度,ISA,查"改航时间和燃油"表:

对 17 000 lb 着陆重量,油量 = 1013 lb,时间 = 44 min;

对 20 000 lb 着陆重量,油量 = 1070 lb,时间 = 44 min;

对 17 589 lb 着陆重量,油量 = 1024 lb,时间 = 44 min;

因为开始改航的机场高度是 1572 ft,燃油可减 15 lb;

目的机场着陆重量 = 17 589 + 1024 = 18 613 lb。

c. 两种飞行计划剖面的比较分析。

按通用飞行计划剖面,将等待放在备降机场计算,得出的目标机场着陆重量为 18 613 lb,与按豪客公司推荐的飞行计划剖面将等待放在目标机场计算,得出的目标机场着陆重量为 18 627 lb,相比小 14 lb,差别甚微。

将等待放在目标机场计算时,等待飞行时飞机重量中包含改航油量,耗油增加;而在改航巡航时飞机重量中不含等待油量,耗油减少。相反,将等待放在备降机场计算时,改航巡航时飞机重量中包括等待油量,耗油增加;而等待飞行时飞行重量中不包含改航油量,耗油减少。可见,按两种飞行计划飞行剖面图计算油量时,耗油量均有增有减,总结果差别不大。所以两种飞行剖面都是合理可行的。

5.8 利用二次放行的飞行计划

前面已经介绍过 FAR 关于国际航线(即在美国相连的 48 州以外的航线)的油量规定,起飞总油量由以下四部分组成(见前面的国际航线飞行剖面):

(1) 从起飞机场到目标机场的油量(包括进近、着陆用油)。

(2) 按 TOD 点的重量和燃油流量计算的能再飞行 10% 航程时间的油量。

(3) 从目标机场到备降场的油量。

(4) 在备降场上空 1500 ft 等待 30 min 的油量。

上述第(2)项(航线应急油)主要是为应付领航误差、航路天气预报误差和空中交通延误等情况而加的,随着领航技术、天气预报技术的改进、空中管制设备及技术的改进这一部分燃油被消耗的可能性大大减少。因此远程飞行的飞机在到达目的地机场后就会剩下大量燃油(当然其中第(3),(4)两项油量是不可缺少的),航线应急油这项数量是不小的。如 MD-11 由上海飞往洛杉矶,航程时间约 11 h,航线应急油大约相当于 1 h 的巡航油量 7 t 多油,这部分油如能尽量少加,则可大大增加业载,每吨业载相当于 10 名旅客,其收入是相当可观的,如没有旅客或货物可加,那么飞机重量可减少,巡航所耗油量可减少,同样也有经济效益。

那么能不能减少航线应急油,而又不违反 FAR,CCAR 的规定确保安全呢? 回答是肯定的,利用二次放行(redispatch)就能做到这一点。飞机越大,航线越长,航线应急油越多,利用二次放行所能获得的效益就越大。

5.8.1 二次放行的基本思想

设起飞机场为 A,目的机场为 B,备降场为 E,在 B 之前选择一个机场 C(该机型能起降的机场)作为由 A 起飞的最初目的地,即初次放行的目的地,对于 C 选择一个备降场 D,如图 5.18 所示。

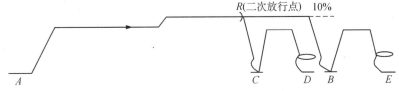

图 5.18 二次放行飞行计划的飞行剖面

在起飞机场的起飞油量按目的地为 C 备降 D 计算,此油量应符合国际航线油量的规定,其中包括由 A 到 C 的航程时间 10% 的航线应急油,如在巡航中这部分油没有被消耗,在去 C 的下降点或稍前的一点 R 检查油量,如所剩油量足以保证由 R 飞到 B、继续飞行由 R 到在 B 着陆的这段时间的 10%、由 B 飞到 E 并在 E 上空 1500 ft 等待 30 min,那么这段油量符合 FAR 规定,可以不在 C 着陆,而是在 R 点再次放行到 B。如所剩油量不足,则在 C 着陆,补充燃油后再飞到真正目的地 B。R

点称为二次放行点。在二放点要与 C 机场地面通信联系,通知地面你的决定。由于 A 到 C 之距离 $<A$ 到 B 之距离(设两个备降场距离相差不大),所以采用二次放行的方法起飞油量可以减少,这就可以增加业载或减少起飞重量,至于能增加多少业载和经济效益则取决于 C 及 R 的位置,也与两个备降场的远近等有关,后面将讨论之。C 与 D 都必须是该机型能起降的机场,因为有可能会降落在这两个机场上。

综上所述,二次放行的中心思想是设法利用一般不会被消耗的 10% 航程时间的应急油作为由二放点到目标机场所需油量。可见二次放行方法只适用于国际航线,而不能用于国内航线。

下面给出一个使用二次放行的例子,进一步说明二次放行的思想(见表 5.16)。

例 5.10　此例是在 David Arfhur 和 Gary Rose 的"Redispatch for fuel savings and increased payload"一文中给出的,该文并未给出具体的计算条件,如:巡航高度、航路风、温度、初始目的地和二放点的位置……等,此例可能是为说明问题而设计的。

该例中的机型为 B747 - 200(JT9D - 7),有关航线数据如图 5.19 所示:B 为最终目的地,E 为其备降场;C 为初始目的地,D 为其备降场。

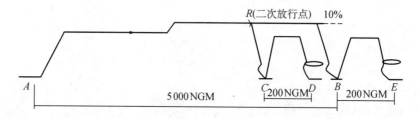

图 5.19　利用二次放行的飞行计划实例

设最大允许起飞重量 $= 760\,000\,\text{lb}$,下降点到目的机场的距离 $= 100\,\text{n mile}$。

表 5.16　使用二次放行与不使用二次放行的各项油量的比较(单位:lb)

	不使用二次放行 $A{\to}B$ 备降 E	使用二次放行的结果	
		$A{\to}C$ 备降 D	由二放点${\to}B$ 备降 E
起飞重量	760 000	760 000	
在二次放行点总重			509 000
航程油量	274 000	254 900	23 000
改航备降场油量	15 000	15 300	15 300
在备降场等待油量	9 900	10 200	10 200
10%的航线应急油	23 700	21 800	2 700
无油重量	437 400	457 800	457 800
使用空机重	356 000	356 000	356 000
业载	81 400	101 800	101 800
起飞油量	322 600	302 200	

在由 A 初次放行到 C 的飞行中,如航线应急油未被消耗,则在二放点所剩油量中包含有该航线应急油 21 800 lb、由二放点到 C 的油量 3 900 lb、由 $C \rightarrow D$ 的油量 15 300 lb、在 D 等待 30 min 的油量 10 200 lb,总计 51 200 lb。它恰好等于由二放点 $\rightarrow$ B 的油量 23 000 lb+由 $B \rightarrow E$ 的油量 15 300 lb+在 E 等待 30 min 的油量 10 200 lb+由二放点 $\rightarrow B$ 的时间的 10% 的巡航油量 2 700 lb,因此在二放点可以改飞最终目的 B,若在二放点所剩油量少于 51 200 lb 则应降落在 C 机场。

从本例中可见到由于使用二次放行,使得 $A \rightarrow B$、备降 E 的航班的航线应急油大大减少了,使业载增加了 20 400 lb,是不使用二次放行时的航线应急油的 86%,如无业载可增加,那么飞机重量可减少 20 klb,这将使消耗的油量减少,这也有经济效益(不如增加业载的效益大)。

使用二次放行所能增加的业载或能节省的燃油与初始目的地位置及二放点的选择有关,与备降场距离有关。

5.8.2 初始目的机场及二次放行点的选择

下面分几种情况讨论:

(1) 初始目的机场在到最终目的地的航线上且它们到备降场距离相同(见图 5.18)。

用 $TOF1$ 表示由 A 起飞到 C 备降 D 的总油量,即初次放行所应加的油量:

$$TOF1 = \begin{cases} A \rightarrow C \text{ 的油量} \\ A \rightarrow C \text{ 的航程时间的 10% 巡航油量(即 10% 时间的航线应急油)} \\ C \rightarrow D \text{ 的改航油量} \\ \text{在 } D \text{ 等待 30 min 的油量} \end{cases}$$

用 $TOF2$ 表示采用二次放行方法由 A 飞到最终目的地所应加的总油量,即:

$$TOF2 = \begin{cases} A \rightarrow B \text{ 的油量} \\ R \rightarrow B \text{ 的航程时间的 10% 巡航油量(即 10% 时间的航线应急油)} \\ B \rightarrow E \text{ 的改航油量} \\ \text{在 } E \text{ 等待 30 min 的油量} \end{cases}$$

当初始目的地 C 和最终目的地 B 到它们的备降场 D,E 的距离相同时,近似假设它们的改航油量和等待油量相同,即 $TOF1$ 和 $TOF2$ 中第 3,4 项分别相等。

如以到初始目的地 C 的下降点做二次放行点 R,则 C 一旦确定则 R 也被确定。若 C 选择得适当,使得在 R 点剩下的油量(设 $A \rightarrow R$ 的 10% 时间的应急油量未被消耗)等于 $R \rightarrow B$ 的油量、$R \rightarrow B$ 的时间的 10% 的应急油量、$B \rightarrow E$ 的改航油量、在 E 的等待油量之和,则可以放行到 B。此时:

巡航 $A \rightarrow R$ 的时间的 10% 的应急油+$R \rightarrow C$ 的油量+巡航 $R \rightarrow C$ 的时间的 10% 的应急油=$R \rightarrow B$ 的油量+巡航 $R \rightarrow B$ 的时间的 10% 的应急油量显然两边都加上 $A \rightarrow R$ 的油量,就可推知 $TOF1$ 与 $TOF2$ 中前两项油量之和应相等。从而此时必有

$TOF1 = TOF2$，这就是说，C 的位置应该按 $TOF1 = TOF2$ 来选择。

前面例子中初始目的机场 C 的位置不是随便给的，是按照使 $TOF1 = TOF2$ 这一条件确定出的。

对于给定的 A，B，E 三个机场，$TOF2$ 仅取决于二放点 R 的位置。当二放点 R 在 $A \to C$ 中间某点时 $TOF1$ 仅取决于 C 的位置，若 R 在飞过 C 之后的 CB 段中间，则 $TOF1$ 取决于 C 和 R 的位置。现在暂且只考虑 R 在 AC 中间且取为到 C 的下降点的情况。

设 L 为 $A \to B$ 的航程，L_C 为 $A \to C$ 的航程，L_R 为 $A \to R$ 的距离，下降段约为 $2\% \sim 2.5\% L$。设不使用二次放行时由 $A \to B$ 备降 E 的起飞总油量为 TOF，其中航线应急油（即再巡航 $A \to B$ 的航程时间的 10% 的油量）为 F_{10}。$L_R = 0$，即不使用二次放行时，$TOF2 = TOF$，随 L_R 的增加，$TOF2$ 减少。当 $L_R \approx L$，即完全不加航线应急油量时，$TOF2 = TOF - F_{10}$。

随 L_R 增加，L_C 也增加，使 $TOF1$ 增加，当 $L_C = L$ 时，$TOF1 = TOF$。它们的变化趋势如图 5.20 所示。

当初始目的机场 C 的位置选得合适使 $TOF1 = TOF2$ 时所需的起飞总油量最小，能增加的业载 ΔPL 最多，$\Delta PL / F_{10} = 86\%$ 左右（见图 5.21）。

当 C 选得太靠近 A 时，$TOF1 < TOF2$，为在 R 点能放行到 B，需按 $TOF2$ 加油，当 C 选得太靠近 B 时，初次放行所需油量 $TOF1 > TOF2$，按 $TOF1$ 加油。可见 C 选得太靠近 A 或太靠近 B 都不好。在备降距离、备降航段航路风、气温相同（这将使其备份油量基本相同）时，初始目的机场 C 选在距起飞机场约 $91.5\% L$ 处最好，此时二次放行点则在距起飞机场约 $89\% L$ 处。

这点可粗略地证明如下：

设飞行时间、耗油量与飞行距离成正比，令 F_{AC}，F_{CB} 表示由 $A \to C$ 和 $C \to B$ 的油量，为使 $TOF1 = TOF2$，需满足

$$F_{AC} \times 10\% = F_{CB} + F_{CB} \times 10\%$$

即
$$L_{AC} \times 10\% = L_{CB} \times 110\%$$
$$L_{AC} \times 10\% = L - L_{AC} \times 110\%$$
$$L_{AC} = L \times 110/120 \approx 91.6\% \times L$$

下降点距机场距离一般在 120n mile 左右，对于远程航线（如 $L = 5000 \text{n mile}$ 左右），下降点距机场约 $2.5\% L$，上式表明：初始目的机场距 A 为 91.6% 总航程处或者说下降点（二放点）在距 A 约 89% 总航程处使 $TOF1 = TOF2$，起飞油量最少，业载增加最多。

对此问题更加仔细的论证如下：

设巡航起始（A 点）燃油流量为 Φ_A，巡航终点（B 点）燃油流量为 Φ_B，由 A 到 B 的飞行时间为 t_{AB}，设燃油流量随时间线性减少，t 是由 A 开始的飞行时间，则 Φ 可

表示为

$$\Phi = \Phi_A + t(\Phi_B - \Phi_A)/t_{AB}$$

设 t_{AC}，t_{AR}，t_{AQ} 分别是由 A 到 C，R，Q 的飞行时间；R 和 Q 是到机场 C 和 B 的下降点。那么在 C，R，Q 点的燃油流量分别为

$$\Phi_C = \Phi_A + (\Phi_B - \Phi_A)t_{AC}/t_{AB}$$
$$\Phi_R = \Phi_A + (\Phi_B - \Phi_A)t_{AR}/t_{AB}$$
$$\Phi_Q = \Phi_A + (\Phi_B - \Phi_A)t_{AQ}/t_{AB}$$

下面利用平均燃油流量来计算航程油量，为使 $TOF1 = TOF2$，需满足

$$t_{AC} \times (\Phi_A + \Phi_C)/2 + \Phi_R t_{AC} \times 10\% = t_{AB}(\Phi_A + \Phi_B)/2 + \Phi_Q t_{RB} \times 10\%$$

即 $0.5(\Phi_A + \Phi_C)t_{AC}/t_{AB} + 0.1\Phi_R t_{AC}/t_{AB} = (\Phi_A + \Phi_B)/2 + 0.1\Phi_Q t_{RB}/t_{AB}$

长距离飞行时，都是用 LRC 速度阶梯巡航，使巡航高度保持在最佳高度附近，这样，巡航 Ma 数 $\approx$ 常数，从而真空速 $\approx$ 常数，飞行时间之比 $\approx$ 距离之比。设 L，L_{AC}，L_{AR}，L_{AQ}，L_{RB} 分别为 AB，AC，AR，AQ，RB 的距离，则上式可写为

$$\left(\Phi_A + \frac{\Phi_B - \Phi_A}{2}\frac{L_{AC}}{L}\right)\frac{L_{AC}}{L} + 0.1\left(\Phi_A + \frac{(\Phi_B - \Phi_A)L_{AR}}{L}\right)\frac{L_{AC}}{L}$$
$$= \frac{(\Phi_A + \Phi_B)}{2} + 0.1\left(\Phi_A + \frac{(\Phi_B - \Phi_A)L_{AQ}}{L}\right)\frac{L_{RB}}{L}$$

下降段的距离一般为 $200 \sim 250\,\text{km}$ 左右，对于 $10\,000\,\text{km}$ 左右的航程，下降段约占航程的 $2\% \sim 2.5\%$，用 η 表示这个百分比，则：$L_{AR}/L = L_{AC}/L - \eta$，$L_{AQ}/L = 1 - \eta$，$L_{RB}/L = 1 - L_{AC}/L + \eta$，令：$\xi = \Phi_A/\Phi_B$、$X = L_{AC}/L$，上式可改写为

$$0.6(\xi - 1)X^2 - [1.1\xi + 0.1 + 0.2\eta(\xi - 1)]X +$$
$$0.5(\xi + 1) + 0.1(\eta + 1)(1 - \eta + \xi\eta) = 0$$

ξ 的大小与重量的变化有关，因此 ξ 与航程的长短有关，根据 MD11，B757 - 200，B767 - 300 等机型的数据来看，对长距离飞行 ξ 一般在 $1.5 \sim 1.8$ 之间。针对上述的 ξ，η 的值的范围计算出的 $X = L_{AC}/L$ 的值如表 5.17 所示。

表 5.17 ξ，η 的值对最佳位置的影响

η	0%				2%				2.5%			
ξ	1	1.5	5/3	2	1	1.5	5/3	2	1	1.5	5/3	2
X	0.9167	0.9149	0.9144	0.9132	0.9183	0.9159	0.9151	0.9135	0.9188	0.9162	0.9153	0.9136

从表 5.17 结果可以看出：初始目的机场的最佳位置应在主航道上距起飞机场

约 $91.4\%\sim91.5\%L$ 处,二放点即到初始目的机场的下降点在主航道上距起飞机场为 $89\%L$ 处。后面的算例证明这个结论是正确的。上述计算结果还表明:下降段距离的长短和燃油流量变化的多少(或航程的长短)对初始目的机场和下降点的最佳位置的影响很小。即使把燃油流量看为常数、忽略下降段的存在这样粗略的分析得出的结果也和上面比较准确的分析的结果颇为一致。

在 David Arfhur 和 Gary Rose 的文章中给出的结论是初始目的机场的最佳位置在主航道上距起飞机场为 $91\%L$ 处,二放点在主航道上距起飞机场为 $89\%L$ 处。增加的业载大约是不用二次放行时的航线应急油量的 86%。这与上面导出的结果基本一致。至于增加的业载大约是不使用二次放行时的 10% 航程时间的巡航油量(即航线应急油量)的 86% 这一点可以解释如下:从上面的分析及图 5.20 看,可以少加 91% 的航线应急油,但全部改为业载,则在主航段及备降段都要多耗油,多耗的油量 $=\Delta PL\times5\%$ 或更多(取决于备降距离的远近),因此,可多加的业载 ΔPL 应使 $\Delta PL\times105\%=91\%F_{10}$,即 $\Delta PL=86.6\%F_{10}$,当二放点距离大于或小于 $89\%L$ 处时,ΔPL 都要减少,其变化如图 5.21 示。

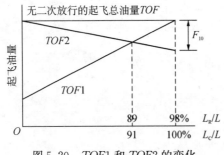

图 5.20　$TOF1$ 和 $TOF2$ 的变化

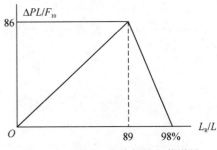

图 5.21　利用二次放行的业载增量

注意:图 5.21 仅对业载受最大允许起飞重量限制时才是正确的。

上述结论是由国际航线加油规定决定的,与机型无关。但它只对业载受最大允许起飞重量限制的情况是正确的,对于受最大允许着陆重量限制以及不利用二次放行时业载受油箱容量限制的情况是不对的。

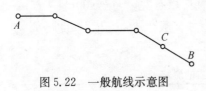

图 5.22　一般航线示意图

一般航线并非一条直线,而是如图 5.22 所示的折线,当 C 在 A 到 B 的航路上且 C 和 B 的备降距离相同时,上述结论同样成立。实际情况可能没有一个机场恰好在距 A 约为 91% 的总航程,往往有几个初始目的机场可供选择,那么这就产生两个问题:一是对每个机场来说二放点应选在何处,二是哪个机场最好即能使增加的业载最多。

(2) 初始目的机场在 A 至 B 的航道上,但距 A 太近(设备降距离相同),如图 5.23所示。

$$A \qquad\qquad R' \quad C \qquad\qquad\qquad B$$

图 5.23 初始目的地机场在主航道上,但距离太近的情况

这时如仍用到 C 的下降点 R' 来做二放点,这时就要按 $TOF2$ 来加油。$TOF2 = A \rightarrow B$ 的油量 $+ R' \rightarrow B$ 的 10% 时间的航线应急油 $+ B \rightarrow E$ 的改航油量 $+$ 在 E 的等待油量。

$TOF2$ 比 $TOF1$ 大得多,这样一来在 C 的着陆重量可能超过最大允许着陆重量 [见图 5.24(a)],同时能增加的业载也少得多[见图 5.24(b)]。对这种情况应按 $A \rightarrow C \rightarrow R \rightarrow C$[见图 5.24(c)]来做初次放行计划、算出起飞油量 $TOF1$,二放点选在使 $L_{AC} + L_{CR} + L_{RC} = 91\%L$ 处,这样算出的油量与按 $A \rightarrow C \rightarrow R \rightarrow C'$ 算出的油量是一样[见图 5.24(d)],这时由于 $L_R < 89\%L$,故 $TOF2 > TOF1$,$TOF2 = A$ 到 B 的油量 $+ R$ 到 B 的 10% 时间的应急油量 $+ B$ 到备降场的改航油量 $+$ 在备降场的等待油量,初始放行要按 $TOF2$ 加油,这时能增加的业载按 L_R/L 由图 5.21 确定[见图 5.24(a)、5.24(b) 的解释]。

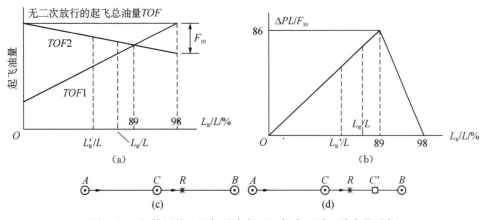

图 5.24 初始目的地机场距离起飞机场太近时二放点的选择

(3) 最初目的地机场 C 不在 A 至 B 的航路上(备降距离相同)。

与(2)类似按 $A \rightarrow R \rightarrow C$ 做初次放行计划计算 $TOF1$,R 应选择得使 $AR + RC = 91\%AB$,按 AR/RB 查图 5.21 确定可增加的业载。为确定(2)和(3)两种情况下的二次放行点可利用图 5.25,此图按公式画出:

由 $\sqrt{(D-B)^2 + C^2} + D = 0.91A$,解出

$$D = [(0.91A)^2 - B^2 - C^2] / [2 \times (0.91A - B)] \tag{5.10}$$

由公式作出图 5.25 的过程如下:

$$D = \frac{(0.91A)^2 - B^2 - C^2}{2 \times (0.91A - B)} = \frac{1}{2}(0.91A + B) - \frac{C^2}{2 \times (0.91A - B)}$$

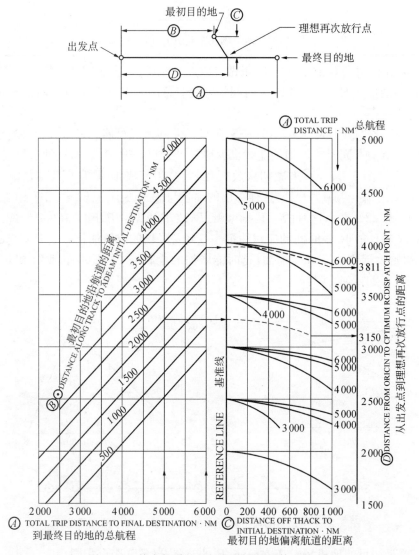

图 5.25　偏离航道的最初目的地的最佳二放点

令 $y_1 = (0.91A + B)/2$，$y_2 = -C^2/[2(0.91A - B)]$，则 $D = y_1 + y_2$。

由 $y_1 = (0.91A + B)/2$ 可画出图 5.25 的左半部分，显然是以 B 值为参数的互相平行的直线，例如图 5.26 中画出了 $B = 2500$ 的直线，在 $A = 6000$ 时对应的 $y_1 = 3980$。

图 5.25 右半部分的每簇曲线是针对一个给定的 $y_1 = (0.91A + B)/2$ 的值用 $y_2 = -C^2/[2(0.91A - B)]$ 画出的抛物线族，例如在 $y_1 = 4000$ 时，对于 $A = 6000$，由 $(0.91A + B)/2 = 4000$ 得 $B = 2540$，$2(0.91A - B) = 5840$，则：$y_2 = -C^2/5840$，由此式可以画出 $y_1 = 4000$，$A = 6000$ 的那条向下凹的抛物线，y_2 是负值，由 $y_1 =$

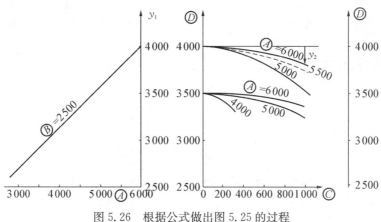

图 5.26 根据公式做出图 5.25 的过程

4000 那条水平线向下画(见图 5.26 示例),这样就可以用作图的方法确定 $y_1 + y_2$ 即 D 值。图表的使用方法见图 5.25 上的示例,该图给出了两个示例,一个是由 $A = 6000$,$B = 2500$,$C = 1000$ 确定 $D = 3811$ 的例子,另一个是由 $A = 5000$,$B = 2000$,$C = 800$ 确定 $D = 3150$ 的例子。从上述曲线制作过程可知,从 $y_1 = 2000$,2500,…,每点发出的一族曲线仅对该 y_1 值是准确的,对于 $y_1 = 3300$,3700 等中间值时曲线是近似的。

另外要注意对应 $A = 4000$,5000,6000 或 5000,5500,6000 的抛物线并非等间距,因此查 $A = 4500$,5500 时的 D 值,沿抛物线画曲线时注意所画的曲线不应在相邻两条中间。这往往是造成读图误差的一个原因。

实际上用该图查 D 值还不如直接用公式算出 D 值更方便、准确。甚至因为实际航线不是直线,由 C 向 AB 做垂线的办法也许行不通(见图 5.27)。此时只能按 $AR + RC = 91\% AB$ 确定 R 点,确定二放点之后,A 到 R 的距离 L_R 即确定了,由 L_R/L 查图 5.27 确定 ΔPL。由 R 至 C 的航线应是 ATC 允许的航路,不一定是直线。

图 5.27 确定二次放行点的特殊情况

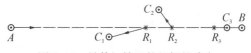

图 5.28 最佳初始目的机场的确定

当航路上有若干个机场可作为初始目的机场时,应对每个机场确定其二放点,算出相应的 ΔPL,与最大 ΔPL 相应的哪个机场即最好的初始目的地,对应的二放点即最佳二放点(见图 5.28)。

(4) 初始目的地太接近最终目的地(备降距离相同,见图 5.28 之 C_3)。

对这种情况可把到初始目的地的下降点做二放点 R,按 L_R/L 由图 5.21 查业载增量,这时初次放行的起飞油量 $TOF1 > TOF2$,在二放点剩余油量大于二次放行所需,把二放点 R 向 A 移动,虽可能使在 R 点剩油等于二次放行所需,但不能更多地增加业载。把二放点 R 取在 89%L 处也无用。

(5) 备降距离的影响(见图 5.29)。

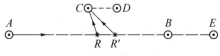

图 5.29　备降距离不等的情况

以上讨论的是备降距离相等、备份油量相同的情况,实际上往往备降距离不等。设初始目的地到其备降场距离为 L_{CD},最终目的地到其备降场距离为 L_{BE},如 $L_{BE} > L_{CD}$,按原来方法确定的二放点 R 的余油就不够了,这时应把二放点 R 向最终目的地移动大约 $(L_{BE} - L_{CD})/3$,到 R' 点。若 $L_{BE} < L_{CD}$,二放点 R 向 A 点方向移动约 $(L_{CD} - L_{BE})/3$,因为这样初次放行的航程大约变化 2/3 的 $|L_{BE} - L_{CD}|$,再加上巡航 $2/3|L_{BE} - L_{CD}|$ 的时间的 10% 油量,以及 $TOF2$ 中由 R' 到 B 的航线应急油减少,差不多可以抵消备降距离不等的影响。

5.8.3　程序中计算二次放行计划的方法简述及打印结果的说明

这是编制飞行计划软件中所用的方法,手算时可参照执行。

设初始目的地及二放点业已选好:

(1) 做由起飞机场到最终目的地的飞行计划,以给定的业载(或最大业载)从最终目的地的备降场往回计算(具体算法在前面已介绍),这时航线应急油按由二放点到最终目的地的时间的 10% 计算。记下在二放点的剩余油量 RF,这是为二次放行所必需的油量。计算结束后得到的允许业载可能由于受最大允许起飞重量限制或最大允许着陆重量限制或最大油箱容量限制而减少。

(2) 以第 1 步得到的业载从初始目的机场的备降场开始往回计算,做由起飞机场到初始目的地的飞行计划,这次的航线应急油按由起飞机场到初始目的机场的航程时间的 10% 计算。计算时要保证在二放点所剩油量≥RF,如这次计算得到的在二放点剩余油量少于 RF,则把所差部分的 0.94 倍加到无油重量上、从初始目的机场的备降机场再次往回计算,再检查在二放点剩余油量是否等于 RF,如不等再重复这个过程直到两者相等为止(实际计算按两者之差少于 10lb 来控制迭代次数)。这个计算中业载也可能因受最大允许起飞重量限制或最大允许着陆重量限制或最大油箱容量限制而减少。

(3) 检查第 1 步和第 2 步算出的业载是否相等。如第 2 步算出的业载和第 1 步算出的业载相等或相差不到 10lb,则结束计算,开始显示、打印飞行计划。打印出的初次放行计划中的起飞总油量和允许业载就是这次航班应加的总油量和可携带的业载,其中的额外油量如大于 0,则表示初次放行所需油量少、在二放点剩余油量少于为二次放行所需油量,额外油量的数值是为使在二放点剩油等于所需油量而多加的油量在到达备降场所余部分。如额外油量＝0,那么在二放点剩余油量可能多于或刚好等于所需油量。在打出的初次放行计划中的二次放行点那一行可以查出剩余油量,在打出的二次放行计划中可查到二次放行所需油量,如在二放点剩余油量多于所需油量,则表明初始目的地离起飞机场太远或其备降场太远(把二放点向起飞机场移动并不能减少起飞油量,只能早些判断能否飞往最终目的地)。

(4) 如第 2 步算出的业载 PL_2 小于第 1 步算出的业载 PL_1,若额外油量 $\neq 0$,则以业载 $PL_4 = PL_1 - 0.85(PL_1 - PL_2)$ 重复第 1 步的计算。若额外油量为 0 则以业载 PL_2 重复第 1 步的计算(可以以第 2 步得出的 $TOF2$ 为规定起飞油量进行计算)。这次算出的业载与开始计算时的业载必定相同,而二次放行所需油量减少。

对于以业载 PL_2 开始计算的情况,计算结束就显示、打印飞行计划。

(5) 对于额外油量不为 0 的情况,再以业载 PL_4 重复第 2 步的计算。这次算出的业载 PL_6 有可能小于 PL_4,如果 $|PL_4 - PL_6| \leqslant 10\text{lb}$,停止计算,开始显示,打印飞行计划,否则以业载 $PL_6 = PL_4 - 0.85(PL_4 - PL_6)$ 重复第 1 步和第 2 步的计算,直到两次算出的业载之差少于 10lb 为止,然后开始显示,打印飞行计划。一般要迭代 3～4 次。上面第 3 步中已对打印出的飞行计划做了部分说明,下面再补充一点。额外油量的大小反映了初始目的地及其备降场和二次放行点选择的好坏。额外油量越小越好(指在二次放行点剩余油量和二次放行所需油量相差越小越好),为做到这一点关键是应仔细选择初始目的地和备降场及二放点。

如初始目的地离起飞机场比较近,二次放行点按理说应选在飞过了初始目的地之后的地方,但可能受航线结构限制,空管部门不允许由 $R \rightarrow C$ 或 $R \rightarrow P \rightarrow C$ 这种飞行。这样二放点只有选在 P 点以前,算出的额外油量就比较大,节省燃油、增加业载的效果就差些(见图 5.30)。

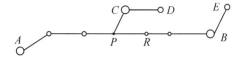

图 5.30　二放点位置受限制的情况

按上述算出的额外油量是指为使在二放点剩余油量等于二次放行所需油量而多加的油量在到达初始目的机场的备降场后所余部分。而 SITA 飞行计划中给出的额外油量(extra fuel)是指在起飞油量中多加的部分。两者算出的总油量应该是相同的。

5.8.4　利用二次放行的飞行计划实例和算例

上面介绍的确定选择初始目的地和最佳二放点的方法是近似的,再加上各航段的航向风、温度都是不同的,另外,对于实际航线也可能找不到合适的初始目的机场、所选的二放点不一定是"最佳",所以一般情况下算出的 $TOF1$ 和 $TOF2$ 不等,即在二放点的剩油一般不等于所需的油。如 $TOF1 > TOF2$,即剩油大于所需,则起飞油量 $= TOF1$。如 $TOF1 < TOF2$,即在二放点剩油少于所需油量,这时要通过加额外油量的方法使起飞油量 $TOF1$ 增加到 $TOF2$,一般情况下额外油量都大于零。

下面给出 SITA 公司(国际航空电信公司)为东航做的 MD-11 飞 SHA→LAX 和 SHA→SEA 的二份利用二次放行的飞行计划(请 SITA 公司做飞行计划,应由用户每次提供 MTOW,MLW 及 ZFW)。另外,也给出了用自编软件做的利用二次放行的飞行计划的例子(见图 5.31)。

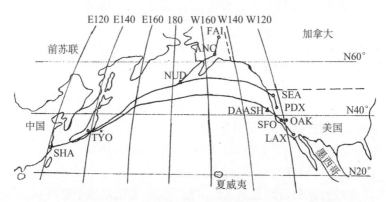

SHA——上海　LAX——洛杉矶　SFO——旧金山　OAK——奥克兰
SEA——西雅图　PDX——波特兰　ANC——安科雷奇　FAI——费尔班克斯
(1) SHA→LAX 备降 SFO,初始目的地 SFO,备降 OAK,二次放行点 DAASH。
(2) SHA→SEA 备降 PDX,初始目的地 ANC,备降 FAI,二次放行点 NUD。

图 5.31　SITA 公司为东航做的两份 MD11 飞机的二次放行飞行计划

例 5.11　上海至洛杉矶的二次放行飞行计划(见例表 5.11a 和例表 5.11b)。

SHA→LAX,备降 SFO,初始目的地 SFO,备降 OAK,二放点 DAASH;

SHA → LAX = 5 900 n mile, LAX → SFO = 316 n mile, DAASH → SFO = 344 n mile, SHA → SFO = 5 601 n mile, SFO → OAK = 50 n mile, SHA → DAASH = 5 257 n mile。

初始目的地到起飞机场的距离是总航程的 $5\,601/5\,900 = 94.9\%$,

起飞机场到二放点的距离是总航程的 $5\,257/5\,900 = 89.1\%$,

由于最终目的地的备降距离比初始目的地的备降距离大很多,所以初始目的地到起飞机场的距离才选在距总航程大于 91% 的位置。额外油量 $= 2\,400$ kg,

二放点离 SFO 再近一些,可使 EXTRA FUEL 再小点。

下面是 SITA 公司做的飞行计划,单位为 n mile,为了省篇幅,删去了部分中间航路点数据。先对飞行计划中常用的缩写做一说明:

例表 5.11a 常用缩写词

06Z/12Z	世界(协调)时 06、12 点	FUEL REM	剩余油量
AFR	实际剩余油量	GND	地面距离,航程,n mile
ALTN ××××	改航××××(备降××××)	GS	地速,kn
ARVL FUEL	到目标机场时剩余油量	ISA DEV	与 ISA 的温度偏差
ATA	实际到达时间	LAT	纬度
ATD	实际离场时间	LDGWT	着陆重量
AVG	平均	LONG	经度
AVTAS	平均真空速	LWT, LGW	着陆重量
AW 或 AWY	航路代号	MAC, MNO	马赫数
BRWT	松刹车重量	MAGTRK	磁航迹
BURN	消耗的油量	MC	磁航迹,即地速与磁北夹角
CLB	爬升	MORA	最低偏航高度(单位:100 ft)
CORR	修正值	MTK	磁航迹
CRIT	临界的,关键的	OAT	巡航高度上的实际气温
CRZ	巡航	P12(M12)	正 12(负 12)
DCT, DIR	(由某点)直飞(某点)	PLN FUEL	计划油量
DES	下降	POSN	位置,航路点(名称)
DESFL	下降油量	RECLR	再次放行,二次放行
DEST	目标机场	RECLR PT	二次放行点
DEST MNVR	目标机场机动(进近)	REFILE	二次放行
DIST	累计距离,n mile	REGN	注册号
DTGO	剩余距离,待飞距离	REQD	所需的
EFR	预计剩余油量	RSRV	航线应急油量
ELDW	预计着陆重量	SR(SHEAR)	每上升 1000 ft 风速增量(n mile)
EPLD	预计业载	T/C	真航迹,即地速与真北夹角
EOA	地址结束	T/H	真航向,真空速与真北夹角
EOM	报文(信息)结束	TAS	真空速,kn
ETA	预计到达时间	TDV	与 ISA 的温度偏差
ETD	预计离场时间	TIME, TTME	累计时间,hhmm(hh/mm, hh:mm)
ETE	预计航路(飞行)时间	TMP	温度,与 ISA 的温度偏差
ETO	预计飞越时间	TOGW	起飞重量
ETOW	预计起飞重量	TRK	真航迹(角)
ETP	等时点;预计穿越时间	TRP	对流层顶
EZFW	预计无油重量	W/C, WCP	风分量,kn
FOA	飞机上的油量	ZFWT	无油重量
FOD	到目标机场时剩余油量	ZND, DST	航段距离,n mile
FREQY	频率	ZNT, ZTM	航段时间,hhmm(hh/mm, hh:mm)

又,SITA 计划中打出的空中距离(AIR DISTANCE)DA 是各航段对应的空中距离之和:

$$DA = \sum DA_i = \sum TAS_i \cdot t_i, \ t = \sum t_i \text{——航程时间,平均真空速 } TAS =$$
DA/t

平均地速 $GS = $ 航程 DR/t,平均风分量 V_w(即 $AVGW/C$)$= GS - TAS$,V_w 为负表示是顶风,由起飞机场到等时点(ETP)的距离 $D = DR \cdot (TAS - V_w)/(2TAS)$,或 $D = DR \cdot (GS - 2V_w)/[2(GS - 2V_w)]$。$DR$ 为要计算等时点的航路的总航程。

SITA 计划中的 ISA DEV 是航路上平均温差 $= \sum(D_i \times \Delta T_i)/\sum D_i$

式中:D_i 为各段距离,ΔT_i 为各段温差。

例表 5.11b MD-11 上海至洛杉矶的二次放行飞行计划

FLT RELEASE	CES 0983		ZSSS/KSFO		LRC CRZ		AC 2171	
	FUEL	TIME	CORR		BRWT	LDGWT	ZFWT	REGN
DEST KSFO	88630	1043	....		278120	188400	174500	B-2171
RESERVE	6650	0104	....		AVG W/C P50		ISA DEV P06	
DEST MNVR	1090	0010	....					
ALTERNATE	1540	0011	....		KOAK	FL 90	50 M.56 W/C P003	
HOLD	3310	0030	....					
REQD	101220	1238	....		NOTE-LDGWT INCLUDES RESERVE FUEL			
EXTRA	2400	0022						
TAXI	400							
TOTAL	104020	1300						
RECLR	DAASH / KLAX							
DEST KLAX	7370	0124						
RESERVE	890	0008						
DEST MNVR	1090	0010						
ALTERNATE	5810	0050	....		KSFO	FL 390	316 M.82 W/C M009	
HOLD	3270	0030						
REQD	18430	0302						

POSITION	LAT	LONG		SR	MAC	TMP	TRP				
FREQY		FL	WIND	T/C	T/H	AW/MC	TAS	GS	ZND	DIST	ZNT	TIME
FUEL/KGS												
ZSSS	N3111.9	E12120.0		DEPARTURE MANEVERING					003	0003	000990
WB	N3107.5	E12120.4				P12	50				
240	CLB	35015	176	176	180	420	435	4	0004	001	0004	001290
NHW	N3104.0	E12134.0				P12	50				
114.6	CLB	33016	107	105	111	420	430	12	0016	002	0006	001880
TOC				01		P12	50				

（续表）

	262	29027	075	073	A593	420	449	96	0112	013	0019	005730
LAMEN	N3136.6	E12400.0			01	817	P12	50				
	262	26043	075	075	A593	503	545	33	0145	004	0023	006480
SADLI	N3149.8	E12500.0			01	829	P12	50				
	290	26048	076	075	A593	504	551	53	0198	006	0029	007450
········												
TZE	N3419.4	E13357.3			02	827	P11	50				
117.50	290	26052	060	057	V17	502	551	131	0679	014	0120	016030
SKE	N3429.3	E13527.1			01	825	P10	50				
112.30	330	26056	082	083	V17	496	552	75	0754	008	0128	017530
·······												
45170	N4500.0	E17000.0			01	828	P08	42				
	330	27117	076	073	075	491	603	253	2524	025	0440	045900
46180	N4600.0	W18000.0			01	828	P00	38				
	350	28087	082	079	077	486	570	427	2951	045	0525	052120
·······												
NINDS	N4649.0	W14644.0			01	830	P01	38				
	350	22056	095	100	075	479	512	135	4327	016	0758	071520
46140	N4600.0	W14000.0			00	829	P03	39				
	370	21033	100	104	080	480	491	284	4611	035	0833	075790
·······												
DAASH	N4226.5	W12600.0			01	829	P05	41				
	370	23025	120	123	R239	480	489	36	5257	004	0954	085190
FOT	N4040.3	W12414.0			01	829	P05	48				
114.00	370	25024	143	146	C1416	480	486	133	5390	016	1010	087040
TOD					01	829	P05	50				
	370	27024	155	158	138	480	486	79	5469	010	1020	088130
ENI	N3903.2	W12316.4						50				
112.30	DES	26018	155	158	138	432	437	28	5497	004	1024	088240
OAK	N3743.6	W12213.4						51				
116.8	DES	25009	148	150	132	325	327	94	5591	017	1041	088590
KSFO	N3737.1	W12222.4						51				
	DES	17002	228	227	212	257	256	10	5601	002	1043	088630
RECLEAR FLIGHT PLAN　DAASH/KLAX												
DAASH	N4226.5	W12600.0			01	829	P05	41				
	370	23025	120	123	R239	480	489	36	5257	004	0954	085190
FOT	N4040.3	W12414.0			01	829	P05	48				
114.00	370	25024	143	146	C1416	480	486	133	5390	016	1010	087040
ENI	N3903.2	W12316.4			01	829	P05	50				
112.30	370	27024	155	158	138	480	488	107	5497	013	1023	088520

……											
AVE	N3538.8 W11958.7				02	828	P06	51			
117.10	370	32027	128	127	112	481	506	100	5763	012	1055	092060
TOD					01	828	P06	52			
	370	32027	145	145M00R3		481	507	0	5763	000	1055	092060
DERBB	N3515.4 W11938.4							52			
	DES	32020	145	145M00R3		439	459	29	5792	003	1058	092170
……											
WAKER	N3401.9 W11849.9							52			
	DES	09003	173	172M00R3		290	290	20	5878	004	1113	092480
KLAX	N3356.6 W11824.4							51			
	DES	04004	104	103M00R3		262	260	22	5900	005	1118	092560

GREAT CIRCLE DISTANCE 5 661 n mile   AIR DISTANCE 5 379 n mile   ZSSS TO KLAX

FLT PLAN BASED ON 06Z/12Z/18Z/PROGS

FUEL TO ETP BETWEEN ZSSS AND KLAX IS 47450   TIME 0451   DIST 2630

FUEL TO ETP BETWEEN ZSSS AND KSFO IS 45570   TIME 0438   DIST 2500

START OF ICAO FLIGHT PLAN

(FPL - CES983 - IS

- MD11/H - SDHIX/C

……

REG/B2171 SEL/FGOQ)

END OF ICAO FLIGHT PLAN

[在 DAASH 剩余油量 = 104 020 − 400 − 85 190 = 18 430 刚好是二次放行所需油量]

例 5.12　上海至西雅图的二次放行飞行计划（见例表 5.12）。

SHA→SEA，备降 PDX，初始目的地 ANC，备降 FAI，二放点 NUD，

SHA → SEA = 5 251 n mile，SEA → PDX = 113 n mile，

SHA → ANC = 4 216 n mile，ANC → FAI = 243 n mile，SHA → NUD = 3 129 n mile。

初始目的地到起飞机场的距离是总航程的 4 216/5 251 = 80.3%，不在理想位置。

起飞机场到二放点的距离是总航程的 3 129/5 251 = 59.6%，这表明二放点远未到最佳放行位置，EXTRA FUEL 数量大（9 710 KG）也表明二放点非最佳位置。

SITA 公司所做的飞行计划的结果摘要如下（略去航路点部分）：

例表 5.12　飞行计划

FLT RELEASE		CES 5781	ZSSS/PANC	LRC CRZ	AC 2170	
	FUEL	TIME	BRWT	LDGWT	ZFWT	REGN
DEST PANC	74 890	0837	274 930	198 950	178 310	B - 2170
RESERVE	2 810	0026	AVG W/C P9		ISA DEV P07	
DEST MNVR	1 090	0010				
ALTERNATE	4 630	0039	PAFA FL350 243	M. 81	W/C P011	
HOLD	3 490	0030				
REQD	86 910	1022	NOTE – LDGWT INCLUDES RESERVE FUEL			
EXTRA	9 710	0123				
TAXI	1 000					
TOTAL	97 620		——起飞油量,kg			
RECLR	NUD	/KSEA				
DEST KSEA	28 560	0418				
RESERVE	1 400	0013	——航线应急油,按 5% 的时间计算(用户要求)			
DEST MNVR	1 090	0010				
ALTERNATE	2 810	0022	KPDX FL210 113 M. 66 W/C P003			
HOLD	3 360	0030				
REQD	37 220	0533	——在 NUD 点为再次放行到 KSEA 所需油量 = 37 220 kg			

　　以下几个算例是对前面讲的选择初始目的机场和二放点的方法的验证,最后二个算例是关于无备降场二次放行飞行计划的。在这些例子中的机型仍是 MD11 (PW4460),起飞机场用 DEPART 或 AAA 表示,最终目的机场用 DEST 或 BBB 表示,航程为 10 000 km,最终目的机场的备降场用 ALT 或 EEE 表示,备降距离为 500 km。计算时给定五个可选择的飞行高度层:$FL290$(8 839 m)、$FL330$(10 058 m)、$FL350$(10 668 m)、$FL370$(11 277 m)、$FL390$(11 887 m),由程序在计算中自动确定巡航高度和阶梯巡航的爬升点,不用人干预,备降时的巡航高度是人为规定的 8 000 m。

　　例 5.13　假设是标准大气、无风,初始目的机场 DEST0 在主航道上距起飞机场为航程的 91% = 9 100 km,其备降场为 ALT0,备降距离 = 500 km,二放点选在距 DEPART 为航程的 88.53% = 8 853 km 处,这个点距初始目的机场 247 km,差不多就是到该机场的下降点(计算得知下降点距 DEST0 为 243 km),如图 5.32 所示。

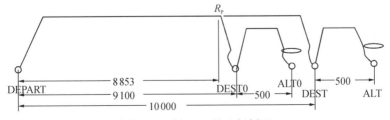

图 5.32　例 5.13 的飞行剖面

下面给出的编号为 FP3.1 的飞行计划(见例表 5.13a 和图 5.33)是不使用二次放行的飞行计划,由于受最大允许起飞重量限制,业载 = 36 504 kg,起飞油量 = 110 334 kg,航程时间 = 11 h35 min,10% 航程时间(1 h10 min)的航线应急油 = 7 614 kg。

例表 5.13a　[FP3.1]不使用二次放行的飞行计划

		MD-11 (PW4460)		飞行计划		
DEPART	(0 m)—DEST		(0 m)	备降:ALT		(0 m)

最大允许起飞重量:	280 320 kg	飞行距离:	10 000 km	5 400 n mile	滑出时间:	0 min
最大着陆重量(目):	199 581	巡航高度:	阶梯巡航	ft	离场时间:	3 min
最大着陆重量(备):	199 581	巡航速度:	LRC		滑入时间:	0 min
最大无油重量:	185 973	备降距离:	500 km	270 n mile	进近时间(目):	6 min
使用空机重量:	133 481	巡航高度:	8 000 m	26 247 ft	进近时间(备):	0 min
最大结构业载:	52 492	巡航速度:	LRC		防冰预计使用:	0 h
最大油箱容量:	117 160	等待高度:	458 m	1 503 ft	等待高度气温:	ISA + 0
(γ = 0.779 kg/L)		(距地面)			飞行中 APU:	断开

滑行全重:	280 319 kg	617 996 LB	轮挡油量:	94 133 kg	207 529 lb	轮挡时间:	11:35
起飞全重:	280 319	617 996	航程油量:	94 133	207 529	航程时间:	11:35
着陆重量:	186 185	410 468	改航油量:	5 251	11 576	改航时间:	0:44
无油重量:	169 985	374 752	等待油量:	3 336	7 354	等待时间:	0:30
允许业载:	36 504	80 477	备份油量:	16 200	35 716	等待表速:	255 kn
起飞油量:	110 334	243 244	(扣除滑行油后: 110 334 | 243 244)		滑行油量:	0 kg

备份油中含:10% 航程时间的应急油量 7 614 kg
考虑飞机老化等因素航程油量与改航油量各多加了　0% 和　0%。公司备份油:　0 kg
* 业载受最大起飞全重限制。

航路点 NDB VOR	经纬度	真空速 地速 /kn	磁向 磁向 /(°)	巡航高度 最佳高度 /m	气象风 温度℃ /(km/h)	累计距离 航段距离 /km	时间 时间	剩余油量 油量 /kg
DEPART		379	0	0	0 / 0	0	0:0	110 334
		379	0	9 092	ISA + 0	250	0:21	6 121
APU 耗油及滑行							0:0	0
离场(入航)							0:3	499
爬升顶点		491	0	8 839	0 / 0	250	0:24	103 714
		491	0	9 092	ISA + 0	250	0:16	2 687
WP2		491	0	8 839	0 / 0	500	0:41	101 026
		491	0	9 182	ISA + 0	1 524	1:41	15 893
爬升起点		489	0	8 839	0 / 0	2 024	2:22	85 133
		489	0	9 449	ISA + 0	65	0:4	882
爬升终点		481	0	10 058	0 / 0	2 089	2:26	84 251
		481	0	9 449	ISA + 0	2 411	2:42	23 104

（续表）

WP3	483	0	10058	0 / 0	4500	5:8	61147
	483	0	10217	ISA+0	401	0:27	3636
爬升起点	483	0	10058	0 / 0	4901	5:35	57511
	483	0	10340	ISA+0	30	0:2	377
爬升终点	477	0	10668	0 / 0	4931	5:37	57134
	477	0	10352	ISA+0	2075	2:21	17917
爬升起点	478	0	10668	0 / 0	7006	7:58	39217
	478	0	10954	ISA+0	31	0:2	358
爬升终点	474	0	11277	0 / 0	7037	7:60	38859
	474	0	10966	ISA+0	1463	1:40	11788
WP4	475	0	11277	0 / 0	8500	9:40	27071
	475	0	11362	ISA+0	600	0:41	4633
DEST0	476	0	11277	0 / 0	9100	10:21	22438
	476	0	11518	ISA+0	658	0:45	4958
下降始点	476	0	11277	0 / 0	9758	11:5	17480
	476	0	11685	ISA+0	242	0:23	490
进近						0:6	789
DEST			0		10000	11:35	16200
					（滑行:	0:0	0)
改航备降场:							
DEST	339	0	0	0 / 0	0	0:0	16200
	339	0	11827	ISA+0	101	0:10	2965
爬升顶点	447	0	8000		101	0:10	13235
	447	0	11827		230	0:17	1881
下降始点	446	0	8000		332	0:26	11355
	446	0	11890		168	0:18	405
进近						0:0	0
ALT			0		500	0:44	10950
					滑行:	0:0	0

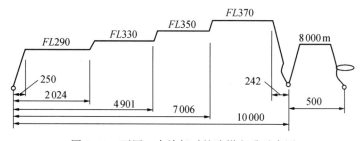

图 5.33　不用二次放行时的阶梯爬升示意图

FP3.2 是利用二次放行的飞行计划［见图 5.34（a）和例表 5.13b］，此时仍然受最大允许起飞重量限制,起飞油量 $= 103\,721\,\text{kg}$,业载 $= 43\,116\,\text{kg}$,增加了 $6\,612\,\text{kg}$,业载增量是不用二次放行的航线应急油的 86.8%,额外油量 $= 385\,\text{kg} > 0$,这表明理想的初始目的地位置还可以向最终目的地 DEST 再靠近一些,在 FP3.3 中对此进行了计算。

DEPART WP2　　　　WP3　　　　　WP4　RP DEST0　　DEST ALT

图 5.34(a)　FP3.2 中的航线示意图(不按比例)

例表 5.13b　[FP3.2] MD‑11 (PW4460)　飞行计划

		RP 距 DEST0 为 247 km⊙ALT0		
500	4000	4000	600 | 500　900	500
	利用二次放行的飞行计划:　(一)初次放行			
DEPART	(0m)—DEST0	(0m)	备降:ALT0	(0m)

最大允许起飞重量:	280 320 kg	飞行距离:	9 100 km	4 914 n mile	滑出时间:	0 min
最大着陆重量(目):	199 581	巡航高度:	阶梯巡航	FT	离场时间:	3 min
最大着陆重量(备):	199 581	巡航速度:	LRC		滑入时间:	0 min
最大无油重量:	185 973	备降距离:	500 km	270 n mile	进近时间(目):	6 min
使用空机重量:	133 481	巡航高度:	8000 m	26 247 ft	进近时间(备):	0 min
最大结构业载:	52 492	巡航速度:	LRC		防冰预计使用:	0 h
最大油箱容量:	117 160	等待高度:	458 m	1503 ft	等待高度气温:	$ISA+0$
($\gamma = 0.779\,\text{kg/L}$)		(距地面)			飞行中 APU:	断开

滑行全重:	280 319 kg	617 996 lb	轮挡油量:	87 316 kg	192 498 lb	轮挡时间:	10:33
起飞全重:	280 319	617 996	航程油量:	87 316	192 498	航程时间:	10:33
着陆重量:	193 003	425 499	改航油量:	5 397	11 899	改航时间:	0:44
无油重量:	176 597	389 330	等待油量:	3 452	7 611	等待时间:	0:30
允许业载:	43 116	95 055	备份油量:	16 406	36 169	等待表速:	260 kn
起飞油量:	103 721	228 666	(扣除滑行油后: 103 721	228 666)	滑行油量:	0 kg

备份油中含:10%航程时间的应急油 7172 kg 及二次放行所需额外油量　385 kg
考虑飞机老化等因素航程油量与改航油量各多加了　0%和　0%。公司备份油:　0 kg
*业载受最大起飞全重限制。

航路点 NDB VOR	经纬度	真空速 地速 /kn	磁向 磁向 /(°)	巡航高度 最佳高度 /m	气象风 温度℃ /(km/h)	累计距离 航段距离 /km	时间 时间	剩余油量 油量 /kg
DEPART		379	0	0	0 / 0	0	0:0	103 721
		379	0	9092	$ISA+0$	250	0:21	6 121
APU 耗油及滑行							0:0	0
离场(入航)							0:3	499
爬升顶点		491	0	8839	0 / 0	250	0:24	97 101
		491	0	9092	$ISA+0$	250	0:16	2 687

（续表）

WP2	491	0	8839	0 / 0	500	0:41	94414
	491	0	9182	ISA+0	1524	1:41	15893
爬升起点	489	0	8839	0 / 0	2024	2:22	78521
	489	0	9449	ISA+0	65	0:4	882
爬升终点	481	0	10058	0 / 0	2089	2:26	77639
	481	0	9449	ISA+0	2411	2:42	23104
WP3	483	0	10058	0 / 0	4500	5:8	54535
	483	0	10217	ISA+0	401	0:27	3636
爬升起点	483	0	10058	0 / 0	4901	5:35	50899
	483	0	10340	ISA+0	30	0:2	377
爬升终点	477	0	10668	0 / 0	4931	5:37	50522
	477	0	10352	ISA+0	2075	2:21	17917
爬升起点	478	0	10668	0 / 0	7006	7:58	32605
	478	0	10954	ISA+0	31	0:2	358
爬升终点	474	0	11277	0 / 0	7037	7:60	32246
	474	0	10966	ISA+0	1463	1:40	11788
WP4	475	0	11277	0 / 0	8500	9:40	20459
	475	0	11362	ISA+0	353	0:24	2739
二次放行点	476	0	11277	0 / 0	8853	10:4	17720
	476	0	11454	ISA+0	4	0:0	34
下降始点	476	0	11277	0 / 0	8857	10:4	17686
	476	0	11455	ISA+0	243	0:23	491
进近						0:6	789
DEST0			0		9100	10:33	16406
					（滑行:	0:0	0）
改航备降场:							
DEST0	339	0	0	0 / 0	0	0:0	16406
	339	0	11603	ISA+0	107	0:10	3111
爬升顶点	452	0	8000		107	0:10	13295
	452	0	11603		225	0:16	1881
下降始点	451	0	8000		331	0:26	11414
	451	0	11666		169	0:18	405
进近						0:0	0
ALT0			0		500	0:44	11009
					滑行:	0:0	0

＊＊＊（二）二次放行： 二次放行点 RP—DEST 备降 ALT ＊＊＊

各阶段所需	油量/kg	时间/min	
二次放行点 RP—DEST	8132	91.0	（含进近油 789kg 6min）
10％航线应急油	997	9.1	
改航备降场	5251	44.1	起飞重量:280319 业载:43121kg
在 ALT 等待	3336	30.0	目标机场着陆重量:186185kg
滑行	0	0.0	航程油量/时间:94134kg/11:35
公司备份油	0		轮挡油量/时间:94134kg/11:35
二次放行所需总计:	17715		起飞总油量:103717kg

＊业载受最大起飞全重限制。

（续表）

航路点 NDB VOR	经纬度	真空速 地速 /kn	磁向 磁向 ,/(°)	巡航高度 最佳高度 /m	气象风 温度℃ /(km/h)	累计距离 航段距离 /km	时间 时间	剩余油量 油量 /kg
二次放行点		476	0	11 277	0 / 0	8 853	10：4	17 715
		476	0	11 454	ISA+0	247	0：17	1 894
WP5(DEST0)		476	0	11 277	0 / 0	9 100	10：21	15 821
		476	0	11 518	ISA+0	658	0：45	4 958
下降始点		476	0	11 277	0 / 0	9 758	11：5	10 863
		476	0	11 684	ISA+0	242	0：23	490
进近							0：6	789
DEST				0		10 000	11：35	9 584
						（滑行：	0：0	0）
改航备降场：								
DEST		339	0	0	0 / 0	0	0：0	9 584
		339	0	11 827	ISA+0	101	0：10	2 965
爬升顶点		447	0	8 000		101	0：10	6 618
		447	0	11 827		230	0：17	1 881
下降始点		446	0	8 000		332	0：26	4 738
		446	0	11 890		168	0：18	405
进近							0：0	0
ALT				0		500	0：44	4 333
						滑行：	0：0	0

FP3.3 中假设初始目的地 CCC 在主航道上距起飞机场 AAA 为航程的 91.4% = 9 140 km，二放点选在距 AAA 为航程的 88.93% = 8 893 km 处，这个点距初始目的机场 247 km，下降点距初始目的机场 243 km。计算结果为：起飞油量 = 103 688 kg，业载 = 43 151 kg，又增加了 35 kg，仍然受最大允许起飞重量限制，与不用二次放行相比，业载增量 = 6 647 kg，是不用二次放行的航线应急油的 87.3%，额外油量 = 35 kg ≈ 0，这表明已极为接近最佳结果。如 FP3.3 中的图 5.34(b) 和例表 5.13c 所示。

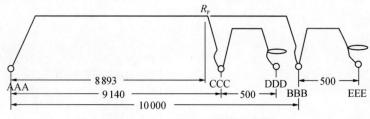

图 5.34(b)　FP3.3 的航线示意图

例表 5.13c ［FP3.3］MD‑11（PW4460） 飞行计划

＊＊＊利用二次放行的飞行计划： （一）初次放行＊＊＊

AAA		（0m）—CCC		（0m）备降：DDD		（0m）

最大允许起飞重量：	280 320 kg	飞行距离：	9 140 km	4 935 n mile	滑出时间：	0 min
最大着陆重量（目）：	199 581	巡航高度：	阶梯巡航	ft	离场时间：	3 min
最大着陆重量（备）：	199 581	巡航速度：	LRC		滑入时间：	0 min
最大无油重量：	185 973	备降距离：	500 km	270 n mile	进近时间（目）：	6 min
使用空机重量：	133 481	巡航高度：	8 000 m	26 247 ft	进近时间（备）：	0 min
最大结构业载：	52 492	巡航速度：	LRC		防冰预计使用：	0 h
最大油箱容量：	117 160	等待高度：	458 m	1 503 ft	等待高度气温：	ISA＋0
（γ＝0.779 kg/L）		（距地面）			飞行中 APU：	断开

滑行全重：	280 320 kg	617 998 lb	轮挡油量：	87 624 kg	193 177 lb	轮挡时间：	10：36
起飞全重：	280 320	617 998	航程油量：	87 624	193 177	航程时间：	10：36
着陆重量：	192 696	424 821	改航油量：	5 390	11 884	改航时间：	0：44
无油重量：	176 632	389 406	等待油量：	3 447	7 600	等待时间：	0：30
允许业载：	43 151	95 131	备份油量：	16 064	35 416	等待表速：	260 kn
起飞油量：	103 688	228 593	（扣除滑行油后：103 688	228 593）		滑行油量：	0 kg

备份油中含：10% 航程时间的应急油 7 192 kg 及二次放行所需额外油量 35 kg

考虑飞机老化等因素航程油量与改航油量各多加了 0% 和 0%。公司备份油：0 kg

航路点	经纬度	真空速	磁向	巡航高度	气象风	累计距离	时间	剩余油量
NDB VOR		地速	磁向	最佳高度	温度℃	航段距离	时间	油量
		/kn	/（°）	/m	/（km/h）	/km		/kg
AAA		379	0	0	0 / 0	0	0：0	103 688
		379	0	9 092	ISA＋0	250	0：21	6 121
APU 耗油及滑行							0：0	0
离场（入航）							0：3	499
爬升顶点		491	0	8 839	0 / 0	250	0：24	97 068
		491	0	9 092	ISA＋0	250	0：16	2 687
WP2		491	0	8 839	0 / 0	500	0：41	94 381
		491	0	9 182	ISA＋0	1 524	1：41	15 893
爬升起点		489	0	8 839	0 / 0	2 024	2：22	78 488
		489	0	9 449	ISA＋0	65	0：4	882
爬升终点		481	0	10 058	0 / 0	2 089	2：26	77 606
		481	0	9 449	ISA＋0	2 411	2：42	23 104
WP3		483	0	10 058	0 / 0	4 500	5：8	54 502
		483	0	10 217	ISA＋0	401	0：27	3 636
爬升起点		483	0	10 058	0 / 0	4 901	5：35	50 865
		483	0	10 340	ISA＋0	30	0：2	377
爬升终点		477	0	10 668	0 / 0	4 931	5：37	50 489
		477	0	10 352	ISA＋0	2 075	2：21	17 917
爬升起点		478	0	10 668	0 / 0	7 006	7：58	32 571

（续表）

航路点	地速/真空速 /kn	磁向 /(°)	巡航高度/最佳高度 /m	气象风/温度℃	累计距离/航段距离 /km	时间	剩余油量/油量 /kg
	478	0	10954	ISA+0	31	0:2	358
爬升终点	474	0	11277	0/0	7037	7:60	32213
	474	0	10966	ISA+0	1463	1:40	11788
WP4	475	0	11277	0/0	8500	9:40	20425
二次放行点 RP	475	0	11362	ISA+0	393	0:27	3047
	476	0	11277	0/0	8893	10:6	17378
	476	0	11465	ISA+0	4	0:0	34
下降始点	476	0	11277	0/0	8897	10:7	17345
	476	0	11466	ISA+0	243	0:23	491
进近						0:6	789
CCC			0		9140	10:36	16064
					（滑行：	0:0	0）
改航备降场：							
CCC	339	0	0	0/0	0	0:0	16064
	339	0	11613	ISA+0	106	0:10	3104
爬升顶点	452	0	8000		106	0:10	12961
	452	0	11613		225	0:16	1881
下降始点	451	0	8000		331	0:26	11079
	451	0	11676		169	0:18	405
进近						0:0	0
DDD			0		500	0:44	10674
					滑行：	0:0	0

＊＊＊（二）二次放行：　　　二次放行点 RP—BBB　　　　　　　　备降 EEE　　　＊＊＊

各阶段所需	油量(kg)	时间(min)	
二次放行点 RP—BBB	7824	88.3	（含进近油　789 kg　6 min）
10%航线应急油	968	88	
改航备降场	5251	44.1	起飞重量：280 319　业载：43 151 kg
在 EEE　等待	3336	30.0	目标机场着陆重量：186 185 kg
滑行	0	0.0	航程油量/时间：94 134 kg/11:35
公司备份油	0		轮挡油量/时间：94 134 kg/11:35
二次放行所需总计：	17 377		起飞总油量：103 687 kg

＊业载受最大起飞全重限制。

航路点 NDB VOR	经纬度 地速 /kn	真空速 磁向 /(°)	磁向 最佳高度 /m	巡航高度 温度℃ /(km/h)	气象风 航段距离 /km	累计距离 时间	时间 油量 /kg	剩余油量 /kg
二次放行点 RP	476	0	11277	0/0	8893	10:6		17377
	476	0	11465	ISA+0	247	0:17		1891
	476	0	11277	0/0	9140	10:23		15486
	476	0	11528	ISA+0	618	0:42		4653
下降始点	476	0	11277	0/0	9758	11:5		10833

(续表)

	476	0	11684	ISA+0	242	0:23	490
进近						0:6	789
BBB			0		10000	11:35	9554
					(滑行:	0:0	0)
改航备降场:							
BBB	339	0	0	0/0	0	0:0	9554
	339	0	11827	ISA+0	101	0:10	2965
爬升顶点	447	0	8000		101	0:10	6589
	447	0	11827		230	0:17	1881
下降始点	446	0	8000		332	0:26	4708
	4460	0	11890		168	0:18	405
进近						0:0	0
EEE			0		500	0:44	4303
					滑行:	0:0	0

例5.14 考虑航路风的影响，分别计算了顶风 150，100 和顺风 150 km/h 三种情况。仍假设是标准大气，航路及机场和 FP3.3 中一样，初始目的机场 CCC 在主航道上距起飞机场 AAA 为航程的 91.4% = 9140 km，其备降场为 DDD，备降距离 = 500 km，二放点顶风时在距 AAA 为航程的 88.93% = 8893 km 处，顺风时在距 AAA 为航程的 88.55% = 8855 km 处，几乎都是到 CCC 的下降点。由 BBB 到 EEE 和由 CCC 到 DDD 两个备降航段仍假定无风（见图 5.35）。

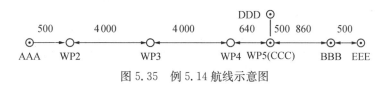

图 5.35 例 5.14 航线示意图

FP4.1 是顶风 150 km/h、不用二次放行的飞行计划，由于受油箱最大容量限制，业载只有 10263 kg，起飞油量 = 117160 kg，航程时间 = 13 h 58 min，10% 航程时间（1 小时 24 分）的航线应急油 = 7954 kg。起飞和着陆重量都没达到最大允许值。

例表 5.14a **［FP4.1］MD-11（PW4460）** **飞行计划**

DEPART	(0 m) — DEST		(0 m)	备降:ALT	(0 m)
最大允许起飞重量:	280320 kg	飞行距离:	10000 km(5400 n mile)	滑出时间:	0 min
最大着陆重量(目):	199581	巡航高度:	阶梯巡航 ft	离场时间:	3 min
最大着陆重量(备):	199581	巡航速度:	LRC	滑入时间:	0 min
最大无油重量:	185973	备降距离:	500 km(270 n mile)	进近时间(目):	6 min
使用空机重量:	133481	巡航高度:	8000 m(26247 ft)	进近时间(备):	0 min

（续表）

最大结构业载：	52492	巡航速度：	LRC	防冰预计使用：	0 h
最大油箱容量：	117160	等待高度：	458 m(1503 ft)	等待高度气温：	ISA ＋0
（γ＝0.779 kg/L）		（距地面）		飞行中 APU：	断开

滑行全重：	260904 kg(575193 lb)	轮挡油量：	101653 kg(224107 lb)	轮挡时间：	13:58
起飞全重：	260904 kg(575193 lb)	航程油量：	101653 kg(224107 lb)	航程时间：	13:58
着陆重量：	159250 kg(351086 lb)	改航油量：	4696 kg(10353 lb)	改航时间：	0:45
无油重量：	143744 kg(316901 lb)	等待油量：	2856 kg(6296 lb)	等待时间：	0:30
允许业载：	10263 kg(22626 lb)	备份油量：	15506 kg(34186 lb)	等待表速：	236 kn
起飞油量：	117160 kg(258293 lb)	（扣除滑行油后）：	117160 kg(258293 lb)	滑行油量：	0 kg

备份油中含：10%航程时间的应急油量 7954 kg
考虑飞机老化等因素航程油量与改航油量各多加了 0%和 0%。公司备份油：0 kg
* 业载受最大油箱容量限制。

航段 AAA		距离(km)	磁航迹	真航迹	航路气温	风向/风速(km/h)		高度(m)
1	→WP2	500	0	0	ISA ＋0	0	150	爬升
2	→WP3	4000	0	0	ISA ＋0	0	150	11277
3	→WP4	4000	0	0	ISA ＋0	0	150	11277
4	→WP5(CCC)	640	0	0	ISA ＋0	0	150	11277
5	→BBB	860	0	0	ISA ＋0	0	150	11277
1	→EEE	500	0	0	ISA ＋0	0	0	爬升

FP4.2 是顶风 150 km/h、利用二次放行的飞行计划，此时仍受油箱最大容量限制，起飞油量＝117160 kg，业载＝28064 kg，增加了 17801 kg，业载增量是不用二次放行的航线应急油的 223.8%，额外油量＝57 kg≈0，这表明初始目的地和二放点位置是合适的。起飞和着陆重量都没达到最大允许值。

例表 5.14b　［FP4.2］MD - 11（PW4460）　飞行计划

航班：		机号：BXXXX	机长：	03 - 23 - 95　17:15:13	
		＊＊＊利用二次放行的飞行计划：		（一）初次放行＊＊＊	
AAA		(0m)—CCC	(0m)	备降:DDD	(0m)

最大允许起飞重量：	280320 kg	飞行距离：	9140 km(4935 n mile)	滑出时间：	0 min
最大着陆重量(目)：	199581	巡航高度：	阶梯巡航　ft	离场时间：	3 min
最大着陆重量(备)：	199581	巡航速度：	LRC	滑入时间：	0 min
最大无油重量：	185973	备降距离：	500 km(270 n mile)	进近时间(目)：	6 min
使用空机重量：	133481	巡航高度：	8000 m(26247 ft)	进近时间(备)：	0 min
最大结构业载：	52492	巡航速度：	LRC	防冰预计使用：	0 h
最大油箱容量：	117160	等待高度：	458 m(1503 ft)	等待高度气温：	ISA ＋0
（γ＝0.779 kg/L）		（距地面）		飞行中 APU：	断开

滑行全重：	278707 kg(614443 lb)	轮挡油量：	100814 kg(222258 lb)	轮挡时间：	12:42
起飞全重：	278707 kg(614443 lb)	航程油量：	100814 kg(222258 lb)	航程时间：	12:42
着陆重量：	177893 kg(392186 lb)	改航油量：	5076 kg(11191 lb)	改航时间：	0:44
无油重量：	161545 kg(356145 lb)	等待油量：	3188 kg(7028 lb)	等待时间：	0:30

（续表）

允许业载：	28 064 kg (61 870 lb)	备份油量：	16 347 kg (36 040 lb)	等待表速：	249 kn
起飞油量：	117 162 kg (258 297 lb)	（扣除滑行油后：	117 162 kg (258 297 lb)）	滑行油量：	0 kg

备份油中含：10%航程时间的应急油 8 026 kg 及二次放行所需额外油量　57 kg

考虑飞机老化等因素航程油量与改航油量各多加了　0%和　0%。公司备份油：　0 kg

航段 AAA		距离(km)	磁航迹	真航迹	航路气温	风向/风速/(km/h)		高度/m
1	→WP2	500	0	0	ISA+0	0	150	爬升
2	→WP3	4 000	0	0	ISA+0	0	150	10 668
3	→WP4	4 000	0	0	ISA+0	0	150	11 277
4	→二放点 RP	393	0	0	ISA+0	0	150	11 277
5	→CCC	247	0	0	ISA+0	0	150	11 277
1	→DDD	500	0	0	ISA+0	0	0	爬升

＊＊＊（二）二次放行：二次放行点 RP — BBB　　　备降 EEE　　　＊＊＊

各阶段所需	油量(kg)	时间(min)	
二次放行点 RP —BBB	8 975	103.9	（含进近油　789 kg　6 min）
10%航线应急油	1 052	10.4	
改航备降场	4 922	44.4	｜起飞重量：278 705　业载：28 064 kg
在 EEE　等待	3 057	30.0	｜目标机场着陆重量：170 575 kg
滑行	0	0.0	｜航程油量/时间：108 130 kg/13:53
公司备份油	0		｜轮挡油量/时间：108 130 kg/13:53
二次放行所需总计：	18 005		｜起飞总油量：117 160 kg

＊业载受最大油箱容量限制。

　　FP4.3 是顶风 100 km/h、不用二次放行的飞行计划，由于受油箱最大容量的限制，业载只有 23 176 kg，起飞油量＝117 160 kg，航程时间＝13 h 02 min，10% 航程时间（1 h 18 min）的航线应急油＝8 009 kg，起飞和着陆重量都没达到最大允许值。

例表 5.14c　［FP4.3］MD-11（PW4460）　飞行计划

DEPART	(0 m)—DEST	(0 m)	备降：ALT		(0 m)
最大允许起飞重量：	280 320 kg	飞行距离：	10 000 km (5 400 n mile)	滑出时间：	0 min
最大着陆重量(目)：	199 581	巡航高度：	阶梯巡航　　ft	离场时间：	3 min
最大着陆重量(备)：	199 581	巡航速度：	LRC	滑入时间：	0 min
最大无油重量：	185 973	备降距离：	500 km (270 n mile)	进近时间(目)：	6 min
使用空机重量：	133 481	巡航高度：	8 000 m (26 247 ft)	进近时间(备)：	0 min
最大结构业载：	52 492	巡航速度：	LRC	防冰预计使用：	0 h
最大油箱容量：	117 160	等待高度：	458 m (1 503 ft)	等待高度气温：	ISA+0
（γ＝0.779 kg/L）		（距地面）		飞行中 APU：	断开

（续表）

滑行全重：	273 815 kg(603 658 lb)	轮挡油量：	101 087 kg(222 858 lb)	轮挡时间：	13:02
起飞全重：	273 815 kg(603 658 lb)	航程油量：	101 087 kg(222 858 lb)	航程时间：	13:02
着陆重量：	172 728 kg(380 800 lb)	改航油量：	4 968 kg(10 952 lb)	改航时间：	0:44
无油重量：	156 657 kg(345 369 lb)	等待油量：	3 096 kg(6 824 lb)	等待时间：	0:30
允许业载：	23 176 kg(51 094 lb)	备份油量：	16 072 kg((35 432 lb)	等待表速：	245 kn
起飞油量：	117 159 kg(258 290 lb)	(扣除滑行油后：	117 159 kg(258 290 lb))	滑行油量：	0 kg

备份油中：10%航程时间的应急油量 8 009 kg
考虑飞机老化等因素航程油量与改航油量各多加了　0%和　0%。公司备份油：0 kg
＊业载受最大油箱容量限制。

航段 AAA		距离(km)	磁航迹	真航迹	航路气温	风向/风速(km/h)		高度(m)
1	→WP2	500	0	0	ISA+0	0	100	爬升
2	→WP3	4 000	0	0	ISA+0	0	100	10 668
3	→WP4	4 000	0	0	ISA+0	0	100	11 277
4	→WP5(CCC)	640	0	0	ISA+0	0	100	11 277
5	→BBB	860	0	0	ISA+0	0	100	11 277
1	→EEE	500	0	0	ISA+0	0	0	爬升

FP4.4 是顶风 100 km/h、利用二次放行的飞行计划，此时受最大允许起飞重量限制，起飞油量 = 112 596 kg，业载 = 34 242 kg，增加了 11 066 kg，业载增量是不用二次放行的航线应急油的 138.2%，额外油量 = 26 kg ≈ 0，这表明初始目的地和二放点位置是合适的。

例表 5.14d　［FP4.4］MD-11（PW4460）　飞行计划

＊＊＊利用二次放行的飞行计划：(一) 初次放行＊＊＊					
AAA		(0m)—CCC	(0m)	备降:DDD	(0m)
最大允许起飞重量：	280 320 kg	飞行距离：	9 140 km(4 935 n mile)	滑出时间：	0 min
最大着陆重量(目)：	199 581	巡航高度：	阶梯巡航　　ft	离场时间：	3 min
最大着陆重量(备)：	199 581	巡航速度：	LRC	滑入时间：	0 min
最大无油重量：	185 973	备降距离：	500 km(270 n mile)	进近时间(目)：	6 min
使用空机重量：	133 481	巡航高度：	8 000 m(26 247 ft)	进近时间(备)：	0 min
最大结构业载：	52 492	巡航速度：	LRC	防冰预计使用：	0 h
最大油箱容量：	117 160	等待高度：	458 m(1 503 ft)	等待高度气温：	ISA+0
(γ = 0.779 kg/L)		(距地面)		飞行中 APU：	断开
滑行全重：	280 319 kg(617 997 lb)	轮挡油量：	96 328 kg(212 367 lb)	轮挡时间：	11:55
起飞全重：	280 319 kg(617 997 lb)	航程油量：	96 328 kg(212 367 lb)	航程时间：	11:55
着陆重量：	183 991 kg(405 630 lb)	改航油量：	5 204 kg(11 473 lb)	改航时间：	0:44
无油重量：	167 723 kg(369 766 lb)	等待油量：	3 297 kg(7 268 lb)	等待时间：	0:30
允许业载：	34 242 kg(75 491 lb)	备份油量：	16 267 kg(35 864 lb)	等待表速：	254 kn
起飞油量：	112 596 kg(248 231 lb)	(扣除滑行油后：	112 596 kg(248 231 lb)	滑行油量：	0 kg

（续表）

备份油中含：10%航程时间的应急油 7740 kg 及二次放行所需额外油量　26 kg

考虑飞机老化等因素航程油量与改航油量各多加了　0% 和　0%。公司备份油：　0 kg

航段 AAA		距离（km）	磁航迹	真航迹	航路气温	风向/风速（km/h）		高度（m）
1	→WP2	500	0	0	ISA＋0	0	100	爬升
2	→WP3	4 000	0	0	ISA＋0	0	100	10 668
3	→WP4	4 000	0	0	ISA＋0	0	100	11 277
4	→二放点 RP	393	0	0	ISA＋0	0	100	11 277
5	→CCC	247	0	0	ISA＋0	0	100	11 277
1	→DDD	500	0	0	ISA＋0	0	0	爬升

* * *（二）二次放行：　二次放行点 RP　—　BBB　　　备降 EEE　　　* * *

各阶段所需	油量/kg	时间/min	
二次放行点 RP　—BBB	8 467	97.9	（含进近油　789 kg　6 min）
10%航线应急油	1 020	9.8	
改航备降场	5 057	44.3	｜起飞重量：280 323　业载：34 245 kg
在 EEE　等待	3 172	30.0	｜目标机场着陆重量：176 975 kg
滑行	0	0.0	｜航程油量/时间：103 348 kg/13：01
公司备份油	0		｜轮挡油量/时间：103 348 kg/13：01
二次放行所需总计：	17 716		｜起飞总油量：112 596 kg

* 业载受最大起飞全重限制。

FP4.5 是顺风 150 km/h、不用二次放行的飞行计划，此时受最大允许起飞重量限制，业载 ＝ 47 768 kg，起飞油量 ＝ 99 073 kg，航程时间 ＝ 9 h 57 min，10% 航程时间（59.7 min）的航线应急油 ＝ 6 895 kg。

例表 5.14e　［FP4.5］顺风 150 公里/小时不用二次放行的飞行计划
MD－11（PW4460）　飞行计划

DEPART	（0 m）—DEST	（0 m）	备降：ALT	（0 m）
最大允许起飞重量：	280 320 kg	飞行距离：	10 000 km（5 400 n mile）	滑出时间：	0 min

最大允许起飞重量：	280 320 kg	飞行距离：	10 000 km（5 400 n mile）	滑出时间：	0 min
最大着陆重量（目）：	199 581 kg	巡航高度：	阶梯巡航　ft	离场时间：	3 min
最大着陆重量（备）：	199 581 kg	巡航速度：	LRC	滑入时间：	0 min
最大无油重量：	185 973 kg	备降距离：	500 km（270 n mile）	进近时间（目）：	6 min
使用空机重量：	133 481 kg	巡航高度：	8 000 m（26 247 ft）	进近时间（备）：	0 min
最大结构业载：	52 492 kg	巡航速度：	LRC	防冰预计使用：	0 h
最大油箱容量：	117 160 kg	等待高度：	458 m（1 503 ft）	等待高度气温：	ISA＋0
（γ ＝ 0.779 kg/L）		（距地面）		飞行中 APU：	断开
滑行全重：	280 322 kg（618 003 lb）	轮挡油量：	83 167 kg（183 352 lb）	轮挡时间：	9：57
起飞全重：	280 322 kg（618 003 lb）	航程油量：	83 167 kg（183 352 lb）	航程时间：	9：57
着陆重量：	197 155 kg（434 652 lb）	改航油量：	5 487 kg（12 097 lb）	改航时间：	0：44
无油重量：	181 249 kg（399 586 lb）	等待油量：	3 522 kg（7 765 lb）	等待时间：	0：30

（续表）

允许业载：	47768 kg(105311 lb)	备份油量：	15906 kg(35066 lb)	等待表速：	263 kn
起飞油量：	99073 kg(218417 lb)	扣除滑行油后：	99073 kg(218417 lb)	滑行油量：	0 kg

备份油中含：10%航程时间的应急油量 6896 kg

考虑飞机老化等因素航程油量与改航油量各多加了 0% 和 0%。公司备份油： 0 kg

*业载受最大起飞全重限制。

航段 AAA		距离(km)	磁航迹	真航迹	航路气温	风向/风速(km/h)		高度(m)
1	→WP2	500	0	0	ISA+0	180	150	爬升
2	→WP3	4000	0	0	ISA+0	180	150	10058
3	→WP4	4000	0	0	ISA+0	180	150	11277
4	→WP5(CCC)	640	0	0	ISA+0	180	150	11277
5	→BBB	860	0	0	ISA+0	180	150	11277
1	→EEE	500	0	0	ISA+0	0	0	爬升

FP4.6 是顺风 150 km/h、利用二次放行的飞行计划，此时业载受初始目的机场最大允许着陆重量限制，业载 = 50546 kg，起飞油量 = 91590 kg，与不用二次放行相比，业载增量 = 2778 kg，是不用二次放行的航线应急油的 40.4%，在二次放行点额外油量 = 49 kg，这表明初始目的地及二放点的位置是合适的。

例表 5.14f　[FP4.6]顺风 150 公里/小时利用二次放行的飞行计划
MD－11（PW4460）　飞行计划

利用二次放行的飞行计划：　　（一）初次放行					
AAA	(0m)—CCC	(0m)	备降:DDD		(0m)
最大允许起飞重量：	280320 kg	飞行距离：	9140 km(4935 n mile)	滑出时间：	0 min
最大着陆重量(目)：	199581	巡航高度：	阶梯巡航 ft	离场时间：	3 min
最大着陆重量(备)：	199581	巡航速度：	LRC 滑入时间：	0 min	
最大无油重量：	185973	备降距离：	500 km(270 n mile)	进近时间(目)：	6 min
使用空机重量：	133481	巡航高度：	8000 m(26247 ft)	进近时间(备)：	0 min
最大结构业载：	52492	巡航速度：	LRC	防冰预计使用：	0 h
最大油箱容量：	117160	等待高度：	458 m(1503 ft)	等待高度气温：	ISA+0
(γ=0.779 kg/L)		(距地面)		飞行中 APU：	断开
滑行全重：	275616 kg(607629 lb)	轮挡油量：	76034 kg(167627 lb)	轮挡时间：	9;8
起飞全重：	275616 kg(607629 lb)	航程油量：	76034 kg(167627 lb)	航程时间：	9;8
着陆重量：	199582 kg(440002 lb)	改航油量：	5539 kg(12211 lb)	改航时间：	0;44
无油重量：	184027 kg(405709 lb)	等待油量：	3563 kg(7854 lb)	等待时间：	0;30
允许业载：	50546 kg(111434 lb)	备份油量：	15556 kg(34294 lb)	等待表速：	264 kn
起飞油量：	91590 kg(201921 lb)	扣除滑行油后：	91590 kg(201921 lb)	滑行油量：	0 kg

备份油中含：10%航程时间的应急油 6405 kg 及二次放行所需额外油量 49 kg

考虑飞机老化等因素航程油量与改航油量各多加了 0% 和 0%。公司备份油： 0 kg

（续表）

* * *（二）二次放行： 二次放行点 RP — BBB 备降 EEE * * *			
各阶段所需	油量(kg)	时间(分)	
二次放行点 —BBB	7 070	79.7	（含进近油 789 kg 6min）
10%航线应急油	906	8.0	
改航备降场	5 415	44.0	起飞重量:275 615 业载:50 546 kg
在 EEE 等待	3 466	30.0	目标机场着陆重量:193 813 kg
滑行	0	0.0	航程油量/时间:81 802 kg/9:58
公司备份油	0		轮挡油量/时间:81 802 kg/9:58
二次放行所需总计:	16 857		起飞总油量:91 589 kg

例 5.15 本例对初始目的地机场距起飞机场较近、二放点在初始目的机场之后的情况做了计算。假设是标准大气、无风,起飞机场 AAA 到最终目的机场 BBB 的航程为 10 000 km,BBB 的备降机场为 EEE,备降距离 500 km,初始目的机场 CCC 在主航道上距起飞机场 AAA 为航程的 57% = 5 700 km,其备降场为 DDD,备降距离 = 500 km。按公式确定的二放点在距 AAA 为航程的 74% = 7 400 km 处,即过了初始目的机场 CCC 之后 1 700 km 处,见所附的飞行计划 FP5.1 中的图 5.36,计算结果是:业载 = 42 036 kg。

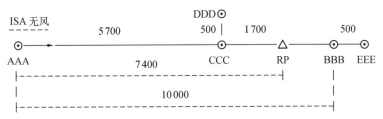

图 5.36 例 5.15 航线示意图

受最大允许起飞重量限制,起飞油量 = 104 803 kg,与不用二次放行的业载 36 504 kg(见 FP3.1)相比,业载增量 = 5 532 kg,业载增量是不用二次放行的航线应急油量的 72.7%,与由图 5.24(b)确定的 71.5% 基本相符。此时额外油量 = 1 467 kg,如果把二放点向最终目的机场再靠近 1 700×5% = 85 km(从起飞机场经二放点到初始目的机场的距离增加 170 km)(见例表 5.15),计算表明,这可使额外油量 ≈ 0,但业载只增加 62 kg。

例表 5.15 〔FP5.1〕MD－11（PW4460） 飞行计划

* * *利用二次放行的飞行计划： （一）初次放行* * *			
AAA	(0m)—CCC (0m)	备降:DDD	(0m)
最大允许起飞重量:	280 320 kg 飞行距离:	9 100 km(4 914 n mile)	滑出时间: 0 min
最大着陆重量(目):	199 581 巡航高度:	阶梯巡航 ft	离场时间: 3 min

（续表）

最大着陆重量(备)：	199 581	巡航速度：	LRC	滑入时间：	0 min
最大无油重量：	185 973	备降距离：	500 km(270 n mile)	进近时间(目)：	6 min
使用空机重量：	133 481	巡航高度：	8 000 m(26 247 ft)	进近时间(备)：	0 min
最大结构业载：	52 492	巡航速度：	LRC	防冰预计使用：	0 h
最大油箱容量：	117 160	等待高度：	458 m(1 503 ft)	等待高度气温：	$ISA+0$
（$\gamma=0.779$ kg/L）		(距地面)		飞行中 APU：	断开

滑行全重：	280 319 kg(617 997 lb)	轮挡油量：	87 315 kg(192 496 lb)	轮挡时间：	10：33
起飞全重：	280 319(617 997 lb)	航程油量：	87 315 kg(192 496 lb)	航程时间：	10：33
着陆重量：	193 006(425 502 lb)	改航油量：	5 397 kg(11 899 lb)	改航时间：	0：44
无油重量：	175 517(386 947 lb)	等待油量：	3 452 kg(7 611 lb)	等待时间：	0：30
允许业载：	42 036(92 672 lb)	备份油量：	17 488 kg(38 555 lb)	等待表速：	260 kn
起飞油量：	104 803(231 051 lb)	扣除滑行油后：	104 803(231 051 lb)	滑行油量：	0 kg

备份油中含:10%航程时间的应急油7 171 kg及二次放行所需额外油量1 467 kg

考虑飞机老化等因素航程油量与改航油量各多加了 0%和 0%。公司备份油： 0 kg

＊业载受最大允许起飞重量限制。

＊＊＊(二) 二次放行： 二次放行点RP — BBB 备降EEE ＊＊＊

各阶段所需	油量/kg	时间/min	
二次放行点 RP —BBB	19 664	190.1	(含进近油 789 kg 6 min)
10 %航线应急油	2 084	19.0	
改航备降场	5 251	44.1	｜起飞重量:280 319 业载:42 036 kg
在EEE 等待	3 336	30.0	｜目标机场着陆重量:186 186 kg
滑行	0	0.0	｜航程油量/时间:94 133 kg/11：35
公司备份油	0		｜轮挡油量/时间:94 133 kg/11：35
二次放行所需总计：	30 334		｜起飞总油量:104 802 kg

例 5.16 本例对初始目的机场距起飞机场更近、二放点在初始目的机场之后更远的情况做了计算。仍然假设是标准大气、无风,起飞机场 AAA 到最终目的机场 BBB 的航程为 10 000 km, BBB 的备降机场为 EEE,备降距离 500 km,初始目的机场 CCC 在主航道上距起飞机场 AAA 为航程的 39% = 3 900 km,其备降场为 DDD,备降距离 = 500 km,航线示意如图 5.37 所示。

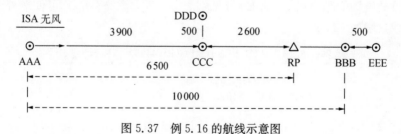

图 5.37 例 5.16 的航线示意图

按式(5.10)确定的二放点在距 AAA 为航程的 65% = 6 500 km 处,即过了初始目的机场CCC之后2600km处,见所附的飞行计划FP6.1中的图5.37,计算结果(见例表5.16)是:业载 = 41365kg,受最大允许起飞重量限制,起飞油量 = 105475kg,航程时间 = 10h33min,与不用二次放行的业载36504kg(见 FP3.1)相比,业载增量 = 4861kg,是不用二次放行的航线应急油的63.8%,与由图5.24(b)确定的62.8%基本相符。此时额外油量 = 2137kg,如把二放点向最终目的机场再靠近2600×5% = 130km(从起飞机场经二放点到初始目的机场的距离增加260km),计算表明,这可使额外油量 ≈ 0,但业载只增加91kg。

如愿意利用这点好处,可以把按式(5.10)确定的二放点再向最终目的机场靠近由初始目的机场到二放点这段距离的5%,这使业载稍微增加一些,能增加的业载近似等于飞二放点所移动的这段距离所耗油量的10%。

例表5.16 **[FP6.1] MD-11（PW4460）** **飞行计划**

***利用二次放行的飞行计划:**		**（一）初次放行***		
AAA	(0m)—CCC (0m)	备降:DDD		(0m)
最大允许起飞重量:	280320 kg	飞行距离:	9100 km(4914 n mile)	滑出时间: 0 min
最大着陆重量(目):	199581	巡航高度:	阶梯巡航 ft	离场时间: 3 min
最大着陆重量(备):	199581	巡航速度:	LRC	滑入时间: 0 min
最大无油重量:	185973	备降距离:	500 km(270 n mile)	进近时间(目): 6 min
使用空机重量:	133481	巡航高度:	8000 m(26247 ft)	进近时间(备): 0 min
最大结构业载:	52492	巡航速度:	LRC	防冰预计使用: 0 h
最大油箱容量:	117160	等待高度:	458 m(1503 ft)	等待高度气温: $ISA+0$
($\gamma = 0.779$ kg/L)		(距地面)		飞行中 APU: 断开
滑行全重:	280320 kg(617999 lb)	轮挡油量:	87316 kg(192499 lb)	轮挡时间: 10:33
起飞全重:	280320 kg(617999 lb)	航程油量:	87316 kg(192499 lb)	航程时间: 10:33
着陆重量:	193004 kg(425500 lb)	改航油量:	5397 kg(11899 lb)	改航时间: 0:44
无油重量:	174846 kg(385468 lb)	等待油量:	3452 kg(7611 lb)	等待时间: 0:30
允许业载:	41365 kg(91193 lb)	备份油量:	18159 kg(40033 lb)	等待表速: 260 kn
起飞油量:	105475 kg(232531 lb)	(扣除滑行油后:	105475 kg(232531 lb))	滑行油量: 0 kg

备份油中含:10%航程时间的应急油7172kg及二次放行所需额外油量2137kg
考虑飞机老化等因素航程油量与改航油量各多加了 0%和 0%。公司备份油: 0 kg
*业载受最大允许起飞重量限制。

***（二）二次放行: 二次放行点 RP — BBB 备降 EEE ***

各阶段所需	油量/kg	时间/min	
二次放行点 RP —BBB	27255	251.3	(含进近油 789 kg 6 min)
10%航线应急油	2755	25.1	
改航备降场	5251	44.1	起飞重量:280319 kg 业载:41365 kg
在 EEE 等待	3336	30.0	目标机场着陆重量:186187 kg
滑行	0	0.0	航程油量/时间:94133 kg/11:35
公司备份油	0		轮挡油量/时间:94133 kg/11:35
二次放行所需总计:	38596		起飞总油量:105474 kg

例5.17　除最终目的地无备降场外、其他条件都和例5.13中FP3.1一样,后面FP7.1是利用二次放行的飞行计划摘要(见例表5.17)。由于从二放点到最终目的机场的飞行时间少于6h,在气象条件满足要求时,可以不要备降场,这样备份油量就是在目的机场等待30min的油量再加上从二放点到最终目的机场的飞行时间的10%的巡航油量,因此备份油可大为减少。但是如初始目的机场、二放点、备降场都不变,起飞油量、业载将由初次放行决定,如原来最终目的地有备降场时额外油量>0,取消其备降场后就无需再加额外油量,业载可增加一些,增加的量=额外油量,否则业载不会增加。本例的计算结果证实了这一点:例5.13之FP3.2(最终目的地有备降场)中额外油量=385kg,现在起飞油量=103338kg,在二放点剩余油量为17435kg,远大于二次放行所需的油量12406kg,无需加额外油量,业载=43503kg,比例5.13之FP3.2中的业载(43116kg)增加了387kg(由于迭代计算的误差,所以不准确等于额外油量)。

例表5.17　[FP7.1]MD‑11(PW4460)　飞行计划

＊＊＊ 利用二次放行的飞行计划: (一)初次放行 ＊＊＊				
最终目的地无备降场、二放点及初始目的地分别在距起飞机场8840km和9100km处				
DEPART	(0m)—DEST0	(0m)	备降:ALT0	(0m)
滑行全重:	280321kg(618002lb)	轮挡油量:	87316kg(192499lb)	轮挡时间:	10:33
起飞全重:	280321kg(618002lb)	航程油量:	87316kg(192499lb)	航程时间:	10:33
着陆重量:	193005kg(425502lb)	改航油量:	5397kg(11899lb)	改航时间:	0:44
无油重量:	176984kg(390172lb)	等待油量:	3452kg(7611lb)	等待时间:	0:30
允许业载:	43503kg(95907lb)	备份油量:	16021kg(35321lb)	等待表速:	260kn
起飞油量:	103338kg(227820lb)	扣除滑行油后:	103338kg(227820lb)	滑行油量:	0kg

备份油中含:10%航程时间的应急油7172kg及二次放行所需额外油量 0kg
＊业载受最大允许起飞重量限制。在二放点剩余油量=17435kg,远大于二次放行所需。
起飞油量及业载由初始目的地决定。

＊＊＊(二)二次放行: 二次放行点RP — DEST　　备降:无备降场　＊＊＊			
各阶段所需	油量/kg	时间/min	
二次放行点RP —DEST	8078	91.9	(含进近油 789kg 6min)
10%航线应急油	985	9.2	
改航备降场	0	0.0	｜起飞重量:273125 业载:43503kg
在DEST 等待	3342	30.0	｜目标机场着陆重量:181311kg
滑行	0	0.0	｜航程油量/时间:91814kg/11:36
公司备份油	0		｜轮挡油量/时间:91814kg/11:36
二次放行所需总计:	12406		｜起飞总油量:96142kg

例5.18　本例除最终目的地无备降场、初始目的机场改在距起飞机场8600km处以外,其他条件都和例5.13 FP3.1一样,后面FP8.1是利用二次放行的飞行计划摘要(见例表5.18)。二放点在距起飞机场8340km处,距初始目的机场260km,初

始目的机场距其备降场仍为 500 km。这时的业载 ＝ 47 500 kg，受最大允许起飞重量限制，起飞油量 ＝ 99 339 kg，额外油量 ＝ 0，在二放点剩余油量 ＝ 17 329 kg，比所需的 16 902 kg 稍大一些，这表明理想的初始目的地位置还可以再向起飞机场靠近一些（大约移动 40 km，业载可以再增加约 400 kg）。对目前这种情况，与不用二次放行（FP3.1 的业载 ＝ 36 504 kg）相比，业载增加了 10 996 kg，是不用二次放行的航线应急油的 144%。业载增加了 4 000 kg。

例表 5.18 **［FP8.1］MD－11（PW4460）** **飞行计划**

＊＊＊ 利用二次放行的飞行计划： （一）初次放行 ＊＊＊

最终目的地无备降场、二放点及初始目的机场分别在距起飞机场 8 340 km 和 8 600 km 处

DEPART		(0 m)—DEST0	(0 m)	备降：ALT0	(0 m)
最大允许起飞重量：	280 320 kg	飞行距离：	8 600 km （4 644 n mile）	滑出时间：	0 min
最大着陆重量（目）：	199 581 kg	巡航高度：	阶梯巡航 ft	离场时间：	3 min
最大着陆重量（备）：	199 581 kg	巡航速度：	LRC	滑入时间：	0 min
最大无油重量：	185 973 kg	备降距离：	500 km （270 n mile）	进近时间（目）：	6 min
使用空机重量：	133 481 kg	巡航高度：	8 000 m（26 247 ft）	进近时间（备）：	0 min

滑行全重：	280 319 kg（617 997 lb）	轮挡油量：	83 425 kg （183 921 lb）	轮挡时间：	9:59
起飞全重：	280 319 kg（617 997 lb）	航程油量：	83 425 kg （183 921 lb）	航程时间：	9:59
着陆重量：	196 894 kg（434 076 lb）	改航油量：	5 481 kg （12 084 lb）	改航时间：	0:44
无油重量：	180 981 kg（398 994 lb）	等待油量：	3 518 kg （7 756 lb）	等待时间：	0:30
允许业载：	47 500 kg（104 719 lb）	备份油量：	15 913 kg （35 083 lb）	等待表速：	262 kn
起飞油量：	99 339 kg（219 004 lb）	（扣除滑行油后：	99 339 kg （219 004 lb））	滑行油量：	0 kg

备份油中含：10% 航程时间的应急油 6 914 kg 及二次放行所需额外油量 0 kg

＊业载受最大允许起飞重量限制。在二放点剩余油量 ＝ 17 329 kg

＊＊＊（二）二次放行： 二次放行点 RP － DEST 备降：无备降场 ＊＊＊

各阶段所需	油量/kg	时间/min	
二次放行点 RP －DEST	12 103	126.0	（含进近油 789 kg 6 min）
10% 航线应急油	1 378	12.6	
改航备降场	0	0.0	｜起飞重量：279 720 业载：47 500 kg
在 DEST 等待	3 421	30.0	｜目标机场着陆重量：185 779 kg
滑行	0	0.0	｜航程油量/时间：93 941 kg/11:35
公司备份油	0		｜轮挡油量/时间：93 941 kg/11:35
二次放行所需总计：	16 902		｜起飞总油量：98 740 kg

这种无备降场的再次放行可以大大增加业载，但要求有可靠的气象预报。因为是否做最终目的地无备降场的二次放行，起飞前就要决定（这是由于起飞油量和业载要根据这个选择来计算），而这种远程飞行一般飞 10～12 h，气象预报必须保证在预计到达最终目的机场的前后 1 h 内气象条件要满足最低标准，所以起飞前的气象预报要报准十几个小时后的气象状况，必须十分可靠，否则可能会由于油量不足被

迫降落在初始目的机场。

前面确定二放点位置和能增加的业载的百分比的图对于业载受最大允许起飞重量限制的情况是正确的,对于受最大允许着陆重量限制以及不利用二次放行时业载受油箱容量限制的情况是不对的。

例 5.14 已经证明了这个结论,下面再看一个无风的例子。机型 MD11(PW4460),起飞机场 A 到最终目的机场 B 为 11 000 km,B 的备降场为 E,距离是 500 km,设是 ISA、无风,不用二次放行时业载受油箱最大容量限制只有 27 326 kg,起飞油量 = 117 160 kg,这是油箱最大容量,航程时间是 12 h 40 min,10% 航程时间的航线应急油是 7 884 kg,起飞重量是 277 518 kg < 最大允许起飞重量 280 320 kg。如初始目的机场在总航程的 91% 处,即距 A 为 10 010 km,二放点选在到初始目的机场的下降点,利用二次放行算出的业载为 35 899 kg,受最大允许起飞重量限制,起飞重量 = 280 320 kg,起飞油量 = 111 390 kg。此时业载增加了 8 573 kg,业载增量是不用二次放行时的航线应急油的 108.7%。

5.8.5　航路风和温度对选择二放点的影响

上面主要讨论了风对业载的影响,此外,在某些情况下风对初始目的地及二放点的选择是有影响的。如果航路风在整个航程中大小不变,且二放点在初始目的地之前,则风对初始目的地及二放点的选择没什么影响。然而实际上航路风沿航路是变的,顶风等于使航段变长,顺风的影响相反,所以风会影响对初始目的地及二放点的选择。例如,两个备降航段的距离虽然相等,但风分量相反,假设最终目的机场到其备降场为顶风,那么初始目的地或二放点的位置应从按前面方法得出的理想位置再向最终目的机场靠近一些,也可以估算出两个备降段的空中距离,按空中距离使用前面的公式。对于二放点在初始目的地以前、在二放点前后的航路风分量变化比较大的情况,在选择初始目的地和二放点时也应考虑风的影响做些修正。例如,在接近最终目的地的航段上如果顶风分量明显增大,初始目的地和二放点应更靠近最终目的地一些,位置是否合适,可以从做出的飞行计划中给出的额外油量来判断,或从在二次放行点剩余油量和所需油量的差值(未加额外油量之前)来判断。

下面着重介绍一下初始目的地比较靠近起飞机场、二放点在初始目的地之后的情况下风的影响,以前面的例 5.16 来研究航路风对选择二次放行点的影响。设整条航线各高度上风大小相同,注意:由二放点返回初始目的地的航段上的风分量则是变了方向的。下面关于风和温度的影响的几个例子中都假定备降航段是标准大气、无风。

另外,重量和油量的单位都是 kg,不再分别注明。

例 5.19　先看一下仍按公式确定二放点,即仍在初始目的地之后 2 600 km 处的情况。

对 ISA、顺风 100 km/h 的情况,计算结果是:

不用二次放行:业载 = 44 327 kg,起飞油量 = 102 512 kg,起飞重量 = 280 320 kg,业

载受最大允许起飞重量限制,航程时间 $=10{:}26$,10% 航程时间的航线应急油 $=7\,119\,\text{kg}$。

利用二次放行:业载 $=46\,031\,\text{kg}$,起飞油量 $=100\,807\,\text{kg}$,起飞重量 $=280\,320\,\text{kg}$,业载受最大允许起飞重量限制,增加的业载是不用二次放行的航线应急油的 23.9%,额外油量 $=0$,在二放点剩油 $=39\,481\,\text{kg}$,为二次放行所需油量 $=36\,137\,\text{kg}$。这表明初次放行带的油过多,初次放行航程偏大,应该把二次放行点再向初始目的地靠近些,减少初次放行的油量、增加业载。

对 ISA、顶风 $100\,\text{km/h}$ 的情况,计算结果是:

不用二次放行(见 FP4.3):业载 $=23\,176\,\text{kg}$,起飞油量 $=117\,159\,\text{kg}$,起飞重量 $=273\,815\,\text{kg}$,业载受最大油箱容量限制,航程时间 $=13{:}02$,10% 航程时间的航线应急油 $=8\,009\,\text{kg}$。

利用二次放行:业载 $=32\,324\,\text{kg}$,起飞油量 $=114\,517\,\text{kg}$,起飞重量 $=280\,321\,\text{kg}$,业载受最大允许起飞重量限制,增加的业载是不用二次放行的航线应急油的 114.2%,额外油量 $=6\,827\,\text{kg}$,在二放点剩油 $=40\,748\,\text{kg}$,即二次放行所需油量。这表明初次放行本身所需油量偏少,初次放行航程偏小,可以把二次放行点再向最终目的地靠近些。

上面的例子说明二放点在 C 点之后、有风时按公式或图确定二放点位置不合适,应修改该式以包括风的影响。有风时二放点的位置可以按照由 DEPA → RP + RP → DEST0 的空中距离 $= 0.91 \times$ 由 DEPA → DEST 的空中距离来确定,为简化问题,设沿航线真空速 V_{T} 及风分量 V_{w} 不变,在 RP → DEST0 这段上风分量大小也不变,只改变方向(见图 5.38)。设顺风时 V_{w} 为正、反之为负。于是对二放点在初始目标机场之后的情况,有:

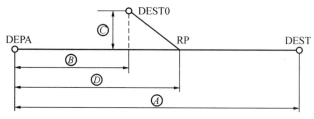

图 5.38　确定二次放行点的示意图

$$\frac{DV_{\text{T}}}{V_{\text{T}}+V_{\text{w}}} + \frac{\sqrt{(D-B)^2+C^2}\,V_{\text{T}}}{V_{\text{T}}-V_{\text{w}}} = 0.91\frac{AV_{\text{T}}}{V_{\text{T}}+V_{\text{w}}}$$

$$D + \sqrt{(D-B)^2+C^2} \cdot \frac{V_{\text{T}}+V_{\text{w}}}{V_{\text{T}}-V_{\text{w}}} = 0.91A$$

令 $\xi = \dfrac{V_{\text{T}}+V_{\text{w}}}{V_{\text{T}}-V_{\text{w}}}$,无风,$\xi=1$;顺风 $V_{\text{w}}>0$,$\xi>1$;顶风 $V_{\text{w}}<0$,$\xi<1$,

解出 $D = \dfrac{\xi\sqrt{(0.91A-B)^2-(\xi^2-1)C^2}-(0.91A-\xi^2 B)}{\xi^2-1}$

上式适用于 $\xi \neq 1$（有风）的情况，在无风（$\xi=1$）时，由上式求 $\xi \to 1$ 的极限得

$D = \dfrac{(0.91A)^2-B^2-C^2}{2\times(0.91A-B)}$，此式即前面导出的公式。

如 $C=0$，即初始目的机场在主航道上，由公式得

$$D = \frac{\xi(0.91A-B)-(0.91A-\xi^2 B)}{\xi^2-1} = \frac{0.91A+\xi B}{\xi+1}$$

或

$$D-B = \frac{0.91A-B}{2}\frac{V_T-V_w}{V_T}$$

V_T 可根据手册上 LRC 巡航数值表中给出的 Ma 数和巡航高度上的声速算出，当采用阶梯巡航、飞行高度始终接近最佳高度时，LRC 巡航的 Ma 数基本为常数。V_T 的值稍微大点或小点影响不大，一般可取 $460\sim480\,\text{kn}$。公式中风速和真空速的单位应一致。对于初始目标机场在主航道之外、二放点位于初始目标机场在主航道垂足附近、由二放点到初始目标机场的航段上可以看作无风的情况，有

$$\frac{DV_T}{V_T+V_w}+\sqrt{(D-B)^2+C^2}=0.91\frac{AV_T}{V_T+V_w}$$

$$D+\sqrt{(D-B)^2+C^2}\,\frac{V_T+V_w}{V_T}=0.91A$$

令 $\xi=\dfrac{V_T+V_w}{V_T}$，无风，$\xi=1$；顺风 $V_w>0$，$\xi>1$；顶风 $V_w<0$，$\xi<1$，

仍可解出 $D = \dfrac{\xi\sqrt{(0.91A-B)^2-(\xi^2-1)C^2}-(0.91A-\xi^2 B)}{\xi^2-1}$

此时仍可按公式计算二放点位置，只是 ξ 要按 $(V_T+V_w)/V_T$ 来计算。

例 5.20 从做出的飞行计划中可以得知真空速 $V_T\approx470\,\text{n mile/h}$，设顺风 $100\,\text{km/h}$，按公式可算出二次放行点在初始目的机场之后 $2\,301\,\text{km}$（航程的 62%）处，针对顺风 $100\,\text{km/h}$，ISA 做利用二次放行的飞行计划的结果是：

业载 $=48\,031\,\text{kg}$，起飞油量 $=97\,861\,\text{kg}$，起飞重量 $=279\,372\,\text{kg}$，在初始目的地着陆重量 $=199\,570\,\text{kg}$，业载受最大允许着陆重量限制，增加的业载是不用二次放行的航线应急油的 52%，额外油量 $=2\,284\,\text{kg}$，在二放点剩油 $=39\,075\,\text{kg}$。比二放点在 $2\,600\,\text{km}$ 时的业载增加了 $2\,000\,\text{kg}$，如把二次放行点再远离初始目的地一些，业载还可增大一点，移动的距离可如下估算：从做出的飞行计划中可以得知在二放点处 $V_T\approx470\,\text{n mile/h}$，h 耗油量约为 $7\,000\,\text{kg}$，额外油量 $=2\,284\,\text{kg}$ 对应的空中距离约为：$470\times2\,284/7\,000=153\,\text{n mile}=284\,\text{km}$，二次放行点移动的地面距离 X 对应的空中距离 D_A 为

$$\frac{XV_{\mathrm{T}}}{V_{\mathrm{T}}+V_{\mathrm{W}}}+\frac{XV_{\mathrm{T}}}{V_{\mathrm{T}}-V_{\mathrm{W}}}=D_{\mathrm{A}}$$

由此解出
$$X=\frac{D_{\mathrm{A}}}{2}\left(1-\frac{V_{\mathrm{W}}^2}{V_{\mathrm{T}}^2}\right) \tag{5.11}$$

按上式算得 $X=136\,\mathrm{km}$，因为二次放行点向最终目标机场移动也将使 $TOF2$ 减少（由二放点到最终目标机场的航线应急油量减少了），从而使额外油量减少，所以应该取比 X 稍小的值。或者，移动距离近似取比 $284/2$ 稍小的值，例如 $130\,\mathrm{km}$，也就是说可设二放点在初始目的机场之后 $2430\,\mathrm{km}$（航程的 63.3%）处，重新做出二次放行飞行计划，得到的结果是：业载 $=48\,748\,\mathrm{kg}$，起飞油量 $=98\,091\,\mathrm{kg}$，起飞重量 $=280\,320\,\mathrm{kg}$，在初始目的地着陆重量 $=198\,174\,\mathrm{kg}$，现在业载受最大允许起飞重量限制，增加的业载是不用二次放行的航线应急油的 62.1%，额外油量 $=70\,\mathrm{kg}$，在二放点剩油 $=38\,094\,\mathrm{kg}$。

在顶风 $100\,\mathrm{km/h}$ 的情况下，按公式算出二次放行点在初始目的机场之后 $2899\,\mathrm{km}$（航程的 68%）处，针对顶风 $100\,\mathrm{km/h}$、ISA 做出的利用二次放行的飞行计划的结果是：

业载 $=32\,563\,\mathrm{kg}$，起飞油量 $=114\,276\,\mathrm{kg}$，起飞重量 $=280\,320\,\mathrm{kg}$，在初始目的地着陆重量 $=184\,241\,\mathrm{kg}$，业载受最大允许起飞重量限制，增加的业载是不用二次放行的航线应急油的 117%，比二放点在 $2600\,\mathrm{km}$ 时的业载增加了 $239\,\mathrm{kg}$。此时额外油量 $=1960\,\mathrm{kg}$，因此，可把二次放行点再远离初始目的地一些，业载还可增大一点，移动的距离可如下估算：额外油量 $=1960\,\mathrm{kg}$ 对应的空中距离约为：$470\times1960/7000=132\,\mathrm{n\;mile}=243\,\mathrm{km}$，按式（5.11）计算：移动距离 $=116\,\mathrm{km}$，或者移动距离近似取比 $243/2$ 稍小的值，例如 $120\,\mathrm{km}$，也就是说可设二放点在初始目的机场之后 $3020\,\mathrm{km}$（航程的 69.2%）处，重新做飞行计划得：起飞油量 $=114\,180\,\mathrm{kg}$，额外油量 $=33\,\mathrm{kg}$，业载 $=32\,657\,\mathrm{kg}$，业载增加了 $94\,\mathrm{kg}$。

上面的例子说明公式可用于估算有风时的二放点的位置，按这样得出的二放点位置做出飞行计划后，可视情决定要否再修正二放点位置并重做飞行计划。

上面例子中顺风比顶风情况下增加的业载要多得多，这是因为顺风情况下，在二放点置于初始目的地之后 $2600\,\mathrm{km}$ 时起飞油量及业载是由初次放行决定的，业载受起飞重量限制，二放点置于初始目的机场之后 $2301\,\mathrm{km}$ 时航程减少了 $600\,\mathrm{km}$，初次放行油量 $TOF1$ 减少得较多，业载增加的也就比较多，如果不是受最大允许着陆重量限制还可以再增加一些。而顶风、二放点置于初始目的地之后 $2600\,\mathrm{km}$ 时，业载是由 $TOF2$ 限制的（额外油量 $6827\,\mathrm{kg}$），二放点移到 $2899\,\mathrm{km}$ 只使 $TOF2$ 中的由二放点到最终目的机场的航线应急油量减少了一点，即减少了飞 $300\,\mathrm{km}$ 的时间的 10% 的油量，起飞油量可以减少这个量，业载也就相应的增加这个量，如图 5.39 所示。

下面通过几个例子来考察一下航路温度对选择二放点的影响。

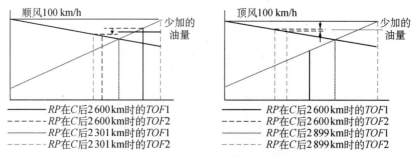

图 5.39　二放点位置对业载增量的影响

针对前面飞行计划 FP3.3 的情况,现在假设由起飞机场到初始目的地和最终目的地的航线上气温是 $ISA + 20℃$,其他条件都不变,做出利用二次放行的飞行计划。

计算结果是:业载 $= 42370\,kg$,起飞油量 $= 104468\,kg$,起飞重量 $= 280320\,kg$,在初始目的地着陆重量 $= 191927\,kg$,业载受最大允许起飞重量限制,额外油量 $= 15\,kg$,在二放点剩油 $= 17390\,kg$。到初始目的地的航程油量与时间是 $88391\,kg$ 和 $10:12$,到最终目的地的航程油量与时间是 $94926\,kg$ 和 $11:08$。和 FP3.3ISA 的结果比,业载减少了 $781\,kg$,两个航程油量分别增加了 $767\,kg$ 和 $792\,kg$,时间分别减少了 $24\,min$ 和 $27\,min$。但额外油量几乎未变。

这表明初始目的机场和二放点的位置仍然是合适的。

针对有风的飞行计划 FP4.4 情况,现在假设由起飞机场到初始目的地和最终目的地的航线上气温是 $ISA + 20℃$,其他条件都不变,做出利用二次放行的飞行计划。

计算结果是:业载 $= 33842\,kg$,起飞油量 $= 112999\,kg$,起飞重量 $= 280320\,kg$,在初始目的地着陆重量 $= 183588\,kg$,业载受最大允许起飞重量限制,额外油量 $= 6\,kg$,在二放点剩油 $= 17713\,kg$。到初始目的地的航程油量与时间是 $96734\,kg$ 和 $11:23$,到最终目的地的航程油量与时间是 $103750\,kg$ 和 $12:26$。和 FP4.4ISA 的结果比,业载减少了 $400\,kg$,两个航程油量分别增加了 $406\,kg$ 和 $402\,kg$,时间分别减少了 $32\,min$ 和 $35\,min$。但额外油量几乎未变。

这表明在有风时航路气温增加对初始目的机场和二次放行点的位置仍然没有影响。

针对前面飞行计划 FP6.1 的情况,现在假设由起飞机场到初始目的地和最终目的地的航线上气温是 $ISA + 20℃$,其他条件都不变,做出利用二次放行的飞行计划。

计算结果是:业载 $= 40577\,kg$,起飞油量 $= 106262\,kg$,起飞重量 $= 280320\,kg$,在初始目的地着陆重量 $= 192237\,kg$,业载受最大允许起飞重量限制,额外油量 $= 2126\,kg$,二放点剩油 $= 38704\,kg$。到初始目的地的航程油量与时间是 $88083\,kg$ 和 $10:09$,到最终目的地的航程油量与时间是 $94926\,kg$ 和 $11:08$。和 FP6.1ISA 的结果比,业载减少了788kg,两个航程油量分别增加了767kg和793kg,时间分别减少了24min和27min。但额外油量几乎未变。

这表明二放点在初始目的地之后时航路气温增加对二放点的位置仍然没有影响。

由于温度的增减使耗油量变化不大,所以即使航路各段的温度与ISA的偏差不同,温度的变化对选择二次放行点的影响也是很小的。

总而言之,温度对选择初始目的机场和二放点位置的影响可以不计。最佳初始目的机场位置在总航程的91%～91.4%处并应以到初始目的机场下降点为二放点,对于初始目的机场比较近、二放点位于初始目的机场之后的情况应该考虑风的影响,无风时按公式确定二放点位置,有风时可以用公式估算二放点的位置,做出飞行计划后,可视情决定要否再修正二放点位置并重做飞行计划。估算时用的真空速大一些或小一些对算出的二放点位置影响很小。由二放点位置确定业载增量百分比的图对业载受油箱容量限制或着陆重量限制、有风时用公式估算二放点的情况一般是不能用的。

上述估算二次放行点位置的公式中的0.91可用0.914代替,效果会稍微好一些。

5.8.6　实施二次放行的应考虑的问题

1. 准确地制订飞行计划

(1)发现和修正飞机及发动机性能恶化。

飞机使用手册上的数据是新飞机的性能数据,在服役期间飞机由于外形的变化(使阻力增加)、发动机性能衰退,使飞机实际耗油会比按手册数据计算的多。对飞机进行性能监控,确定实际耗油增加的百分比,在做飞行计划计算油量时考虑这个百分比。

(2)做计划时使用准确的着陆重量。

(3)准确计算启动、滑行油量。

(4)准确计算APU油量。

(5)对起飞后的机动飞行做准确计算。

(6)风的准确预报。

2. 飞行操作应注意

1)爬升和巡航速度的控制

应按照飞行计划中给出的速度飞行,飞比较大的速度将增加油耗。

2)正确使用空调系统

做飞行计划时如按两个空调包工作计算的,飞行中就用两个,不要多用。

3)飞机配平(减少阻力)

飞机的重心允许在一定的范围内变动,同样重量的飞机对不同的重心位置其配平后的阻力是不同的,重心越靠前阻力越大。飞机使用手册上的数据是按标称重心

（一般是在重心允许范围的近似中间的位置上）算出的，安排旅客、货物时应使飞机重心靠后一些，以减少飞机配平后的阻力、减少耗油。

4）适时地改变高度做阶梯巡航

应按照飞行计划适时地改变高度做阶梯巡航，过早爬升或过晚爬升都会使巡航高度偏离最佳高度较多，使耗油增加（详见图 5.40）。

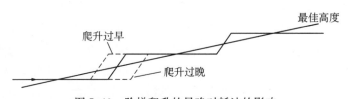

图 5.40　阶梯爬升的早晚对耗油的影响

3. 空中飞行时的注意事项

应注意预测到二放点有无足够的燃油，注意实际风和预报风的差别，尽量早发现早采取措施，以保证有足够的油，即使油不够，早发现可以早通知地面做准备。机组可以在快到二放点时（约前 1 h）通过飞机寻址报告系统（aircraft communications addressing ＆ reporting system，ACARS）向地面签派室报告预计的在二放点剩余油量。然后由签派室重新做一份由二放点到最终目标机场的再次放行计划，按飞机上的实际业载和最新的气象预报算出在二放点为放行到最终目标机场应该剩余的油量。起飞前机组得到的飞行计划是在起飞前 1～2 h 按预计的业载做的，可能和起飞时的实际业载有差别。

另外，在飞到二放点时又过了约 10 h，气象条件也会有所变化，因此应该重新做一份再次放行计划上传到飞机上。机组把飞机到二放点时的实际剩余油量与再次放行计划给出的应该剩余油量比较，来判断是否可以放行到最终目标机场。

计算再次放行计划与计算途中改航的飞行计划的方法是类似的，首先按机上实有的业载计算在二放点应剩余的油量（按国际航线的规定计算），如在二放点剩余油量多于所需油量，程序进行迭代计算，直到在二放点实际剩余油量等于新的"所需油量（含有多余备份油）"。在这个计算中保持业载不变，即使在备降场或目标机场着陆超重也不能减少业载，因为在改航点剩余油量和飞机上的业载是实际有的，在计算中是不能改变的。如在二放点预计剩余油量少于所需油量，可以考虑选择较近的备降场重做再次放行飞行计划。

例 5.21　两份由悉尼（YSSY）到北京（ZBAA）备降大连（ZYTL）的再次放行飞行计划，二放点在 ZF，悉尼到二放点 ZF 和到北京的距离分别是 8 443 km 和 9 449 km，二放点在航程的 89.35% 处。第一份计划是剩余油量少于所需油量的样式（见例表 5.21a），第二份是剩余油量稍多于所需油量的样式（见例表 5.21b）。

例表 5.21a　再次放行飞行计划一

<table>
<tr><td colspan="7">由二次放行点再次放行的飞行计划</td></tr>
<tr><td colspan="3">B777 - 200(PW4077)　机号:B2 059</td><td colspan="2">航班:CAXXXX　飞行计划 2005 - 10 - 1</td><td colspan="2">18:24:37</td></tr>
<tr><td colspan="3">ZF</td><td colspan="2">(11 400 m)—ZBAA　(35 m)</td><td colspan="2">备降:ZYTL　(33 m)</td></tr>
</table>

航路爬升速度:310/0.84 m		航路下降速度:0.84 m/310/250 KIAS	
在二放点剩余油量:	15 000 kg　飞行距离:	1 006 km(543 n mile)　机上业载:	20 000 kg
最大着陆重量(目):	201 849 kg　巡航高度:	11 400 m(37 402 ft)　无油重量:	161 581 kg
最大着陆重量(备):	201 849 kg　巡航速度:	LRC　　滑入时间:	6 min
最大无油重量:	190 509 kg　备降距离:	555 km(300 n mile)　进近时间(目):	10 min
使用空机重量:	141 581 kg　巡航高度:	11 400 m(37 402 ft)　进近时间(备):	5 min
最大结构业载:	48 928 kg　巡航速度:	LRC　　防冰预计使用:	0 h
最大油箱容量:	91 605 kg　等待高度:	457 m(1 500 ft)　等待高度气温:	ISA +0
(γ = 0.779 kg/L)	（距地面)	飞行中 APU:	断开

由二放点到目标机场(包括滑入油量和时间):　　耗油:　7 118 kg(15 693 lb)　时间:　　1:34
由二放点到目标机场(不计滑入油量和时间):　　耗油:　6 909 kg　15 231 lb　时间:　1:28
目标机场着陆重量:　170 592 kg　376 090 lb　备降油量:　5 442 kg　　11 997 lb　时间:　0:51
在备降场着陆重量:　165 728 kg　365 367 lb　等待油量:　2 560 kg　　5 643 lb　时间:　0:30
着陆后滑入油量:　　210 kg　462 lb　备份油量:　8 801 kg　　19 404 lb　等待表速:204 kn
在二放点所需油量:　15 920 kg　35 097 lb　(备份油中含多余油量:　0 kg　　0 lb)
在二放点剩余油量　15 000 kg　不够! 将使飞抵备降场后能等待的时间减少约 10 min
备份油中含:10%航程时间的应急油量　800 kg
考虑飞机老化等因素航程油量与改航油量各多加了　0%和　0%。公司备份油:　0 kg

航路点 VOR/NDB	经纬度	真空速 地速 (kn)	磁向 磁向 (°)	Ma 数 TROP_H (m)	巡航高度 最佳高度 (m)	气象风 温度℃ (kn)	累计距离 航段距离 (km)	时间 时间	剩余油量 油量 (kg)
ZF	N3120.0	487	3	0.832	11 400	300 / 54	0	0:0	15 920
	E11426.0	462	9	15 869	12 241	−47　9	108	0:8	704
OBLIK	N3218.0	487	1	0.831	11 400	301 / 62	108	0:8	15 215
	E11432.0	456	8	15 915	12 266	−47　9	152	0:11	1 000
ZHO	N3339.7	487	2	0.831	11 400	300 / 67	260	0:18	14 215
	E11438.5	454	9	15 949	12 303	−47　10	115	0:8	759
AKOMA	N3441.6	487	3	0.830	11 400	302 / 63	375	0:27	13 455
	E11444.7	454	10	15 741	12 330	−47　10	186	0:13	1 225
WXI	N3621.8	484	25	0.828	11 400	313 / 46	561	0:40	12 230
	E11455.0	468	30	14 862	12 375	−48　8	235	0:16	1 487
下降始点	N3817.0	483	25	0.827	11 400	313 / 46	796	0:56	10 743
	E11602.2	467	30		12 429	−48　8	111	0:11	300
VYK	N3911.0	326	4		下降	331 / 32	907	1:8	10 443
	E11635.0	307	6	10 784	12 429	−50　6	99	0:10	276
进近								0:10	1 157

（续表）

						相位				
ZBAA	N4004.5					35		1006	1:28	9011
	E11635.4					（滑行:			0:6	209)
改航备降场:										
ZBAA	N4004.5	403	125			35	335 / 30	0	0:0	9011
	E11635.4	419	127	10842	12630		−51　5	27	0:2	464
WF	N3957.0	403	185			爬升	331 / 32	27	0:2	8546
0395.0	E11652.0	421	184	10835	12630		−51　6	72	0:6	1221
VM	N3918.0	403	191			爬升	327 / 34	100	0:8	7325
0280.0	E11654.0	421	189	10821	12630		−50　6	13	0:1	213
OKTON	N3911.2	403	110			爬升	326 / 33	112	0:9	7112
	E11653.5	419	112	10818	12630		−50　7	43	0:3	735
CG	N3904.8	403	106			爬升	320 / 29	156	0:12	6377
0339.0	E11722.5	418	108	10876	12630		−50　6	58	0:4	986
爬升顶点	N3858.5	477	106	0.819	11400			214	0:16	5391
	E11801.9	499	108		12630			91	0:6	520
PAMDA	N3848.2	476	106	0.818	11400		310 / 26	305	0:22	4871
	E11903.7	499	108	10977	12650		−50　6	27	0:2	154
下降始点	N3845.3	476	106	0.818	11400			332	0:24	4717
	E11922.1	499	108		12656			52	0:5	132
ANRAT	N3839.5	325	107			下降	304 / 25	384	0:29	4585
	E11957.4	340	108	10975	12656		−50　7	53	0:5	133
ALARA	N3833.7	325	107			下降	298 / 25	437	0:34	4452
	E12033.1	341	108	10977	12656		−50　6	53	0:5	133
MAKNO	N3827.8	325	34			下降	296 / 23	490	0:39	4319
	E12108.9	326	37	10979	12656		−50　6	64	0:6	168
DLC	N3857.6	325	96			下降	296 / 21	553	0:46	4151
112.30	E12130.8	338	97	10897	12656		−51　6	1	0:0	4
进近									0:5	578
ZYTL	N3857.6					33		555	0:51	3569
	E12131.8							滑行:	0:6	210

ZF	—ZBAA	大圆距离＝535	空中距离＝604 n mile	平均风＝−46. kn	温差＝9℃
ZBAA	—ZYTL	大圆距离＝238	空中距离＝301 n mile	平均风＝−1 kn	温差＝6℃

气象数据基于世界时　1日　0点观测值的　6h预报

例表 5.21b　再次放行飞行计划二

由二次放行点再次放行的飞行计划			
B777-200(PW4077)　　机号:B2059　　航班:CAXXXX　飞行计划 2005-10-1　　18:28:2			
ZF　　　　　　　(11400 m)—ZBAA　　(35 m)　　备降:ZYTL　　　　　(33 m)			

航路爬升速度:310/0.84 m		航路下降速度:0.84 m/310/250 KIAS	
在二放点剩余油量:	16 500 kg	飞行距离:	1 006 km(543 n mile)	机上业载:	20 000 kg

在二放点剩余油量:	16 500 kg	飞行距离:	1 006 km(543 n mile)	机上业载:	20 000 kg
最大着陆重量(目):	201 849	巡航高度:	11 400 m(37 402 ft)	无油重量:	161 581 kg
最大着陆重量(备):	201 849	巡航速度:	LRC	滑入时间:	6 min
最大无油重量:	190 509	备降距离:	555 km(300 n mile)	进近时间(目):	10 min
使用空机重量:	141 581	巡航高度:	11 400 m(37 402 ft)	进近时间(备):	5 min
最大结构业载:	48 928	巡航速度:	LRC	防冰预计使用:	0 h
最大油箱容量:	91 605	等待高度:	457 m(1 500 ft)	等待高度气温:	ISA+0
(γ=0.779 kg/L)		(距地面)		飞行中 APU:	断开

由二放点到目标机场(包括滑入油量和时间):		耗油:	7 126 kg	15 710 lb	时间:	1:34
由二放点到目标机场(不计滑入油量和时间):		耗油:	6 916	15 248	时间:	1:28
目标机场着陆重量:	171 163 kg	377 349 lb	备降油量:	5 451	12 018	时间:	0:51
在备降场着陆重量:	166 290	366 606	等待油量:	2 566	5 658	时间:	0:30
着陆后滑入油量:	210	462	备份油量:	9 372	20 662	等待表速:	204 kn
在二放点所需油量:	15 920	35 097	(备份油中含多余油量:		553 kg	1218 lb)	

备份油中含:10%航程时间的应急油量　802 kg
考虑飞机老化等因素航程油量与改航油量各多加了　0%和　0%。公司备份油:　0 kg

航路点 VOR/NDB	经纬度	真空速 地速 /kn	磁向 磁向 /(°)	Ma 数 TROP_H /m	巡航高度 最佳高度 /m	气象风 温度℃ /kn		累计距离 航段距离 /km	时间 时间	剩余油量 油量 /kg
ZF	N3120.0	487	3	0.832	11400	300 / 54		0	0:0	16498
	E11426.0	462	9	15869	12220	−47	9	108	0:8	706
OBLIK	N3218.0	487	1	0.832	11400	301 / 62		108	0:8	15792
	E11432.0	456	8	15915	12245	−47	9	152	0:11	1002
ZHO	N3339.7	487	2	0.831	11400	300 / 67		260	0:18	14790
	E11438.5	454	9	15949	12282	−47	10	115	0:8	761
AKOMA	N3441.6	487	3	0.830	11400	302 / 63		375	0:27	14029
	E11444.7	455	10	15741	12309	−47	10	186	0:13	1227
WXI	N3621.8	484	25	0.829	11400	313 / 46		561	0:40	12802
	E11455.0	468	30	14862	12354	−48	8	235	0:16	1487
下降始点	N3816.8	484	25	0.827	11400	313 / 46		796	0:56	11315
	E11602.0	467	30		12408	−48	8	111	0:11	301
VYK	N3911.0	326	4		下降	331 / 32		907	1:8	11014
	E11635.0	307	6	10784	12408	−50	6	99	0:10	276
进近									0:10	1157
ZBAA	N4004.5				35			1006	1:28	9582

(续表)

	E11635.4						(滑行：	0；6	209)
改航备降场：									
ZBAA	N4004.5	403	125		35	335 / 30	0	0；0	9 582
	E11635.4	419	127	10 842	12 608	−51 5	27	0；2	464
WF	N3957.0	403	185		爬升	331 / 32	27	0；2	9 117
0395.0	E11652.0	421	184	10 835	12 608	−51 6	72	0；6	1 221
VM	N3918.0	403	191		爬升	327 / 34	100	0；8	7 896
0280.0	E11654.0	421	189	10 821	12 608	−50 6	13	0；1	213
OKTON	N3911.2	403	110		爬升	326 / 33	112	0；9	7 683
	E11653.5	419	112	10 818	12 608	−50 7	43	0；3	735
CG	N3904.8	403	106		爬升	320 / 29	156	0；12	6 948
0339.0	E11722.5	418	108	10 876	12 608	−50 6	59	0；5	1 002
爬升顶点	N3858.4	477	106	0.820	11 400		214	0；17	5 946
	E11802.6	500	108		12 608		90	0；6	515
PAMDA	N3848.2	477	106	0.819	11 400	310 / 26	305	0；22	5 431
	E11903.7	499	108	10 977	12 628	−50 6	27	0；2	152
下降始点	N3845.3	477	106	0.819	11 400		331	0；24	5 279
	E11921.8	499	108		12 634		53	0；5	133
……	……	……	……	……	……	……	……	……	……
ZYTL	N3857.6				33		555	0；51	4 130
	E12131.8						滑行：	0；6	210

ZF　—ZBAA　大圆距离 = 535　空中距离 = 604 n mile　平均风 =− 47 kn　温差 = 9 ℃

ZBAA　—ZYTL　大圆距离 = 238　空中距离 = 301 n mile　平均风 =− 2 kn　温差 = 6 ℃

气象数据基于世界时　1 日　0 点观测值的　6 h 预报

6　延程运行(ETOPS)

延程运行是指飞机的运行航路上有一点到合适机场的距离超过 60 分钟飞行(以双发涡轮为动力的飞机)或超过 180 分钟飞行(以两台以上涡轮发动机为动力的客机)的运行。在确定航程时(即确定该飞行时间时),假设飞机在标准条件下静止大气中以经批准的一台发动机不工作时的巡航速度飞行。ETOPS 要求即为当双发飞机的一台发动机或主要系统发生故障时,要求飞机能在剩余一台发动机工作的情况下,以一发巡航速度(在标准条件下的静止大气中),在规定时间内飞抵最近的备降机场(改航机场)。比如,获得"120 分钟 ETOPS"就是指飞机单发失效的情况下飞往备降机场所规定的时间不能超过 120 分钟。ETOPS 主要应用于穿越沙漠、海洋还有极地的飞行,因为此时可供选择的备降机场较少。如果没有 ETOPS 能力,意味着飞机需要选择尽量靠海岸线的航路飞行,保证可用备降场在规定范围内,以确保安全。ETOPS 的目的是在保证高水平安全性的前提下为航空承运人牟取更多效益,使双发飞机不受先前限制,与三发和四发飞机一样续航。通过 ETOPS 运行,航空公司可以根据自己的条件使用双发飞机开辟更多的直飞航线,给航空公司带来更大的效益;航空旅客也可获得更短的旅行时间和更经济的票价,成为 ETOPS 的直接受益者。因此,延程运行已成为航空公司日常运营中的重要工作。

6.1　延程运行的发展历程

早在 1936 年 FAA 就制定了类似今天 FAR121 部 161 款的规定,当时的规定要求所有飞机(不论几发飞机)的飞行都要在距一个合适机场 100 mile 以内的区域中,即所飞的航线上任意一点都必须在距某个合适机场 100 mile 以内的区域中,这 100 mile 是当时的许多飞机在一发不工作时在 60 分钟内所能飞过的距离。在 1953 年 FAA 根据 50 年代初使用的活塞式发动机的可靠性制定了 121 部 161 款的"60 分钟"法则——即双发飞机一发故障后只允许飞行 60 分钟,也即一发故障后必须在 60 分钟内飞到一个备降场着陆。其目的是把一发故障后另一发再发生故障的概率减少到可接受的水平(此概率与一发故障后的飞行时间有关,时间越短概率越小),也就是把由于双发失效造成灾难性事故的可能性降低到可接受的水平。后来,民用飞机使用了喷气发动机,动力装置的可靠性有了很大提高,20 世纪 80 年代初涡轮喷气发动机的可靠性比活塞式发动机的要好 10 倍,而且喷气发动机的尺寸及推力的大小对其故障率没有什么影响。航空管理机构和工业界认识到机体、航空电子、推进系统技术的进展提供了延长一发故障后飞行时间的可能性。

80 年代初,ICAO 建立了一个 ETOPS 研究组来考查双发喷气飞机延程飞行的可能性,该研究组确定了一些应当满足的标准以确保双发延程飞行有很高的安全性。最终的结果是对 ICAO 附件 6 的修正,它建议:如果能满足专门的 ETOPS 安全性标准,以涡轮为动力的双发飞机在一发故障后的飞行时间允许超过 60 分钟,即可以作延程飞行,否则应以 60 分钟为限。FAA 也在 80 年代初期对 ETOPS 进行了开创性的工作,于 1985 年 6 月 6 日发布了咨询通告 AC120-42,确定了可以作 120 分钟延程飞行的标准,即在满足该标准时,允许双发飞机在一发故障后可以飞行 120分钟,如果再满足专门的附加标准可以增加 15%,即一发故障后可以飞行 138 分钟。作 120 分钟延程飞行时,北大西洋中还有一小块不能允许的飞行区域,如能作 138分钟延程飞行则北大西洋刚好都是允许飞行区域,不必申请 180 分钟延程飞行,延程飞行的时间越长,批准的条件越严格,这就是规定 138 分钟标准的原因。

在这同一时期,其他一些民航管理机构也公布了自己的 ETOPS 标准,如英国民航局(CAA)、法国民航总局(DGAC)、加拿大运输部(DOT)、澳大利亚运输部(DOT)等,其他许多国家则遵照 ICAO 附件 6 中的 ETOPS 标准。1988 年 12 月 30 日 FAA 公布了咨询通告 AC120-42A,取代了原来的 AC120-42,在 AC120-42A 中对 ETOPS 的有关概念、批准 ETOPS 应考虑的因素及批准作 75,120,180 分钟延程飞行的标准做了规定。AC120-42A 基本上成了各国民航局批准 ETOPS 的准则。1993 年 JAA(欧洲联合适航性管理机构)综合欧洲各国的规则及 FAA 标准的优点制定了自己的标准——联合咨询材料:AMJ120-42。所有这些 ETOPS 标准基本上都是相同的,其目的都是要确保双发飞机延程飞行至少要像目前的三发、四发飞机一样安全和可靠。

2000 年 3 月 FAA 以政策函件(policy letter)EPL20-1 的形式批准了 B777 飞机在北太平洋区域(北纬 40°以北的太平洋区域,包括北太平洋空中交通服务航路,以及公布的位于日本和北美之间的太平洋组织航迹系统(PACOTS)的航迹)的 207分钟延程飞行,即在满足一些额外要求时可以在 180 分钟延程飞行基础上再增加15%。因为在北太平洋区域俄罗斯和阿留申群岛的一些机场可能在严冬等恶劣天气时不能用作 ETOPS 备降场,180 分钟的允许飞行区域不能覆盖北太平洋区域,207 分钟的允许飞行区域才能覆盖整个北太平洋区域。但这种批准只能依据每次飞行的具体情况确定,即由于政治或军事原因、火山活动、机场暂时的条件、机场天气条件低于签派要求或出现其他天气事件,导致飞机无法在 180 分钟的改航时间内抵达一个延程运行备降场时才能实施 207 分钟的延程运行。为此,应在签派或飞行放行单中规定以最多 207 分钟改航时间能飞抵的最近的可用延程运行备降场,应考虑空中交通服务部门的首选航迹,飞机时限性最严格的延程运行关键系统以及货舱和行李舱的火情抑制系统的批准时间应当至少为 222(207+15) 分钟。

2001 年 3 月 FAA 又制定了极地运行要求,无论是几发的客机或货机都必须满足相关的要求才能在北极、南极区域飞行。

2007 年 1 月 16 日 FAA 公布了新的 ETOPS 条例(U. S. ETOPS rule of 2007 - Extended Operations (ETOPS) of Multi-Engine Airplanes),该条例于 2 月 15 日生效。2007 年前 ETOPS 这个缩写词代表:extended-range operations with two-engine airplanes(双发飞机延伸航程运行),现在按照 U. S. ETOPS rule of 2007,缩写词 ETOPS 代表:extended operations(延程运行),另一个可替代的、也更精确地描述了 ETOPS 含义的缩写是 EDTO:extended diversion time operations(延伸改航时间运行),这两个缩写的含义相同。颁布这个新条例就使得关于延程飞行的咨询通告(1988 年 12 月 30 日的 AC120 - 42A)上升为法规。以前的咨询通告仅是针对双发飞机的,延程时间被限制到 180 分钟(除 B777 在北太平洋航线被允许增加到 207 分钟外),新条例允许双发飞机延程超过 180 分钟直到它们设计和审定的延程时间,对 3 发、4 发客机改航时间超过 180 分钟的也被视为延程飞行、要满足适用的 ETOPS 条例。此外,对计算由 ETP(等时点)到备降场的临界油量的规定等方面也做了修改。新条例中也包括了极地运行政策。2008 年 6 月 13 日 FAA 公布了 AC120 - 42B"ETOPS and Polar Operations",取代了原先的 AC120 - 42A。在 AC120 - 42B 中对延程运行和极地运行提供了详尽的指南。

欧洲航空安全局(European Aviation Safety Agency, EASA)于 2010 年 12 月 23 日发布了 Revision 2 to AMC 20 - 6 (Extended Range Operation with Two-Engine Aeroplanes ETOPS Certification and Operation),完成了对 ETOPS GUIDANCE 的更新,和 FAA 的规定进行了协调。EASA 只规定了双发飞机的延程飞行,对 3 发、4 发飞机没有考虑延程飞行问题。

中国民航局于 2010 年 1 月 4 日公布了 CCAR 121 - R4,对其中和延程运行有关的条例进行了修改,使其与 FAR 121 部和 AC120 - 42B 一致。目前中国民航局正在制定中国的 AC120 - 42B。

注:AC　Advisory Circular　咨询通报,

　　AMJ　Advisory Material Joint　咨询材料汇编,

　　AMC　Acceptable Means of Compliance　可以接受的贯彻方法。

6.2　ETOPS 有关条令

按照 FAR121 部运行的所有双发飞机都必须遵守该部第 161 条(即 CCAR121R4 - 157)的规定:

第 121.157 条　飞机的航路类型限制

(a) 除按照本规则 W 章规定得到局方的延程运行批准外,任何合格证持有人不得在包含有一点至可用机场的飞行时间超过一小时(以一台发动机停车在静止大气中正常巡航速度飞行)的航路上使用双发涡轮飞机运行。

（b）合格证持有人用于延伸跨水运行的陆上飞机，应当是按照中国民用航空规章第25部中的水上迫降规定审定合格或者被批准为适合于水上迫降的飞机。

按照 FAR 121/CCAR121 部运行的所有以涡轮发动机为动力的双发飞机和两发以上的客机都必须遵守该部第 161 条（CCAR121 – 717 条）的规定：

FAR 121.161 条、CCAR 121.717 条   飞机限制：航路类型

（a）除了本条（c）的规定之外，只有在局方依据本规则附录 P（CCAR 是第121.728 条）的规定予以批准且合格证持有人的运行规范许可的条件下，合格证持有人才能在包含下列一点的航路上运行以涡轮发动机为动力的飞机：

（1）在标准条件下静止大气中以一台发动机不工作的巡航速度从该点到合适机场的双发飞机的飞行时间超过 60 分钟，或以两台以上发动机为动力的多发载客飞机的飞行时间超过 180 分钟；

（2）在北极区域内（北极区域指北纬 78°以北的整个区域）；

（3）在南极区域内（南极区域指南纬 60°以南的整个区域）。

（b）除非局方根据地形特征、运行类别或运行飞机的性能进行批准以外，合格证持有人不能从事用以活塞式发动机为动力的飞机，在标准条件下静止大气中以一台发动机不工作的巡航速度飞行，从航路上任何一点到合适机场的飞行时间超过 60 分钟的运行。

（c）在 2011 年 1 月 1 日前，安装两台以上涡轮发动机的飞机的运营不必满足本条第（a）（1）项的要求。

即：如果未经批准，以涡轮发动机为动力的飞机，双发飞机所飞的航路上任一点都必须在某一个合适机场的 60 分钟航程内，三发、四发客机所飞的航路上任一点都必须在某一个合适机场的 180 分钟航程内，这个航程是按照在静止的标准大气中一发故障的巡航速度计算的。换句话说，双发飞机在航路上任一点一发故障后都必须在 60 分钟内飞抵一个合适机场着陆，三发、四发客机在航路上任一点一发故障后都必须在 180 分钟内飞抵一个合适机场着陆。

6.3   ETOPS 运行的优势

ETOPS 运行在保证安全性的前提下，可以使公司获得更大的经济效益，其优势显而易见，如下：

（1）ETOPS 可以大大节省运营成本，相比四发飞机，双发喷气机飞行时每座英里运营成本低 5%～9%。

（2）更多的直飞机会，双发飞机获得 ETOPS 资格后，可以代替三发、四发飞机承担客运量比较小的航线，提高上座率从而提升经济效益。自 1985 年 120 分钟ETOPS 条例出台后，航空公司可以有效地将 B757，B767，A300，A310 等双发喷气飞机投入跨大西洋航线的飞行。这些飞机载客量较少，航空公司可以通过增加航班

为出门旅行的人提供更多的选择,航空公司也可在欧洲和北美之间开通更多的点到点的新航线;

如果双发飞机没有被允许做延程运行,则图 6.1 所示的圆内区域是允许飞行区域,图中 $A—P_1—P_2—P_3—B$ 航路是允许的,这个航程距离即合法距离。而 $A→B$ 的直飞航路(如大圆航线)是不允许的,因为有个别航段不满足条例要求。这一条例限制了双发飞机的飞行区域,可能使飞行距离不得不增加、使耗油增加,例如从纽约到西班牙首都马德里[见图 6.2(a), 6.2(b)]的飞行即为这种情况,正是这种"60 分钟法则"限制了双发飞机的越洋飞行。如果当被批准做 120 分钟的延程运行时,就可以从纽约沿大圆航线直飞马德里。从纽约至伦敦的航线亦是这种情况,如图 6.2(c)所示,如能做 120 分钟的延程运行,就能沿大圆航线直飞伦敦,与 60 分钟的非延程运行比较,营运者用 A310-300 可节省高达 2.4 吨燃油或增加等值的业载。此外,也减少了中途备降机场的数目,效率还可以提高。

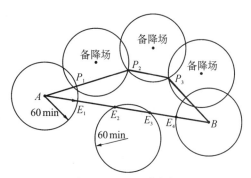

E_1, E_2, E_3, E_4——进入点
E_1—E_2, E_3—E_4——延程飞行段

图 6.1 按"60 分钟"规则确定的允许飞行区域——圆内区域

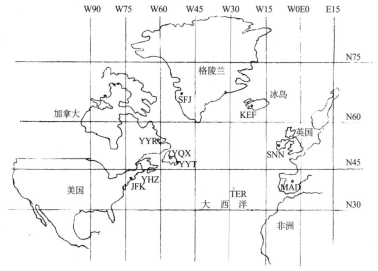

图 6.2(a) 北大西洋区域示意图

JFK—纽约;
KEF—雷克雅未克(冰岛);
MAD—马德里(西班牙);
SFJ—森勒斯特伦非约尔(格陵兰);
SNN—香农(爱尔兰);
TER—特塞拉(葡萄牙);

YFB—弗罗比舍贝(加拿大);
YHZ—哈利法克斯(加拿大);
YQX—甘德(加拿大);
YYR—古斯贝(加拿大);
YYT—圣约翰斯(加拿大);
SCG—圣地亚哥(西班牙)

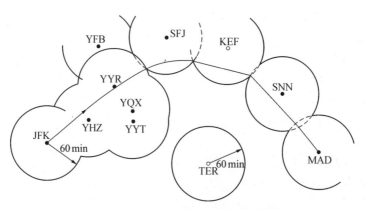

图 6.2(b)　纽约—马德里航线示意图

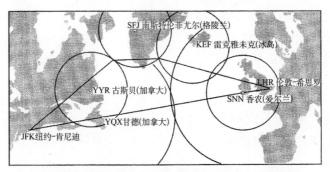

纽约至伦敦水平航迹:~在 60 分钟圆内(半径 435 nmile)

图 6.2(c)　纽约至伦敦航线

但是如果用户(航空公司)满足延程运行的要求,被批准做 120 min 甚至 180 min 的延程运行,即一发故障后允许飞行 120 或 180 min,则允许飞行区域大为扩大,它就可以飞一条较短的航线甚至直飞航线。如图 6.2(a)~图 6.2(e)及图 6.5、图 6.6 所示。

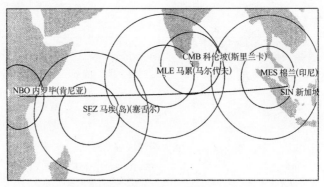

内罗毕—新加坡航线,只有用 120 分钟转场时间才有可能实现

图 6.2(d)　内罗毕至新加坡航线

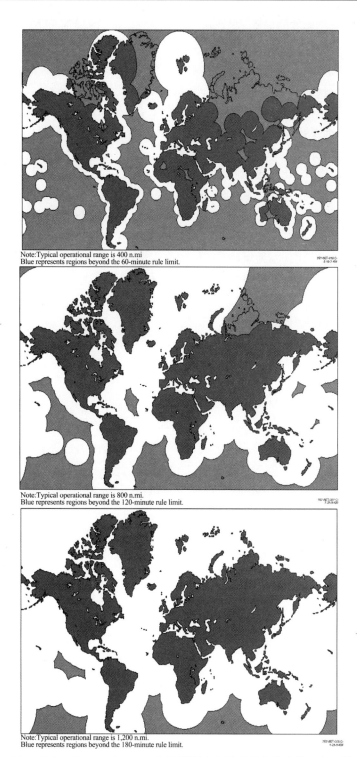

Note:Typical operational range is 400 n.mi
Blue represents regions beyond the 60-minute rule limit.

Note:Typical operational range is 800 n.mi.
Blue represents regions beyond the 120-minute rule limit.

Note:Typical operational range is 1,200 n.mi.
Blue represents regions beyond the 180-minute rule limit.

图 6.2(e)　按 60、120、180 分钟规则确定的世界上的允许飞行区域

从内罗毕至新如坡的航线[见图 6.2(d)]用 60 min 改航时间是不能实现的,这是因为没有足够的航路备降场。然而,如将改航时间增加到 120 min,就可使营运者在这条航线上使用双发喷气机,不然就只好用较大的三发和四发飞机。如果这种航线客流量小,使用双发喷气机比用大的三发和四发飞机的经济效益要好。对于那些高密度航线,如北大西洋航线,使用双发喷气机可增加飞行频率(班次),对于相同的客流量,用大飞机飞,航班次数或者说航班密度就小,因为增加航班密度必然使每个航班的上座率或者说载运比减少,使经济效益下降甚至亏本。用较小的双发飞机就可以增加航班密度,这既方便了旅客也增加了航空公司经营的灵活性。

(3) 三发、四发飞机均为远程客机,这样这些飞机就只能被用来执行远程航线,而不适用于国内的中程干线的飞行,这种局限性,不利于提高公司机队的灵活性。ETOPS 的成功应用也在一定程度上加速了三发远程客机市场的萎缩,并减少了四发远程客机的市场份额,因为以往需要三发、四发远程客机才能执行的航线现在可以由双发客机取代,这对于航空公司来说,好处是明显的。

(4) 某些国外机场等级较低,不能提供为重型客机着陆的跑道宽度和强度等。要开辟这种航线就要用较小的双发飞机来执行。

(5) 安全性和可靠性同样可以保证。B777 发动机安全性甚至已经超过某些三发、四发飞机。

6.4　ETOPS 使用的名词术语

(1) 合适机场(adequate airport):即对于所考虑或所使用的飞机满足 FAR - 139 部(或与之等效的规定)的要求和性能要求的机场。在预计的最大着陆重量时要能满足性能要求,跑道长度、坡度等要能适合飞机起降。此外,还要求机场有合适的 ATC 设备、足够的导航设施(ILS, VOR, NDB 等)、照明设施、足够的营救设备、消防设施、供油能力、修理设施、容纳旅客的能力以及合适的开放时间。不要求 $ACN \leqslant PCN$,允许超载起降(一般在硬道面上允许 ACN 比 PCN 超过 5%,在软道面上允许超过 10%)。

(2) 延程运行备降场(ETOPS alternate airport):即满足飞机延程飞行气象要求的合适机场,是列入合格证持有人运行规范并且在签派或放行时指定的在延程运行改航时可使用的合适机场。这一定义适用于飞行计划,对机长在运行过程中选择备降机场没有约束力。

(3) 改航时间或称转场时间(diversion time):由航空公司选定的、经本国适航当局批准的作延程飞行的时间,即一发故障后允许继续飞行的最长时间,一般是 75,120,180 分钟或更长的时间。这个时间越长,做延程飞行所要满足的条例、要求越多。合格证持有人用于做延程运行航路计划。

(4) 改航速度(diversion speed 或称转场速度):航空公司为确定允许的延程飞行区和飞行计划所选用的改航备降场的飞行速度。如 0.78Ma/290KIAS,0.80Ma/310KIAS,LRC 等。改航速度即:

一发不工作的巡航速度:是指合格证持有人选定且经局方批准的在飞机额定限制范围内的一个速度,用于:

a. 计算一台发动机不工作时所需燃油储备(即临界油量)。

b. 确定在延程运行中飞机能否在批准的最长改航时间内飞抵延程运行备降场。

(5) 改航距离或称转场距离(diversion distance):沿着假定的一发故障时的延程飞行的改航剖面,使用最大连续推力以延程飞行的改航速度飘降、在尽可能高的高度改平、然后以延程飞行的改航速度巡航,在批准的改航时间内按 ISA、无风计算的飞机飞过的距离。

(6) 运行区域或称营运区域、允许飞行区(area of operation):一架飞机可以计划飞行的允许区域。这个区域由飞到一个可用机场所需要的改航时间(改航距离)确定。即以批准的改航时间在静止的标准大气条件下,以选定的一发故障后的正常巡航速度(改航速度)能飞到一个适宜机场的地理区域。

a. 对以双发涡轮发动机为动力的飞机,延程运行区域是指在标准条件下静止大气中以一台发动机不工作的巡航速度飞行时间超过 60 分钟才能抵达一个合适机场的区域。

b. 对以两台以上涡轮发动机为动力的载客飞机,延程运行区域是指在标准条件下静止大气中以一台发动机不工作的巡航速度飞行超过 180 分钟才能抵达一个合适机场的区域。

(7) 延程飞行段(ETOPS segment):即到一合适机场的飞行时间对双发飞机多于 60 分钟、对两发以上的客机多于 180 分钟的那部分航段。

(8) 延程运行进入点(EEP - ETOPS entry point):在静止的标准大气中以批准的一发故障的改航速度距一个合适机场对双发飞机为 60 分钟、对两发以上的客机为 180 分钟航程的一个点,即开始进入延程飞行段的那一点。

(9) 延程运行退出点(EXP - ETOPS exit point):在静止的标准大气中以批准的一发故障的改航速度距目标机场或最后一个合适机场对双发飞机为 60 分钟、对两发以上的客机为 180 分钟航程的一个点,即延程飞行段的最后一点。

(10) 等时点(equival time point,ETP):即在预定航路上一发故障后以选定的改航速度按预报的风、温度计算的到两个最近的延程飞行备降场时间相等的点。

进入点 EEP 和退出点 EXP 是按静止标准大气计算的,ETP 是按预报的风、温度计算确定的。

(11) 临界燃油方案(critical fuel scenario):为确保延程飞行时在航路中改航时有足够油量飞到延程飞行备降场,必须计算在各等时点改航去延程飞行备降场所需油量——临界油量(要按 FAR121.646/CCAR121.726 的规定计算,详见后述),如这个油量超过正常计划在该点的剩余油量,则要追加油量使得在该点的剩余油量等于临界油量。

(12) 临界点或称关键点(critical point,CP):即各等时点中临界油量最接近或超过正常计划剩余油量的那个点。

（13）合法距离（rule distance）：即根据由最大改航时间、一发故障的改航速度限定的允许飞行区域所确定的航线距离，该航线必须完全处于延程运行区域内。

（14）辅助动力装置（APU）：用于驱动发电机、液压泵和其他飞机设备的燃气涡轮发动机，其作用是提供交流电源、液压动力，也可以提供压缩空气。对于延程飞行，APU用于提供备份交流电源。

（15）延程运行关键系统（ETOPS significant systems）：是指包括动力系统在内的飞机系统，当其失效或发生故障时会危及延程运行安全，或危及飞机在延程运行改航时的持续安全飞行和着陆的飞机系统。延程运行关键系统被分为一类和二类延程运行关键系统。第一类关键系统包括与飞机上发动机数量有关并且对延程飞行的安全有重要影响的系统。如表 6.1～表 6.3 所示。

表 6.1　B737-NG 延程运行关键系统（ETOPS significant systems）

飞机系统	FAA MMEL中与ETOPS限制有关的项的章节号
Air Conditioning Packs	21-1
Electrical/Electronic Equipment Cooling Blower	21-27
Equipment Cooling Automatic Flow Control Valve/Overboard Exhaust	21-40
Air Distribution Riser Shutoff Valves	21-45
Autopilot Systems	22-1
Autopilot Disengaged Warning System	22-2
STAB Out of Trim Light	22-11
Mode Control Panel Switches	22-15
Engine Driven Generator System	24-1
APU Generator System	24-2
Transformer Rectifiers	24-6
Engine Overheat and Fire Detection System	26-2
APU Fire Detection System	26-8
Wing-Body Overheat Detector System (Left)	26-12
Wing-Body Overheat Detector System (Right)	26-13
Lower Cargo Compartment Fire Detection/Suppression System	26-19
Fuel Boost Pumps (Main Tank)	28-1
APU Fuel Valve	28-4
Cross-Feed Valve Open Light	28-5
Flight Deck Fuel Quantity Indicators (Main Tanks)	28-6
Flight Deck Fuel Quantity Indicators (Center Tank)	28-7
System B Pumps	29-2
Wing Anti-Ice Valves	30-1
Engine and Nose Cowl Anti-Ice Valves	30-3
Pitot/Static Prove Heaters	30-5
Vertical Stabilizer Pitot Heaters	30-6
TAT Probe Heater	30-7
AOA Sensor Heaters/Stall Warning System Sensor Heaters/Alpha Vane Heaters	30-8
Pitot, Pitot/Static and Temperature Probe Heater Lights	30-9
Electrically Heated Windshields	30-11
Cowl Anti-Ice Lights	30-17
Inertial Reference System	34-35
Flight Management Computer	34-36
Manifold Isolation Shutoff Valve	36-1
Ground Pneumatic Connector Check Valve	36-2
Pre-Cooler Control Valves	36-3
Engine Bleed Air Shutoff Valves (PRSOV)	36-5
Engine Bleed Trip Off Lights	36-8
Auxiliary Power Unit	49-1
APU Auto Shutdown System	49-3
APU EGT Indicator	49-5
APU Surge Control System	49-9
Start Power Unit	49-15
Start Converter Unit	49-16
Ignition System	74-1
Oil Quantity Indication Systems	79-1
Starter Valves	80-3

表 6.2 B757－200 延程运行关键系统(ETOPS significant systems)

飞机系统	FAA MMEL中与ETOPS限制有关的项的章节号
Air Conditioning Packs	21-51-1
Pack Flow Control and Shutoff Valves	21-51-2
Air Cycle Machine	21-51-7
Equipment Cooling	21-58
Instrument Cooling Monitor System	21-58-12
AutoPilot System	22-10
Engine Driven Generator	24-00-1
APU Driven Generator	24-00-2
Hydraulic Motor Generators	24-25-1
Hydraulic Motor Generator Valves	24-25-2
Engine Fire Detection Systems	26-11-1
Engine Overheat Detection System	26-11-2
Engine Strut Overheat Detection System (Rolls Royce)	26-12-1
APU Fire Detection System	26-15-1
APU Fire Extinguishing System	26-22-1
Main Tank Fuel Pumps	28-22-1
Dual Fuel Crossfeed Valves	28-22-3
Crossfeed Valve Light	28-40-1
Fuel Tank Quantity Indicating Systems	28-41-1
Fuel Quantity Processor	28-41-2
Ice and Rain Protection	30-11-1
Engine Anti-Ice Valves	30-21-1
Pitot Static Probe Heater System	30-31-1
Capt Pitot and F/O Pitot Heat Indicating System	30-31-5
Temperature (TAT) Probe Heater System	30-33-1
Flt Deck Window Heat	30-41-1
Engine Indicating and Crew Alerting System - Display Unit	31-41-1
Cabin Interior Ilumination System	33-21-1
Instrument Source Select Switches	34-00-1
Inertial Reference System	34-21-1
Electronic Flight Instrument Symbol Generators	34-22-5
Integrated Standby Flight Display	34-24-2
Flight Management Computer (Including CDU, HMCDU, and MCDU)	34-61-1
Air Supply Control and Test Unit (-400ER)	36-00-1
Engine Bleed Pressure Regulating and Shutoff Valves	36-11-1
Left and Right Bleed Isolation Valves	36-11-6
Engine Pressure Regulating Valve	36-11-8
Engine Firewall Shutoff Valves	36-11-9
Precoolers	36-12-1
Fan Air Control System	36-12-2
Auxiliary Power Unit	49-11-1
Electronic Engine Control Systems	73-21-1
Electronic Engine Control Systems Inop Lights	73-21-2
Fuel Flow Indicating System	73-31-1
Ignition System	74-00-1

表 6.3　B737 - CL 延程运行关键系统（ETOPS significant systems）

ATA 100规范中的章号和对应的系统	737-300/400/500 ETOPS 的关键系统	ATA维修手册中对应的节
21 Air Conditioning	Pressurization Control	-30
	Cooling - Flow Control and Shutoff	-50
	Temperature Control	-60
24 Electrical Power	AC Generator Drive	-10
	AC Generation	-20
	DC Generation	-31
26 Fire Protection	Engine Fire Detection System	-11
	APU Fire Detection	-15
	Lower Cargo Compartment Smoke Detection System	-16
	Lower Cargo Compartment Fire Extinguishing System	-23
28 Fuel	Engine Fuel Feed System	-22
	APU Fuel Feed System	-25
30 Ice/Rain Protection	Wing Thermal Anti-Ice System	-11
	Inlet Cowl Anti-Ice System	-20
	Pitot/Static Probe and Alpha Vane Heaters	-30
	Window Anti-Icing System	-40
34 Navigation	Weather Radar System	-41
36 Pneumatic	Engine Air Distribution System	-11
	APU Bleed System	-14
49 Airborne Auxiliary Power	APU Power Plant	-10
	APU Engine	-20
	APU Fuel System	-30
	APU Ignition and Start System	-40
	APU Controls	-60
	Exhaust Gas Temperature Indicating System	-70
	APU Lubrication System	-90
CFM56-7		
71	Power Plant	ALL
72	Engine	ALL
73	Engine Fuel and Control	ALL
74	Ignition	ALL
75	Air	ALL
76	Engine Controls	ALL
77	Engine Indicating	ALL
79	Oil	ALL
80	Starting	ALL

a. 第一类延程运行关键系统是：

（i）具有与飞机的发动机数量提供的冗余水平（安全裕度）直接相关的失效-安全特征的系统，如液压系统、气动系统、电气系统。

（ii）是一个在发生故障或失效时可导致空中停车、丧失推力或其他动力丧失的系统，如燃油系统、发动机控制和指示系统、发动机火警探测系统。

（iii）能在一发失效导致系统动力损失时提供额外的冗余、进而显著促进延程改航的安全性的系统，如应急发电机、APU 等备份系统。

（iv）是在一台飞机发动机不工作的高度长时间运行必不可少的系统，如防冰系统。

b. 二类延程运行关键系统是除一类延程运行关键系统之外的延程运行关键系统。二类延程运行关键系统的失效不会导致航空器飞行性能的丧失或客舱环境问题,但可能导致航空器改航或返航。第二类延程运行关键系统是:

(i) 其某些失效状况将降低飞机或机组应付 ETOPS 改航能力的系统,如导航系统、通信系统、设备冷却系统。

(ii) 像货舱火情抑制系统、氧气系统(如 ETOPS 改航需要供氧的话)这种有时间限制的系统。

(iii) 其故障将导致在 ETOPS 改航期间机组过重的工作负荷的系统,如飞行操纵感力系统,其故障后在长时间改航中将耗尽飞行员的体力,又如发生故障后要求持续进行燃油配平以保持适当重心的系统。

(iv) 为增强远程飞行和 ETOPS 改航安全性专门安装的系统,如卫星通信系统、GPS 系统。

(16) 空中停车(IFSD):是指在空中发动机因其本身原因诱发、飞行机组引起或外部影响导致的失效并停车,这一定义仅适用于延程运行。即使发动机在后续的飞行中工作正常,局方仍将认定以下情形为空中停车:如熄火、内部故障、飞行机组导致的停车、外来物吸入、结冰、无法获得或控制所需的推力或动力、重复启动控制等。但该定义不包括下列情形:发动机在空中失效之后立即自动重新点火,以及发动机仅仅是无法实现所需的推力或动力,但并未停车。

(17) 延程运行合格人员:是指圆满完成了合格证持有人的延程运行培训要求,并为合格证持有人从事维修工作的人员。

(18) 构形、维修和程序(configuration, maintenance and procedures, CMP),文件:由飞机生产厂家制订、经局方(FAA)审定的对特定的飞机/发动机组合为做延程飞行所要求的型号设计批准的文件。该文件包括最低构形,维修标准、硬件寿命限制和主最低设备清单(MMEL)限制和机组操作程序等运行要求。

(19) 时间限制系统(time-limited systems):在发生某种事件后对其继续工作时间(即飞行时间)有限制的系统。例如,货舱火情抑制系统在发生火情后能抑制火情的时间是有一定限制的,要求至少要比批准的最大改航时间长 15 分钟。电气/电子设备在主冷却系统故障时能持续工作的时间通常也有限制。这些有时间限制的系统的能力(限制时间)在 CMP 文件"Demonstrated Capability Statements(关于已证实的能力的声明)"这部分可以找到。

对批准的最大改航时间≤180 分钟的延程飞行,以批准的一发不工作的巡航速度按静止标准大气计算,改航飞抵延程运行备降场的时间不得超过最受时间限制的系统(包括货舱火情抑制系统)的限制时间-15 分钟。

对批准的最大改航时间>180 分钟的延程飞行,以全发工作的巡航速度在全发工作的巡航高度按预报的风和温度计算,改航飞抵延程运行备降场的时间不得超过货舱火情抑制系统的限制时间－15 分钟；以批准的一发不工作的巡航速度在一发失效的改平高度按预报的风和温度计算，改航飞抵延程运行备降场的时间不得超过最受时间限制的系统（不包括货舱火情抑制系统）的限制时间－15 分钟。

（见 FAA AC120－42B 303. C(2)，FAR 121. 633，CCAR 121. 725）

AC120－42B 303. C(2)(c)与 FAR 121. 633(b)(2)和 CCAR 121. 725(b)(2)不一致，前者是正确的。

6.5 批准延程运行的条件

为了使用某种机型做延程运行，必须在两个方面得到批准。首先，飞机厂家必须对该机型（飞机和发动机的组合）做延程运行获得型号设计方面的审定批准。其次是航空公司从它们的主管当局获得使用方面的批准。

6.5.1 关于延程运行的型号设计方面的批准

型号设计方面的批准是根据发动机的可靠性、飞机系统设计和可靠性、有效性验证飞行做出的。飞机制造商必须证明：该机型的机体/发动机组合在运行中具有足够的可靠性，并满足安全实施延程运行的要求。

发动机可靠性由空中停车率来衡量。为了使一种型号的发动机能被批准用于 120 分钟的延程运行（即一发故障后允许飞行 120 分钟），大部分适航审定当局要求该型号发动机的空中停车率小于每 100000 飞行小时 5 次（千次率 0.05）。为使一种型号发动机能用于 180 分钟的延程运行典型的要求是其空中停车率小于每 100 000 飞行小时 2 次（千次率 0.02）。空中停车率由使用该型号发动机的机队的使用情况统计得出，该型号发动机累计飞行小时应在 25 万小时以上。

为了达到做延程运行的系统设计和可靠性标准，飞机可能需要一些附加设备。飞机上至少要有三套独立的交流电源，每套电源都要至少能为通信、导航设备及基本飞行仪表（高度、速度、姿态、航向仪表）和警告系统提供电力，保证有足够的信息。APU 也需要达到更高的标准以便提高其可靠性及空中启动性能。在某些型号的飞机上要装液压驱动发电机（HMG）以提高延程运行的签派灵活性。如果必要的话，要用液压驱动发电机提供额外交流电源。在液压驱动发电机是唯一的电源的情况下，驾驶舱中的主要设备应能正常工作。电子设备冷却系统也需要达到更高的标准。货舱灭火能力应加强，抑制火情的时间必须加长到所申请的改航时间再加 15 分钟以满足延程运行的要求，确保能安全飞行并在一个适宜机场着陆。由于飞机一发故障后改航备降场时可能要在较低的高度上飞行较长的时间，飞机必须有足够的防冰和除冰能力。

获得型号设计批准的最后一步是制造厂要进行有效性验证飞行（验证飞行剖面见图 6.3）。这种验证飞行的目的是检验飞机的飞行品质和在各种系统不工作的情况下的机组的工作负担，也用来检验和延程运行有关的飞机性能，例如某些设备不工作对着陆性能的影响等。

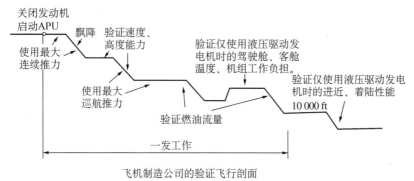

图 6.3　飞机制造厂的有效性验证飞行使用的飞行剖面

　　由于早期如 A300，A310，B757，B767 等双发飞机最初是为较短航线设计的，所以要做远程越洋飞行必须进行一些特别的验证和需要积累一定的运行经验，以满足航程增加的需要。而且，当时的发动机技术还不够先进，无法在飞机交付时就能证明其空中停车率达到 180 分钟 ETOPS 的要求，这些双发飞机只有在投入运营一段时间才会相继获得 180 分钟 ETOPS 能力。

　　目前，新研制的机型如 B777 不存在这个问题，由于其在技术上更为先进、可靠性进一步提高，并经过大量的试飞、测试工作才投入市场，所以它们在进行商业运营前就已经适航部门批准具备了 180 分钟 ETOPS 的能力。

　　机体/发动机组合获 ETOPS 型号设计批准后，在 FAA 批准的飞机飞行手册中将插入如下的说明(下面是波音公司的说明，其他飞机厂商的说明与此类似)：

　　本飞机/发动机组合的型号设计可靠性和性能已按照 FAA 咨询通告 120-42A 通过审定，如果该飞机的构形符合波音 D6T11604 号文件《延伸航程运行的构形、维修和程序》的要求，则可以做延伸航程运行。但本结论并不能当作实施延伸航程运行的运行批准。

　　在 AFM 的 LIMITATION 这一节的 Kind of Airplane Operation 这一款中的"Extended Over-water Operations(可以做延伸到水上的飞行)"——并非说飞机可以做 ETOPS 运行，而是指飞机可以在离最近的海岸线 50 nm mile 之外的水上飞行，这要求飞机上配备有救生筏之类的特殊设备，否则其航线离最近的海岸线不能超过 50 nm mile。

　　下面是对获得 ETOPS 型号设计批准的 B737 - 800 在其 AFM 中加入的说明：

　　B737 - 800 AFM　　SECTION 3　　<u>EXTENDED RANGE OPERATIONS</u>

　　本飞机/发动机组合的型号设计可靠性和性能已按照 FAA 咨询通告 120-42A 通过审定，如果该飞机的构形符合波音 D044A007 号文件"737-600/-700/-700C/-

800/-900/-900ER 延伸航程运行的构形、维修和程序"的要求,则可以做延伸航程运行。但本结论并不能当作实施延伸航程运行的运行批准。已经证实直到 41 000 ft 的气压高度 APU 在飞行中都能成功地启动。可以在任何高度试图在飞行中启动 APU[注:737-NG 的最大审定使用高度就是 41 000 ft]。

按照 B737 的 AFM, CMP 和 FCOM 中的说明,在进入 ETOPS 航段前就应该启动 APU 并保持运转,即使没有发生一发失效(因为做延程运行必须要有三套交流电源),这就是用运行程序抵消了对系统冗余度的要求(不再增加 HMG 或冲压涡轮发电机)。因此,B737 - CL/NG 的全发、一发的临界油量中都包括 APU 的耗油。而 B757, B767, B777 的 CMP 和 FCOM 没有这种说明,即全发工作时不需要启动 APU,因此,这些机型仅一发失效的临界油量中包括 APU 的耗油。B747 全发、一发失效的临界油量中都不包括 APU 的耗油,因为 B747 有发动机带动的 4 台发电机,即使一发失效做 ETOPS 飞行,也不需要 APU 的交流电源,空中不需要 APU 工作,在空中也不能启动 APU。APU 可在地面启动并且当起飞时保持运转时可以一直工作到 20 000 ft,在飞行中 APU 能为一个空调包提供引气直到 15 000 ft,在飞行中 APU 不能提供电力。

空中客车公司对获得 ETOPS 型号设计批准的飞机将在 AFM 第 6 部分"附录和补充"/6.02.02 节"延程运行"中加入如下的说明(以 A319 - 132 为例):

本附录适用于按 AMJ 120 - 42/IL 20 的规定运行的飞机。

只要是按照空客文件 AI/EA - 4000:"延程运行的标准"最新修订版来配置、维护和运行,本飞机的型别设计可靠性和性能就符合 AMJ 120 - 42/IL 20 的标准。单发巡航速度的最大改航时间不可超过 120 分钟。

在其机组使用手册 FCOM 2.04.40 节中也有相关的说明:

当飞机按照适用的空中客车工业公司文件"延程运行标准"的最新版本——即空中客车公司的 CMP(Configuration Maintenance and Procedure)文件的规定来配置、维护和运行,则本飞机的发动机装置的系统设计和可靠性符合 AMC 20 - 6 (EASA)或 AC120 - 42A(FAA)或 FAR25 - 1535(FAA)中公布的双发飞机延程运行(ETOPS)标准。

飞机上有些系统(time-limited-system)和延程飞行时间有关,例如,要求货舱火情抑制系统抑制火情的时间不得少于批准的延程时间再加 15 分钟。飞机制造厂商会在飞机飞行手册(AFM)、CMP 文件或其他文件中给出和延程飞行时间有关的系统的最大能力。例如,波音在 CMP 文件的"关于已证实的能力的声明"这部分给出了货舱火情抑制系统的最大能力(抑制火情的最大时间):

Configuration，Maintenance，and Procedures for
Extended Range (ER) Operation，Model 757
(757 机型延伸航程运行的构形、维护和程序)

3.6 Part D – Demonstrated Capability Statements 关于已证实的能力的声明

这部分的目的是列出已经证实系统能力的项目，这些项目在对批准延伸航程运行的要求进行评估时可能是很重要的。B757 飞机的大部分系统的安全性与性能特点与延伸航程的考虑（如到适宜机场的时间等等）无关。其安全性与性能特点可能受到延伸航程影响的那些系统都已经针对包含一个到适宜机场以单发速度飞行时间≤180 分钟的点的运行进行了评估并被认为是令人满意的。

在对批准延伸航程运行的要求进行评估时可以考虑表 6.4 中列出的项目。

表 6.4 评估延伸航程运行时需考虑的项目

项目	涉及的系统	已经证实的能力
1	货舱火情抑制系统	(1) 120 分钟的延程运行对 1 个货舱门的后货舱，抑制火情的能力是 167 分钟，对 2 个货舱门的后货舱，抑制火情的能力是 170 分钟对前货舱，抑制火情的能力是超过 167 分钟 (2) 180 分钟的延程运行对 1 个货舱门的后货舱，抑制火情的能力是 242 分钟，对前货舱，抑制火情的能力是超过 242 分钟
2	电气电源系统	基于飞行时间 10 小时和改航适宜机场 180 分钟的分析——不受限制
3	电气/电子冷却系统	基于分析和 4 小时不启用主冷却系统的演示飞行——240 分钟的能力
4	气象雷达*	对 180 分钟的延程运行的 MEL 应修改，说明气象雷达应该是工作的
5	油量计划	对加入了 Rolls-Royce 服务通告 RB211 - 72 - 8773 和/或 RB211 - 72 - 8774(高压喷嘴导向叶片和增加了冷却气流的高压涡轮叶片)的飞机，计算油量时应该额外增加 1.5% 的油量(这项是 FAA180 分钟 ETOPS 要求的，对 120 分钟的 ETOPS 不需要)
6	放行计划	对 180 分钟延程飞行的航班，选择适宜的备降场时应考虑结冰状况。如预报的航路备降机场的中等或更严重的结冰条件可能影响在该机场按照 AC120 - 42A 10. d5(IV)款确定的时间段内进近和着陆，则该机场不应列为适宜机场。这项是 FAA180 分钟 ETOPS 要求的，对 120 分钟 ETOPS 不需要
7	APU**	对安装有 ABEX 5KVA 的液压驱动发电机的 180 分钟延程飞行，在到达 ETOPS 进入点前应启动 APU 并在中央油箱的燃油用尽前保持运转

（续表）

＊ MMEL34 - 43 - 1 Weather Radar Systems：May be inoperative provided weather radar is not required by FAR. 在公司的 MEL 中此项应该改为：对做 180 分钟的延程运行，气象雷达应该是工作的。

＊＊ 这项是 180 分钟 ETOPS 要求的，对 120 分钟的 ETOPS 不需要。又：对安装有 VICKERS 10 KVA 的液压驱动发电机的 757，在 180 分钟延程飞行期间不要求 APU 工作，但放行时 APU 应能工作（见 DDG）

6.5.2　关于延程运行的使用方面的批准（即运行批准）

航空公司或其他运营者必须获得该国局方对该公司使用该机型进行相关双发延程运行的批准，这种认证被称为 ETOPS 运行批准。

飞机具有 ETOPS 的能力，证明了其可靠性和安全飞行的能力后，为确保安全，适航部门一般还要对运营该机型的航空公司进行一段时间（1～2 年）的审核，以确保该航空公司有足够的保障能力、ETOPS 运营经验，经过这些程序之后，才会批准其执行 ETOPS 航班运营。航空公司申请的改航时间越长，对航空公司的要求就越高，在 FAR AC120 - 42B 中对 75 分钟延程飞行的要求很低：在特定机体/发动机组合上具有很少的运行经验，甚至没有运行经验的运营人都可以申请 75 分钟的 ETOPS 运行批准。在批准时，应考虑的因素包括：沿拟定航路的备降场的数量、ATC 和导航、通信的性能以及一般预计的天气类型等。如申请 120 分钟延程飞行，则要求运营人在该发动机/机体组合上的运行经验不少于 12 个月。如申请 180 分钟延程飞行，则要求运营人在该发动机/机体组合上具有 12 个月运行 ETOPS 的经验。FAR121 部的附录 P "Requirements for ETOPS and Polar Operations"（即 CCAR 第 121.728 条"延程与极地运行要求"）中有获得延程运行和极地运行批准的详细规定，局方依据该条的要求和限制批准延程运行。

航空公司要从民航当局获取实施 ETOPS 的运行批准，必须向民航当局证明如下两方面能力：

（1）航空公司能够在延伸航程运行的情况下安全实施运行。

（2）航空公司的维修能力可以使飞机在批准的构型下保持高水平的可靠性。

ETOPS 运行批准，涉及正常工程与飞行规章流程以外的额外规定。飞行员与工程人员必须经过特定的训练，并取得进行 ETOPS 飞行必需的资格。如果一家航空公司已有丰富的长途飞行经验，可能会实时取得 ETOPS 运行批准，但另一些航空公司就可能需要先进行一连串的 ETOPS 认证评核飞行，确定其进行 ETOPS 飞行的能力，才会得到 ETOPS 运行批准。此等运行批准并不能超过相关机型的 ETOPS 型号认证。航空公司申请的改航时间越长，对其要求就越高。航空公司为获得 ETOPS 运行方面的批准，先要完成下列事项：

（1）制订报批计划。

（2）制订 ETOPS 的程序和文件。

a. 运行程序和文件。

b. 维修程序和文件。

(3) 对机组、签派员等有关人员进行培训。

(4) 进行运行方面的验证飞行。

(5) 制订 ETOPS 的运行规范。

在运行规范中要包括如下和 ETOPS 有关的内容:

(1) 具有 ETOPS 能力的飞机/发动机组合。

(2) 飞机注册号。

(3) 飞行高度限制。

(4) 最大改航时间(经批准的延程飞行时间)和改航速度。

(5) 被授权使用的机场。

(6) 被批准飞行的航路和限制。

为获得使用方面的批准,航空公司必须有符合延程飞行要求的操作程序和维护程序(即 ETOPS 运行手册和维护手册)、推进系统的可靠性记录、飞机维护程序可靠性报告等。航空公司应对机组和签派员进行和 ETOPS 有关的训练。在 AC120-42B 第 3 章有支持 ETOPS 运行所需的维修方面的要求和运行方面的要求。下面是用于机组和签派员的训练提纲的一个例子。对于机组和签派员,关于 ETOPS 的训练项目是相似的,所以可使用一个训练提纲。航空公司可以根据自己的情况和要求对提纲进行相应的修改。

飞行机组和签派员的训练提纲:

(1) 熟悉 AC120-42B。

(2) ETOPS 飞行计划。

(3) 一发失效速度。

(4) 备降场要求。

(5) 航路程序。

(6) 天气预报(如果需要)。

(7) 等时点(临界点)的计算。

(8) 临界燃油的计算。

(9) 最低设备清单(和 ETOPS 有关的项目)。

(10) ETOPS 特有的系统。

(11) 签派放行。

(12) 改航决定。

(13) 改航剖面。

(14) 机长的权力和职责。

航空公司的延程运行的操作程序必须包括如下三方面:

(1) 制订 ETOPS 航路计划(可能是个迭代过程):先根据城市对子确定航路,找出一系列合适备降场,确定 60 分钟的改航距离和允许运行区域,判断是否是 ETOPS 航路,如果是,选择一发失效的改航速度,确定相应的改航距离,选择若干合适备降场允许运行区域,看是否能覆盖整条航线;如不能,考虑增加合适备降场或改取更大的一发失效的改航速度重新确定运行区域,同时要考虑所选的速度能否越过改航备降场航路下方的地形。

(2) 制订签派放行时的各种要求。

(3) 操作规范。

(4) 可能也需要进行操作方面的验证飞行。

航空公司为进行延程运行的维护程序必须包括如下四方面:

(1) 和延程运行有关的维护大纲、延程运行部件的管理程序。

(2) 监控航空公司的空中停车率。

(3) 滑油消耗的监控程序。

(4) 发动机状态监控程序。

在延程运行的维护程序中重要的一环是对相似任务的处理方法。如果对两个独立的,但是同类的、和延程运行有关的关键部件进行相同的维护工作,并且无法进行令人满意的地面试验,那么在维修后应该进行验证飞行。其目的是证实故障确实被排除、在这两个部件上不会出现相同的维修错误。在日常维护工作中在两台发动机的金属屑检测器上安装密封圈以及在左右二发中更换燃油控制模块即是这种相似任务的例子。应该由两人独立完成左右二发的相同维修工作,以免出现相同的维修错误。这种维修后的验证飞行可以在正常航班的非延程运行段上进行。

为了保证安全,所有航空监管机构均会密切监察所有机型的 ETOPS 认证,以及各航空公司的 ETOPS 运行批准,并对其表现进行评核。任何涉及 ETOPS 的技术事件必须加以记录,而经过全球记录回来的数据,将会用来评定某一飞机与发动机组合的可靠性;有关的统计资料也会公开。有关的数据必须低于某个型号认证指定的上限;ETOPS - 180 的数据限制,当然比 ETOPS - 120 来得严格。如果航空公司在运行 ETOPS 航班中保障不力,或经常发生安全隐患数据记录不良,机型或营运的 ETOPS 认证就会被降级,甚至被临时撤销。

6.6　ETOPS 运行飞行计划

6.6.1　ETOPS 飞行计划应包含的内容

ETOPS 飞行计划需制订为计算机飞行计划,必须包括公司 ETOPS 运行的所有必要信息,应包括如下主要内容:

(1) 燃油计划。

(2) 计划的飞行高度,飞行航路。

(3) 各高度层的气象资料(风向、风速信息及外界温度)。

（4）航路各数据（航段预计航迹、航路点之间距离，预计航段飞行时间）。

（5）航线距离和预计航线飞行时间。

（6）起飞机场、目的地机场、航路备降机场和目的地备降机场。

（7）商务业载信息。

（8）ETP（等时点）。

（9）从 ETP 到各航路合适备降机场的时间。

（10）ETP 的地理位置数据。

（11）到 ETOPS 合适备降机场的最早到达前一小时，最晚到达后一小时的时间（按预计起飞时刻）。

（12）列出航路 ETOPS 合适备降机场。

（13）MEL 放行信息。

（14）相关区域 PHONEPATCH 通信频率。

（15）目的地备降机场的航路和燃油计划。

6.6.2　ETOPS 飞行计划的制作方法

1. 第一步：在制订延程运行计划中确定航路

作为例子来考虑一下从纽约到马德里的航路。假定我们希望沿大圆航线飞行。先来确定在这条航线上合适备降机场（adequate airport）。

合适备降场是指满足 FAR 条令要求、满足航空公司性能要求，并且有合适的 ATC 设备、通信导航设备、照明设备和灭火设备及救援、服务设施的机场，开放时间也要合适。如要使可用备降场能成为延程飞行备降场，它必须满足延程飞行备降场的气象要求。延程飞行备降场（ETOPS alternate airport）是指预报的气象条件高于、等于延程飞行最低气象标准的合适备降场（见表 6.5）。

延程运行最低气象标准与机场可用的着陆导航设备有关。

对于非精密进近，延程运行的最低气象标准是比该机场的最低气象标准（或其他设备的最低气象标准，取其中更严格的一个作为最低标准）规定的云底高度和能见度分别高出 400 ft 和 1 mile，或至少 800 ft 云底高度和 2 mile 能见度。

对于只有一条精密进近跑道的机场，延程运行的最低气象标准是比该机场的最低气象标准（或其他设备的最低气象标准，取其中更严格的一个作为最低标准）规定的云底高度和能见度分别高出 400 ft 和 1 mile，或至少 600 ft 云底高度和 2 mile 能见度。

对于具有两条或更多的精密进近跑道的机场，延程运行的最低气象标准是比该机场的最低气象标准（或其他设备的最低气象标准，取其中更严格的一个作为最低标准）规定的云底高度和能见度分别高出 200 ft 和 0.5 mile，或至少 400 ft 云底高度和 1 mile 能见度（非精密进近指只有方向引导、没有垂直引导的如 NDB，VOR 进近，精密进近指既有方向引导、也有垂直引导的进近，如在 ILS，MLS，精密进近雷达引导下的进近）。

表 6.5　ETOPS 备降场放行时的最低气象标准（AC120‑42B）

进近设施配置[①]	天气最低标准-云高[②]	天气最低标准-能见度[③]
能够实施垂直进近程序,并且具备至少一个运行导航设施的机场,或者 I 类精密进近,或者实施盘旋仪表进近程序(若适用)	MDA/MDH 或 DA/DH 增加 400 ft(若适用)	着陆最低值增加 1 sm 或 1600 m
具备至少两个运行导航设施的机场,每一设施为不同适用跑道提供一个垂直进近程序	使用的两种进近方式中 DA/DH 或者 MDA/MDH 最大较高者增加 200 ft	使用的两种进近方式中许可着陆最低值较高者增加 1/2 英里或者 800 m[④]
一个经批准的可用的 II 类 ILS 仪表进近程序(IAP)	300 ft	3/4 sm(1200 m)　或者 RVR 4 000(1200 m)
一个经批准的可用的 III 类 ILS 仪表进近程序(IAP)	200 ft	1/2 sm(800 m)[④]　或者 RVR 1 800 ft(550 m)

注:① 在确定使用某一套仪表进近程序时,考虑到其他运行的相关因素,包括减少能见度限制,预报的风加阵风值必须在运行限制之内,并且应当不超过制造厂家的最大验证侧风值。
　② 一般不需要考虑条件性天气预报内容,但是如果 PROB40 或者 TEMPO 的内容低于适用的运行最低标准,则必须加以考虑。
　③ 当按照 MEL 的条款实施签派放行,在确定延程运行备降场天气最低标准的时候,必须考虑 MEL 限制对仪表进近最低标准的影响。
　④ 对于在中国境外的运行情况,由于天气预报的国际计量标准的不同,在俄罗斯地区,某些情况下,700 m 可以被当成 800 m 来使用。

此外,预报的侧风也必须是可以接受的。一发失效着陆的侧风标准可以减少 5 kn。

非精密进近和着陆运行:是指不使用电子下滑道指引的仪表进近和着陆。

精密进近和着陆运行:是指使用精确的方位和下滑道指引的仪表进近和着陆,其最低标准由相应的运行类型(分为 I,II,IIIA,IIIB,IIIC 等类型)确定。

非精密进近指只有方向引导、没有垂直引导的(如 NDB,VOR)进近,精密进近指既有方向引导、也有垂直引导的进近,如在 ILS,MLS、精密进近雷达引导下的进近。

决断高度(DA)/决断高(DH):是指在精密进近中,如果不能建立继续进近所必需的目视参考,则应当开始复飞的特定高度或者高。

最低下降高度(MDA)/最低下降高(MDH):是指在非精密进近或者盘旋进近中,如果不能建立必需的目视参考,则不能继续下降的特定高度或者高。

机场运行最低标准:是指机场用于起飞和着陆时的条件限制。对于起飞,用能见度和/或者跑道视程以及云高(需要时)来表示;对于精密进近和着陆运行中的着陆,用与相应运行类型对应的能见度和/或者跑道视程,以及决断高度(DA)/决断高(DH)来表示;对于非精密进近和着陆运行中的着陆,用能见度和/或者跑道视程、最低下降高度(MDA)/最低下降高(MDH)以及云高(需要时)来表示。

目视气象条件:是指用能见度、离云的距离和云高表示,等于或者高于规定最低标准的气象条件。

仪表气象条件:是指用能见度、离云的距离和云高表示,低于为目视气象条件所规定的最低标准的气象条件。

超障高度(OCA)/超障高(OCH):是指为遵循适当的超障准则所确定的相关跑道入口标高或者机场标高之上的特定高度或者高。

如在放行时一个合适备降场的气象条件不满足上述最低要求,则它不是延程飞行备降场,即不能用作延程飞行的备降场。

可用机场确定后,可以以这些机场为圆心分别画圆以确定允许的飞行区域。圆的半径是所选定的一发不工作的改航速度和最大改航时间的函数,这个半径也称为改航距离,即在一发故障后以改航速度在最大改航时间内飞过的距离。在使用手册第23.60这一部分提供了确定改航距离用的图表(见表6.5和参考文献[7]),图表中的速度0.78/290,0.80/310,0.80/330($Ma/KIAS$)等就是改航速度,改航距离是按无风、标准大气、在最佳高度(或与之接近的高度)一发故障、使用最大连续推力以选定的改航速度飘降(先保持等Ma数下降,当表速增加到选定的表速后保持该表速下降)、在飘降到能以该表速平飞巡航的高度后保持该表速巡航这种方式来计算的,如图6.4所示。选定的改航时间越长、改航速度越大,则改航距离越大,影响改航距离的主要因素是改航时间和改航速度,改航时的重量影响不大。在选择固定速度($Ma/KIAS$)改航时,重量越大,一般说来改航距离越小(大改航速度、特别小的重量除外),在选择LRC速度时,则是重量越大,改航距离越大。改航速度由航空公司自己选定,选择大的改航速度,则改航半径大、允许飞行区域大,可能使航线缩短、所需要的适宜备降场减少,但临界油量可能会增加(设改航备降场的距离相同)。许多适航当局把改航速度限制在$V_{MO}-20\,\mathrm{kn}$以下。确定运行区域、计算临界油量、研究越障问题都要使用同一改航速度。

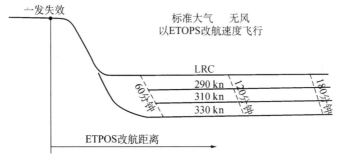

图6.4　延程运行的改航距离

确定 ETOPS 运行区域（改航距离）用的参考重量早期按照 CAA（United Kingdom）的条例 CAP513（CAP - Civil Aviation Publication）参考重量是以结构限制的最大起飞重量 MTOW 起飞后 2 小时的重量。后来 JAA 和 FAA 同意不再给出参考重量的定义，由航空公司确定自己的和 ETOPS 航路结构有关的参考重量。这个重量应尽可能接近真实并要由航空公司所在国的局方审定。

航空公司可以不选择表 6.6 中的速度，而选取自己认为更合适的速度，但这时的改航距离及相应的临界油量应该自己计算，波音的 INFLT/REPORT 软件已经提供了这种功能。

表 6.6　B767 - 200ER 的运行区域（改航距离）

速度	重量	时间/min					
/(Ma/KIAS)	/1000 kg	60	70	120	130	180	190
0.80/330	100	458	532	904	979	1351	/
	110	457	531	902	977	1348	/
	120	456	530	899	/	1343	/
	...						/
	180	438	508	858	/	1379	/
	190	432	501	847	917	1363	/

现在让我们来看一下按改航时间为 60，120，180 分钟确定的圆。从图 6.2 可见，如按改航时间为 60 分钟画圆，即不做延程运行，那么在纽约—马德里之间就不可能有直达航路。如按 120 分钟画圆，可以安排直达航班（见图 6.5），可以看出批准做 120 分钟的延程运行可以提供经济上和使用方面的效益（减少了航程、缩短了飞行时间、减少了油耗）。

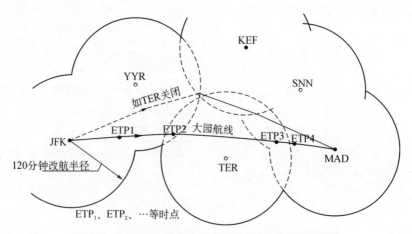

图 6.5　按 120 分钟规则确定的允许飞行区域和航线

现在来考虑一个备降场被关闭的情况。假定由于某种原因 TER 被关闭,在这种情况下,图 6.5 画出的直达航线超出了 120 分钟延程运行的允许飞行区域,因此这条航线是不合法、不允许飞的,必须沿上面一条较长的航线飞(见图 6.5)。如果航空公司被批准做 180 分钟延程运行,则又可以做直达飞行(见图 6.6)。

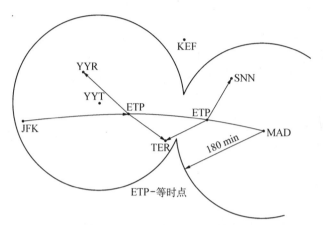

图 6.6　按 180 分钟规则确定的允许飞行区域和航线

还要做的一项检查是在一发故障、另一发使用最大连续推力、以选定的改航速度飞行时的高度能力,亦即看一下是否能越过航路上的障碍物。对于纽约→马德里的飞行,由于是越洋飞行,没有障碍物,高度能力不是限制因素。如果所使用的一个备降场要求在格陵兰上空飞行,那么一发故障的高度能力可能影响到延程运行的改航速度的选择(见图 6.4)。一发故障后的净轨迹应以 2 000 ft 高度差越过航路上的障碍物,并且高于机场标高 1 500 ft 以上(见图 6.7)。

图 6.7　飘降轨迹

格陵兰岛的地形在 10 000 ft 以上,选择的改航速度大,一发失效后的净轨迹可能不满足图 6.7 的要求,这就要求重新选择改航速度、确定运行区域和航路、计算 ETP 和油量等。

在确定了运行区域、航路备降场和航路之后,要确定 ETOPS 的进入点(EEP)、等时点(ETP)、退出点(EXP),以经、纬度坐标给出这些点。延程飞行的进入点即距合适机场以批准的 1 发不工作的巡航速度飞行、航程为 1 小时(双发飞机)或 180 分钟(三发、四发飞机)的那个点。等时点是在预定航路上到两个最近的延程飞行的备降场改航时间(考虑风的影响)相等的点。飞行计划中应包括等时点,进入点、退出点有时也被包括在计算出的飞行计划中。这些点可以作为附加的航路点输入飞行管理计算机,用于位置监控。ETOPS 的退出点就是航路上 ETOPS 航段的最后一点。

2. 为了做延程运行在签派方面的要求

(1) 每个航空公司的最低放行标准(即最小设备单 MEL)必须专门指明和延程运行有关的项目。延程运行的最低放行标准比非延程运行的高(更严格)。

FAA 批准的主最小设备单(MMEL)上用 ER 标明了和延程运行有关的限制(即对和延程运行有关的项目注上 ER——但 B777 的 MEL 例外,见图 6.8)。例如,在 B767 的主最小设备单中的第 24-00-2 项列出了对于 APU 驱动的发电机做延程运行的签派放行要求,如图 6.9 的原文所示。在 B777 的主最小设备单中对和延程运行有关的项目不标注 ER,而是指明一发失效后允许的飞行时间,见下面的例子(ER - Extended Range)。

A 类:列为 A 类的项目必须在 24 小时内[或在经批准的、航空公司制订的 MEL "备注或例外栏"(remarks or exceptions)中规定的时间限制内]完成维修。对于列为 A 类的项目没有"持续授权"(即不能续保)。如果由于没有备件或因排班问题使得必须对 24 小时期限进行延长,可以向 FAA(或 CAAC)提出申请。

B 类:此类项目必须在 3 个连续日历日(72 小时)内修复,不包括在维修记录本(或记录)上登记该失效项目的那一日。例如,如果一个故障在 26 日上午 10 点被报告、记录在案,则必须在由 26 日午夜 24 点(27 日 0 点)开始到 29 日午夜 24 点的时间内修复。带有这类保留故障的航空器在可以进行修复或更换的机场不得起飞。

B777放行偏差指南

图 6.8　B777 飞机 MEL

```
┌─────────────────────────────────────────────────────────────────┐
│  U.S  DEPARTMENT OF TRANSPORTATION                                │
│                                    MASTER MINIMUM EQUIPMENT LIST   │
│  FEDERAL AVIATION ADMINISTRATION                                  │
│ ─────────────────────────────────────────────────────────────────│
│  AIRCRAFT:                      REVISION NO: 11       PAGE:        │
│         BOEING 767              DATE: 02/01/91        24-2         │
│ ─────────────────────────────────────────────────────────────────│
│  SYSTEM &           1.   2. NUMBER INSTALLED                       │
│  SEQUENCE    ITEM                                                  │
│  NUMBERS                 3. NUMBER REQUIRED FOR DISPATCH           │
│ ─────────────────────────────────────────────────────────────────│
│  24  ELECTRICAL POWER       4. REMARKS OR EXCEPTIONS               │
│  00-2 APU Driven                                                  │
│        Generator    C   1  0  *May be inoperative for other than  │
│                                ER  operations.                    │
│                                ^^^^                               │
│                     B   1  0  *(M)Except for ER operations beyond │
│                                120 minutes, may be inoperative    │
│                                provided:                          │
│                                a) Both engine driven generators,  │
│                                   and either the center OR the    │
│                                   left and right hydraulic Motor  │
│                                   Generators operate normally,    │
│                                   and                             │
│                                b) 120 minute ER operations and    │
│                                   less are limited to not more    │
│                                   than three flight days before   │
│                                   repair is made.                 │
└─────────────────────────────────────────────────────────────────┘
```

图 6.9　B767 的主最小设备单中的第 24-00-2 项原文

注:第 1 列下面的字母 A,B,C,D 表示规定的维修间隔(即限定的修复时间,repair intervals),不是机务维修中说的"A 检"、"B 检"、"C 检"、"D 检"。

C 类:本类项目必须在 10 个连续日历日(240 小时)内完成修复,不包括登记故障的那日。

D 类:此类项目必须在 120 个连续日历日(2880 小时)内完成修复,不含登记故障的那日。

归为 A 类的是比较重要、应当尽快修好的项目,归为 B 类的是比 A 类稍微次要的项目,归为 A,B,C,D 类的原则是该项目对飞行安全影响的程度。

在安装的项目比正常运行所要求的要多的情况下,可以把该项目的类别降低一级,例如,如果要求一套高度告警系统且相应的修复间隔为 B,但安装了两套,第一套系统失效可以按照 C 类规定予以保留(10 天)。

航空公司应该在自己的最小设备单中负责标出和做延程运行可能有关的全部项目(一般在项目左边标上 ER)。在最小设备单中不是所有项目都明显与延程运行有关。有些项目单独不工作是允许的,但如果加上其他设备故障就不行了,它必须是正常的才可放行作延程运行。例如冲压空气驱动的泵(air driven pump),如果不要求安装液压驱动发电机(HMG),则允许该空气驱动泵不工作。该项和延程运行无关,不标注 ER。做延程运行时条例规定有三套或三套以上的交流电源正常工作才可放行。仅当三个交流电源(两台发动机各带动一台发电机,APU 带动一台发电机)之一不工作时,做延程运行才需要液压驱动发电机。因此,如果两台发动机驱动的发电机之一或 APU 驱动的发电机不工作,放行做延程运行就要求液压驱动发电机能正常工作,而如果液压驱动发电机在放行时要求是完好的,那么冲压空气驱动的泵也必须是完好的(要用这台泵产生液压带动 HMG 发电)。可见,如不做延程运行或做延程运行但三套正式的交流电源系统是完好的,空气驱动的泵在放行时可以不工作,然而三套正式的交流电源系统之一故障时,为做延程运行,冲压空气驱动的泵在放行时必须正常,虽然该项并未注明和延程运行有关(未注 ER),请参考下面的原文(见图 6.10)。

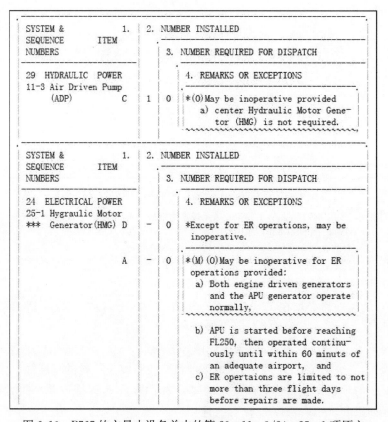

图 6.10 B767 的主最小设备单中的第 29 - 11 - 3/24 - 25 - 1 项原文

　(2) 延程运行的飞行计划应该列出延程运行的等时点和延程运行的备降场。计算所需油量时必须考虑临界燃油方案。

　延程运行的进入点即距可用机场以批准的一发不工作的巡航速度飞行、航程为一小时的那个点。进入点有时也被包括在计算出的飞行计划中。飞行计划中还应包括延程运行的等时点(ETP)。等时点是在预定航路上到两个最近的延程运行的备降场改航时间(考虑风的影响)相等的点,详见图 6.1、图 6.5、图 6.6。等时点一般在飞行计划上以经、纬度或用沿预定航路到某一航路点的距离给出。这些等时点可以作为附加的航路点输入飞行管理计算机,用于位置监控。

为了对延程运行的飞机做到合法放行,在计划的延程运行的备降场上的气象条件必须在最早可能达到时间之前一小时直到最迟可能达到时间之后一小时的期间内满足作为一个适宜机场的要求。最早可能达到时间按在该机场的第一等时点上改航该机场计算,最迟可能达到时间按在该机场的第二等时点上改航该机场计算(见图6.11)。飞行计划上应列出做延程运行的备降场。空客公司的有关ETOPS的资料上给出了另外的确定有风时等时点的方法。但在计算机飞行计划系统中使用的并非上述方法,而是用迭代方法针对预报风计算的等时点。

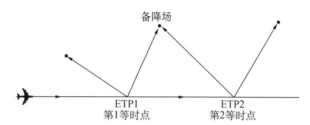

图 6.11　确定到达备降场最早、最晚时刻的示意图

做延程运行的飞行计划首先要做出正常飞行计划(对于国际航线,这可以是利用二次放行或不利用二次放行的飞行计划),算出总油量 F 和允许业载以及在各等时点的剩余油量,然后再考虑临界燃油方案。考虑临界油量的目的是要保证在改航时有足够的油量能飞到航路中的各备降场,对每个等时点都要计算飞到最近的两个适宜备降场所需要的油量,计算临界油量必须考虑全发工作和一发故障两种情况,因此对每个等时点要计算出四个改航所需油量,以最大的一个油量为准。如果在一个等时点上所需要的这个油量大于按正常飞行计划算出的在该点机上剩余油量,则必须增加按正常飞行计划算出的起飞油量,使得在该点剩余油量等于临界油量(见图6.12)。等时点中所需油量大于或最接近正常飞行计划算出的在该点剩余油量的那一点称为临界点(CP)。

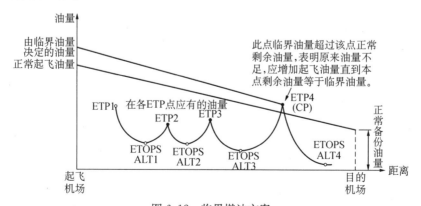

图 6.12　临界燃油方案

　　计算临界油量使用的飞行剖面如图 6.13 所示。计算全发临界油量时假定在等时点增压失效、紧急下降到 10 000 ft,然后在 10 000 ft 以 LRC 速度巡航(使用手册上只有计算全发 LRC 巡航的临界油量的图表)到最近的一个适宜机场,下降到 1500 ft、等待 15 分钟、第一次进近、复飞,之后第二次进近并着陆。对于一发故障的情况,如果航路上有比较高的障碍物,按图 6.13 第(1)种飞行剖面计算临界油量,否则,按图 6.13 第(2)种飞行剖面计算临界油量,假定在等时点增压失效、紧急下降到 10 000 ft,在 10 000 ft 以选定的延程运行的改航速度巡航到最近的一个适宜机场,在一发故障的两种飞行剖面中都要考虑下降到 1500 ft、等待 15 分钟、第一次进近、复飞,之后第二次进近并着陆的情况。在受障碍物限制巡航高度高于 10 000 ft 时要考虑旅客的补氧问题。在使用手册中给出了计算一发故障的临界油量的图表,在飞机操作手册中给出了其中部分图表。

　　波音飞机手册中给出的临界油量图表是按图 6.13 的飞行剖面计算的。计算临界油量时还要考虑温度高于 ISA 的影响及可能的结冰条件,按照图表中的说明进行修正。计算临界油量时还必须考虑性能衰退的影响,如航空公司没有做性能监控,则必须把计算出的临界油量再多加 5%。如由性能监控得出了实际耗油增加的百分

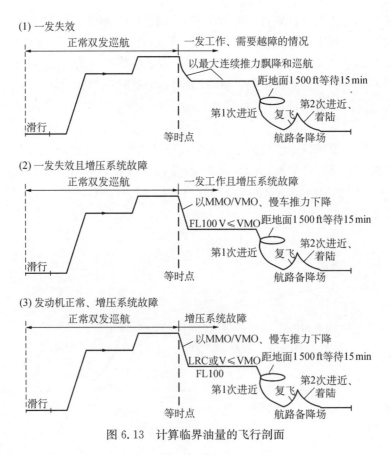

图 6.13　计算临界油量的飞行剖面

比,则使用这个实际百分数增加油量。如果使用基于局方可接受的风模型(例如world area forecast system,WAFS模型)的实际预报风,要使用105%的顶风、95%的顺风确定临界油量,否则把由图表确定的临界油量增加5%,以考虑气象预报的误差。在手册中给出的临界油量图表中已经包括了APU的耗油,如果需要使用APU的话。例如,在B737的全发临界油量图表中包括APU的耗油,而在B757的全发临界油量图表中不包括APU的耗油,因为全发工作时,B757不需要启动APU,而B737则要求在进入延程飞行段之前启动APU并保持运转。另外,如果有MEL或CDL项目,还应该考虑由此造成的耗油增加量。例如,襟翼导轨整流罩丢失不影响放行,但使阻力增加、航路爬升限制重量减少(或者说使航路爬升或飘降净升限降低)、耗油增加。对于某些系统/部件故障或丢失所产生的影响(修正量)可以从MEL,CDL,DDG(放行偏差指南)中找到。计算临界油量时由等时点到适宜机场一般按大圆距离计算。

CCAR 121.726/ FAR121.646　航路运行阶段燃油供应

(a) 任何人不得签派或放行安装两台以上以涡轮发动机为动力的飞机在所有发动机工作的巡航速度下实施距合适机场航程超过距离合适机场90分钟的运行,除非满足下列燃油供应要求:

(1) 飞机带有足够的燃油,能满足本规则第121.661条的要求;

(2) 飞机带有足够的燃油,能飞抵合适机场:

(i) 假设飞机在最关键临界点发生释压;

(ii) 假设飞机下降到符合本规则第121.333条中的氧气供应要求的安全高度;

(iii) 考虑预期风的条件和其他天气条件。

(3) 飞机有足够的燃油,能下降到高于机场1500ft(450m)的高度等待15分钟,然后完成正常的进近和着陆。

(b) 任何人不得签派或放行飞机实施延程运行,除非在考虑了风的条件和预期的其他天气条件之后,满足本规章常油(即121.660/661条的)要求外,还要有足够的燃油满足下列每一项要求:

(1) 有足够的燃油飞抵一个延程运行备降机场:

(i) 为补偿发动机失效和迅速释压引起的油耗,飞机携带的油量应当是下列油量中的较多者:

(A)在下列条件下飞抵一个延程运行备降机场的充足的燃油:假设在最困难的临界点飞机迅速释压,然后下降到符合本章第121.333条的氧气供应要求的安全高度;

(B)在下列条件下飞机以在一台发动机不工作的巡航速度飞抵一个延程运行备降机场的充足的燃油:假设飞机在最关键的临界点迅速释压的同时发动机失效,然后下降到符合本规则第121.333条的氧气供应要求的安全高度;

(C)在下列条件下飞机以在一台发动机不工作的巡航速度飞抵一个延程运行备

降机场的充足的燃油：假设在最关键的临界点发动机失效，然后飞机下降到一台发动机不工作的巡航高度。

(ii) 补偿预报风的偏差引起的油耗。在计算本条第(b)(1)(i)项要求的燃油量时，合格证持有人应当将预报风速增加5%(结果是逆风风速增加或顺风风速降低)，以解决预报风的任何可能偏差。如果合格证持有人没使用局方接受的基于风模型的实际预报风，飞机携带的燃油量应当比本条第(b)(1)(i)项规定的燃油多5%，作为补偿预报风偏差的燃油储备；

(iii) 防冰所需燃油。在计算本条第(b)(1)(i)项要求的燃油量时(在完成本条第(b)(1)(ii)项的预报风偏差所需燃油计算之后)，合格证持有人应当确保飞机携带的燃油量是下列规定的燃油量中的较多者，以便为改航过程中预期的防冰提供燃油；

(A)在10%的预报结冰期因机身结冰需要消耗的燃油(包括这一期间发动机和机翼防冰所消耗的燃油)；

(B)在整个预报结冰期发动机防冰和必要时机翼防冰所需燃油。

(iv)因发动机性能恶化需要增加的油耗。在计算本条第(b)(1)(i)项要求的油量时(在完成本条第(b)(1)(ii)项的预报风偏差所需燃油计算之后)，飞机还需携带相当于上述油量5%的额外燃油，用于补偿巡航过程中因发动机燃油燃烧性能恶化增加的油耗，除非合格证持有人制订了一个方案，能够按照巡航燃油燃烧性能标准监控飞机空中运行性能恶化趋势；

(2) 等待、进近和着陆所需燃油。除了本条第(b)(1)项所需燃油之外，飞机应当携带足够的燃油，能让飞机在接近一个延程运行备降机场时下降到高于机场1500 ft(450 m)的高度等待15分钟，然后完成仪表进近和着陆。

(3) 使用辅助动力装置增加的燃油。如果辅助动力装置是必需的动力源，则合格证持有人应当在适当的运行阶段考虑其油耗。

当预报有结冰条件存在时，要增加下述两个油量中大的一个：

● 在预计结冰中飞行总时间内使用发动机和机翼防冰消耗的油量(或在结冰区飞行耗油的7%，例如，预报在50%改航航路或改航时间内有结冰，则防冰耗油＝7%×50%×由图查出的油量)。

● 在预计结冰中飞行总时间的10%的时间内使用发动机和机翼防冰消耗的油量及由于未加温表面上有结冰(导致阻力增加)多耗的油量(或在结冰区飞行耗油的10%的15%，例如，预报在50%改航航路或改航时间内有结冰，则多耗的油＝15%×10%×50%×由图查出的油量)。

临界油量中是否包括APU耗油取决于机型，对B737系列，全发、一发失效的临界油量都包括APU耗油，B757仅一发失效的临界油量包括APU耗油，对B747-400，全发、一发失效的临界油量都不包括APU耗油。对737系列，在飞行计划中计算由进入点到退出点的油量时也应包括APU耗油(程序要求在延程段保持APU

运转)。

如在 B737 - CL/NG 中有如下描述:

737 - CL/NG FCOM/Supplementary Procedures

ETOPS

Operators conducting ETOPS are required to comply with appropriate regulations. An operator must have an ETOPS configured and approved airplane, and approved flight operations and maintenance programs in place to support ETOPS.

APU Operation

Unless otherwise authorized, start the APU before the ETOPS segment.

The APU must be on for the entire ETOPS segment.

在 B737 - NG 的 AFM 中也要求在到达 EEP 之前启动 APU 并在整个延程飞行段保持运转。

按此说明,全发临界油量应该包括 APU 耗油,正常飞行计划的 ETOPS 航段也应计入 APU 耗油。放行前如 APU 或其发电机不工作则不能做延程飞行。在飞行中到达 EEP 前 APU 故障应改航备降场。

Fuel Crossfeed Valve Check

During the last hour of cruise, do the following steps:

Crossfeed selector ·· Open

Verify that the VALVE OPEN light illuminates bright, then dim.

Crossfeed selector ·· Close

Verify that the VALVE OPEN light illuminates bright, then extinguishes.

[FCTM] This verifies that the crossfeed valve is operating so that on the subsequent flight, if an engine fails, fuel is available from both main tanks through the crossfeed valve.

B757 - 200/RB211 - 535E4 B - 2820, B - 2821(这 2 架飞机都只有 1 个燃油交输阀)During the last hour of cruise on ETOPS flights, do a Fuel Crossfeed Valve check。按照 B737 的 CMP 和 FCOM 中的说明,在进入 ETOPS 航段前就应该启动 APU 并保持运转,即使没有发生一发失效。因此,B737 - CL/NG 的全发、一发的临界油量中都包括 APU 的耗油。而 B757、B767、B777 的 CMP 和 FCOM 没有这种说明,即全发工作时不需要启动 APU,因此,这些机型仅一发失效的临界油量中包括 APU 的耗油。B747 全发、一发失效的临界油量中都不包括 APU 的耗油,因为 B747 有发动机带动的 4 台发电机,即使一发失效做 ETOPS 飞行,也不需要 APU 的交流电源,空中不需要,也不能启动 APU。

B737 只有 1 个燃油交输阀、头顶板上只有 1 个交输阀开关(crossfeed selector) 和指示灯(交输阀也称交输活门,在右机翼后梁上,可通过右轮舱接近)。

　　为获得做延程运行的使用方面的批准,还有另外两个条件,即:制订运行规范(运行手册)和操作方面的验证飞行。

　　操作方面的验证飞行是为了证实航空公司有能力安全指导和处理与延程运行有关的操作。航空公司的运行规范需要加以修订,增加适用于延程运行的限制和标准操作程序。运行规范中通常包括装备有延程运行设备的飞机的注册号、容许的飞行区域、高度限制、选择的改航时间和改航速度、批准的备降场及任何其他有关信息。

　　尽管在延程运行期间对机组来说没有特殊的操作程序,但机组监控飞机位置、燃油和系统状态的责任更加重大。此外在飞行进程中机组也必须检查延程运行的备降场的气象条件。和进行其他飞行一样,如果发生了某种事件,机组必须做出是继续飞行、改航或返航的决断。延程运行的条令可保证机组在面对飞行中的事故时有足够的信息做出最好的决断。机组不受延程运行的条例限制,他们必须评价当时的形势并且按实际情况采取措施。例如,假定发动机在某点失效,特塞拉(TER)是最近的备降场。机组一直在监听特塞拉和圣约翰斯两处的气象状况。特塞拉的气象高于最低标准,但高得不多,报告的侧风是25 kn。而圣约翰斯有无限的能见度但要远150 n mile。机组必须根据获得的信息选择去哪个机场最好。机组应考虑的因素是:引起改航的失效类型、机场的着陆助航设备和应急设备、跑道长度和气象条件。在由于一发故障引起的延程运行的改航情况下,机组必须确定为了一发飞到备降场,应使用的最好的速度、高度和推力调定值。原定机组应以延程运行的改航速度飞行,但是如果按机组的判断,飞另一个速度更有利,那么他可以飞根据实际情况选择的最好的速度。机组要根据公司的政策和事故发生时的情况选择改航速度、高度和推力调度值。选用最大连续推力可以得到较高的飞行速度和较高的高度,飞到备降场的时间短,如选用最大巡航推力则巡航的速度、高度较低,飞到备降场的时间长。如果时间是最重要的,可以选择最大连续推力在尽可能高的高度上飞。如果时间不是最重要的,可以选择以最大巡航推力飞行,这将导致较长的改航时间和较低的巡航高度。飞行管理计算机中的一发故障的飘降速度(最大升阻比速度)机组不能修改,因此,以延程运行的改航速度(例如LRC, 290, 310 KIAS)飞行时一发故障的高度能力不能由飞行管理计算机获得。为了得到这些数据,机组必须查阅QRH(快速参考手册PI章)、FPPM(飞行计划和性能手册)。这些手册中包括延程运行的航路计划、放行、不同改航速度的高度能力(总高度和净高度)和飞行中改航方面的信息。

　　在波音使用手册中关于延程运行的部分中包含有计算以延程运行的改航速度飞行时一发故障的高度能力和改航油量的图表。其中有使用最大连续推力和最大巡航推力以不同的延程运行速度巡航的高度能力数值表,这些表反映了飞机的性能能力,这些表没有保守成分在内(即这些表给出的是总高度而非净高度)。注意防冰引气对高度的修正是很大的,对于B767飞机,使用发动机防冰高度减少1 800 ft,使用发动机和机翼防冰高度减少 3800 ft。在做决断时要考虑防冰的影响。使用手册中也提供了一发故障时在飞行中改航的图表。这些图表可用于快速计算在不同高度上飞行时的改航油量。

在飞行计划中临界油量检验无问题则可保证:如果以选定的延程运行改航速度或更低的一个速度飞向在飞行计划中列出的最近的延程运行的备降场,油量肯定是够的。

使用手册中延程运行部分也提供了一发故障时的巡航数据表格。在决定机组飞一条延程航线以前,航空公司的工程师们应确定所需要的延程运行的改航时间并选择延程运行速度,确定可用的飞行区域。在放行之前应制订好延程运行计划,在计划中应给出延程运行的等时点和航路中的备降场,所加油量应能满足临界油量要求,机组应核对飞行计划,证实预定航线处于由所列出的备降场决定的可用飞行区域内。

放行时合适备降场的预报的侧风,包括阵风,在预计最早到达时刻至最晚到达时刻的时段内必须≤制造厂证实的最大侧风。

签派员可能已经检查过延程飞行航线上所有备降场的气象预报并且已经证实符合公司的关于延程飞行的最小设备单。否则机组应做这些工作。并且机组还应检查航路上的航行通告。如某个(些)合适备降场的气象预报表明该机场不能作为延程飞行备降场,机组必须要一份提供了另外一些备降场或一条新航路的新的飞行计划。在飞行中机组要监控飞机位置、燃油状态和系统状态及航路备降场的气象变化情况。可能要求机组记录发动机数据,以便输入发动机状态监控程序,对发动机状态进行监控。

在整个飞行阶段,如果延程飞行备降场的条件有重大的改变,应及时将情况通知机组。在到达延伸航程进入点之前,应对下述方面进行评估,其中包括在延程飞行备降场规定的时间段内的天气情况、着陆距离、机场服务以及设备等。如果认为其中任一方面可能会影响进近和着陆的安全,例如,在某延程飞行备降场天气预报低于正常着陆最低标准(注意:不是 ETOPS 放行的着陆最低标准。在起飞机场放行前检查时要满足 ETOPS 的最低天气标准,放行后只要在前述的时间段内航路备降场天气满足正常的一非延程飞行一着陆最低标准即可),则应将情况通知机组并可以选择一个新的延程飞行备降场替代那个不再适宜的机场作为备降场,如没有可替代的延程飞行备降场、使得原计划航线有一段不在允许飞行区域内,则应备降,或调整航路使之处于允许区域内并重做一份飞行计划。例如,如果 LPLA/TER(特塞拉)的气象条件不满足要求,指定 BIKF/KEF 凯夫拉维克(冰)作为新备降场并调整航路,然后重新做一份飞行计划航路上传给机组。

6.6.3　ETOPS 飞行计划的实例

不用二次放行 ETOS 飞行计划如例表 6.1 所示。

例表 6.1　上海(SHA)至安科雷奇(ANC)备降费尔班克斯(FAI)的不用二次放行 ETOPS 飞行计划

FLT RELEASE	CES SAMP		ZSSS/PANC	M79 CRZ			AC 3100
	FUEL	TIME	CORR	BRWT	LDGWT	ZFWT	REGN
DEST PANC	34 920	0837	……	128 410	93 130	84 010	B-2304
RESERVE	2 630	0052	……	AVG W/C	P24	ISA DEV	P07
DEST MNVR	360	0010	……				
ALTERNATE	2 400	0037	……	PAFA	FL 390	243 *Ma*74	W/C P020
HOLD	1 500	0030	……				
REQD	41 810	1046	……	NOTE – LDGWT INCLUDES RESERVE FUEL			
EXTRA	2 590	0052	……				
TAXI	250						
TOTAL	44 650	1138					

POSITION	LAT	LONG		SR	MAC	OAT	TRP					
FREQY	FL	WIND T/C	T/H	AW/MC	TAS	GS	ZND	DIST	ZNT	TIME	FUEL/KGS
ZSSS	N3111.9	E12120.0		DEPARTURE MANEVERING				003	0003			000 660
BF	N3109.0	E12120.0		00		53						
528.0	CLB	28017 174	179	NHW1D	411	417	003	0003	000	0003	000 740
NHW	N3104.0	E12134.0		00		53						
114.6	CLB	28022 113	118	NHW1D	411	432	013	0016	002	0005	001 100
TOC				03		53						
	335	27059 076	081	A593	411	465	063	0079	008	0013	002 690
AKARA	N3130.0	E12330.0		03	790	M45	53					
	335	27084 076	081	A593	465	549	040	0119	004	0017	003 020
LAMEN	N3136.6	E12400.0		03	790	M45	53					
	335	26083 076	081	A593	465	546	027	0146	003	0020	003 350
SADLI	N3149.8	E12500.0		01	790	M50	53					
	370	26093 076	081	A593	460	553	053	0199	006	0026	003 780
ONIKU	N3211.5	E12639.4		01	790	M50	53					
	370	26091 076	082	A593	460	550	087	0286	009	0035	004 480
FU	N3240.0	E12849.8		00	790	M51	52					
263.0	370	26088 077	083	A593	459	546	114	0400	013	0048	005 400
TAE	N3313.0	E13142.4		01	790	M52	53					
112.1	370	27084 077	083	V17	458	541	149	0549	017	0105	006 590
TZC	N3419.4	E13357.3		00	790	M54	53					
117.50	370	27082 060	067	V17	456	526	131	0680	015	0120	007 660
XMC	N3442.1	E13657.7		01	790	M55	49					
113.5	370	28081 081	088	V17	455	532	151	0831	017	0137	008 860
XAC	N3442.5	E13925.0		02	790	M55	44					
113.1	370	29081 090	097	G597	454	531	122	0953	014	0151	009 820

（续表）

SPENS	N3443.0 E13943.2		01	790	M55	43							
	370	29081	088	094	W27	454	527	015	0968	002	0153	009940	
OJC	N3510.8 E14022.4		00	790	M57	51							
115.7	370	29080	050	056	W27	453	493	043	1011	005	0158	010300	
KAGIS	N3549.8 E14234.0		01	790	M58	44							
	370	28079	070	076	OTR8	452	516	114	1125	013	0211	011210	
ABETS	N3605.0 E14425.0		02	790	M58	40							
	370	29079	080	086	ATS	451	518	092	1217	011	0222	011940	
ADNIP	N3815.1 E14655.2		01	790	M57	37							
	360	30085	043	049	R591	452	470	177	1394	023	0245	013510	
ADGOR	N4025.3 E14939.3		01	790	M47	35							
	370	31071	044	050	R591	457	462	182	1576	024	0309	015140	
ETP1	N4603.5 E15825.4		01	790	M46	26							
	380	33032	050	055	R591	462	461	512	2088	107	0416	019560	
AKISU	N4734.3 E16119.3		01	790	M45	25							
	380	32052	050	055	R591	462	461	150	2238	020	0436	020860	
SYA	N5243.1 E17403.7		01	790	M47	28							
109.0	308	23005	058	058	R591	464	469	581	2819	114	0550	025620	
SPY	N5709.5 W17013.9		01	790	M49	31							
314.0	380	22020	067	059	R591	462	478	605	3424	116	0706	030300	
EIP2	N5719.3 W16929.6		01	790	M49	31							
	380	22017	071	057	R591	462	471	026	3450	003	0709	030500	
EHM	N5839.4 W16204.4		01	790	M47	31							
385.0	380	20016	071	056	R591	462	471	251	3701	032	0741	032430	
NERKA	N5926.0 W15855.0		01	790	M47	30							
	370	17014	065	046	J996R	463	467	109	3810	014	0755	033280	
CARBU	N6015.5 W15458.0		00	790	M47	30							
	370	15015	068	047	J996R	464	463	130	3940	017	0812	034300	
TOD	-		00	790	M46	31							
	370	15015	070	047	J996R	464	461	032	3972	004	0816	034790	
AMOTT	N6054.0 W15121.6					31							
	DES	14032	070	J996R	417	405	082	4054	012	0828	034790		
ANC	N6109.1 W15012.3					31							
114.30	DES	14016	066	042	282	276	037	4091	008	0836	034900		
PANC	N6110.5 W14959.6					31							
	DES	13003	076	051	258	257	006	4097	001	0837	034920		

(续表)

```
GREAT CIRCLE DISTANCE 3761 n mile AIR DISTANCE 3894 n mile ZSSS TO PANC
FLT PLAN BASED ON 06Z/12Z/18Z/PROGS

                    ETOPS INFORMATION
ELAP TIME EIP1 4. 16 ETP2 7. 09
  ATD        ETA
```

		MORA	TRK	DST	TIME	TAS	G/S	FUEL REQD	CRIT FUEL	TWO ENG FUEL
ETP1										
N4 603. 5	RJCC	97	255	746	2. 04	363	362	13 195	0	12 590
E15 825. 4	PASY	45	57	732	2. 04	358	355	12 985	0	12 424

```
FUEL REM NO CONT 22235   FUEL REM ALL CONT 24868
FUEL REQUIRED INCLUDES 9. 0/9. 0 PC ANTIICING 5. 000 PC DEG
```

		MORA	TRK	DST	TIME	TAS	G/S	FUEL REQD	CRIT FUEL	TWO ENG FUEL
ETP2										
N5 719. 3	PASY	45	244	629	1. 46	360	357	11 166	0	10 472
W16 929. 6	PANC	138	69	642	1. 46	362	364	11 259	0	10 542

```
FUEL REM NO CONT 11295   FUEL REM ALL CONT 13928
FUEL REQUIRED INCLUDES 9. 0/9. 0 PC ANTIICING 5. 000 PC DEG
```
[在加了额外油 2590 之后在 ETP2 剩余油量＝44 650－250－30 500－2630＝11 270＞11 259]

```
      ———DATA SUPPLIED BY SITA SURFACE WEATHER SYSTEM———
FT 21/22 00
PANC 220024
      PANC 212133Z 0024 01008KT P6SM BKN065 0VC110 BECMG 1012 VRB03KT
      SCT035 BKN060
FT 22/01 00
      PASY 0122 AMD 18015G20KT 9999 SCT005 SCT008 BKN016 0VC035 620168
      510004 QNH2962INS CIG016 VCRA
      BECMG 0102 18015G20KT 9999 SCT008 SCT016 0VC035 620356 510005
      QNH2955INS CIG035 WND 15015G20KT AFT 07
      BECMG 1213 10015G20KT 4800 BR SCT010 0VC020 620206 510003
      QNH2958INS CIG020 VCSH
FT 21/23 00
RJCC 0024 35012KT 9999 SCT030 BKN220
      BECMG 1315 18008KT
FT 21/22 00
PAFA 220024
      PAFA 212144Z 0024 VRB03KT P6SM BKN120 0VC200
PANC NO DATA FOUND.
PASY NO DATA FOUND.
RJCC NO DATA FOUND.
PAFA NO DATA FOUND.
PANC NO DATA FOUND.
SA 22/02 00
PASY SA 0155 8 SCT 16 SCT E30BKN 15 054/39/33/2015/969
```

（续表）

```
SA 22/01 45
RJCC 0130Z 36017KT 9999 SCT025 BKN///11/M05 Q1018 SCT025CU A3008
PAFA NO DATA FOUND.
—————————————————————————————————————————
START OF ICAO FLIGHT PLAN
(FPL-CESCES2-IS
—EA31/H-SDIX/C
—ZSSS0700
—N0465F335 NHW1D NHW A593 LAMEN/N0460F370 A593
  FU V17 XMC G597 XAC W27 OJC OTRB KAGIS/M079F370 ATS
  ABETS/M079F360 R591 ADNIP/M079F370 R591 ADGOR/M079F380 R591
  EHM/M079F370 J996R AMOTT DCT ANC DCT
—PANC0836 PAFA
—EET/RKTT0020 RJTG0035 PAZA0435
  REG/B2304 SEL/EMAL
END OF ICAO FLIGHT PLAN
```

　　本例是不使用二次放行的 ETOPS 飞行计划,做 ETOPS 飞行计划也是可以利用二次放行的。这份计划的前一部分与第一章中 SHA—LAX 飞行计划的格式相同,不必再解释,下面只针对 ETOPS INFORMATION 部分做些说明:

　　ELAP TIME ETP1 4.16 ETP2 7.09 是指从起飞到等时点 1(ETP1)和等时点 2 所用的时间为 4 小时 16 分和 7 小时 09 分;

　　由等时点到适宜备降场是按大圆航线飞的,DST 和 TRK 就是由等时点到适宜机场的大圆距离和大圆航向(真航向);

　　TWO ENG FUEL 是按增压失效、发动机正常飞行剖面计算的由等时点到适宜备降场的油量,计算油量时要考虑防冰、发动机性能衰退而多耗的油;

　　FUEL REQD 是按增压失效、一发故障飞行剖面计算的由等时点到适宜备降场的油量,计算油量时要考虑防冰、发动机性能衰退而多耗的油;

　　在一个等时点 TWO ENG FUEL 和 FUEL REQD 各有两个值,设四个数字中最大的为 FFFFF;

　　9.0/9.0 PC ANTIICING 是指由于使用防冰多耗的油的百分比,第一和第二个数字分别是针对一发故障和二发正常两种情况的;

　　5.00 PC DEG 是指由于发动机性能衰退要多耗 5.00% 的油(DEG-DEGRADE);

　　FUEL REM NO CONT XXXXX 是指到等时点以前的应急备份油如果被烧掉的话在等时点飞机上所剩的油量(REM-remaining,CONT-contigency);

　　FUEL REM ALL CONT YYYYY 是指到等时点以前的应急备份油如果完全没消耗的话在等时点飞机上所剩的油量显然,XXXXX<YYYYY;

　　如在某个等时点算出的 FFFFF>XXXXX,则表示按正常飞行计划(包括二次放行飞行计划)算出的油量不够,需要多加油。SITA 公司做 ETOPS 飞行计划时为客户提供了两种选择,一是用关键字(KEYWORD)ETP 请求飞行计划,此时不计算多加的油量,只把 FFFFF－XXXXX 的差值打出在 CRIT FUEL 项下面;二是用关键字 ETX 请求飞行计划,此时计算多加的油量,给出起飞总油量,有时由于多加油可能要减少 ZFW,即需要减载,多加的油量就是第一部分中的 EXTRA(额外油量),本例就是按第二种方法做出的飞行计划。按第二种方法计算时 CRIT FUEL 项恒为零。在做利用二次放行的 ETOPS 飞行计划时,EXTRA 中还包括为利用二次放行所多加的油量。

备降场距离的验证如例表 6.2 所示。

例表 6.2 ETP 到备降场大圆距离的验证

ETP1	ETP2	RJCC	PASY	PANC
N4603.5	N5719.3	N4246.5	N5242.3	N6110.5
E15825.4	W16929.6	E14141.5	E17406.8	W14959.8

ETP1→RJCC 的大圆距离＝742.4n mile,起点大圆航向 260.6°,中点大圆航向 254.5°。

ETP1→PASY 的大圆距离＝729.4n mile,起点大圆航向 51.12°,中点大圆航向 56.54°。

ETP2→PASY 的大圆距离＝626.3n mile,起点大圆航向 250.77°,中点大圆航向 243.55°。

ETP2→PANC 的大圆距离＝638.6n mile,起点大圆航向 60.65°,中点大圆航向 68.49°。

ETP1→RJCC 的飞行时间＝746/362＝2.0608h＝2h3.65min。

7 基于性能的导航(PBN)

7.1 PBN 概念与技术标准

ICAO 提出了基于性能的导航(PBN),是指在相应的导航基础设施条件下,航空器在指定的空域内或者沿航路、仪表飞行程序飞行时,对系统精确性、完好性、可用性、连续性以及功能等方面的性能要求。PBN 的引入体现了航行方式从基于传感器导航到基于性能导航的转变。

PBN 运行的三个基础要素是航行应用、导航规范和支持系统运行的导航设施。导航规范是在已确定的空域范围内对航空器和飞行机组提出的一系列要求,它定义了实施 PBN 所需要的性能及具体功能要求,同时也确定了导航源和设备的选择方式。PBN 包含两类基本导航规范:区域导航(RNAV)和所需导航性能(required navigation performance, RNP)。

PBN 运行的导航设施主要是提供全球覆盖、全天候、连续不间断、高精度导航的全球导航卫星系统(GNSS)。PBN 中最重要的两个性能是精度和完好性。最后进近阶段的 PBN 运行程序就是所需导航性能(RNP)进近。RNP 进近主要分为 RNP APCH 和 RNP AR APCH 两类。RNP APCH 是基本 RNP 进近,精度可达 0.3 nmile。RNP AR APCH 程序只能用于 RNP APCH 程序不能满足的一些特殊需求的情况,需要特殊授权,包括航空器需满足特定要求、机组需进行专门训练等,精度可达 0.3~0.1 n mile。

导航应用是将导航规范和导航设施结合起来,在航路、终端区、进近或运行区域的实际应用,包括 RNAV/RNP 航路、标准仪表进离场程序、进近程序等。RNP 导航规范具有机载性能监控和告警功能(RAIM),RNAV 则不需要具备。

7.1.1 RNAV 和 RNP

RNAV 和 RNP 后面所跟的数字代表导航精度值,例如 RNP-1 导航规范,要求在 95% 的飞行时间内,航空器位置必须满足标称航迹位置左右前后 1 nmile 以内的精度值要求。

国际民航组织确定的导航规范、所需基础设施以及导航应用如下:

RNAV-10 适用于海洋和偏远陆地空域。RNAV-10 并无机载性能监视和告警功能要求。该导航规范不需要求任何地基导航设备,但需装有至少两套机载远程导航系统(IRS/FMS,INS,GPS)。在地面导航、通信和监视设备可用情况下,RNP-10 允许的最低航路横向间隔标准为 50 n mile。

RNAV-5 适用于陆地航路,属于 RNAV 和传统 ATS 航路的过渡和混合。导航源可以为 GNSS,DME/DME,VOR/DME,INS/IRS,VOR;一般而言要求具有雷达覆盖和直接话音通信。

RNAV-2/1 主要用于有雷达监视和直接陆空通信的陆地航路和终端区飞行,RNAV-2 适用于航路,RNAV-1 导航规范适用于航路和终端区进离场程序。导航源为 GNSS,DME/DME,DME/DME/IRU。

RNP-4 应用于海洋和偏远地区。要求有话音通信或 CPDLC 以及 ADS-C,以支持 30 n mile 最低航路间隔标准。

RNP-2 该导航规范 ICAO 仍在制定中。

RNP-1 包括基本 RNP1 和高级 RNP1。基本 RNP1 适用于航路和终端区,该导航规范旨在建立低到中等交通密度且无雷达覆盖区域的航路和终端区程序。GNSS 是基本 RNP1 主要的导航源,使用 GNSS 的 RAIM 功能来保障完好性。使用基于区域导航系统的 DME/DME 导航则需要严格的安全评估。高级 RNP1 规范 ICAO 仍在制定中。

RNP APCH 包括 RNP 进近程序,以及直线进近阶段 RNAV(基于 GNSS)进近程序,精度值一般为 0.3 n mile。GNSS 是 RNP 进近程序的主要导航源,程序设计时需要考虑由于卫星失效或机载监控和告警功能丧失而导致失去 RNP 进近能力的可接受性。复飞航段可以是 RNAV 或传统导航程序。该导航规范不包括相关的通信和监视要求。

RNP AR APCH 是特殊授权 RNP 进近程序。特点是进近程序、航空器和机组需要得到局方特殊批准。一般用于地形复杂、空域受限且使用该类程序能够取得明显效益的机场,精度值一般在 0.3~0.1 n mile。RNP AR APCH 只允许使用 GNSS 作为导航源,应对实际能够达到的 RNP 精度进行预测。该规范不包括相关的通信和监视要求。

根据 ICAO 国际民航公约附件 10 中 GNSS SARPs 的规定,GNSS 的增强系统共分为三类:陆基增强系统(GBAS)、星基增强系统(SBAS)与机载增强系统(ABAS)。

GBAS 将为 GNSS 测距信号提供本地信息和修正信息。修正信息的精度、完好性、连续性满足所需服务等级的要求。这些信息通过 VHF 数据链以数字格式发布。GBAS 的应用包括 WAAS,LAAS 等。SBAS 利用卫星向 GNSS 用户广播 GNSS 完好性和修正信息,提供测距信号来增强 GNSS。ABAS 将 GNSS 组件信息和机载设备信息增强和/或综合,从而确保系统符合空间信号的要求。ABAS 的应用包括

RAIM，AAIM，GPS/INS 等。

美国 Honeywell 公司的 SLS-4000 型局域增强系统(LAAS)是目前世界上唯一获得认证的陆基增强系统。SLS-4000 LAAS 可以在 30 n mile 的服务范围内为飞机提供 CAT Ⅰ 精密进近服务。

基于性能的导航的概念由三个相互关联的部分组成：导航规范、助航系统基础设施以及导航应用。

各国将导航规范作为颁证和批准运行的基础。导航规范对沿某一特定航路、程序或在根据该导航规范批准的某一空域内运行的区域导航系统的要求，进行了详细的表述。对该区域导航系统的这些要求包括：

(1) 对区域导航系统的准确性、完整性、连续性和可用性诸方面性能的要求。

(2) 为达到所需性能，区域导航系统需要具备的功能。

(3) 并入该区域导航系统，可以用来达到所需性能的导航传感器。

(4) 飞行机组人员和为达到该区域导航系统所需性能的其他程序。

助航系统基础设施与各导航规范中所提到的空中或地面的导航辅助设备相关联。

要求机载性能监测和告警的导航规范被称之为所需导航性能(RNP)规范。那些不要求机载性能监测和告警的规范被称之为区域导航(RNAV)规范。用机载性能监测和告警区别所需导航性能和区域导航较为方便。这样就使必须进行预期飞行运行的飞机系统的一些差异和许多带有共性的功能得到了简化。导航应用是指遵照空域概念，将导航规范和相关导航辅助设备基础设施应用于空中交通服务(ATS)航路、仪表进近程序和/或限定空域体积。导航规范和导航辅助设备基础设施如何一起用于导航应用之中的范例包括区域导航或所需导航性能标准仪表离场(SID)与标准仪表进场(STAR)；区域导航或所需导航性能空中交通服务航路与区域导航进近程序。

就专用传感器制定的空域和越障标准方法而言，基于性能的导航具有下述优点：

(1) 减少了对维持传感器专用航路和程序的需求，以及与之相关的成本。如：移动一个甚高频全向信标(VOR)地面设施就会影响到数十个程序，因为在航路、甚高频全向信标进近，或作为复飞的一部分等中，都可以使用甚高频全向信标。增加一组新的传感器专用程序就会增加成本支出，而可用导航系统的快速增加，很快就会使系统专用航路和程序不堪重负。

(2) 避免对每一次新开发的导航系统都须制订专用传感器的运行，这样就避免了昂贵的成本支出。预计卫星导航服务业务的扩大会有助于不同航空器的区域导航系统的持续多样性。由于对星基增强系统(SBAS)、陆基增强系统(GBAS)和陆基区域增强系统(GRAS)的增强，原来的基础全球卫星导航系统(GNSS)正在改进，而对伽利略设备的引入和对全球定位系统(GPS)与全球轨道卫星导航系统

(GLONASS)的现代化,将进一步提高性能。全球卫星导航系统/惯性导航的综合利用正在扩大。

(3) 可以更有效地利用空域(航路布局、油料效能、减少噪声)。

(4) 阐明区域导航系统所用的方式。

(5) 提供了一套供全球使用的导航规范,简化了营运人的运行批准过程。

7.1.2　基于性能导航的内容

基于性能导航是若干能够提供空域概念的手段之一。在空域概念中,通信、空中交通服务(ATS)监视和空中交通管理也是不可或缺的组成部分(见图7.1)。

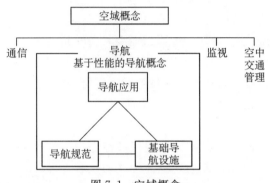

图 7.1　空域概念

基于性能的导航概念取决于对区域导航系统的使用。

在应用基于性能导航中,有两个主要的输入要素:

(1) 导航设施。

(2) 导航规范。

在针对空中交通服务航路和仪表程序的空域概念的条件下,使用这些要素就产生出第三个要素:

(3) 导航应用。

基于性能导航范围:

1) 横向性能

由于与原区域导航概念相关的历史原因,基于性能导航现在被限定于线性横向性能要求和时间限定的运行(见图7.2)。正因为如此,对于角度横向性能要求(即对垂直进近引导程序 Ⅰ(APV - Ⅰ)和 Ⅱ(APV - Ⅱ)的全球卫星导航系统性能等级,以及仪表着陆系统(ILS)/微波着陆系统(MLS)/全球卫星导航系统精确进近和着陆运行的进近与着陆运行)的垂直引导相关的运行不予论述。

2) 垂直性能

与侧向监测与越障不同,对垂直导航(VNAV)系统而言,既不存在垂直位置误差告警,也在95%的要求总系统精度与性能限定间不存在双倍的关系。因此,垂直导航不被视为所需垂直导航性能。

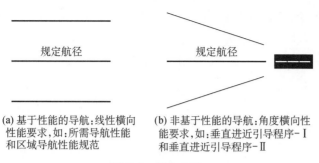

(a) 基于性能的导航:线性横向   (b) 非基于性能的导航:角度横向性
性能要求,如:所需导航性能 能要求,如:垂直进近引导程序-Ⅰ
和区域导航性能规范   和垂直进近引导程序-Ⅱ

图 7.2 横向性能

本节中包含的大多数的国际民用航空组织(ICAO)规范,最初都是为了符合特定空域结构的运行要求为地区所制订的。某些导航规范的应用是用于海洋或偏远的陆地空域的空域概念。其他的则用于陆地或终端空域的空域概念。

通过公布这些国际民用航空组织(ICAO)的导航规范,可以避免地区或国家导航规范的增加,从而允许各地区和各国使用现有的国际民用航空组织(ICAO)的导航规范,而不需要制订新的导航规范(见表 7.1)。

表 7.1 飞行阶段导航规范的应用

导航规范	飞行阶段							
	在途海洋/偏远陆地	在途陆地	进场	进近				离场
				起始	中途	最终	复飞	
RNAV 10	10							
RNAV 5		5	5					
RNAV 2		2	2					2
RNAV 1		1	1	1	1		1[b]	1
RNP 4	4							
Basic-RNP 1			1[ac]	1[a]	1[a]		1[ab]	1[ac]
RNP APCH				1	1	0.3	1	
RNP AR APCH				1~0.1	1~0.1	0.3~0.1	1~0.1	

注:该表中的数字指 95% 的精度要求(n mile)。

  区域导航 5 是可用于 30 n mile 以外,最低安全高度(MSA)之上的标准仪表进场初始部分的航路导航规范。

  所需导航性能 2 和先进的所需导航性能 1 被认为应当包括在将来的《基于性能的导航手册》修订版中。

  1a 表示导航应用仅限用于标准仪表进场和标准仪表离场。

  1b 表示只能在复飞阶段的初始爬升之后才能使用应用区域。

  1c 表示距机场基准点(ARP)30 n mile 以外,告警精度值变为 2 n mile。

表 7.1 表明导航规范及相关的导航精度。例如该表证明了指定某海洋/偏远、航路或终端导航规范包括指出所需导航精度,以及证明了指定最后进近所使用的导航规范是不同的。

最重要的是表 7.1 表明,对于任何特殊的基于性能的导航运行,都有可能依次使用区域导航和应用所需导航性能。某飞行可能始于一个使用基本区域导航 1 标准仪表离场（RNP 1 SID），在整个航路及其后的海洋空域，分别过渡为区域导航 2 和所需导航性能 4，在要求先进的区域导航 1 和授权进近所需导航性能（RNP AR APCH）的终端和进近运行结束，导航性能规范示例如图 7.3 所示。

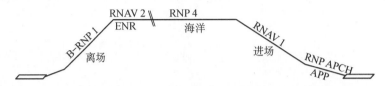

图 7.3　在空中交通服务航路和仪表程序应用区域导航和所需导航性能规范示例

表 7.1 指出了在飞行的进近和复飞阶段中，对一些情况，在这些情况中倘若总系统误差（TSE）相同，不同的《导航规范》就能够适用于相同的飞行阶段。这并不意味着所有的规范都提供相同的功能性能。为此，在设计程序时，重要的是只用到那些由适当的《导航规范》提供的性能，同时确定适当的程序。

要将区域导航系统飞行的整个程序都编入数据库，并且它须使驾驶员确信该系统能够达到整个程序的运行要求。

7.2　国际民用航空组织（ICAO）导航规范的适用范围

国际民用航空组织（ICAO）导航规范并非包括所有的为某一特定空域、航路或某一特定区域指定的要求。这类额外的要求在其他诸如运行准则、航行资料汇编（AIP），以及国际民用航空组织（ICAO）的《地区补充程序》（7030 号文件）等文件中予以说明。当运行批准主要与空域导航要求相关时，仍要求营运人和飞行机组人员在飞入某一空域之前，要考虑该空域的国家主管当局所要求的与该空域相关的全部运行文件。各国有义务遵照国际民用航空组织《附件 11》和《航行服务程序——空中交通管理：第二章》中的条款做出安全评价。

7.2.1　导航误差要素与告警

1）横向导航

未能达到所需横向导航精度可能是由于与航空器跟踪与定位相关的导航误差。机载性能监测和告警方面的三个主要误差是航径分辨率误差（PDE）、飞行技术误差（FTE）和导航系统误差（NSE），如图 7.4 所示。假定这些误差的分布是相互独立的、零平均值、高斯分布。因此，总系统误差（TSE）的分布也是标准差为这三种误差的标准差的和的平方根（RSS）的高斯分布。

（1）当区域导航（RNAV）系统所确定的航径与预期行径，即：预期要飞越的陆地航径不相符时，就会发生航径分辨率误差。使用区域导航系统导航预示着某代表计划航迹的确定航径被载入了导航数据库。不能将一个一致的、可重复的航径确定为可以允许在某一航路点进行侧过航转弯、需要上过航某一航路点，或当航空器到达某目标高度所进行的转弯。在上述情况下，导航数据库包含一条点对点的理想飞

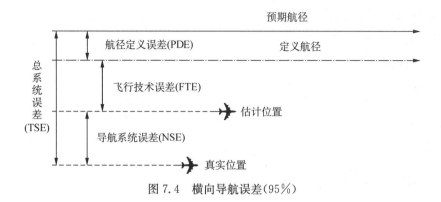

图 7.4　横向导航误差(95%)

行航径,但是无法对确定侧过航或上过航航径和进行机动动作的区域导航系统做出解释。没有一个确定的航径就不可能确定一个有意义的导致转向变率的航径分辨率误差和飞行技术误差。相比之下,当使用转弯半径(RF)航节过渡或固定半径过渡(FRT)时,同某些所需导航性能规范(见后)一样,可以确定一个航径,并能够由此来确定航径分辨率误差和飞行技术误差。同样,不能将一个划定的,可重复的航径确定为基于航向的航径,因而在航路设计中,包括了最终的航径可变性。

（2）飞行技术误差与飞行机组人员或自动驾驶仪沿该确定航径或航迹运行的能力相关,包括任何显示误差(如:航向偏差指示器(CDI)定心误差)。飞行技术误差可以由自动驾驶仪或飞行机组程序进行监控,这些程序需要其他手段在多大程度上进行辅助,则取决于诸如飞行阶段和运行类型这样的条件。这类监控辅助可以由地图显示来提供。

注:飞行技术误差有时指航经操作误差(PSE)。

（3）导航系统误差指航空器估计位置与实际位置之间的差。

注:导航系统误差有时指定位估计误差(PEE)。

2）纵向导航

纵向性能指依据纵向某个位置的导航(如:4-D 操控)。然而,目前尚没有要求 4-D 操控的《导航规范》,也没有纵向范围方面的飞行技术误差。当前的《导航规范》说明了纵向精度要求(见图 7.5),其中包括导航系统误差和航径分辨率误

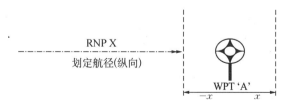

当航路点顺序排开时,将位于WPT 'A'的
X NM(纵向)内的航空器

图 7.5　纵向导航误差(95%)

差。航径分辨率误差被认为是可以忽略不计的。纵向精度影响位置报告（如："10海里至 ABC"）、程序设计（如：航空器一旦飞越某一定位点就可以开始下降的最低航段海拔高度）。

区域导航和所需导航性能规范的精度要求明确了横向和纵向导航精度范围。所需导航性能规范中的机载性能监控和告警要求明确了横向范围，以对航空器的合规性进行评价。但是，导航系统误差被认为是径向误差，所以对机载性能监控和告警的定义是全方位的。

7.3　机载性能监控和告警的作用

机载性能监控和告警能力要满足两个要求，一是要航空器机载，另一个是要在空域设计之内。在区域导航运行中确保空中系统性能已不容置疑。依据现行的适航标准，仅要求区域导航系统按照已经广泛说明的明确要求履行既定功能和性能。其结果是当标称的区域导航系统性能表现极佳时，其特点是系统功能性和相关飞行性能的可变性。所需导航性能系统提供一种使可变性最小化的手段，并且确保飞行运行的可靠性、可重复性和可预见性。

机载性能监控和告警使得飞行机组人员能够发现所需导航性能系统是否达到导航规范所要求的导航性能。机载性能监控和告警与横向和纵向导航性能两者都相关。

机载性能监控和告警与区域导航系统的性能相关。

（1）"机载"明确表明机载性能监控和告警对航空器机上有影响，而不是其他任何地方，如：使用地基航路跟踪监控或空中交通管制（ATC）监视。机载性能监控和告警的监控构成与飞行技术误差和导航系统误差相关。航径分辨率误差局限于数据库的完整性及所确定航径的功能要求，因此被认为可忽略不计。

（2）"监控"指在航空器判断位置误差和/或遵循预期航径能力方面，对航空器性能的监控。

（3）"告警"与监控相关：如果航空器的导航系统运行不良就会向飞行机组人员告警。

要满足监控和告警要求必须做到下列两点：

（1）机载导航系统具有导航系统误差监控和告警能力（如：接收机自主完好性监视（RAIM）或故障探测与排除（FDE）演算法），以及一个横向导航显示器（如：航向偏差指示器（CDI）），使机组人员能够监控飞行技术误差。在航径分辨率误差忽略不计的情况下，可以达到该项要求，因为导航系统误差和飞行技术误差得到监控，构成总的系统误差监控。或

（2）机载导航系统具有一个总系统误差监控和告警能力。

上述实际效果在总系统误差中十分明显，并且可以以表格的形式表示出来（见表 7.2）。

表 7.2 机载监控和告警对总系统误差的影响

	区域导航(RNAV)规范	所需导航性能(RNP)规范	
		不要求固定点半径(RF)或固定半径转换(FRT)的 RNP X 规范	要求固定点半径(RF)的固定半径转换(FRT)和 RNP X 规范
NSE（监控和告警）	仅由驾驶员反复核对观察到的 NSE；没有定位误差告警	定位精度和完整性告警	
FTF（监控）	由机载系统或机组程序管理	由机载系统或机组程序管理	
PDE（监控）	一般可忽略；在侧过航、飞越及有条件转向时没有划定预期航径		一般可忽略；固定点半径和固定半径转换上划定的航径。
总系统误差（TSE）上的实际效果	TSE 分布没有限制。此外，转向性能方面很大的变化致使需要对转向采取额外的保护。	TSE 分布有限制，但是在转向上需要对航路采取额外的保护。	TSE 分布有限制；如果由固定点半径(RF)或固定半径转换(FRT)划定转向就不需要对航路采取额外保护。

　　注意表 7.2 也反映出不要求固定点半径和固定半径过渡所需导航性能 X 的规范与区域导航的规范，因为未确定预期航径，所以在航径分辨率误差方面有很多共性的地方。这就使得需要在转弯方面提供额外的保护空域。

　　基于性能的导航概念使用"机载性能监控和告警"这一术语，而不使用"滞留"这个术语。这是为了避免混淆现在各个专业领域在不同的文件中所使用的"滞留"这个词。例如：

　　(1)"滞留"一直用来指航空器将在其中逗留 95% 时间的地区。相关的术语是"滞留值"和"滞留距离"，以及某一区域导航空中交通服务航路两侧相关的空域保护。

　　(2) 在《RTCA/DO-236》和《EUROCAE/ED-75》行业标准中，"滞留"是指当没有预警(0.99999 可能性)时，航空器将要逗留的地区，并且对预警发生的频率作出要求。相关的术语是"滞留限制"、"滞留完整性"、"滞留连续性"以及"滞留地区"。

　　(3) 在《空中航行服务程序—航空器运行》(PANS-OPS)材料中，"滞留"是指用作确定超障余度的地区，以及预计航空器极有可能要停留其中或该表面之上(不考虑告警)。相关的术语有"滞留区域"、"空域滞留"、"超障余度滞留"以及相关的障碍保护区域。

　　前面提到的国际民用航空组织(ICAO)有关"滞留值"和"滞留距离"的术语，已经由总系统误差的导航精度所代替。

7.3.1　所需导航性能的性能监控和告警要求

1) 所需导航性能 4、基础——所需导航性能 1 和所需导航性能进近（RNP APCH）

所需导航性能 4、基础——所需导航性能 1 和所需导航性能进近的性能监控和告警要求享有共同的术语和应用。每一个所需导航性能导航规范都包括对下述特性的要求：

（1）精度：精度要求界定那些有规定精度要求维度的 95% 总系统误差。精度要求与区域导航的导航规范相协调，并且总是等于精度值。所需导航性能的导航规范的一个特有的方面是精度是监控的性能特性之一，见下一段。

（2）性能监控：要求航空器或航空器和驾驶员两者监控总系统误差，并且如果未达到精度要求或如果总系统误差超过精度值两倍的概率大于 10^{-5} 时就要告警。为了使所使用的运行程序能够达到这个要求，就要对机组程序、设备特性，以及安装的有效性和等效性等进行评估。

（3）航空器故障：须在适航条例内考虑航空器设备故障问题。故障要根据航空器水平效应的严重程度分类，系统的设计必须降低发生故障的可能性或减轻其效应。故障（设备运行但是输出不正常）和失去功能（设备停止运转）都要论述。要依据运行连续性来确定双系统要求（如：海洋运行和遥控）。航空器故障特性并非特指所需导航性能的导航规范。

（4）空间信号故障：有关导航信号的空间信号特性的论述，见（国际民用航空组织《附件 10》），它们是航空导航服务提供人（ANSP）的责任。

这些要求中所需导航性能导航规范真正独有的是性能监控要求。所需导航性能导航规范的实际效应是提供总的系统误差分布范围。由于假定航径分辨率误差可以忽略不计，监控要求就减少到总系统误差的另外两个要素，即：飞行技术误差和导航系统误差。假定飞行技术误差为某特定飞行控制模式内的各态历经的随机过程。这样，飞行技术误差分布在一给定飞行控制模式内的一段时间里是恒定的。然而，相反，由于许多变化特征，导航系统误差分布随时间而有所改变，最明显的是：

（1）所选择的导航传感器：采用哪种用来估计位置的导航传感器，如：全球卫星导航系统或测距仪/测距仪（DME/DME）。

（2）航空器相对于辅助导航设备的位置的相关几何图形：尽管存在变化特征，但是所有的无线电助航系统都具有这项基本的可变性。全球卫星导航系统的性能受到卫星与航空器之间相关几何方位的影响（位置线应该在空间良好分布，以便做出空间和时间的决策）。测距仪/测距仪导航解决方案受到航空器两个测距仪（最理想的是 90°）之间的包含角，以及距测距仪的距离的影响，因为随着距离的增加，航空器应答机可能会有渐增的范围误差。

（3）惯性参考装置具有误差特性，该特性随着对其的更新而增加。

2) 将性能监控和告警应用于航空器

尽管总系统误差由于多种原因,包括上述原因,随着时间的推移而发生较大的变化,但是所需导航性能导航规范保证总系统误差的分布仍然适合运行。这源于与总系统误差分布相关的两项要求:

(1) 要求 95% 飞行时间中的总系统误差(TSE)等于或小于所要求的精度;

(2) 每一架航空器的总系统误差在无信号表示时超过特定的总系统误差界限(等于精度值的两倍)的概率小于 10^{-5}。

一般而言,总系统误差 10^{-5} 的要求对性能提出了更大的限制。例如,对于任何总系统误差的交叉航迹误差呈正态分布的系统而言, 10^{-5} 的监控要求将标准偏差限制在 2 精度值/4.45=精度值/2.23,而 95% 的要求就会允许标准偏差最大达到精度值/1.96。

重要的是要懂得,当这些特性限定必须要达到的要求时,它们并未限定实际的总系统误差分布。可以预计实际的总系统误差分布要优于这些要求,但是如果使用较低的总系统误差值,就必须有实际性能的明确证明。

将性能监控和告警应用于航空器时,在如何处理个别误差时,就可能出现明显的可变性:

(1) 某些系统分别监控实际的交叉航迹误差和纵向航迹误差,而其他的则监控径向导航系统误差,以简化监控和消除对航空器航迹的依赖,如:根据典型的省略2D 误差分布。

(2) 某些系统的监控器包括飞行技术误差,将飞行技术误差当前值作为对总系统误差分布的偏差。

(3) 对于基础全球卫星导航系统系统,达到精度和 10^{-5} 的要求是作为机载增强系统(ABAS)要求的副产品,这些要求在设备标准中已经被界定,并且显示标准化的航向偏差指示器的飞行技术误差分布。

重要的是不能将性能监控作为误差监控。当系统不能以充分的完整性保证位置达到精度要求时才能发布性能监控告警。当发布这类告警时,可能的原因是失去验证位置数据的能力(卫星功能不足是潜在的原因)。在这种情况下,当时航空器最有可能的位置是驾驶员显示器上所显示的位置。假定所飞行的航迹正是预计航迹,飞行技术误差就会在所要求的限度之内,因此在告警之前就认为总的统误差接近精度值的两倍是不妥当的:相反,总系统误差在告警之前超过精度值两倍的可能性只不过大约为 10^{-5}。反之,不能仅仅因为没有告警而假定总系统误差小于精度值的两倍:总系统误差可能会大些。一个实例是针对那些基于固定误差分布计算飞行技术误差的航空器:对于这类系统,如果飞行技术误差增大,甚至当总系统误差比精度值大很多倍时也没有告警。正因为如此,监控飞行技术误差的运行程序是十分重要的。

3) 将性能监控和告警应用于风险评价

所需导航性能 4、基础所需导航性能 1 和进近所需导航性能的性能监控和告警要求,并不排除为确定最小间隔进行安全评定的需要,也不排除对使用风险矩阵,如进近过程中每小时碰撞或偏移于超障余度区之外的那些航路制订超障余度标准的需要。鉴于碰撞风险水平、精度和航路间距或超障余度之间的关系一般都十分复杂,简单地假定适当的航路间距(航迹至航迹)为精度值的四倍,或假定超障余度为精度值的两倍均都是不妥的。显而易见,航空器之间或航空器和障碍物之间的碰撞风险由失去相关维度中的间隔的概率,以及处于该失去间隔状态的概率所决定。处于失去间隔的状态可以通过时间求值(如:进行进近运行所需时间)或者通过风险事件的次数求值(如:每小时通过的航空器数量)。

安全评定可以利用性能监控和告警要求提供每一维度中的总系统误差分布的范围,由此得出的分布范围需要予以验证。此外,人们要明了这些限制分布的范围,由于它们并不包含例如人为误差。而且,导航数据库误差不包含在基于性能的导航规范之中。众所周知,失误是导航中的一个主要误差原因,随着全球卫星导航系统应用精度的提高,失误就成了风险最主要的根源。在国际民用航空组织SASP(原航路管制间隔研讨委员会(RGCSP))确定最小间隔的安全评估时都按惯例,已考虑到了这些。

尽管国际民用航空组织的超障余度专家组(ICAO OCP)在确定超障余度标准中都按惯例依据无故障案例,但是已经多次发现,依据全球卫星导航系统的先进导航方法,服务的完整性和连续性对最终所要达到的安全水平至关重要。无故障操作和一些(而不是全部)故障混合在一起所导致的偏离,而又无信号显示这些偏离的情况已变得越来越明显。因此,就有必要对相关安全评定的精确程度特别加以关注。

进行安全评定时,各国都可以选择考虑整体的分布(所有在航路或程序中运行的航空器)的总系统误差要优于性能监控和告警要求所规定的限定分布。然而,在操作中,必须有所获得的实际性能的证明。

4) 将性能监控和告警应用于授权进近所需导航性能(RNP AR APCH)

授权进近所需导航性能(RNP AR APCH)的性能监控和告警要求包括很多与所需导航性能4、基本-所需导航性能和进近所需导航性能相同的特性。但是,针对授权进近所需导航性能,这些要求会更严格,会增加一些额外的要求,以便更严格地监控或控制每一个误差源。基本有两种通过分析来确定超障余度的方法。一种是依据目标安全水平得出超障余度,前提是预先确定航空器要求和弱化操作。另一种是依据目标安全水平得出航空器要求和弱化操作,前提是预先确定超障余度标准。在了解用于授权所需导航性能的方法时,至关重要的是要遵循后一种方式,即授权进近所需导航性能运行的超障余度在最初确立时,其总的宽度是精度值的4倍(航径中点的精度值为±2倍),此后制订航空器要求和弱化操作,以满足目标安全水平。

使用全球卫星导航系统时,授权进近所需导航性能的空间信号要求,不是根据导航系统误差来设定。取而代之的是用总系统误差描述来确保航空器可能飞出超障余度区的风险可接受程度。对航空器故障的要求更为严格,并且为许多个别的误差源界定了性能监控和告警要求。

5）系统性能、监控和告警要求

下述示例规定了基本-所需导航性能 1 的数值：

（1）精度：在指定为所需导航性能 1 的空域或航路运行期间，总飞行时间中至少 95％ 的时间的横向总系统误差必须在 ±1 n mile 之内。总飞行时间中至少 95％ 的时间的纵向航迹误差也必须在 ±1 n mile 之内。

（2）完整性：在适航条例中，航空器导航设备故障被归类为严重故障（即每小时 10^{-5}）。

（3）连续性：如果操作者可以转换到不同的导航系统，并且继续飞行至某一合适的机场，失去功能就被归类为较小故障。

（4）性能监控和告警：如果未达到精度要求，或者如果横向总系统误差超过 2 n mile 的概率大于 10^{-5}，所需导航性能系统，或所需导航性能系统与驾驶员一起，必须提供告警。

（5）空间信号：如果使用全球卫星导航系统，在空间信号误差所导致的横向位置误差大于 2 n mile 的概率每小时超过 10^{-7} 的情况下，航空器导航设备必须提供告警（国际民用航空组织《附件 10：表 3.7.2.4 - 1》）。

7.4　导航功能要求

RNAV 规范和 RNP 规范都包括对某些导航功能的要求。就基本层面而言，这些功能要求可以包括：

（1）在位于飞行驾驶员主视野所及的航行显示器上向其连续显示有关该航空器航迹位置的信号。

（2）对正使用的（至）航路点距离和方位的显示。

（3）对正使用的（至）航路点地速或时间的显示。

（4）航行数据存储功能。

（5）对区域导航系统，包括传感器对故障的正确显示。

更为详尽的航行规范（见图 7.6）还包括对导航数据库和执行数据库程序的要求。

7.4.1　RNP 规范和 RNAV 规范的指配

1）海洋、偏远大陆、航路和终端

就海洋、偏远大陆、航路和终端运行而言，RNP 规范被指定为：RNP X，如：RNP 4。RNAV 规范被指定为：RNAV X，如：RNAV 1。如果两个航行规范共用同一个 X 数值，在其前可以使用前缀以示区分，如：高级- RNP 1（Advanced - RNP 1）和基础- RNP 1（Basic - RNP 1）。

无论对指定的 RNP 还是对指定的 RNAV 而言，符号"X"（标注处）指预期在该空域、航路或程序范围内，所有运行的航空器至少在 95％ 的飞行时间里都可以达到的横向导航精度（以 n mile 表示）。

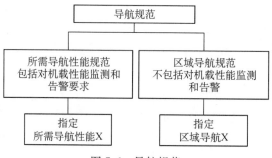

图 7.6　导航规范

2) 进近

进近航行规范包括仪表进近的各个航段。所需导航性能的指配将要求把导航规范用作前缀，后随一原用词的后缀形式，如：RNP APCH 或 RNP AR APCH。

3) 对 RNAV 和 RNP 指配的理解

如果把导航精度用作指定航行规范的一部分，就应当注意导航精度只是包含在一个航行规范中的许多性能要求中的一项，见示例 1。

示例 1

RNAV 1RNAV 规范，它包括其他许多性能要求中对 1 海里（n mile）导航精度的要求。虽然 RNAV1 可能建议 1 海里（横向）导航精度是所要求的唯一性能标准，但并非如此。就像所有导航规范那样，RNAV1 规范中所有有关对机组人员和机载导航系统的要求。

导航规范指配是对所有性能和功能性要求的简称。

因为对每一个导航规范都明确了具体的性能要求，所以批准为某一 RNP 规范的航空器，并非就自动批准适用于所有 RNAV 规范。同样，批准为某一 RNP 具有较高精度要求的性能或 RNAV 规范（如：RNP 0.3 规范）的航空器，并非就自动批准适用于具有较低精度要求的导航规范（如：RNP 4）。

例如：将批准为 Basic RNP‑1 的航空器，自动批准适用于 RNP‑4，似乎是合乎逻辑的，但是情况并非如此。较高精度要求的航空器，并非就符合具有较低精度的导航规范的某些功能要求。

4) RNAV 和 RNP 飞行计划的指配

采用人工或自动的方式发布飞行计划，通知管制员航空器具有沿某一条空中交通服务航路、某一程序，或在某一空域内飞行的能力。有关飞行计划程序的论述，见国际民航组织的《空中航行服务程序—空中交通管理》（PANS‑ATM）（Doc. 4444）。

5) 保留不一致的 RNP 代号

现行 RNP 10 规范与基于性能的导航、RNP 和 RNAV 规范不一致。RNP 10 并不包括对机载性能监视和告警的要求。为了与基于性能导航的概念相一致，在本《手册》中，RNP 10 指的是 RNAV 10。将 RNP 10 重命名为 RNAV 10 航路、重新进行运行批准是一项涉及面很广和花费大量费用的工作，是无效益的。因此，任何现行的或新的运行许可,都要继续作为 RNP 10,任何制图说明都应作为 RNP 10 来描述。

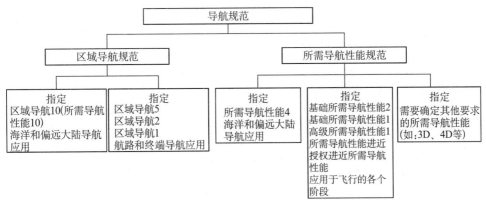

图 7.7　适应现存的和未来的指定

美国和欧洲民用航空会议(ECAC)各成员国现在使用的是有着不同标识的地区区域导航规范。美国用法(区域导航 A 类和 B 类)和欧洲用法(P-RNAV 和 B-RNAV)将继续在这些国家内使用。随着时间的推移,美国和欧洲的区域导航用法将向国际的区域导航 1(RNAV1)和区域导航 5(RNAV5)的航行规范过渡(见图 7.7)。

6) 最低导航性能规范(MNPS)

在北大西洋最低导航性能规范空域运行的航空器要符合最低导航性能规范。因为最低导航性能规范的强制性和还未考虑未来最低导航性能规范的实施问题,所以有意将其从上述指定规划中排除在外。在国际民航组织的《有关北大西洋地区空中航行统一指导和信息材料》(NAT Doc 001)中规定了对最低导航性能规范的要求(见 http://www.natpco.org)。

7) 未来 RNP 指配

未来空域概念的 RNP 规范可能在不改变导航精度要求的情况下,需要有其他功能是可能的。在这样的未来导航规范的示例中,可能包括对所需垂直导航性能和基于时间(4D)能力的要求。

7.4.2　导航基础设施

导航基础设施指陆基或星基导航设施。陆基导航设施包括测距仪(DME)和甚高频全向信标(VOR)。星基导航设施包括《附件 10》中所明确的全球卫星导航系统的基本构成要素。

7.4.3　导航应用

导航应用是指按照空域概念,对导航规范和相关空中交通服务航路导航设施、仪表进近程序和/或指定空域的使用。RNAV 应用由 RNAV 规范来支持;RNP 应用由 RNP 规范来支持。

7.5　中国民航 PBN 发展与解决方案

按照国家航空航天发展战略,中国民用"大飞机"项目和新一代"北斗"卫星导航系统已经启动,预示着我国民航运输系统有望拥有自主研发能力和保障体系。国家经济建设的发展,将促使空域逐步开放,加大对通用航空的扶持力度,带动我国民航产业持续快速增长。

据预测,在未来 10 年里,中国民用航空运输仍将以年均 10% 以上的速度增长。到 2020 年,将实现运输总周转量 1400 亿吨公里以上,旅客运输量超过 7 亿人次,旅客周转量在国家综合交通运输体系中所占比重达到 25% 以上。民航航线网络将继续扩大,民用运输机场数量达到 240 个以上,通用航空机场数量不断增多。在地面交通 100 km 或 1.5 小时的车程范围内,全国 80% 以上的县级行政区域能方便地获得航空服务,所服务区域内的人口数量将达到全国人口的 82% 以上,国内生产总值达到全国总量的 96% 以上。

7.5.1　发展策略

通用航空的增长,对构建科学和全面的中国民用航空体系具有重要作用。国家重视和支持通用航空的发展,预计中国通用航空将会迎来快速发展时期。

通用航空公司机队组成复杂,作业区域和作业内容灵活多变,通信、导航、监视服务差异较大。民航局鼓励并支持通用航空公司逐步实施 PBN,建立 RNAV 和 RNP 运行能力,以提高通用航空飞行安全、生产效率和效益。

计划在通用航空器上加装 GNSS 导航系统,实施 RNP - 4,RNP - 2,RNAV - 2,RNAV - 1,RNP - 1,RNP APCH 等运行。包含"北斗"在内的多卫星导航系统兼容运行的 GNSS 系统是未来通用航空首选的导航系统。

7.5.2　航空器能力

中国民航实施 PBN 需要对一些飞机做相应的设备改装。这些设备改装是通信、导航和监视(CNS)技术发展的重要组成部分。

密切跟踪国际先进技术的新发展和新变化,且与国际标准相接轨,从实际出发,科学决策,整体规划,逐步实施,注重应用实效。

根据民航局和 ICAO 的技术标准,兼顾 CNS 的综合要求,对照 PBN 导航规范,本文仅说明了对机载导航设备的改装。下文从现有机队总体情况、机载设备标准、机队 PBN 能力现状三个方面简要概述。

1. 现有机队总体情况

截至 2009 年 6 月,全行业在册运输飞机达到 1332 架,其中包括波音公司系列飞机 767 架,空客公司系列飞机 462 架,巴西航空工业公司飞机 50 架,庞巴迪公司飞机 20 架,多尼尔 29 架,ATR5 架,新舟 601 架,Tu2041 架。

机载设备标准

ICAO PBN 导航规范规定了飞机所需的 CNS 能力。

2. 机队 PBN 能力现状

中国的航空公司现在运行的运输机队装备良好。根据 ICAO PBN 导航规范及中国民航相关规章和咨询通告的要求,中国民航现役运输机队大部分可以执行 PBN (RNAV 和 RNP)运行。

目前我国现役运输机队具备的 RNAV 和 RNP 能力的比例为:RNAV-1 航路、终端区 82%;RNAV-5 航路、终端区 99%;RNAV-10 海洋偏远地区 78%;RNP-4海洋偏远地区 56%;RNP-1 航路、终端区 71%;RNP APCH 进近 71%。

8 广播式自动相关监视系统(ADS - B)

8.1 ADS 简介

空中交通管制(ATC)的目的之一是防止飞机相撞,二是高效有序地组织空中交通,这就需要实时确定飞机的身份、位置(经度、纬度、高度)、航姿(速度、方向)及时间等数据。当前普遍采用"程序管制"和"雷达管制"两种方式完成空中交通管制。世界上根据不同地区不同空域的飞行流量,使用不同的管制方法,包括:

(1)高流量陆地空域(如北美和欧洲空域)和高流量海洋飞行空域(如大西洋空域):使用雷达监视飞机飞行和空域避撞,大量使用可靠的超短波(VHF/UHF)地空通信手段。

(2)低流量陆地空域(如非洲和亚洲):采取超短波(VHF/UHF)和短波(HF)结合的地空通信以及飞行员自发报告位置和程序推算方法来完成监视和空中交通管制。

(3)低流量海洋空域:由于地域限制无法架设雷达和甚高频监视的设施,只能采用程序推算和短波(HF)地空通信来完成空中交通管制。

空中交通管制的发展史,也是全球空域飞行量逐渐增大的历史,其中程序管制和雷达管制都做出了巨大的贡献,但是传统的管制方法也限制了空域飞行的流量,导致空域拥堵和流量降低的矛盾,已渐渐难以适应现代航行系统的飞行需要。而且如果想通过增加架设地面雷达和通信导航设施来改善管制效果的代价是十分昂贵的,而且在洋区、山区或高原、沙漠等地区都几乎无法架设或改进地面设施。受这些环境条件影响,空域不能得到很好的利用,从而造成航路拥挤和航班延误等后果。

为了克服这些困难,有效地改善空中交通管制的现状,国际民航组织(ICAO)提出了基于卫星技术的新航行系统和自动相关监视技术,又对"自动相关监视"的概念、理论和相关执行标准等进行了持续不懈的研究,各个国家和地区也在各自的空域中进行了大量的验证和试验,使自动相关监视得到了飞速的发展。

自动相关监视(automatic dependent surveillance,ADS),是 CNS/ATM 系统的重要组成部分。ICAO 将 ADS 定义为"ADS 是一种监视技术,由飞机将机上导航定位系统导出的数据通过数据链自动地发送,这些数据至少包括飞机识别码、四维位置和所需附加数据。""四维位置"指的是飞机的纬度(导航系统提供的现在位置的纬度)、经度(导航系统提供的现在位置的经度)、高度(按气压高度提供的现在位置)和时间(发出位置报告时的世界协调时 UTC)。

ICAO 曾对 ADS 的定义进行了数次修改,最后定稿为上述定义,以求和雷达监视技术相对应。可见,ADS 是供空中交通服务使用的一种功能,简单地说,就是"飞机自动发射航行数据,地面接收这些数据并自动显示",它是基于数据链通信的一整套监视系统。

ADS 的特点就是使管制员和飞行员之间的管制信息和航行信息可以通过数据链进行自动交换,从而大量减少了话音通信以及话音通信带来的易被干扰和不确定性,对空中交通管制的效率和安全性有显著的提高。ADS 系统设备发射和接收的数据包括:

(1)通过机载导航系统,如惯导(INS),GPS 等所获得的本机位置信息。位置报告的发送时机受控于地面空中交通管制单位。

(2)通过机载飞行管理计算机获得的本机飞行航行信息,使地面空中交通管制单位能检查飞机的飞行是否遵照飞行计划执行。

(3)通过机载气象雷达和大气机获得的空中气象数据,使地面空中交通管制单位能及时获取飞机当前飞行空域的气象状况。

8.2　ADS 的组成

根据 ICAO 对 ADS 系统的定义和设计,ADS 系统的概貌如图 8.1 所示,它由以下几部分组成地面空中交通管制系统的管制员显示控制设备具有 ADS 功能的飞行数据处理系统陆基通信网地空数据链机载 ADS 设备具有 ADS 功能的机载显示控制设备。

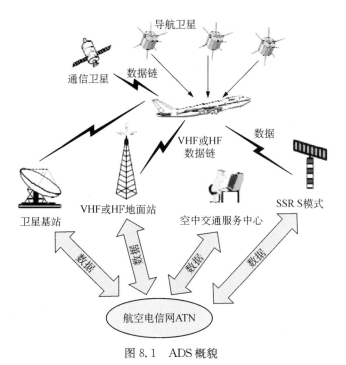

图 8.1　ADS 概貌

8.2.1　管制员设备

管制员设备是指地面空中交通管制席上的显示和控制设备,应具备以下能力:

(1) 为管制员显示其当前管辖扇面空域的空中交通情况。

(2) 向管制员提供警告,警告潜在可能发生的飞行冲突。

(3) 管制员可操作设备,能通过数据链向辖区内的飞机发送空中交通服务(ATS)电报。

(4) 向管制员显示辖区内飞机下传的航行数据信息和电文。

(5) 在出现紧急情况或通信异常时,提供管制员与飞行员立即插入话音通道的功能。

8.2.2　飞行数据处理系统

具备 ADS 功能的地面飞行数据处理系统提供以下功能:

(1) 提供管制区内飞机的有效飞行数据。

(2) 共同监视。

(3) 自动跟踪飞机飞行航迹。

(4) 探测空域中可能存在的飞行冲突。

(5) 解决空域中的飞行冲突。

(6) 将处理后的数据提供给管制员。

8.2.3　陆基通信网

陆基通信网用于传输地空数据链信息,并将航路飞行飞机的 ADS 信息数据提供给管制单位。在实施空对空监视的情况下,一般只需要空中飞行的航空器安装了 ADS-B 机载设备即可,不需要专门建立 ADS-B 的地面设施。在已经具备雷达监控的地面航空管制单位中架设的 ADS-B 地面设备,可以实现 ADS-B 上行报文的发送和机载下行报文的接收,对 ATC 监视雷达获取的航迹目标信息和飞机 ADS-B 报文航迹信息进行融合,对空域的飞行进行类似雷达监控的监视。另外,地面设备还可以与机载 ADS-B 设备之间通过广播来共享气象信息。

8.2.4　地空数据链

地空数据链是地面管制单位和飞机之间的通信链路,是 ADS 信息的传输媒介。ADS 数据可通过卫星、甚高频(VHF)和 S 模式等数据通信链路进行收发处理。

8.2.5　机载 ADS 设备

机载 ADS 设备完成获取飞机信息并将处理后的数据自动发射到地面管制中心的功能。

机载 ADS-B 系统包括以下三个部分:

(1) GPS/GNSS 卫星导航接收设备用于处理收发 ADS-B 信息的收发机(包括 L 波段全向天线)驾驶舱交通信息显示设备(CDTI)。

(2) 卫星导航接收设备用于提供本机的精确位置数据,例如 GPS 可以提供飞机的经度、纬度、高度、速度等信息。由于民航飞机传统使用大气计算机提供的气压高度（地空或进近着陆阶段也使用无线电高度表提供的无线电测量高度）和空速，因此机载 ADS-B 收发讯机仍然采用大气机提供的高度、速度数据。ADS-B 收发讯机将这些位置、高度、速度，以及从飞行管理计算机获得的飞机航姿和状态等信息，通过一定的协议进行组包发送，向机外广播。

（3）驾驶舱交通信息显示器（CDTI）用于向飞行员和机组提供周边空域内（通常是 5～200 n mile）航空器的位置信息。CDTI 的显示方式与空中交通预警及防撞系统（TCAS）相似。

8.2.6 座舱显示控制设备

ADS 数据报告在一般情况下是自动发出的，无需飞行员手动操作，报告的时机和间隔都是由空中交通管制单位决定的。但是当出现紧急情况或通信异常时，也需要飞行员通过显示控制设备迅速操作和发出信息。另外，显示控制设备还提供收发数据的功能，保证机组与管制员之间的紧急情况和非常话音信息传递。

8.3 ADS 的作用

ADS 无论在非雷达监控区域或者是雷达监控区域的空中交通管制中，都起到了相当重要的作用，总的来说包括以下几个方面：

1）位置监视

地面管制系统自动处理飞机的 ADS 信息，对飞机的位置和状态进行监控。

2）一致性监视

将当前飞机发出 ADS 信息的位置与飞行计划进行比较，调整飞机的预计到达时间，在偏差过大时向管制员发出不一致告警，以便及时纠正飞机的飞行进程。

3）冲突预测

通过将飞机发出的 ADS 位置信息和空域周边信息及飞机飞行计划进行比对，预测可能发生的潜在交通冲突。

4）数据显示

向管制员提供飞机飞行信息和冲突信息的显示。

5）冲突解决

自动对监测到的潜在冲突进行计算，并将可能的解决办法提供给管制员。

6）超障证实

将飞机发出的 ADS 信息与当前的超障净空进行比较，并将差异提供给管制员。

7）跟踪

获取飞机当前的 ADS 信息后，通过程序计算外推飞机可能的预计航迹。

8）高空风信息

获取飞机当前 ADS 信息中包含的飞行空域的气象信息和风信息（例如风切变等），使管制员和气象台及时掌握空域气象信息并修正高空风预报，提高空域安全性。

9) 飞行管理

ADS 报文信息中包含飞机的性能报告,可以帮助自动化设备或管制员在避免产生冲突的情况下,允许飞机做巡航、爬升等节省油耗的操作。

8.4 ADS 的局限性

自从发展自动相关监视(ADS)作为雷达监视的辅助手段,ADS 就受到了民航界的大力推行和追捧。ADS 最初的形式是 ADS-A,即寻址式自动相关监视,它和 ADS-C(合约式自动相关监视)是一个概念。寻址式/合约式自动相关监视基于点对点模式的航空电信网(ATN)数据链信道,需要数据收发双方约定通信协议,例如航空器通信寻址与报告系统(aircraft communication addressing and reporting system,ACARS)。正常情况下的监视过程如图 8.2 所示,分为以下三个步骤:

(1) 由地面空中交通服务(ATS)单位发起监视,通过 ATN 通信网络向飞机发送监控报文。

(2) 机载设备接收到监控报文后,将飞机的位置信息发送给 ATS。

(3) ATS 接收飞机回复的信息后将飞行信息显示在监视设备上,供操作人员了解飞机的精确位置并对飞机实施有效管制。

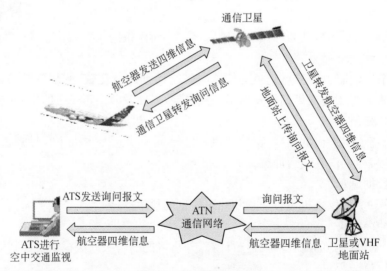

图 8.2　ADS 监视过程

空中交通服务(ATS)包括起飞前放行(PDC)服务,自动化终端区信息服务(D-ATIS),航路气象信息服务(D-VOLMET),管制员飞行员数据链通信(CPDLC)与合同式自动相关监视(ADS-C)服务。其中规定飞行过程中管制员采用数据链通信与合同式自动相关监视向飞行员提供数字化的空中交通管制服务,并监控飞机的实时位置。基本内容包括:

（1）管制员对飞行员做出的有关高度层分配、穿越限制、侧向偏移、航路变更、飞行速度限制、无线电通信频率指派等管制指令。

（2）飞行员可以通过报文方式向管制员请求改变飞行高度层、偏离原定计划；根据管制员的指令做出响应。

（3）管制员—飞行员数据链通信同时为管制员和飞行员提供编写自由格式报文的功能。

ADS-A(ADS-C)的 ATN 通信网络一般采用卫星通信方式，常规状况下以 5 分钟为一个通信周期，紧急情况下以 1 分钟为一个通信周期。可见这种监视方式的实时性也并不是很高，为了保证足够的监控反应时间，必须使空中飞行的飞机保持足够的间隔距离，从而使空域的利用率受到了限制。

另外，ADS-A(ADS-C)对依靠目视飞行的飞机，或处于非管制飞行状态的飞机是不能监视的。

随着空中交通流量的日益膨胀，现在的航空管制手段已经越来越不能满足民用航空的需要。为了在非雷达监视环境（如高原地区、洋、沙漠地区）提供类似雷达的有效监视手段，减轻高密度空域航空管制单位和飞行机组的工作负担，提高空域的利用率，产生了一种新的自动相关监视手段，即广播式自动相关监视（ADS-B），这里的 B 指的是"广播（broadcast）"。

ADS-B 不再沿用 ADS-A(ADS-C)的寻址访问方式，而采用全向广播方式。通过航空器之间自动发送的空对空 ADS-B 报文，实现机组之间的自主相互监视。表 8.1 将 ADS-A(ADS-C)和 ADS-B 在监视上的应用进行了简要的对比。

表 8.1 ADS-A/ADS-C 和 ADS-B 应用对比

	洋区偏远地区	航路区	终端区	机场场面区域	进场	冲突预警
使用系统	ADS-A/ADS-C	ADS-B	ADS-B	ADS-B	ADS-B	ADS-B
通信模式	ATN	数据链	数据链	数据链	数据链	数据链
双向通信	是	是	是	是	是	是
更新频率	最快 64 秒	12s	5s	1s	1s	2.5s
操作范围	无限制	200 n mile	60 n mile	5 n mile	30 n mile	30 n mile
水平误差	350 m	350 m	150 m	3 m	9 m	40 m
垂直误差	30 m	30 m	30 m	18 m	30 m	7.5 m
水平速度误差	10 kn	10 kn	5 kn	1 kn	10 kn	0.6 kn
垂直速度误差	0.61 m/s	0.61 m/s	0.61 m/s	0.61 m/s	0.61 m/s	0.61 m/s

ADS-B 一诞生就受到了国际民航界的青睐。欧美国家认为，ADS-B 将是实现"自由飞行"和"自由航路"的有效可行的手段。因为 ADS-B 具有以下优点：

（1）ADS-B 可在非雷达监控的区域实现与雷达监视相似、甚至优于雷达监视的空中交通管制。

（2）过去航空管制单位多采用地空话音通信的方式对飞行机组实施监控,现在 ADS-B 由飞机自动发送、接收和处理位置报告。

（3）前面介绍的 ADS-A（ADS-C）监视手段的实时性是不高的,为了在飞机之间保持安全的飞行间隔,只有降低空域流量。而 ADS-B 可以实时向临近航空器和航空管制单位提供本机精确的位置信息,使管制单位可以为飞机提供最佳的飞行剖面和路线,使管制效率大大提高,由此带来的空域利用率的提高也是显而易见的。

（4）ADS-B 设备可通过卫星通信来传递监视报告,使管制中心的建立也更具有灵活性,并且 ADS-B 设施的投资成本相对较低。

8.5　ADS-B 技术原理

8.5.1　基本原理

ADS-B 原理的核心在于"自动"和"广播"。"自动"代表了 ADS-B 的获取和发送信息可以不需人工的操作干预,大大降低机组的操作负担;"广播"代表了 ADS-B 设备发送信息的全向广播方式。

机载 ADS-B 设备通过机载的导航设备（目前主要依靠 GPS 和 GNSS 等卫星导航设备）来获得本机的精确位置信息（以及精密时间基准 UTC）,通过飞行管理计算机和机载惯导、大气计算机等系统来获得飞机的速度、高度和航姿等信息。

ADS-B 将这些信息通过一定的协议转换为数字信息,并将信息通过数据链通信载体向机外实施广播。在 ADS-B 发射系统有效作用距离内的其他飞机收到这个广播后,可以解析并显示出该机的当前信息,并计算与该机是否存在潜在的飞行冲突。在 ADS-B 发射系统有效作用距离内的地面航空管制单位收到这个广播后,可以将该机的航迹信息与地面监控雷达的航迹进行融合或筛选,并提供给管制员。

ADS-B 的工作原理如图 8.3、图 8.4、图 8.5 所示。图 8.3 表示具有同类设备飞机之间的相互监视以及地面对空监视的工作原理,从图上可以看出 ADS-B 广播信息主要包括:飞机标识、飞机类别、三维位置、三维速度以及紧急状态、航迹角、航线拐点等附加信息。

8.5.2　ADS-B 下行信息

以飞机为参考,ADS-B 的下行信息也称为 ADS-B OUT,这里的"OUT"表示了 ADS-B 信息传递的方向是从机内向机外,也就是"发射",它是 ADS-B 的基本功能。图 8.4 表示飞机发出 ADS-B 下行信息的工作原理。

机载 ADS-B 发射设备按规定周期向机外发送本机的标识、类别、位置、速度以及其他附加信息。地面管制单位通过收到这些广播信息来监视当前空域中的交通状况。图中还表示了对雷达监控航迹和根据飞机发送 ADS-B 信息获得航迹之间的多路数据融合,并将融合后的空域目标信息送空中交通管制单位的过程。

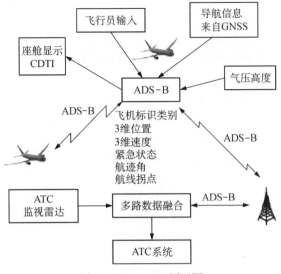

图 8.3　ADS-B 原理图

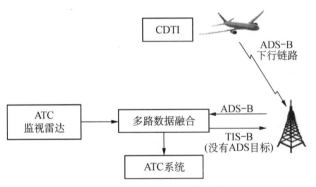

图 8.4　ADS-B 原理图(地对空广播态势信息及 ADS-B 下
　　　　行信息)

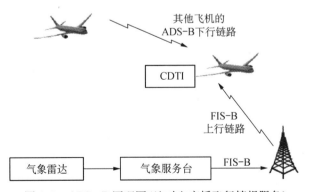

图 8.5　ADS-B 原理图(地对空广播飞行情报服务)

8.5.3　ADS‐B上行信息

以飞机为参考,ADS‐B 的上行信息也称为 ADS‐B IN,这里的"IN"表示 ADS‐B信息传递的方向是从机外向机内,也就是"接收"。即指机载 ADS‐B 接收设备接收的以下两类信息。

临近的其他飞机发射的"ADS‐B OUT"信息地面管制单位发送的监控信息 ADS‐B地面站向飞机发送两类上行广播信息:交通信息服务广播(TIS‐B:Traffic Information Service Broadcast)信息和飞行信息服务广播(FIS‐B:Flight Information Service Broadcast)信息。图 8.5 表示地面站点通过 ADS‐B 方式向空中广播飞行情报服务(FIS‐B)的工作原理。

接收到这些信息后,机载 ADS‐B 设备将临近的其他飞机的飞行状况实时显示在机组的座舱显示器(如 CDTI)上,使机组获得如同肉眼直接所见一般的当前空域的交通信息。

8.6　ADS‐B的应用

8.6.1　多场景监视

根据 ADS‐B 自动全向广播位置报告的基本原理可见,ADS‐B 是一种可以适应多种场景(空‐空、地‐空、地‐地)的监视手段:

(1) 空‐空监视:具有使空域中的航空器之间互相识别、互相避撞、保持机位间隔的监视功能;

(2) 地‐空监视:具有使地面航空管制单位对空域或航路上的航空器的实时监视和交通管制功能;

(3) 地‐地监视:主要是场面监视,即对在机场地面活动的航空器和安装有 ADS‐B设备的场务车辆间实施相互监视,保持安全距离的作用。

对于地面航空管制中心来说,在飞越海洋或内陆边远地区的时候,限于传统雷达监视的监控范围,飞机只能按照固定的航路进行飞行。并且在这些航路上为了保持飞行安全,对进入航路的飞机间的间隔和飞行时间,留有相当大的余量,造成航路和空域的利用率低。采用 ADS‐B 作为监视手段后,飞机间可以通过 ADS‐B 广播进行相互监视,同时飞机间还可以对监视信息进行传递,使我们不必在航路上架设更多雷达监控或航空管制站点,就可达到飞机"从机场到机场"(即起飞机场到着陆机场)间无缝监视的效果。

对于飞行机组来说,通过座舱 CDTI 的画面,可以看到地面管制员相同的场面和飞行监控信息。机组可以借由这些监视信息,按照一定规则主动地实施航行调整和防撞规避操作——也就是说,ADS‐B 将一部分监视责任从地面的管制员转移到了空中的飞行员。

利用 ADS‐B 还可以实施场面监视,由于 ADS‐B 报文播发的精确性高,更新速率快,机场塔台通过接收飞机和地面场务车辆自动播发的 ADS‐B 信息,可以实时地了解和控制机场区域的终端分布。有助于塔台和航空公司对飞机、空桥、停机位等进行分配和调度。

8.6.2　空中交通防撞

在 ADS－B 产生之前，飞行员的航情意识（situation awareness）只能通过"听"和"想象"来形成，也就是说，地面航空管制单位通过话音通信将空域飞行分布告知飞行员，飞行员只能在脑海中形成空域的当前分布。在这种情况下为了保持空中交通安全，必须采取一定的措施，例如使用 TCAS（空中交通预警及避撞系统），或加大飞机之间的飞行间隔，控制航路飞行流量。

使用 ADS－B 以后，飞行员可以通过座舱 CDTI 的画面，看到与地面管制员相同的场面和飞行监控信息，即使在没有地面管制监控存在的情况下，也能"看到"空域中在自己附近飞行的飞机——当然是在显示器上看到的。如果将 TCAS 和 ADS－B进行联合使用，TCAS 系统根据 ADS－B 提供的飞行情报来计算可能存在的交通冲突，在无需地面雷达监控的情况下就可以有效地控制飞机之间的安全间隔。这样就使飞行员能够形成直观准确的航情意识，这对防止飞机相撞和降低飞行间隔、提高空域流量是大为有益的。

8.6.3　进场辅助

当飞机进入机场场面区域，开始进近着陆时，飞机必须调整飞行姿态，减慢飞行速度，降低飞行高度，并且保持和其他飞机的安全间隔（机场空域的飞行流量和密度都是相当大的），为了保证这个阶段的飞行安全，采用了多种定位和导航的辅助手段来帮助飞行员实施着陆。最常见的辅助手段有仪表着陆（ILS）、微波着陆（MLS，多和精密测距 DME/P 配合使用）、指点信标（marker beacon）等。ILS 是国际上采用最广泛的"盲降"着陆系统。但是为了防止 ILS 系统之间的相互干扰，必须使飞机跑道之间保持一定的横向间隔（通常在 1.3 km 以上），这样就会限制机场空域的利用率。如果使用 ADS－B 配合辅助 ILS 着陆，并利用座舱 CDTI 对临近跑道的平行起降飞机进行监控，跑道之间的间隔就可以大大缩短，提高机场跑道和空域的利用率。在没有架设 ILS 系统的小型机场，通常是飞行员采用目视着陆方式自主进场。如果安装了 ADS－B 系统，通过座舱 CDTI 对空域航情和跑道情况进行监视，可以使目视着陆的危险性大大降低。

8.7　实现 ADS－B 的关键技术

在 ADS－B 的应用中，空管服务中心或飞机等监视节点和被监视节点之间的信息交互将摒弃传统的话音通信方式，转而以采取自动化设备自动控制及数据传输为主。数据传输遵循一定的协议、标准和手段，也就是前面所说的数据链。

数据链是指地空数据通信系统的通称。该系统用于飞机机载设备和地空数据通信网络之间建立飞机与地面计算机系统之间的连接，实现地面系统与飞机之间的双向数据通信。可用的地空数据通信方式有：甚高频（VHF）、卫星通信、高频（HF）

通信和 S 模式数据链。

8.8　如何实现 ADS‑B 系统

8.8.1　系统建设规划

　　根据我国现阶段航空管制体系的发展情况,适合我国国情的 ADS‑B 系统建设方式就是根据地域不同而逐步推进。首先在西部地区实现自动相关监视,前面介绍过,我国已经在西部的 L888 航路上进行了新航行系统的探索性应用。在不改变当前空中交通管制大格局的基础上,率先在西部进行实验和应用 ADS‑B,即有助于填补西部广袤地区监视手段不足的空白,也可以将发展过程中的风险抑制到最小。接下来在东南部沿海地区和无雷达监控覆盖的区域实施 ADS‑B,最后在东部飞行流量密集的雷达监控空域,将 ADS‑B 作为雷达监视的补充和替代手段。

8.8.2　建设管制/监视中心

　　目前我国民航划分了 27 个高空管制区和 28 个中低空管制区(其中 27 个由相应的高空管制区兼负),并为之建立了 9 个飞行情报中心(也称为管制中心),飞机在沿航路飞行的过程中,不得不频繁地,甚至是反复地更改通信频率,以保持与沿途的管制中心联络,这对于管制员和飞行员来说都是一种很大的负担。

　　在采用 ADS‑B 后,就无需建立更多的管制中心,甚至可以减少管制中心的数量,并且可以通过更少的管制中心来监控更多的空域,飞行员也不必在飞行过程中反复进行修改通信频率的操作了。中国民航空中交通管理局现在拟在 8 个飞行情报区各建一个 ADS‑B 监视中心,来实现对全国空域的自动相关监视。

8.8.3　建立相关标准

　　制订相关的运行协议和使用标准,也是规范和推动 ADS‑B 在我国民航飞行运行应用的必要措施。目前,以保障飞行安全、提高运行效率、增大空中交通流量、减少建设投资和提高安全管理水平为目的,中国民用航空航空局飞行标准司制订了诸如《航空运营人使用地空数据通信系统的标准与指南》、《广播式自动相关监视(ADS‑B)在飞行中的应用》、《在无雷达区使用 1090 兆赫扩展电文广播式自动相关监视的适航和运行批准指南》等一系列咨询通告,作为我国运行 ADS‑B 系统的使用标准和指导建议。

8.8.4　我国现有的探索成果

　　从 2005 年开始,中国民航飞行学院开始使用 UAT 系统,完成了 6 种机型近200 架飞机的 ADS‑B 机载设备加装。目前已经能完成对本场训练的初、中级教练机进行实时、准确的跟踪监控,飞机之间也可以互相了解对方的位置和高度,提高了飞行训练的安全性,为 UAT 系统在我国通用航空的使用进行了有意义的探索。

　　民用航空局空管局在成都双流国际机场、九寨机场分别安装了一套 ADS‑B 地面试验设备,在成都至九寨航路实现全程 ADS‑B 监视,并在成都安装了一套评估系统（包括雷达和 ADS - B 数据接口、数据处理器、数据记录和回放设备及其他评估设备）。改装了 4 架飞机，包括国航西南公司的三架空客 A319 飞机和一架校验机。该试验采用 1090 ES，针对九寨机场地处横断山脉之中、海拔高、山势险峻、雷达无法覆盖的特点，专门验证 ADS - B 的精度和可靠性，取得了良好的效果。

民航局空管局还计划在西部一些其他航路上实施 ADS - B 监视的应用探索。

9　电子飞行包(EFB)

9.1　EFB的历史

电子飞行包这个名字的由来是从飞行员传统的飞行包得到的,这个传统的飞行包飞行员随身携带于驾驶舱,一般是一个沉重的 40 lb/18 kg(或者更多)的文件包。电子飞行包是以数字电子的格式取代那些纸质文件,电子飞行包称重一般为 1~5 lb (0.5~2.2 kg),大约相当于一台笔记本电脑,最重要的是相当于纸质文件包重量和体积的一小部分。飞行运行时使用电子飞行包有许多的好处,但特别的好处取决于运行的规格、使用应用程序的类型、现有的目录管理和分配系统、(注意中英文标点符号)部署的应用类型。一些显而易见的优点是替代了传统的飞行包节省了随身的重量、减少了有时由于随身携带传统的飞行包而带来的身体受伤、降低了运行成本,通过减少或消除制作纸质文件的工作从而提高了运行效率。还有减少飞行员的工作量从而增加了安全。

最早的电子飞行包来自于个别飞行员,在 20 世纪 90 年代初,他们用个人笔记本电脑和常见的软件(如电子表格和文字处理应用程序)执行重量和飞机业载平衡计算及填写经营形式等功能。

其中最早和最广泛的电子飞行包是联邦快递在 1991 年安装了机场性能计算笔记本(airport performance laptop computer),用来计算飞机上的飞机性能(这是一个商业的计算机电脑,便携式)。

此外,联邦快递在 90 年代中期在他们的飞机上开始安装了飞行员接近终端(pilot access terminals)。该显示器不仅展示了驾驶舱天气(CWIN)信息,还包括了GPS、飞机通信寻址和报告系统(aircraft communication addressing and reporting system)、卫星通信(SATCOM)和交通警报和避碰系统(traffic alert and collision avoidance system)等信息,该 PAT 使用支架和机上电源、数据接口,是最早的 2 类EFB,使用有资质认证的数据线(连接电源和数据接口)。

1997 年,美国国家航空局在 UAL DC‐10 测试飞机上安装和证明该 PAT。PAT‐CWIN 的测试不久之后,美国西北航空利用机组信息系统(ICIS)进行了一项测试,这个测试为了尽量减少机组的任务,并最终允许适应驾驶舱的无纸化。

1996 年劳埃德和德国运营商推出了计算性能和访问的文件的两款笔记本电脑。这个系统被称为飞行管理桌面(Flight Management Desktop,FMD),如果得到德国民用航空管理局的同意,这个系统允许 Aero Lloyd(航空劳埃德)从驾驶舱里删除所有的文档和修改纸质文件。其他的一些公司,包括"西南"关注着"随身携带的"高性能计算机,但是他们在飞机上作为一个实践问题,而没有真正的应用到飞机上。

JetBlue(捷蓝)最先通过网络,进行机上内容的更新,采取了不同的方法通过把它的所有运行的文件转换成电子格式,并且通过飞行员的笔记本电脑形成的网络把电子文档分配到飞行员的电脑中。

自 1999 年以来公司经营者迅速部署电子飞行包。虽然电子飞行包在大型航空公司的定期航班中的使用率可以说是缓慢的,但是由于减少了运营负担和运行成本,所以 1999 开始,航空公司开始大量部署 EFB。

2001 年春季,UAL 与受过专门训练的机组人员在空客 A319 机型测试另一个 EFB 设备(pentablet)。并且 2001 年 9 月接到美国联邦航空局的批准,UAL 要把 EFB 发展成为一种标准设备。

2003 年 10 月,FAA 批准波音公司在 B777 - 300ER 驾驶舱内采用三级杰普逊(JEPPESEN)电子飞行包,这是该版电子飞行包首次获准进入商业运营。此外,欧洲联合航空局也已同意,将美国联邦航空局的批准书作为其成员国的适航证书。电子飞行包的巨大优势在商业喷气机公司的手中得到了充分的利用。

2004 年,JAA/EASA 欧洲联合航空和欧洲航空安全局第一次正式发布 EFB 指导性意见,运行批准使用波音/杰普逊 3 级电子飞行包(EFB),要求运行适用于运营商,在 IOEB 调查结果和提出的建议是符合欧洲联合航空 TGL36 指导和批准 EFB 安装和运行的适航认证。

2005 年,第一次在 EFB 上使用航空终端航图,美国联邦航空第一次批准 2 级 EFB 运行在 2006 年(英国特许经营者现在合并托马斯·库克(Thomas Cook)航空公司)成为世界上第一个使用 GPRS 通讯部署电子科技日志的机构,取代了纸质的程序。托马斯·库克注意力集中在合并的英国新公司,拥有数年成功的电子飞行包运作经验。

2007 年美国联邦航空局 FAA 正式对 2 级 EFB(AC20 - 159)的机场移动地图给予指导性意见,机场移动地图 AMM 用于空客 A380 机型,第一家使用此机型为新加坡航空公司。2009 年,机场移动地图 AMM 获得 2 级 EFB FAA 的 TSO 认证,FAA 授权此 EFB 数据用于空客 A380。

然而,对大型商业航空公司,主要的问题不是飞机上的电子飞行包系统硬件,而是把更新的电子飞行包内容高效、可靠地传输到飞机系统上。现在有一个为目视飞行规则及仪表飞行规则的飞行员设计的电子飞行包,名字叫做目视飞行规则平板电脑,该平板电脑有地图、天气应用、变频器、飞行计划,还有一个完整的航空 GPS 系统。新技术如卫星实时天气整合 GPS 技术进一步扩大电子飞行包的能力。

也有一些"安全数据存储模式"的用于军事化电子飞行包其他种类,但是电子飞行包(EFB)进入军事驾驶舱这一过程是缓慢的,由于军事苛刻的环境条件,在现代军事认证 EFB 前和相关费用的阻碍下,消耗的时间是非常长的,这需要重新构建驾驶舱仪表板等,但是由于 EFB 的优势,再加上现代战争的挑战和需要,向"无纸化""现代化"空军努力是非常必要的,为了适用于军事 EFB 开发了很罕见的晚上使用的兼容夜视功能的照明技术、环境条件加强和军事特定的应用程序和数据,这大大地提高了空军飞行员作战能力、战斗机的作战性能,在现代战争中,使用 EFB 对空军取得制空权有很大帮助,有很重要的战略意义。

9.2　优点

几年前,联邦快递公司因为飞机上的《最低设备清单》(MEL)未及时换插页,而导致一架 MD-11 飞机上的设备不能满足要求,从而不得不在迪拜停场等待。

实际上,当时那架 MD-11 上的设备是满足最新版 FAA《主最低设备清单》及联邦快递公司客户化《最低设备清单》的要求的,只是飞机上的插页工作还没有完成。联邦快递一般要花大约一个月的时间完成其全球数十架 MD-11 的机上手册换插页工作。因此,虽然公司的口号是"THE WORLD ON TIME",但是在这件事情上它也毫无办法,只好花费大量成本另行更换飞机完成飞行任务。

为硬拷贝的《飞机维护手册》和《最低设备清单》换插页只不过是信息管理痼疾中的一个例子而已,各个航空公司都希望可以通过先进的技术手段以解决这些问题,因而出现了电子飞行包(EFB)以提高飞机签派可靠性和降低飞行运行成本,有助于航空公司减少航班延误,给航空公司带来了前所未有的众多现实的利益。

电子飞行包的使用,便于电子资料管理与维护,大大减少了驾驶舱纸质文档的数量,减少机组携带的资料重量,提高飞行机组信息的检索与维护效率。随着个人电脑技术变得更加紧凑、精致、便携,功能强大和拥有广泛的储存能力,电子飞行包设备在一个单一三磅(1.4 kg)重的计算机有能力储存整个世界的所有航空导航图,与以前的纸质文档相比,需要 80 lb 的纸质文件才能储存整个世界的所有导航图。这样大大节省了航空器的燃油。根据规定,目前上机携带的纸质资料重量约 30 kg,使用电子飞行包(EFB)系统,可减少携带的纸质资料数量。按照当前每吨燃油 6000元,飞机以每减重 100 kg 每小时节省 3 kg 天然油计算,1000 架飞机每天飞行 14 小时,每年可节省的费用约为 2760 万元。

电子飞行包的使用节省纸质文档的印刷成本,据统计,每架空客 320 飞机每年接收的纸质资料为 8200 页,B737-300 飞机每年接收的纸制资料为 5600 页,一个100 架机队规模的航空公司每年发布的纸质资料约 67 万张。使用电子飞行包(EFB)系统管理电子文件文档,可大大减少纸质的印刷与发布;使用 EFB 系统可以为航空公司节省纸质资料的管理和分发成本,甚至能够减少机组由于携带沉重的纸质飞行资料而导致的疾病和伤害。

电子飞行包的使用,提高机组携带资料的更新效率和准确率,有效降低航空公司纸质文件的使用、维护成本,同时降低航空公司相关人员的人工成本及工作负荷,提高工作效率,增强对飞行安全的保障水平与对机组提供服务的能力与水平,提高飞行安全指标。

电子飞行包的使用,飞行机组可以实施准确、有效、快速而又全面的内容管理,获取所需的飞行信息与飞行辅助信息,与相关的单位和人员进行及时的信息交互。飞行运行航空公司的数据表明,在驾驶舱里配备电子飞行包后,飞行安全指标得到显著提高。可以保证飞行高效、安全的运行,并且节省成本。

保障飞行过程所需资料,提供飞机运行安全。可提供信息包括静态的航图、性能资料、检查文件等,同时包括动态的、实时更新的气象资料以及航情通告等。

机组能够及时获知航路、机场等区域的关系飞行安全的重要信息;辅助飞行机组进行正确的形势判断,做出正确的操作决策。

能够获取飞机发动机等重要部件的运行数据,并进行合理的数据管理与传输,使飞行机组及时获取关系飞行安全的重要信息,同时使航空公司等地面单位及时取得飞机的重要飞行数据。为保障飞行安全,提高飞机运行效率服务,通过管理飞机系统采集的信息以及地面传输的信息,电子飞行包系统可及时、准确地计算起飞和着陆数据,能够有效降低航空公司燃油和飞机运营成本。通过管理飞机系统采集的信息发送到地面单位以及地面传输的信息,可进行实时快速进行性能计算,如飞行巡航理想速度和配载重量,机舱获取客舱视频信息,使飞行机组及时了解客舱状况,能够提高飞行监控能力及运行效益。电子飞行包的使用可以提高航空器与地面单位、航空公司相关运行控制与保障单位进行实时的双向数据通信,索取相关信息,同时向地面转发相关信息,为保障飞行安全和提高旅客服务质量服务。

推动与提高空管与服务单位、机场相关单位、航空公司运行控制与安全保障单位等的信息化建设水平,为中国民航整体发展水平的提高起到积极作用(见图9.1)。

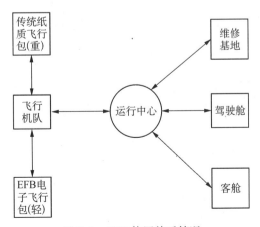

图9.1 EFB使用前后情况

9.3　电子飞行包介绍

　　电子飞行包是一个飞行员的飞行包的一种电子版本。那么它是一个公文飞行包吗？简单地说,它是一种物理设备。飞行中,飞行员在必需的、可用的过程中携带打印出来文档的,这些纸质文档经常在飞行员随身飞行包里见到,包括飞机飞行运行手册、机组人员操作手册以及进近和离场、航路导航航图(包括用于空中和地面运行的移动地图)等。这种"包"的范围可以从一个应用于大型飞机导航的公文包到在战斗机使用的小一点的装在软袋内的双面出版物。

　　电子飞行包(electronic flight bag)系统是航空信息技术领域的一项最新技术。是一种驾驶员飞行助理工具,是一种电子信息管理设备,帮助飞行机组或救援人员以更少的纸张执行更简单有效的飞行管理工作,它是一个电脑运算平台,通用目的在于要减少或取代纸质的参考资料。此外,电子飞行包为以特定目的建造的软件应用可以自动实施正常靠人工实现的其他功能,如起飞性能的计算、油量计算等。电子飞行包的应用将民航飞机驾驶舱的数字信息传输与管理提高到一个新水平。

　　根据美国联邦局的咨询通告 120 - 76A,电子飞行包被定义为:电子飞行包是集电子计算机、通信设备、飞行数据显示器和飞行信息处理器等多种功能于一身的电子显示系统,可用来显示各种各样的航空数据或执行多种航空功能,并且它还具备数据网络连接功能。主要目的为驾驶舱使用,简化驾驶舱工作程序,提供飞行运行效率,提高安全性能。

　　最简单便携式 EFB 既可以和个人数字助理 PDA 兼容,用于显示各种航行数据,进行各种飞行阶段准备时的计算和检查,执行基本的计算(包括性能数据和燃料计算)。在过去,其中的一些功能使用航空公司飞行签派员提供给飞行机组的传统意义上的纸质文件或数据库来实现。

　　对于大型的涡轮机,FAR 91.503 要求携带飞机导航航图在飞机上。如果运营者的导航航图信息唯一来源装在了一个电子飞行包系统上,运营者必须证明这个电子飞行包系统在遇到减压事件整个过程中无论飞机在哪个高度仍然能保持继续运作。达到这样的要求唯一的方法是用一个固态硬盘或一个标准的旋转密封外壳质量驱动器。

　　根据中国民用航空局飞行标准司咨询通告 AC121 - FS2009 - 31 定义:电子飞行包包含用于支持一定功能的软硬件,用于驾驶舱或客舱的电子显示系统。EFB 能显示多种航空信息数据或进行基本的计算(如性能数据、燃油计算等)。EFB 的功能范围可包括一些集成在 EFB 系统内的各种数据库和应用程序。如预存各种空中需要使用的数据资料;复杂些的可以固定安装,等效于机上计算机电子资料库 ELS,与机上信息资源共享,成为无纸驾驶舱的有效工具。涉及的设备可以有辅助性能计算机 APC 或膝上辅助性能计算机 LAPC。

　　EFB 显示可以使用多种技术、数据格式和通信形式。EFB 能够进行电子存储和显示飞行运行需要的文件,如总运行手册(GOM)、最低设备清单(MEL)、运行规范(OpSpecs)和控制文件。2 级和 3 级 EFB 可用于所有飞行阶段,包括飞行的关键阶段(滑行、起飞和着陆在内的所有地面运行,以及飞行高度低于 3 000 m(10 000 ft)的所有其他飞行运行,但不包括巡航飞行)。

航空管理机构认可以下三种不同发展阶段的电子飞行包:

第一代电子飞行包是便携式电脑,通过已获认证的动力装置与飞机动力系统相连,并且无需固定于驾驶舱底板,也不需要通过行政批准。它们属于个人设备资料。

第二代电子飞行包与第一代相仿。它们需要通过与驾驶舱内底板相连,并要获得适航认可,同时它还可以同机载航空电子设备连接。这类飞行包同样属于个人设备资料。

第三代电子飞行包是在前两代产品的基础上,增添了一些新功能和用途。它拥有移动地图装置,并可以确定飞机自身所在方位,但它需要获得适航认可并且符合认证标准,迄今为止,它还仅是空客公司和波音公司的专属研究领域。双方正在开展卓有成效的合作,致力于使它适合驾驶舱应用。

9.4　电子飞行包等级分类

9.4.1　电子飞行包的硬件分类

美国联邦航空局 FAA 咨询通告 AC120 - 76A、中国民用航空局飞行标准司咨询通告 AC121 - FS2009 - 31 将电子飞行包 EFB 硬件从运行应用的角度分为 1,2,3 三级。

硬件的三级为:

(1) 一级电子飞行包硬件:

—可用于航空器运行使用的基于电脑设备的商用成品计算机;

—在飞机上使用时,不需要取得民航管理单位的许可;

—不安装在飞机上,不依附于航空器固定装置或在飞机上安装用于固定的设备;

——一般为便携式电子设备(PED);

—如果只使用 A 类应用程序,在航空器上使用不需要通过管理控制过程。

(2) 二级电子飞行包硬件:

—可用于飞机运行使用的基于电脑设备的商用成品计算机;

—正常使用时与安装在飞机上的固定装置(支架)相连接;

—在飞机上添加安装、拆卸、使用时,需要取得民航管理单位的许可,需要通过管理控制过程;

——一般为便携式电子设备(PED);

—2 级 EFB 的电源系统,数据连接,机上安装的设备(天线、支架等)需要航空器评审小组进行(AEG)评估,以及飞机认证服务机构(AIR)的认证许可;或者需要适航审定部门给予设计批准；

    —组成设备/模块位于驾驶舱，机组容易取用，不使用工具就能拆除。

    （3）三级电子飞行包硬件：

    —要安装在飞机上的安装式设备，需要飞机认证服务机构 AIR 认证许可；需要获得航空器适航审定部门批准；

    —硬件系统安装的用户在 A 类、B 类软件上更改的软件部分无需要飞机认证服务机构 AIR 的认证许可；

    —此级 EFB 的硬件和 C 类应用程序软件，应按照适航审定部门的相应规定通过合格审定。

9.4.2　电子飞行包的软件分类

1）电子飞行包分类

美国联邦航空局 FAA 咨询通告 AC120 - 76A、中国民用航空局飞行标准司咨询通告 AC121 - FS2009 - 31 将电子飞行包 EFB 软件从运行应用的角度分为 A，B，C 三级。

EFB 系统应用软件三级为：

（1）A 级应用软件：

    —可以在任何级别的 EFB 硬件系统上装在运行；

    —需要飞行标准区域办公室（FSDO）/主任监察员（PI）许可，评估其功能的适用性；

    —不需要飞机认证服务机构（AIR）的设计批准；

    —应在非飞行关键阶段，飞行员工作负荷降低的时候使用。

（2）B 级应用软件：

    —可在任何级别的 EFB 硬件系统上装载运行；

    —需要飞行标准区域办公室 FSDO/主任监察员 PI 许可，评估其功能的适用性；

    —可能需要航空器评审小组（AEG）的评估；

    —可在所有飞行阶段（包括关键飞行阶段）使用；

    —不需要飞机认证服务机构（AIR）的设计许可。

（3）C 级应用软件：

    —可用于二级、三级 EFB 硬件设备；

    —除用户可修改的部分外，需要飞机认证服务机构 AIR 的设计许可。

    a. 不需 AIR 设计批准但 AEG 评估是必需的。

    b. AEG 建议对包括机组培训、检查和 FSB 报告的有效性要求。

    c. AEG 与 POI 对运营商 6 个月的运行评估审查并做好最后报告，并在适当时，通过 FSB 报告授权最后批准。

2）运营商要求

（1）演示证明该 EFB 满足运行和认证要求。

(2) 必须建立相关程序、人员和设备,以排除、减少或控制与 EFB 失效相关的风险。

(3) 执行 6 个月运行评估的验证期。

(4) 如果要减少六个月期限要确保 FSB 评估完成的。

(5) 在评估期内纸质文件必须和 EFB 系统同时运行。

(6) 要在评估后才能提交最后报告给 POI 和 AEG。

(7) FB 操作系统和包含的应用软件满足设定功能的标准,不会提供错误或者危险的误导信息。

(8) 演示证明软件修订不会破坏最初安装的原始软件版本的数据完整性。

3) C 类软件运行标准

(1) 主要飞行显示是 C 型应用实例;

(2) 获得 AIR 设计批准的一种方式是取得 CCAR 技术标准规定项目批准书(CTSOA)或 FAA 技术标准规定项目批准书(TSOA),这是一个简化审批程序(设计和生产审批的双认证);

(3) TSOA 可能批准 EFB 的 C 型应用程序在 EFB1 级和 2 个系统中使用,但符合以下条件:①适用的应用程序必须被列为忽略不计的故障影响或无安全性的影响,无重大安全性的影响或更高的分类是可以接受的。②在 TSOA 系统中的 A 型和/或 B 型 EFB 应用程序和 C 型应用程序互不干扰。

4) AIR&AEG 参与

(1) 需要 AIR 设计批准,用在 A 类和 B 类应用中的用户可修订的软件除外。用户可修订软件可以对 C 类应用没有任何影响(参考 RTCA/DO-178B 中关于用户可修订程序的描述)。

(2) A 类和 B 类应用不需要 AIR 设计批准,但 B 类应用需要的 PI/AEG 批准。

5) 运营商要求

(1) 适用于某些 EFB TSOA C 类应用程序条适用。

(2) 遵循当前的适航和运行批准的过程。

9.5 电子飞行包的功能

今天,航空器运行记录和支持广泛使用纸张,几乎所有的电子文档撰写,都要用纸质文件分发给飞行机组,一旦飞机在空中与飞行运行中心或签派员之间的机载通信受限制,以至于飞行员很少有机会得到实时的天气信息、航行情报等信息。在地面,飞机设计一向集中于空中机载导航能力,却忽视了在地面的导航能力,有些时候造成了很多危险的事故。相反的,在这些方面比起机组,乘客往往有现代的、更好的通信能力。所以大多航空公司开始应用 EFB,电子飞行包包含机组携带的所有资料(飞行手册、航空图表、最低设备清单及飞行日志等资料),EFB 的很多功能使飞行员更全面地及时了解飞机的实时性能状态、位置以及飞机所处的环境情况,通过允许飞行人员进入他们的公司信息网络,并循环在服务器、工作站、数据链和效益驱动应用程序之间,EFB 系统的解决方案使每个人一起工作,无论他们是在隔壁办公室或相距 35000 ft 以上。

EFB 的功能有:

1) 电子化的文件功能

电子文件功能使机组人员能够随时查阅现有的电子文件,该文件包括飞行人员操作手册航空政策和信息手册、飞行机组训练手册、最低设备清单、飞机飞行手册等。

航空公司还可以使用电子文件功能编写文件,其文件为智能格式 XML,它支持搜索和文本打包。地面管理工具可以将 PDF 格式转换成 HTML 格式供阅读。电子文件还可以接受扫描 GIF, JPG, TIF 和 CGM 等格式的图形。

2) 电子航图和图形功能

电子航图包括终端区图、进近图、地面滑行数据及航路导航数据库,其图形显示功能为机组人员显示滑行道程序图、机场起点和终点地图、到达和起飞机场地图(通过 FMS 飞行计划中预加载相关数据),该功能具有增强的界面、更快的访问图形文件夹,飞行员可以通过浏览和搜索功能提取自己预选的导航图,航路图提取功能用于为下一个阶段的飞行做计划。例如在着陆飞机机场之前,飞行员还可以依据个人喜欢的视角查看到达机场图,提前熟悉着陆机场的场景。

3) 电子化的飞行性能计算

性能功能可以在任何条件下为每架飞机提供精确的起飞和着陆的性能图形,它按照预加载数据和飞行员的输入数据进行计算。

预加载数据包括:

(1) 机场数据(如标高、跑道数据、干扰数据)。

(2) 飞机数据(如尾号、发动机的类型和标称值、襟翼布局)。

(3) 航空公司信息。

飞行员输入数据包括:

(1) 现时跑道条件。

(2) 现时环境数据(如环境温度、风速)。

(3) 详细的飞机外形状况(如襟翼的位置、飞机的状况)。

(4) 可能影响性能的航行通告。

(5) 影响性能的维护项目(例如,最低设备清单、结构数据清单)。

4) 滑行位置和航路预警功能

滑行位置预警(taxi positional awareness, TPA)图是一个机场滑行移动地图(AMM)和滑行环境预警图,其功能提供了一套准确度很高(3～5 m 精度)的机场图,它用图形标出滑行每个部分和机场其他地貌。在 3 型 EFB 系统中,该系统在飞机处于地面滑行状态并有 GPS 和 IRS 输入数据时,飞机的位置和航向的标符显示在机场平面图上。飞行员利用 TPA 可以直观地看到跑道、滑行停靠点、转弯点或廊桥门的位置。EFB 系统功能也可和地形障碍物数据库等结合使用,在整个飞行阶段课使用航图导航功能。

5) 电子化的飞行日志

(1) 记录基本飞行信息(机组成员,飞行时间,重量与平衡,燃油等)。

(2) 记录飞行员图形界面的故障报告(电子 FRM)。

(3) 提供给机组成员的飞行状态,利于减少未见故障(NFF)导致的部件更换、缩短维修排故时间。

(4) 记录非例行结束和日常维护行为(服务、预定检查)。

(5) 关于飞机线力学的工作管理工具。

(6) 记录适航。

(7) 维护公司资源规划数据库。

(8) 根据记录保存的要求提供监管。

6) 电子视频监视功能

航空公司可以根据自己的情况,安装视频监视功能,确定好摄像机的数量和位置,包括对机外情况各种操作面的位置、结冰情况、起落架位置和客舱监视(驾驶舱门附近的情况、各段客舱内旅客情况),允许飞行员从所坐的驾驶位置查看每个重要区域。

EFB 通过摄像机接口单元接收数字视频信号,用户可以选择摄像机上的输出端,将图形显示在屏幕上,并且根据需要分割为多个摄像机屏幕图像观察。

7) 通信接口和数据管理功能

在电子飞行包和航空公司控制中心之间提供通信接口和数据管理能力。

EFB 系统利用通信管理功能与飞机通信子系统铰链。它允许航空公司为每项 EFB 功能指定首选的通信通道。对于 B777 飞机来说,为了允许访问现有的客舱终端,需要更新飞机信息管理系统。对于其他飞机来说,将 EFB 连接到 ACARS 和 CMU 的客舱终端即可;

分布数据管理(distributed data management,DDM)功能允许航空公司自动地管理和安排传输到飞机上的内容。这些内容可以从 CD-ROM 中拷贝或直接从分布数据管理系统传到 ARINC615A 数据装载机中,然后,可以装到 EFB 上。

以上功能并不是现在都能实现的,它取决于 EFB 软件的版本等级。随着飞机上地空数据链的开通及卫星数据链带宽的提高,运行成本的降低,还可以在未来实现如下一些功能:

(1) 保持最新信息,使文件修改容易。

(2) 促进改善管制员与飞行员间数据链通信(controller/pilot datalink communications,CPDLC),促进航空公司和飞行机组沟通。

(3) 在飞行中记录的图像为以后检索使用,建设图像数据链。

（4）实时航行通告 NOTAM 上传至飞机。

（5）实时气象数据和实况图像的传输，包括航空气象网络提供的卫星播发的气象图，提高路由结果。

（6）实时飞机故障和状态监控数据下传至航空公司。

（7）发展地空数据链是一种必然趋势，地空数据链的上下传的文字显示，在空中则能。实现空-空监视，成为驾驶舱交通信息显示器。

参 考 文 献

［1］ 陈迎春,宋文滨,刘洪. 民用飞机总体设计[M]. 上海:上海交通大学出版社,2010.

［2］ Raymer DR. Aircraft Design:A Conceptual Approach ［M］. Fourth Edition, AIAA Education Series,2007.

［3］ Howe D. Aircraft Conceptual Design Synthesis ［M］. London:Professional Engineering Publishing Limited,2000.

［4］ Jupp J. Aircraft Operating Economics [R]. Lecture notes, Shanghai, 2011.

［5］ Ohad Gur, William H Mason, Joseph A. Schetz. Full-Configuration Drag Estimation [J]. Vol. 47, No. 4, July-August 2010.

［6］ 叶叶沛.民用飞机经济性[M].成都:西南交通大学出版社,2013.

［7］ 飞行计划与性能手册(FPPM),B757－200 [S]. Boeing.

大飞机出版工程
书　目

一期书目（已出版）

《超声速飞机空气动力学和飞行力学》（俄译中）

《大型客机计算流体力学应用与发展》

《民用飞机总体设计》

《飞机飞行手册》（英译中）

《运输类飞机的空气动力设计》（英译中）

《雅克-42M 和雅克-242 飞机草图设计》（俄译中）

《飞机气动弹性力学及载荷导论》（英译中）

《飞机推进》（英译中）

《飞机燃油系统》（英译中）

《全球航空业》（英译中）

《航空发展的历程与真相》（英译中）

二期书目（已出版）

《大型客机设计制造与使用经济性研究》

《飞机电气和电子系统——原理、维护和使用》（英译中）

《民用飞机航空电子系统》

《非线性有限元及其在飞机结构设计中的应用》

《民用飞机复合材料结构设计与验证》

《飞机复合材料结构设计与分析》（英译中）

《飞机复合材料结构强度分析》

《复合材料飞机结构强度设计与验证概论》

《复合材料连接》

《飞机结构设计与强度计算》

《飞机材料与结构的疲劳与断裂》（英文版）

三期书目

《适航理念与原则》

《适航性：航空器合格审定导论》（译著）

《民用飞机系统安全性设计与评估技术概论》

《民用航空器噪声合格审定概论》
《机载软件研制流程最佳实践》
《民用飞机金属结构耐久性与损伤容限设计》
《机载软件适航标准 DO-178B/C 研究》
《运输类飞机合格审定飞行试验指南》(编译)
《民用飞机复合材料结构适航验证概论》
《民用运输类飞机驾驶舱人为因素设计原则》

四期书目

《航空燃气涡轮发动机工作原理及性能》
《航空发动机结构》
《航空发动机结构强度设计》
《风扇压气机气动弹性力学》(英文版)
《燃气轮机涡轮内部复杂流动机理及设计技术》
《先进燃气轮机燃烧室设计研发》
《燃气涡轮发动机的传热和空气系统》
《航空发动机适航性设计技术导论》
《航空燃气涡轮发动机控制》
《气动声学基础及其在航空推进系统中的应用》(英文版)
《叶轮机内部流动试验和测量技术》
《航空涡轮风扇发动机试验技术与方法》
《航空轴流风扇压气机气动设计》
《燃气涡轮发动机性能》(译著)

其他书目

《飞机客舱舒适性设计》(译著)
《上海民用航空产业发展研究》
《政策法规对民用飞机产业发展的影响》
《民用飞机空气动力设计先进技术》
《民用飞机设计及飞行计划理论》
《商用运输类飞机专业技术词汇》
《动态系统可靠性分析:高效方法及航空航天应用》(英文版)
《特殊场务条件下的民机飞行试验概论》